KB245962

대한민국 여행자를 위한,

충청도 여행백서

중부권 편

대한민국 여행자를 위한,

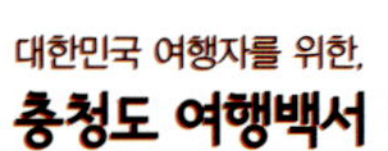

충청도 여행백서 중부권편

초판 1쇄 찍음 2014년 1월 5일
초판 1쇄 펴냄 2014년 1월 10일

지 은 이 강정임
펴 낸 이 유정식
본문 · 표지디자인 이승현

펴 낸 곳 나무자전거
출판등록 2009년 8월 4일 제 25100-2009-000024호
주 소 서울시 노원구 덕릉로127길 25 성림 101-406호
전 화 02-6326-8574
팩 스 02-6499-2499
전자우편 namucycle@gmail.com

ISBN : 978-89-98417-04-8(14980)
978-89-964441-7-6(세트)
정 가 : 16,000원

이 도서의 국립중앙도서관 출판시도서목록(CIP)은 서지정보유통지원시스템 홈페이지(http://seoji.nl.go.kr)와 국가자료공동목록시스템(http://www.nl.go.kr/kolisnet)에서 이용하실 수 있습니다.(CIP제어번호: CIP2013026393)

중부권 편

대한민국 여행자를 위한,

충청도 여행백서

강정임 지음

나무자전거

'나의 마음이 내 인생을 좌우한다'

어느 날 책을 읽다가 만난 소중한 글귀에서 시작된 블로그는 나의 모든 일상을 조금씩 새롭게 바꾸었습니다. 긍정적인 마음으로 세상을 바라보며 그 속에서 나누는 정신적 풍요가 가장 큰 행복이라는 생각에, 글귀를 블로그 제목에 붙이고 저의 좌우명으로 삼았습니다. 처음에는 꽃이 좋아 야생화카페 회원으로 활동하며 열심히 풀꽃 사진을 찍었고, 자연스럽게 산을 가까이 하며 몇 년 동안 산악회를 따라 주말마다 전국의 산야를 누볐습니다. 산에 못가는 날에도 지도 한 장 들고 이른 아침부터 해 떨어질 때까지 도시 구석구석을 찾아다니다 보니 자연스럽게 여행이 습관처럼 몸에 배어들었습니다.

날 잡아서 떠나는 특별한 일정이 아니라 일상처럼 돼버린 여행, 남편 직업 때문에 신혼 때부터 이사를 자주 다니면서 여러 도시에 살았으니 어쩌면 생활자체가 여행이었을지도 모릅니다. 아이들이 커가면서 학업 때문에 충남권에 10여 년을 살게 되면서 충청도는 자연스럽게 고향처럼 친근해졌습니다. 블로그 활동에 더해 충남과 충북의 도민리포터로 충청도를 알리다보니 지금은 충청도의 모든 여행지가 파노라마처럼 머릿속을 가득 채우고 있습니다.

여행에 목적이 있으면 더욱 의미가 클 텐데, 다들 떠나기에만 급급합니다. 여행을 떠나기 전 가능한 많은 정보를 수집한다면 그만큼 알찬 여행이 되겠지만 대부분의 사람들은 여행계획을 짜는 것부터 부담스럽게 생각하거나 아예 무시하고 무작정 출발하는 것이 현실입니다. 그래서 백서라는 이름에 걸맞게 여행지를 소개하면서 자칫 소홀히 지나칠 수 있는 것들도 찾아내 담으려고 노력했습니다. '거기 가면 그게 있다.'라는 얄팍한 지식여행보다는 그곳에 있게 된 이야기를 담고자 했습니다. 여러 해 걸쳐 수없이 갔던 곳도 책을 쓰기 위해 다시금 찾아 걸으며, 세월의 변화 속에도 한자리를 지키고 있는 것들 일일이 찾아봤습니다. 딱딱할 수밖에 없는 가이드북에 이야기를 담으려 했기에 표현에서 다소 어색한 부분도 있지만 이야기가 함께하기에 여행은 더욱 즐거워지리라 확신합니다.

우리가 우리를 위로하는 최선의 방법은 여행이다!

여행은 '걸음'이라 생각합니다. 그냥 걷다보면 이른 봄 바람결에 흩날리던 벚꽃의 아스라한 추억이 풀내음 가득한 여름 숲길로 이어지고, 황금빛 들판과 온몸을 휘감는 가을향기에 취해 황톳길에 접어들면 하얀 눈 세상이 기다리고 있습니다. 늘 같은 자리지만 어느 한 곳도 같은 모습으로 여행자를 맞이하지는 않습니다. 멈추면 보이지 않던 것도 다가가면 어느새 풍경 속에 들어와 있습니다.

카메라 메고 나서면 평범한 일상도 이야기가 되고, 새로운 의미가 부여되면 그곳이 곧 여행지가 됩니다. 굳이 이야기가 없더라도 바라보는 것만으로도 행복한 여행이 될 수 있습니다. 여행을 마칠 때쯤 비록 몸은 무거워졌지만 말끔히 비워진 마음을 느끼며, 다시 팍팍한 일상에도 여유로움을 잊지 않고 살 수 있게 됩니다. 여행은 자연스럽게 우리네 삶을 객관화시켜 바라보며, 비우고 채우기를 반복하는 나를 발견하게 됩니다.

처음 출판제의를 받았을 때 그 떨림이 아직까지도 생생합니다. 언젠가 꼭 이런 날이 올 것이라 생각하고 여행기를 꼼꼼하게 적었던 시간들을 다시 돌아보면 마음이 뭉클합니다. 충청도 여행백서를 탈고하고, 머리말을 채우고 있는 지금 고마운 분들이 주마등처럼 빠르게 스쳐지나갑니다. 늘 활기찬 목소리로 활력을 불어넣어준 나무자전거 사장님과 책을 쓸 수 있도록 다리를 놓아준 여행작가 만기씨, 몇 년 동안 전국 여행을 함께해온 여행블로그기자단과 마패단장님, 해피송님께 먼저 감사를 드립니다. 그리고 인생의 동반자로 항상 곁에서 확실한 외조로 힘을 더해준 사랑하는 서방님과 긍정의 아이콘 은영, 엄마가 주말이나 해외여행으로 집을 비워도 혼자 꿋꿋하게 학교 잘 다니는 예쁜 다영이, 그리고 늘 응원해주는 제주도와 부산의 가족들에게 감사드리고 싶습니다. 끝으로 이 책을 보고 충청도 구석구석을 사랑하게 될 독자 여러분께도 미리 감사를 드립니다.

늦가을 정취가 무르익던 날, 2013년 11월 초롱둘 강정임

Preview

충청남북도에 분산되어 있는 여행지를 인접한 몇 개의 시나 군을 합쳐 하나의 파트로 구성하였습니다. 총 7개의 파트에 50개의 테마로 구성하여 100여 곳의 여행지를 찾아보기 쉽도록 편집하였습니다. 또한 파트가 끝나는 부분에는 해당 파트의 여행지를 1박 2일로 여유롭게 둘러볼 수 있도록 동선지도와 함께 자세하게 안내하고 있습니다.

테마 제목 : 행정구역별로 구분된 시나 군에서 꼭 둘러봐야 될 여행지를 하나의 테마로 묶어서 소개합니다. 테마 제목만 보더라도 어떤 여행지인지 바로 알 수 있습니다.

Thema 01

공주공산성

길은 흐른다.

군사적 성격의 암문과 연지 그리고 영은사

공산성의 4대문 (금서루, 만하루, 영동루, 진남루)

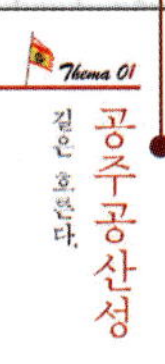

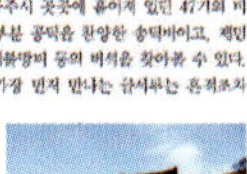

여행지 간략 소개 : 해당 여행지에 대한 간략한 설명을 합니다.

테마별 소주제 : 여행지 테마에서 놓치면 안 되는 포인트들을 각각의 소제목으로 나눠 직관적으로 살펴볼 수 있도록 구성하였습니다.

스페셜페이지 : 파트로 구성된 지역을 1박 2일로 즐길 수 있도록 여행지를 안내합니다. 여행지는 본문에 소개된 테마여행지 외에도 함께 둘러볼 수 있는 곳들을 추가적으로 묶어서 구성하였으며, 해당 지역의 음식점과 숙박시설까지 소개하여 여행을 고민 없이 떠날 수 있도록 하였습니다.

사진으로 미리보는 동선 : 해당 여행지의 추천동선을 시각적으로 미리 둘러볼 수 있도록 사진으로 구성하였습니다.

효율적인 포인트 동선 : 여행지가 광범위한 경우 효율적으로 둘러볼 수 있도록 추천 동선을 제시합니다. 지도상에 표시된 동선을 참고하여 움직이면 불필요한 시간낭비를 줄일 수 있습니다..

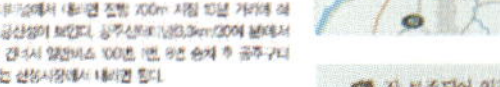

여행정보 : 해당 여행지를 찾아가는 대중교통과 자동차 이용 시 찾아가는 방법을 설명합니다. 오른쪽에는 간략한 지도를 통해 대략적인 위치를 알 수 있도록 하였으며, 여행지별로 주소를 명기하여 내비게이션에 주소만 입력해도 찾아갈 수 있도록 하였습니다.

먹을거리 : 해당 여행지에 인접한 대표적인 맛집을 소개합니다.

주변볼거리 : 해당 여행지와 인접해 있는 여행지를 추가적으로 소개합니다. 시간이 남는다면 함께 둘러보기에 좋습니다.

이용안내 : 해당 여행지의 이용시간, 요금, 이용 시 주의사항 등을 정리하여 보여줍니다.

연관볼거리 : 해당 여행지와 비슷한 속성을 지닌 우리나라 전국의 여행지를 소개합니다.

아이콘 보기

- 주소
- 전화번호, 주소
- 음식점
- 영업시간
- 이용요금
- 홈페이지
- 지하철 이동
- 자가용 이동
- 버스 이동
- 도보 이동
- 선박 이동
- 자전거 이동

Contents

Part 01 공주·부여·서천

Part 02 아산 · 세종 · 당진 · 천안 · 예산

Contents

Part 03 대전·논산·계룡·금산

Part 04 청양 · 보령 · 태안 · 서산

Contents

Part 05 충북 남부권 (보은·옥천·영동·청원)

Part 06 충북 충주권(충주 · 제천 · 단양)

Contents

Part 07 충북 중부권 (음성·진천·증평·괴산)

테마별여행

바람맞으며 함께 걷고 싶은 여행지

깊은 명상의 시간이 흐르는 여행지

역사와 답사가 있는 여행지

초록 물 번지는 여행지

비밀의 화원 같은 여행지

추억과 낭만이 넘치는 여행지

시간도 멈춘 사색하기 좋은 여행지

봄 아침 같이 싱그러운 여행지

충청도
행정구역별 간략도

제천시
충주시
단양군
음성군
진천군
당진시
천안시
증평군
괴산군
태안군
서산시
아산시
예산군
청주시
청원군
홍성군
세종특별자치시
공주시
보은군
청양군
보령시
대전광역시
옥천군
계룡시
부여군
논산시
금산군
영동군
서천군

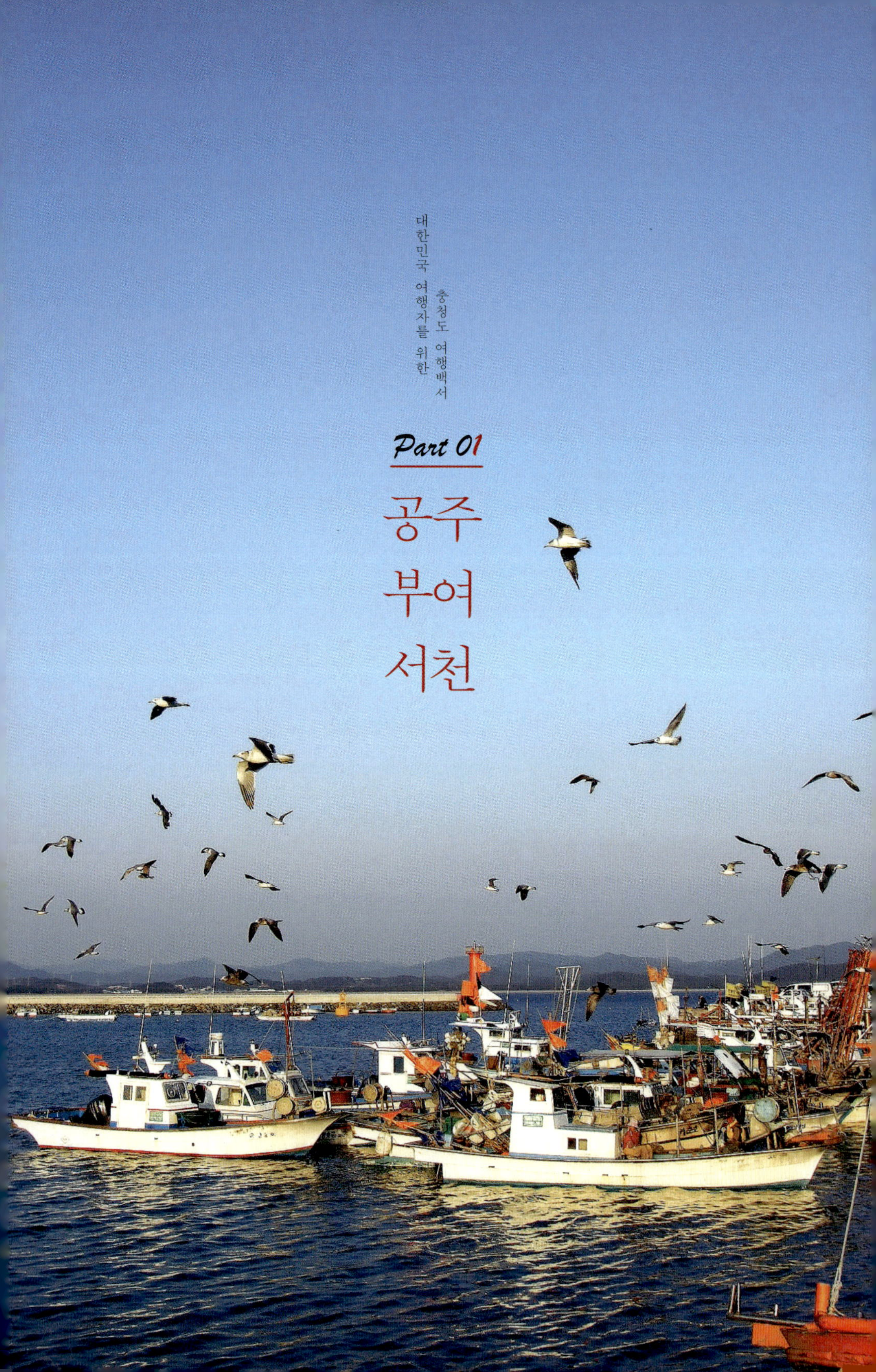

대한민국 여행자를 위한 충청도 여행백서

Part 01

공주 부여 서천

Theme 01

길은 흐른다.

공주공산성

Theme 02

도시 전체가 박물관이다.

공주시내 박물관들

Theme 03

철화분청사기의 전통 맥을 이어가는

계룡산도예촌

Theme 04

산사 가는 길.

동학사, 갑사, 신원사, 영평사, 마곡사

Theme 05

1400여 년 전 찬란했던 대백제의 영광.

백제문화단지

Theme 06

백제의 역사를 들려주는 숲길.

부소산성

Theme 07

백제의 혼을 깨우는

정림사지

Theme 08

서해의 상록수림.

마량리동백나무숲

Special 01

백제의 왕도를 찾아 나서는 시간여행.

공주 1박 2일

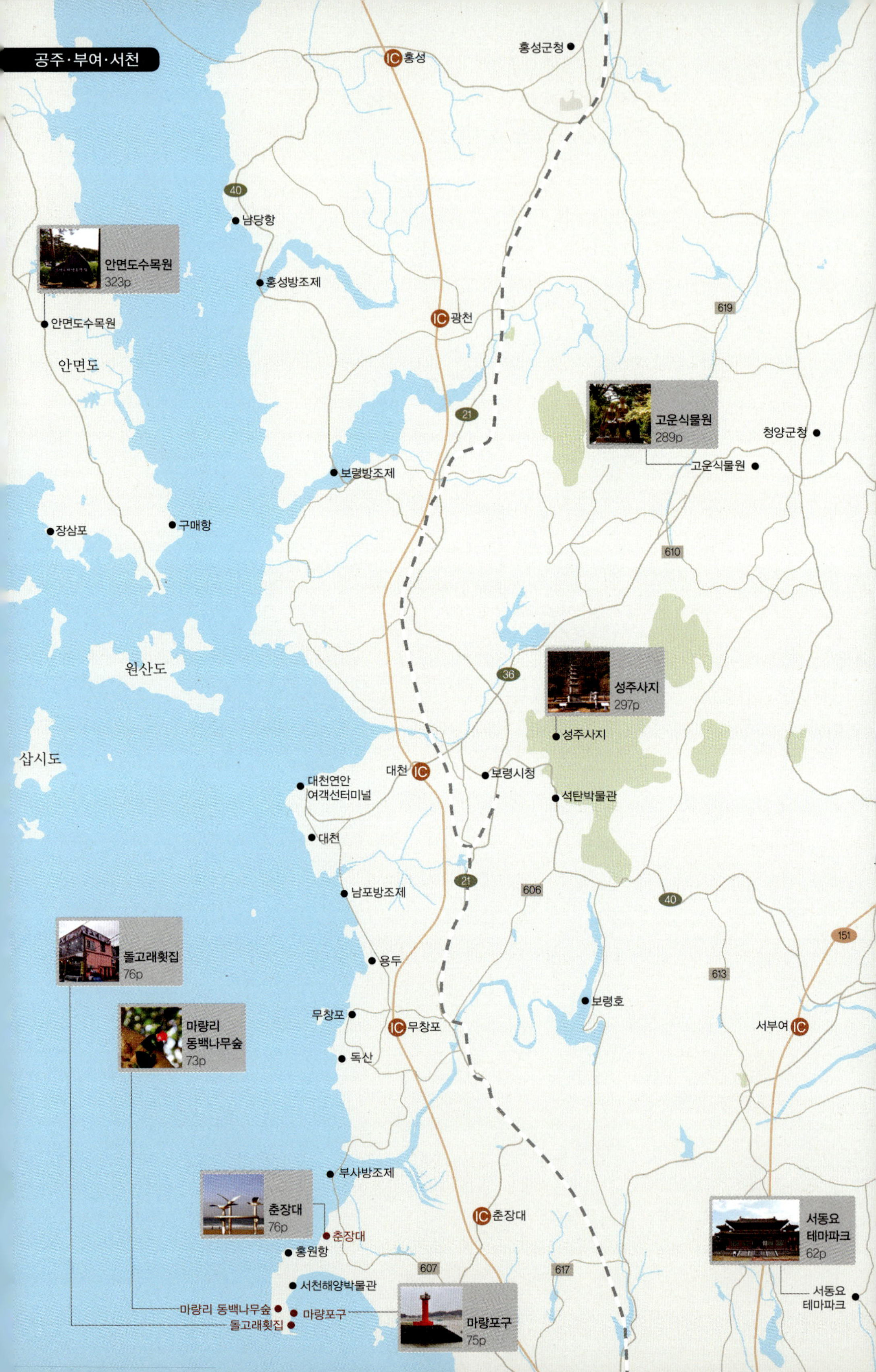

공주·부여·서천
홍성
홍성군청
40
남당항
안면도수목원
323p
홍성방조제
안면도수목원
안면도
광천
619
21
고운식물원
289p
청양군청
고운식물원
보령방조제
장삼포
구매항
610
원산도
36
성주사지
297p
성주사지
삽시도
대천
대천연안
여객선터미널
보령시청
석탄박물관
대천
남포방조제
21
606
40
151
돌고래횟집
76p
용두
613
마량리
동백나무숲
73p
보령호
무창포
무창포
서부여
독산
부사방조제
춘장대
76p
춘장대
춘장대
서동요
테마파크
62p
홍원항
607
617
서천해양박물관
서동요
테마파크
마량리 동백나무숲
마량포구
돌고래횟집
마량포구
75p

마곡사
54p
연미산
자연미술공원
46p
금강철교
36p
유구
마곡사
무성산
옥녀봉
공주
치즈스쿨
78p
공산성
35p
세종시청별관
공주치즈스쿨
북공주
미곡사
서공주
공주
공주
서세종
공주
국립박물관
41p
영평사
54p
연미산자연미술공원
금강철교
공주국립박물관
공산성
송산리고분군
황새바위성지
영평사
석장리
박물관
42p
송산리
고분군
79p
충청남도역사박물관
석장리박물관
공주시청
우금티전적지
금강자연휴양림
충남산림박물관
남공주
남세종
칠갑산
황새바위성지
56p
금강
자연휴양림
44p
충남
산림박물관
44p
충청남도
역사박물관
43p
임립미술관
유성
계룡산도예촌
등산로식당
청양
우금티전적지
81p
카이스트
갑사
계룡산
국립공원
계룡산자연사박물관
유성
봉래산
동학사
임립미술관
81p
신원사
계룡산
자연사박물관
44p
백제문화단지
57p
백제문화단지
탄천
계룡산
도예촌
47p
서대전
낙화암/고란사
부소산성
정림사지
국립부여박물관
궁남지
명재고택
계룡시청
계룡역
은농재
노강서원
272p
노강서원
명재고택
241p
은농재
255p
계룡
국립
부여박물관
68p
서논산
돈암서원
돈암서원
275p
논산역
탑정호
탑정호
269p
궁남지
72p
강경근대문화유산
강경읍
강경
근대문화유산
274p

길은 흐른다, 공주공산성

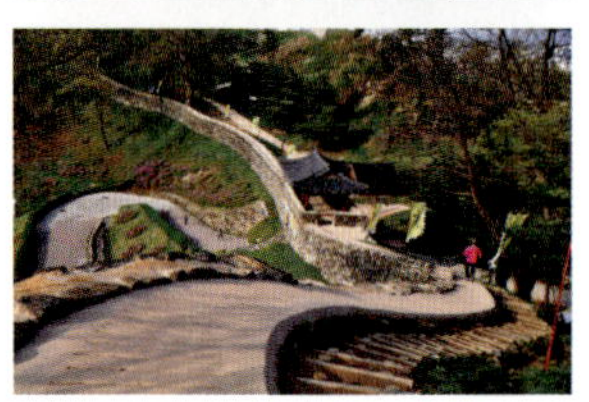

금강과 맞닿은 공산성은 해발 110m 구릉에 자연 지형을 이용하여 흙과 돌로 축성한 포곡형 산성이다. 백제웅진시대에 왕이 거주하던 궁성으로 추정되며, 조선시대 인조가 머물다 간 후 쌍수산성이라 불렸다. 산성 내에는 4개의 문과 쌍수정, 영은사, 연지, 임류각지, 만하루지 등이 있으며 연꽃무늬와당을 비롯하여 백제기와, 토기 등 백제시대부터 조선시대까지의 유물들이 출토되었다.

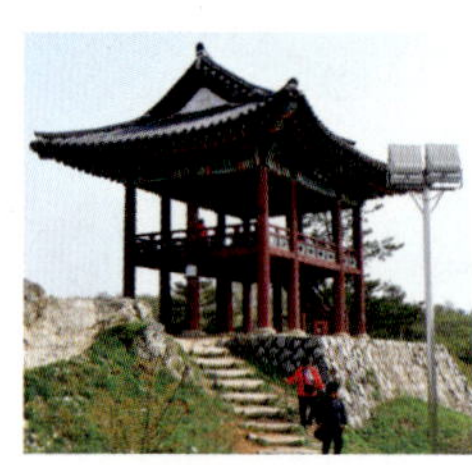

공산성의 4대문 (금서루, 만하루, 영동루, 진남루)

공산성 둘레는 약 2,660m 장방형(직사각형) 산성으로 남문인 진남루와 북문 공북루가 남아있고, 동문 영동루, 서문 금서루를 1993년에 복원하였다. 공산성 입구에서 금서루 오르는 길에는 공주시 곳곳에 흩어져 있던 47기의 비석들이 모여 있는데, 대부분 공덕을 찬양한 송덕비이고, 제민천교영세비, 거사비, 만세불망비 등의 비석을 찾아볼 수 있다. 공산성 4개의 성문 중 가장 먼저 만나는 금서루는 흔적조차 없던 것을 문헌기록과 동문조사자료 및 지형적 여건을 고려하여 1993년에 앞면 3칸, 옆면 1칸 규모로 조선시대 성문문루양식을 취해 복원한 것이다.

금서루에 서면 어느 쪽으로 성곽을 둘러볼 것인지 잠깐 망설여진다. 먼저 금강을 내려다보고 싶다면 공산성 서북쪽으로 발걸음을 옮기자. 서북쪽 산마루에 위치한 공산정은 시민공모를 통해 이름 붙여진 전망대로 금강과 금강철교 건너 공주 신시가지와 구시가지가 파노라마처럼 한눈에 펼쳐지는 곳이다. 여기서 내려다보이는 금강철교는 1933년 준공 당시 한강이남에서 가장 긴 다리(514m)였고, 한국전쟁 때 파괴된 것을 1952년에 복구한 것이다. 공산정에서 공복루로 가는 성곽길에는 고목 한 그루가 세월의 흔적을 말해주는 듯하다. 공복루는 진남루와 함께 전라, 경상, 충청 지역 사람들이 한양을 오갈 때 거쳐야 하는 중요한 통문이었다. 금강철교가 놓이기 전 1920~1930년 사이에는 약 25척의 배를 연결하여 배다리를 이용하여 금강을 건넜다고 전해진다.

군사적 성격의 암문과 연지 그리고 영은사

만하루와 영은사 사이에는 백제시대부터 조선시대까지 사용된 것으로 추정되는 장방형의 연지가 있다. 금강 가까이에 설치하여 물을 쉽게 확보하고, 연못 가장자리는 무너지지 않도록 돌로 층을 이뤄 쌓았다. 또한 수면에 쉽게 접근할 수 있도록 북쪽과 남쪽에는 계단 시설을 한 것이 특징이다.

연지 앞 만하루는 조선 영조 때 건축된 것으로 공산성을 방어하는 군사적 기능과 풍광을 즐길 수 있는 역할을 하고 있다. 홍수로 붕괴돼 땅속에 묻힌 것을 발굴 조사로 찾아 1984년에 복원하였다. 특히, 성의 안과 밖을 몰래 출입할 수 있도록 만들어진 암문은 연못까지 연결되어 있어 산성 구조를 연구하는데 중요한 사적으로 평소에는 돌로 막아 뒀다가 비상시에만 사용하였다. 만하루 바로 앞에는 1458년 세조 때 지은 작은 사찰 영은사가 있다. 이 사찰은 광해군 때에는 8도 사찰을 관장하던 승장이 머물렀다는 기록과 임진왜란 당시 영규대사가 승병을 일으켜 합숙 훈련소로 사용하였다는 기록이 전해진다.

공산성 건축물 중 가장 호화로운 임류각과 명국삼장비

심호흡 크게 하고 다시 가파른 길을 오르면 임류각지와 임류각, 명국삼장비각이 보인다. 임류각은 삼국사기에 의하면 동성왕 22년(500)에 축조된 건물로 연회장소로 사용되었다 전해진다. 공산성에 남아있는 현존 건물 중 가장 호화로운 누각이다. 기둥이 모두 42개나 되며, 무령왕릉에서 나온 유물 문양의 단청이 이채롭다. 임류각 바로 옆 비각에는 선조 37년(1655년)에 건립한 3개의 비석, 명국삼장비가 있다. 정유재란 때 명나라 장수 이공, 임제, 남방위가 공주 사람들에게 베푼 선정을 기리는 비석으로 비문에는 '명나라 3장수가 정유년 이듬해(선조 31년) 가을, 공주에 이르러 군기를 엄하게 다스려 주민을 정성껏 보살피니 왜구의 위협으로부터 안전할 수 있었고 임진년에야 비로소 생업에 종사할 수 있었다.'라고 기록되어 있다.

공산성 가장 높은 곳에 위치한 광복루는 원래 공북루 옆에 위치하던 것을 일제강점기 때 현 위치로 옮겨 웅심각이라 부르던 것을 해방 후 1946년에 이곳을 찾은 김구와 이시영 선생이 '이곳에 와서 광복의 뜻을 기리고자' 이름을 고쳐 불렀다고 한다.

성곽길을 걷다보면 마음까지 느긋해진다

백제시대에 쌓은 것으로 추정되는 토성이 광복루부터 송림과 어우러지며 영동루까지 이어진다. 공산성 동쪽문인 영동루는 1980년에 발굴조사를 통해 복원한 것이다. 영동루에서 진남루로 걷다보면 '길은 흐른다.'라는 말이 생각날 정도로 유연하게 이어진 성곽길이 걷는 즐거움을 안겨준다. 영동루 바깥쪽에 공산성 만아루지가 있는데 그 앞으로 오랜 세월 무심히 자리한 커다란 벚나무가 봄이면 절로 탄성을 자아낼 만큼 흐드러지게 피어난다. 다시 길은 공산성 남문 진남루로 이어지는데 원래 이 문이 시내에서 공산성을 출입하는 정문이다. 1947년 큰 비로 누각이 유실된 것을 여러 차례 보수하다 결국 1971년 완전 해체하여 현재의 모습으로 복원한 것이다.

이제 출발했던 금서루 쪽으로 향하면 인조가 이괄의 난을 피해 잠시 머물렀다는 쌍수정이 보인다. 인조는 이곳에서 이괄의 난이 평정되기를 눈 빠지게 기다렸다 하는데, 난이 진압되자 심적으로 기댔던 두 그루 나무에 정3품의 벼슬까지 내렸다고 전해진다. 이후 1734년 영조 10년에 이곳 관찰사로 부임한 이수항이 두 그루 나무가 있던 곳에 삼가정이라는 정자를 지어 인조의 업적을 기렸는데 그 건물이 바로 쌍수정이다. 쌍수정 근방의 사적비에는 인조가 6일 동안 공산성에 머물렀던 행적을 기록한 쌍수정사적비가 자리한다. 또한 백제시대 때 만들어진 4m 깊이의 연못이 발굴되었는데, 돌을 쌓고 진흙을 1m 이상 두껍게 발라 왕궁 조경용으로 조성했을 것이라 추정하고 있다. 공산성을 여유롭게 둘러보려면 최소 2시간 이상이 소요되며, 밤에는 성벽과 누각에 조명을 비춰 공산성 야경 또한 새로운 볼거리를 제공한다. 매표소에 신분증을 맡기면 멀티미디어 휴대용단말기를 무료로 대여할 수 있으므로 공산성의 역사와 백제를 좀더 깊이 있게 들여다볼 수 있다.

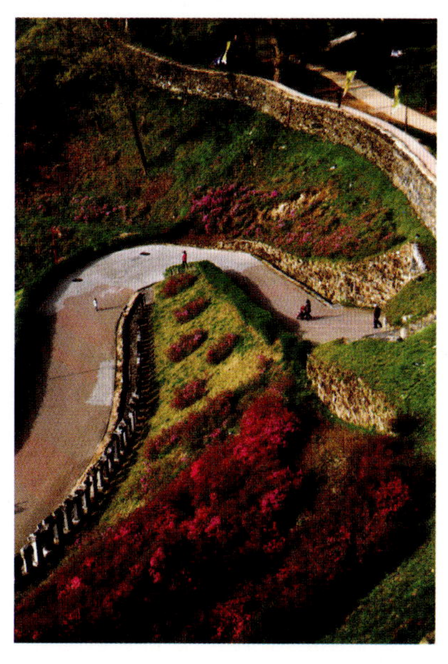

효율적인 포인트 동선

공산정
매표소
금서루
공북루
만하루
연지
영은사
쌍수정
추정왕궁지
진남루
임류각
광복루
영동루

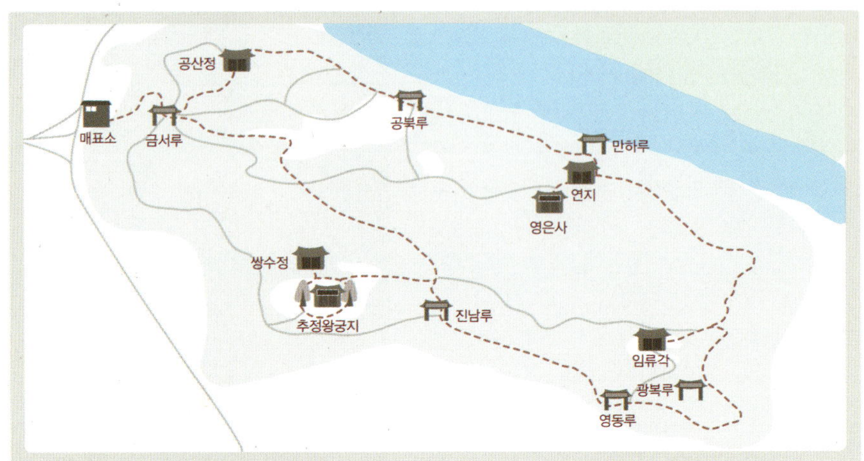

사진으로 미리보는 동선 지도

매표소 → 금서루 → 공산정 → 공북루 → 만하루 → 영은사 → 임류각 → 광복루 → 영동루 → 진남루 → 쌍수정 → 금서루

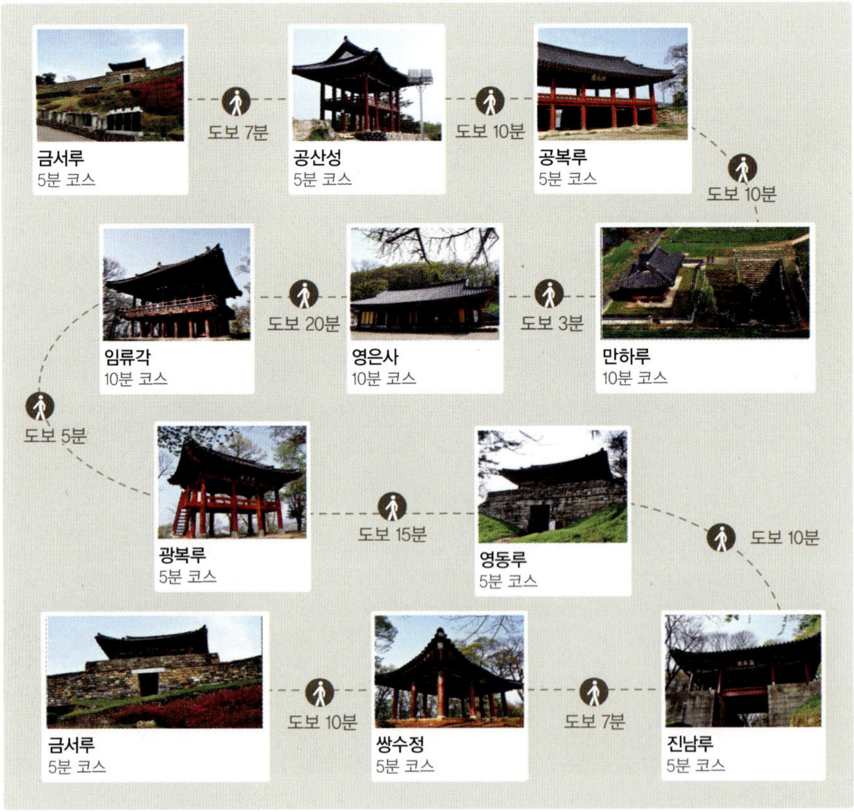

금서루
5분 코스
도보 7분
공산성
5분 코스
도보 10분
공북루
5분 코스
도보 10분
만하루
10분 코스
도보 3분
영은사
10분 코스
도보 20분
임류각
10분 코스
도보 5분
광복루
5분 코스
도보 15분
영동루
5분 코스
도보 10분
진남루
5분 코스
도보 7분
쌍수정
5분 코스
도보 10분
금서루
5분 코스

여행 정보

찾아가는 길

- 당진대전고속도로 공주IC → 백제큰길 공주 방면 우회전 1.3km 직진 → 생명과학고사거리에서 금벽로 방면 좌회전 280m 직진 → 전막교차로에서 웅진로 방면 우회전 900m 직진 → 연문교차로에서 230여 미터 지점 좌측에 공산성
- 공주구터미널에서 내리면 전방 700m 지점 10분 거리에 좌측으로 공산성이 보인다. 공주신터미널(3.3km/30여 분)에서는 육교 건너서 일반버스 100번, 1번, 8번 승차 후 공주구터미널 또는 산성시장에서 내리면 된다.

이용안내

- 충남 공주시 금성동 65-3번지 / 041-856-7700
- history.gongju.go.kr/history/sub02_02.do
- 일반 1200원/청소년 800원/어린이 600원, 통합관람권(공산성, 송산리고분군, 석장리박물관) 일반 2,800원/청소년 1,800원/어린이 1,300원
- 하절기(3/1~10/31) 09:00~18:00 / 동절기(11/1~2/28) 09:00~17:00 / 관람종료 30분전 까지 입장 가능
- 휴관일(년 2회) : 설, 추석당일 / 주차장은 무료

먹을거리_마당 깊은 집 맛깔

맛깔은 공주문화원 맞은편, 실개천을 끼고 위치한다. 건물을 뒤덮은 담쟁이덩굴과 정원이 아름다운, 상호 그대로 마당 깊은 집이다. 주인장이 직접 개조한 특별한 인테리어는 과거의 모습을 잠시나마 생각할 틈을 준다. 직접 만든 수제돈가스와 조미료 없는 집 반찬, 그리고 매일 만든다는 송이순두부는 향으로 맛으로 기억된다.

- 공주시 중동 187-1 / 041-858-7003
- 맛깔돈가스(7,500원), 송이순두부(8,000원)

주변볼거리_송산리고분군

송산리고분군의 1호에서 5호분까지는 굴식돌방무덤이며, 6호분은 벽돌무덤이다. 5호분에서 발굴된 4,000여 점의 유물과 지석을 통해 이 무덤이 백제 25대 무령왕릉임이 입증되었고, 보존과 관람을 위해 실제 고분과 같은 크기로 제작된 5호분 굴방무덤과 6호분 벽돌무덤 모형을 만날 수 있다. 송산리고분군은 정지산까지 오솔길로 연결되어 있어 산길을 따라 산책도 즐길 수 있다.

잘 보존되어 있는 읍성

고창읍성 – 나주진관, 입암산성과 연계하여 호남 내륙을 방어하기 위한 성곽으로 1453년 단종 때 왜침을 방어하려고 축성하였다. 우리나라 아름다운 길 100선에 선정될 정도로 노송이 빽빽하게 들어선 맹종죽과 어우러진 곳이다. 매년 음력 9월 9일(중앙절)을 전후하여 고창모양성제 때에는 한복을 입은 여인네들이 돌을 머리에 이고 성을 한 바퀴 도는 축제가 열린다.

순천낙안읍성민속마을 – 넓은 평야에 축조된 성곽으로 1397년 조선 태조 때 김빈길 장군이 왜침을 막기 위해 의병들과 함께 쌓은 토성이었다. 1826년(인조 4년) 낙안 군수로 부임한 임경업이 석성으로 개축하였다. 지금도 성내에는 관아와 100여 채의 초가가 옛 모습 그대로 보존되어 민속마을로서 삶의 향기가 느껴지는 토성이다.

수원화성 – 1794년(정조 18년)에 축성된 성곽으로 2년 9개월에 걸쳐 완공되었다. 수원화성은 가장 근대적인 규모와 기능을 갖춘 성곽으로 화성의 정문인 장안문은 서울의 숭례문보다도 더 크게 쌓은 것이 특징이다. 수원화성 통합관람권을 끊으면 4종(수원화성, 화성행궁, 수원박물관, 수원화성박물관)을 정상가 보다 약 50% 저렴하게 둘러볼 수 있다.

Thema 02

공주시내 박물관들

도시 전체가 박물관이다,

공주는 충남 교통의 요지로 수려한 계룡산과 금강을 끼고 있어 일찍부터 왕도로 발전하여 많은 문화유산을 간직하고 있다. 우리나라를 대표하는 국립공주박물관 외에도 선사유물을 전시하는 석장리박물관, 충남의 역사를 간직한 충청남도역사박물관, 쥬라기공원이라 불리는 계룡산자연사박물관, 충남산림환경연구소 내 충남산림박물관까지 박물관 도시라 해도 과언은 아니다.

우리나라에서 세 번째로 국보가 많은 국립공주박물관

국립공주박물관은 1940년 공주지역의 유물을 모아 정식 개관한 후 1975년에 국립박물관으로 인정된 곳이다. 우리나라에서는 세 번째로 많은 국보급 보물을 소장하고 있으며, 충남 북부지역과 무령왕릉 등에서 출토된 국보 19점, 보물 3점, 문화재 16,000여 점을 보관 전시하고 있다. 박물관 1층 무령왕릉실은 고분 발굴 당시 출토한 108종의 4,600여 점의 유물을 전시하고 있는데, 무령왕릉 묘실 모형과 복원된 목관 등을 살펴볼 수 있다. 또한 왕과 왕비가 사용했던 화려한 금, 은제 장식품을 비롯하여 무덤의 주인을 알 수 있었던 묘지석, 화폐 오수전, 받침있는 은잔 등이 전시되어 있다. 박물관 1층을 다 둘러보면 백제왕실이 중국 양나라의 영향을 많이 받았으며, 도교적 저승세계관에 깊은 이해가 있었음을 알 수 있다.

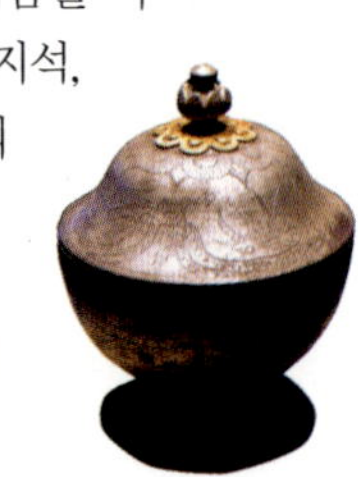

2층 충청남도의 고대문화실에서는 이 지역의 구석기시대부터 신석기시대를 거쳐 마한, 웅진과 사비시대 유물들을 두루 살펴볼 수 있다. 이밖에도 본관 앞쪽에 자리한 옥외전시장에서는 대통사지석조(보물 제148호, 제149호)와 머리가 없는 불상 서혈사지석불좌상을 볼 수 있다. 특히 큰 돌을 파서 물을 담아두거나 연꽃 등을 길렀던 것으로 보이는 석조는 일제강점기 때 일본군에 의해 말먹이통으로 전락했던 시대의 아픔도 전해지고 있다.

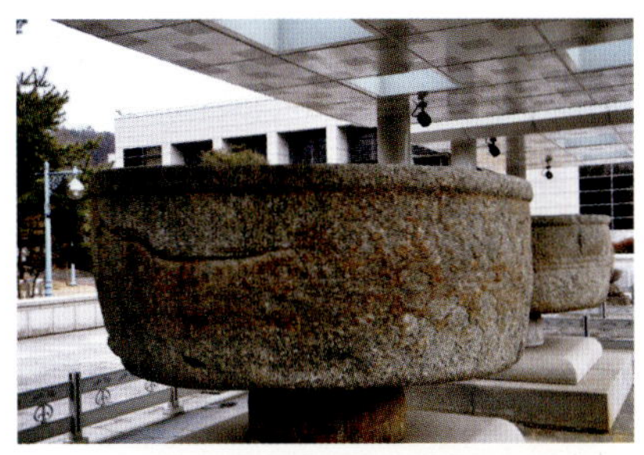

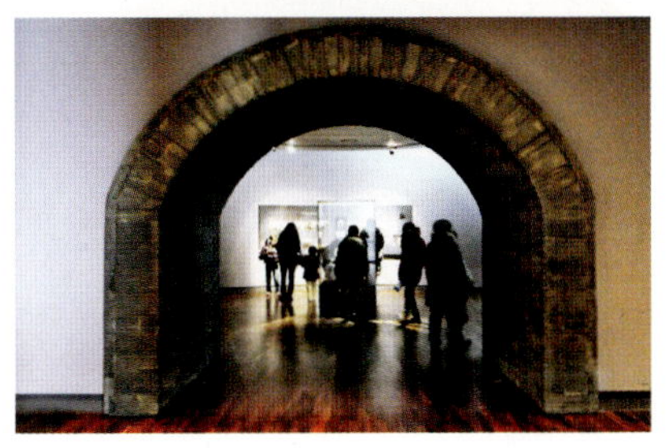

우리나라 최초의 선사박물관, 석장리박물관

석장리는 한국 구석기학 연구의 발상지로 우리나라 구석기시대 유적이 처음 발견된 곳이다. 석장리박물관은 1964년 구석기시대의 대표 유물 뗀석기가 발견되면서부터 다년간 수차례에 걸친 학술발굴조사를 토대로 2006년에 정식 박물관으로 개관하였다. 박물관에서는 석장리 지역의 선사문화는 물론 한반도 전체의 선사문화를 체계적으로 이해하는데 도움이 되는 각종 유물과 자료를 전시하고 있으므로 자녀들과 함께 체험학습장으로 활용하기에도 그만이다.

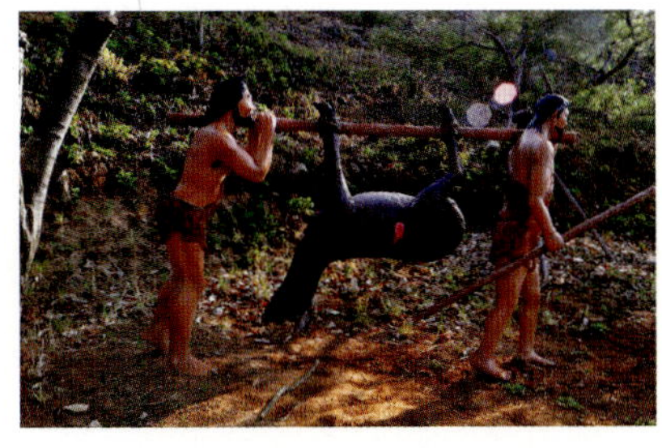

석장리박물관은 크게 전시관과 선사공원, 발굴유적지, 체험공간, 손보기선생 기념관으로 구분되어 있다. 옥외 전시장으로 활용되는 선사공원에서는 구석기인들의 생활상과 움집 모형을 만날 수 있고, 실제 유물이 출토된 석장리구석기유적지는 사적 334호로 지정되어 있다. 아이들과 함께 선사문화를 직접 체험해볼 수 있는 다양한 교육, 체험프로그램들이 상시 운영되므로 방문 전 체크해보는 것이 좋다. 또한 학습효과를 높이려면 40여 분에 걸쳐 해설사 선생님과 동행하며 전시물을 둘러볼 수 있는데 사전에 전화(010-5024-2421)로 예약을 해야 한다. 박물관 왼쪽 파른 손보기 기념관에서는 우리 선사문화를 구석기 시대까지 끌어올린 선사고고학자이자 인쇄문화 연구에 큰 업적을 남기신 사학자 파른 손보기선생이 평생 수집한 유물과 각종 연구자료를 전시하고 있다.

충남의 역사와 문화를 한눈에 살펴보는 충청남도역사박물관

충청남도 역사와 문화를 재조명하고 바로 세워 충남도민들의 문화적 자긍심을 고취할 목적으로 2006년에 개관한 박물관이다. 공주지역 대부분의 박물관들이 백제 중심의 고대문물을 전시하는 것과 차별화하여 조선시대부터 근현대까지 정치와 행정은 물론 당시 민초들의 생활상이 담긴 관련 자료들을 전시한다.

무료로 운영되는 박물관에는 보물 제1495호 명재 '윤증 초상' 5점 및 영당기적, 중요민속자료 제22호로 지정된 윤증가의 유품 54점, 이 외에도 공주상세동산신도, 무안박씨 요여 등 많은 문화재급 유물을 수장하고 있다. 박물관 상설전시관에는 구역별로 유물과 자료들이 잘 분리되어 있는데, 입구에 들어서면 충남의 자연환경과 역사자료부터 관람을 시작할 수 있다. 이어서 충청감영과 관찰사, 충절과 선비정신, 근현대기의 충남과 당시 사람들의 삶과 문화, 각종 정보자료실을 순차적으로 둘러볼 수 있다. 이밖에도 수시로 특별전과 기획전이 운영되므로 방문 전에 홈페이지를 통해 확인하고 찾아가는 것이 좋다.

계룡산 쥬라기공원, 계룡산자연사박물관

계룡산 장군봉 자락에 위치한 계룡산자연사박물관은 국내 최대 규모로 지질, 해양, 민속자료 등 25만여 점의 소장품을 보유한 곳이다.

전시관은 테마에 따라 공룡의 역사와 화석, 지구 및 태양계, 인간과 자연이라는 주제로 나눠 전시하고 있다. 전시관 1층은 '공룡의 세계'로 미국 와이오밍주에서 발굴한 몸길이 25m, 높이 16m의 '청운공룡'이라 명명된 거대한 공룡화석이 기다린다. 이 브라키오사우루스화석은 세계 최초로 본체의 85%가 발굴된 것으로 크기가 세계에서 세 번째로 큰 공룡이라고 한다. 2층 '생명의 땅, 지구'에서는 광활한 우주에 생명체가 존재하는 유일 행성 지구의 아름다운 광물과 보석, 지구상에 존재했던 맘모스를 비롯한 다양한 동물의 화석 그리고 바다와 육지의 다양한 생명체들을 한눈에 살펴볼 수 있다. 3층 '자연과 인간'에서는 지구상에서 가장 번성한 생명체 인류에 대한 각종 자료와 정보를 살펴볼 수 있다. 또한 생명체에 기본이 되는 영양소와 환경을 제공하는 식물 표본들이 전시되어 있다. 특히 미라전시관의 600년 된 학봉장군 미라는 사망 당시 자연 건조된 것으로 당시 사망원인을 현대의학으로 밝혀낸 중요한 자료로 관람객들의 시선을 끌고 있다.

금강자연휴양림속, 초록에 물들다 충남산림박물관

산림환경연구소 내 금강자연휴양림, 금강수목원과 함께 자리한 충남산림박물관은 유유히 흐르는 금강과 잘 어우러져 아름다운 풍광도 누릴 수 있는 곳이다. 산림박물관은 지역 특성에 맞게 백제 전통양식 외관에 십장생도와 연화, 인동무늬 등을 새겨 넣은 것이 인상적이다. 박물관 앞뜰 장미원에는 148종 5,000여 본이 식재되어 있어 5~6월에 방문한다면 장미향기로 가득한 삼림욕도 즐길 수 있다.

지방에는 최초로 개관된 충남산림박물관은 산림에 대한 폭넓은 이해와 아이들의 자연학습장 역할을 해준다. 박물관은 '숲으로 가는 길, 아름다움의 출발점, 자연학습교육, 숲이 들려준 이야기,

고통 받는 산림, 숲에서 삶의 질을 찾다, 숲은 희망이다'라는 6개의 주제로 구분하여 산림에 대한 4,000여 점의 자료를 구분 전시하고 있다.

이곳이 매력적인 이유는 금강수목원이나 금강자연휴양림 속에 여유롭게 숙박도 하면서 제대로 삼림욕을 즐길 수 있다는 것이다. 특히 전망대 창연정에서 내려다보는 청벽산과 청벽대교, 유유히 흐르는 금강은 놓칠 수 없는 볼거리 중에 하나이다.

여행 정보

찾아가는 길

국립공주박물관

- 당진대전고속도로 공주IC → 백제큰길 따라 정지산터널 진입 후 1.5km 직진 후 곰나루교차로에서 좌회전 → 고미나루길 따라 210m 이동 후 공주박물관 방면 좌회전 → 관광단지길 따라 340m 이동 후 우회전 → 10m 전방에 국립공주박물관
- 공주시외버스터미널 → 대아A 정류장까지 이동 후 101번 버스 탑승하여 무령왕릉정류장에서 하차 → 도보로 730m 이동(총 40~50분 소요)
- 충남 공주시 관광단지길 34 / 041-850-6300
- gongju.museum.go.kr
- 평일 09:00~18:00, 토, 일, 공휴일 09:00~19:00 / 하절기(4~10월) 매주 토요일 야간개장 18:00~21:00
- 무료(무료지만 매표소에서 관람권 발급)

석장리박물관

- 충남 공주시 금벽로 990호 / 1899-0088
- www.sjnmuseum.go.kr
- 09:00~18:00(설, 추석 당일 휴무)
- 일반 1,300원/청소년 800원/어린이 600원(공주사이버시민무료) / 통합관람권(공산성, 송산리고분군, 석장리박물관) : 일반 2,800원/청소년 1,800원/어린이 1,300원

충청남도역사박물관

- 충남 공주시 국고개길 24 / 041-856-8608
- www.cihc.or.kr/museum
- 하절기 09:00~18:00, 동절기 09:00~17:00 (매주 월요일, 1월 1일 휴관)
- 무료

계룡산자연사박물관

- 충남 공주시 반포면 학봉리 511-1 042-824-4055
- www.krnamu.or.kr
- 여름(7~9월) 10:00~19:00, 그 외(10~6월) 10:00~18:00(매주 월요일 휴관)
- 어른 8,000원, 학생 5,000원, 미취학아동 3,000원

충남산림박물관

☎ 세종특별자치시 금남면 산림박물관길 110
044-850-2686

✉ www.keumkang.go.kr

🕓 하절기(3~10월) 09:00~18:00, 동절기(11~2월)
09:00~17:00(신정, 설날, 추석 명절당일 휴관)

₩ 일반 1,500원, 청소년 1,300원, 어린이 700원
(주차료 3,000원 별도)

먹을거리_고가네칼국수

공주문화원 맞은편에 있는 고가네칼국수집은 우리밀국수전골, 보쌈수육, 평양식만두전골, 해물파전을 전문으로 하는 집이다. 돼지사태로 삶은 보쌈수육과 방부제를 쓰지 않는 우리밀로 만든 우리밀국수전골, 이집 시댁이 평양분이라 왕만두는 집에서 평양식으로 직접 야채와 고기가 듬뿍 넣어 만든 평양식만두전골까지 담백한 웰빙 음식을 맛볼 수 있다.

☎ 충남 공주시 중동 187-5 / 041-856-6476

₩ 우리밀국수전골 6,000원, 보쌈수육 大 20,000원

주변볼거리_연미산자연미술공원

공주시에 있는 자연미술공원으로 2006년부터 2년에 한 번씩 열리는 금강자연미술비엔날레 출품작들을 선별하여 등산로 입구에서부터 상시전시중이다. 자연과 인간의 화합을 위한 예술가들의 상상력을 간접적으로나마 체험해볼 수 있다. 자연친화적 작품들이라 자연환경의 변화까지도 그대로 반영해주므로 영구적이지 않은 작품들은 수명에 따라 자연스럽게 교체되고 있다. 239m의 높지 않은 연미산 정상은 느긋하게 사색하며 작품 감상하다보며 오르게 되는데 동서남북으로 탁 트인 금강과 계룡산, 공주시내까지 한눈에 내려다보인다.

☎ 충남 공주시 우성면 신웅리 산26-3 / 041-840-2321

우리나라 이색박물관

진도아리랑박물관 – 진도 귀성포구가 내려다보이는 진도군 임회면 아리랑마을 관광지 내에 위치한다. 북 2개를 합친 모양의 건물은 농악에서 천지인을 표현하였으며, 우리 민족의 얼이 서린 진도아리랑의 어원과 유래, 조선시대부터 이어온 아리랑에 관한 우리 생활 속 아리랑, 세계 속 아리랑 내용들이 전시되어 있다.

독도박물관 – 경상북도 울릉군 울릉읍 도동리 우리나라 동쪽 끝, 독도의 모든 것을 모은 곳이다. 독도박물관에서는 그 동안 수집한 독도의 역사와 현황, 독도의 생태 등을 한눈에 살펴볼 수 있다. 야외전시장에서는 울릉도산 자연석 828개와 박물관 표석, 대마도 표석 등이 세워져 있다. 바로 옆에 있는 케이블카를 타면 독도전망대에 오를 수 있는데 도동항을 미니어처로 만드는 풍경은 탄성을 자아내게 만든다.

익산보석박물관 – 전북 익산시 왕궁면 동용리에 위치한 박물관이다. 마한, 백제문화 유적의 중심 공간으로서 지역의 특화산업인 귀금속가공산업과 보석의 아름다움을 알리고, 체험관광을 활성화하고자 2002년 개관하였다. 박물관에는 진귀한 희귀보석과 광물 등 약 11만 8천여 점을 소장 전시하고 있다. 보석을 테마로 세계적인 수준의 박물관은 국내 유일한 곳으로 국내 최대 규모의 귀금속판매센터 주얼팰리스가 보석박물관 내 개관하여 운영 중이다.

계룡산도예촌

철화분청사기의 전통 맥을 이어가는,

공주 상신리도예촌마을은 각 공방마다 갤러리를 갖추고 있어 도자기 감상뿐만 아니라 직접 체험도 해볼 수 있다. 도예촌에 들어서면 자연 속 아무렇게나 버려진 작품도 즐거운 감상의 대상이 되며, 느긋해진 걸음 속에 자신도 의식하지 못하는 사이 꽃향기에 취하듯 도자기의 이끌림 속으로 심취하게 된다.

조선시대 철화분청사기의 전통의 맥을 다시 잇는 도예촌

계룡산분청사기는 강진청자, 이천백자와 함께 한국을 대표하는 3대 도자기로 기본성질은 청자와 비슷하다고 한다. 분청사기는 자기에 백토를 입힌 것으로 소박하면서 담백한 멋과 함께 뛰어난 회화성까지 인정받으면서 조선 초기부터 널리 사용되었으며, 한민족의 높은 미의식을 잘 표현하는 도자기라 할 수 있다.

민족의 영산 계룡산 자락에 위치한 상신리도예촌은 인진왜란 당시 일본 아리타有田 지역에 끌려가 일본 최초로 자기질 백자를 만들며, 일본 도예문화를 일으킨 이참평공 등 조선 도공들의 전통 맥이 살아 숨 쉬는 곳이다. 1993년 도예를 전공한 18명의 30~40대 젊은이들이 이곳에 공동체마을을 형성하면서 현재의 도예촌으로 발전할 수 있었다. 근처에는 통일신라시대 때 지어진 구룡사 당간지주가 있으며 분청사기 중에서도 철화분청을 구워낸 학봉리가마터가 발견됐다.

4월 도예촌 도자기축제 때 방문한다면 가마에서 도자기 구워내는 모습도 지켜 볼 수 있다. 상신리 도예촌에서는 자연철을 곱게 갈아 그린 철화분청사기를 복원하였으며, 철화분청사기는 이 지역에서만 생산되므로 '계룡산분청'이라고도 부른다.

특색이 뚜렷한 공방전시실

도예촌 마을 입구 전시장으로 발걸음을 옮겨본다. 아기자기한 멋과 실용성을 강조한 작품들이 찻집을 겸한 공방에 즐비하다. 도자기에 담겨진 야생화 한포기는 통째 가져가고 싶은 마음이 들 정도로 은은한 아름다움이 배어 있다. 전시장 한쪽은 아담한 찻집을 겸하고 있어 차 한잔의 여유를 즐길 수 있다.

상신리도예촌은 각 공방마다 작가의 특성을 살려 전시장이 운영되므로 둘러보는 재미가 쏠쏠하다. 기하학적 조형물이 건물의 색상과 잘 어우러진 계룡토방을 지나면 검푸른 바다에 저마다 좋은 글귀를 품은 갈매기가 군무지어 날고 있는 고토갤러리를 만난다. 지역문인들이 도판 하나하나에 글을 적어놓은 것으로 글귀 하나하나가 마음속에 속속 새겨진다. 인상적인 글귀를 하나만 소개하면 '세월아 불쌍한 세월아 넌, 우릴 다 보내고 나면 홀로...' 필자에게는 많은 생각이 한꺼번에 교차했던 글귀이다.

초록색 건물 위로 작은 자전거 한 대가 하늘을 향하고 있는 소여도방은 보는 사람들에게 저마다 상상력을 자극한다. 아들이 유학을 떠나자 달려가 보고 싶은 마음을 아들이 타던 자전거로 표현한 것이라는데 지금 그 아버지는 돌아가시고 아들이 공방을 운영하고 있다.

다시 재현된 철화분청사기 어문병

도자기 빚는 모습을 직접 볼 수 있는 웅진요공방은 외부에 쌓아 놓은 흙벽돌이 먼저 눈에 들어온다. 쌓아놓은 벽돌에는 시인 송수권 님의 '적막한 바닷가'라는 시가 적혀있는데, '적막한 바다를 가마에 넣고 싶다.'라는 작가의 말 한 마디에 애틋함이 느껴진다. 웅진요에 들어서면 시선을 어디에 둬야 할지 모를 정도로 많은 생활자기와 도자기, 커다란 컵 등이 눈에 들어온다. 공통적으로 작품마다 물고기형상이 그려져 있어 물어보니 공주 학봉리가마터에서 발견된 '분청사기 철화물고기무늬병'을 재현한 것으로 2011년 충남인정 문화상품 공모전에 여기서 출품한 '철화분청사기어문병'이 당당히 선정되었다고 얘기해준다.

계룡산분청사기에는 유달리 쏘가리가 많이 등장한다. 원래 쏘가리는 금강의 특산품으로 임금님께 진상되었다고 하는데, 쏘가리를 뜻하는 한자 궐鱖이 궁궐을 뜻하는 궐闕자와 음이 같다 하여 입신양명이나 성공을 상징한다고 한다. 거친 흙은 도공의 정성스런 손길에서 어느새 부드러운 선으로 살아나 비로소 도자기로 재탄생한다.

여행 정보

찾아가는 길

- 천안논산고속도로 천안분기점 → 당진상주고속도로 공주IC 교차로에서 계룡산 방면으로 우회전 → 백제큰길 따라 1.4km 직진 후 생명과학고교차로에서 자동차검사소 방면 좌회전 → 금벽로 따라 12km, 마티터널 지나 4.2km 직진 후 희망교차로에서 상신리 방면 우회전 → 상하신길 따라 4km 직진 후 우회전 → 도예촌길 따라 800m 이동 → 계룡산도예촌
- 새마을이나 무궁화 탑승 후 조치원역에서 하차 → 조치원역정류장에서 버스 500번 탑승 종촌정류장에서 하차(40여 분) → 세종청사정류장까지 400여m 도보 이동 → 버스 109번 승차 후 외삼1통정류장 하차(30여 분) → 도보로 70m 외삼삼거리정류장까지 이동 후 버스 342번 탑승하여 상신리종점에서 하차(40여 분) → 계룡산도예촌까지 도보로 600m 이동(조치원역에서 대략 2시간 20분 소요)
- 세종시행 고속버스 탑승하여 세종임시터미널 하차 → 첫마을정류장까지 30m 도보로 이동 → 버스 109번 승차 후 지족역에서 하차 → 지하철로 갈아타고 반석역 하차 → 반석역 5번 출구로 나와 버스 342번 탑승 후 상신리종점에서 하차 → 계룡산도예촌까지 도보로 600m 이동(세종시터미널에서 대략 1시간 40분 소요)

이용안내

☎ 충남 공주시 반포면 상신리 555 계룡산도예촌
웅진요(041-857-7331), 이소도예(041-857-8811), 토울공방(041-857-4072), 고토도예(041-857-2005), 소여공방(041-857-8819)

₩ 15,000원(2시간 정도 소요)

먹을거리 _ 등산로식당

상신리 돌담마을에서 등산로 쪽으로 2~3분 정도 차로 오르면 길이 끝나는 지점에 단일암, 상신탐방지원센터 바로 앞쪽에 등산객 사이에서 유명한 두부요리집 등산로식당이 있다. 얼큰한 빨간 순두부가 아니라 직접 만든 하얀 순두부인데, 숨을 쉰다하여 '숨두부'라 부른다. 이곳의 숨두부백반을 시키면 갓 무친 풍성한 나물반찬과 함께 웰빙음식으로 건강한 시골밥상이다.

☎ 충남 공주시 반포면 상신리 3441-1 / 041-857-0064

₩ 숨두부백반 8,000원, 촌두부 8,000원

주변볼거리 _ 공주돌담풍경마을

마을전통이 면면히 이어져온 공주돌담풍경마을은 삼불봉과 수정봉이 감싸고 용산구곡이 흐르는 산세가 무척 아름다운 마을이다. 마을 앞엔 당간지주가 세워져 있고, 공주구룡사지도 만날 수 있다. 마을 돌담길을 걷다보면 시간 감각마저 잃게 된다. 돌담풍경마을은 고려대사회봉사단이 상신리마을의 특징을 살려 돌담과 어우러진 벽화를 그려놓아 더욱 낭만적인 마을 분위기를 자아낸다. 특히 이곳 상신리계곡은 용과 신이 숨 쉬는 곳이다 하여 용산구곡으로 유명한데 취음 권중면선생이 한일합방 소식을 듣고 낙향하여 제자를 키우며 계곡바위에 글을 새겼다는 9곡, 제1곡 심룡문부터 은룡담, 와룡강, 유룡대, 황룡암, 견룡소, 운용택, 비룡추, 신룡연까지 9개의 새겨진 글씨를 찾으며 계룡산 금잔디고개를 넘어 산행해보는 것도 좋다.

⌂ 충남 공주시 반포면 상신리 일대

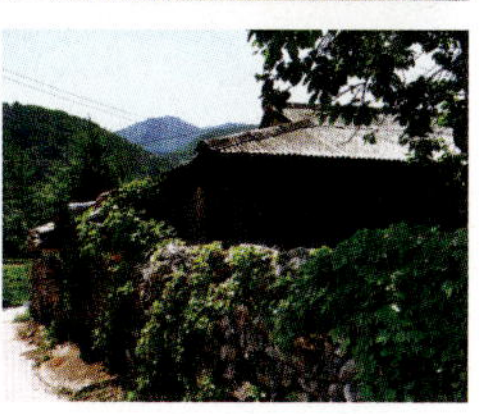

한국을 대표하는 도자기여행

부안청자박물관 – 전북 부안군 보안면에 위치한다. 청자 빛 건물이 인상적인 부안청자박물관은 고려청자의 메카인 유천리, 우동리, 진서리 등 줄포만을 중심으로 청자 발달과정을 이해할 수 있는 곳이다. 세계 도자기 중에서 단연 으뜸인 부안상감청자를 만날 수 있다. 진품을 통해 고려청자의 역사를 이해할 수 있는 청자역사실, 조선시대 분청사기와 백자까지 한국 도자기의 역사를 한눈에 살펴볼 수 있는 청자명품실, 파편으로 살펴보는 호남지역의 고려시대 도자기가마터, 청자제작실, 청자체험실 등을 관람할 수 있다.

한국도자주제공원 이천세라피아 – 경기도 이천 관고동에 위치한다. 경기세계도자비엔날레가 개최되는 이천 설봉공원에 자리한 세라피아는 세라믹과 유토피아의 합성어로 복합전시공간인 '세라믹스 창조센터'와 특별전시관인 '파밀리온' 그리고 도자기쇼핑몰 '도선당', 산정호수 구미호가 있는 한국도자주제공원으로 구성된다. 특히 산정호수 구미호는 온통 도자기로 만들어져 눈여겨 볼 만하다

토야지움 – 경기도 이천 관고동에 위치한다. 재단의 마스코트인 '토야'와 박물관의 합성어로 기존 보관의 의미를 떠나 전시 및 휴게시설을 갖춘 복합개념의 수장고형미술관이다. 토야지움 도서관은 자유롭게 열람이 가능하며 인터넷, 프린트, 복사기와 함께 도자기관련 자료를 한곳에서 찾을 수 있다. 전시관에서는 한국도자재단의 대표적인 소장품도 관람할 수 있다.

Thema 04

영평사, 마곡사
동학사, 갑사, 신원사,
산사 가는 길,

공주는 하늘이 보이지 않을 정도로 울창한 벚꽃터널이 인상적인 동학사, 가을 산사로 손꼽히는 갑사, 명성왕후의 국혼이 깃든 신원사, 구절초가 하얀 꽃물결을 만드는 영평사, 그리고 청기와와 삿자리이야기가 얽힌 마곡사까지 이름만으로도 공주 산사 가는 길은 마음마저 내려놓고 싶은 곳이다.

시선가는 곳 마다 눈꽃이 흩날리는 동학사 벚꽃 길

계룡산이 품은 천년고찰 동학사의 봄은 벚나무 꽃잎들이 연한 분홍빛으로 흩날리고 있어 보는 이들의 마음까지 분홍빛으로 살짝 들뜨게 하는 곳이다. 4월 중순의 동학사로 향하는 길은 온통 벚나무 세상이라 눈이 시리도록 아름답다. 동학사는 남매탑 전설에서 전해지듯 신라시대 상원조사가 암자를 지어 수행한 것이 시초이고, 고려와 조선시대 몇 번의 중건이 있었지만, 한국전쟁으로 소실된 것을 1960년 이후 서서히 중건하여 오늘에 이르고 있다.

동학사는 대한불교조계종 마곡사의 말사이자 우리나라 최초의 비구니 승가대학으로 수많은 비구스님들이 수행

정진하는 사찰이다. 동학사 경내에는 종묘나 관아 등에서나 볼 수 있던 홍살문이 이색적으로 보이고, 대웅전 오른쪽에는 신라와 고려, 조선 때의 충신들을 추모하기 위한 사당 숙모전, 삼은각, 동계사 등이 자리하고 있다. 계룡8경 중 3경(제4경 관음봉 한운, 제5경 동학사 계곡의 신록, 제8경 남매탑 명월)을 품고 있으며 상원암 남매탑을 지나 삼불봉에 오르면 계룡산 공룡능선을 한눈에 조망할 수 있다.

문학적 설렘이 느껴지는 갑사 가는 길

1972년 『현대수필』에 발표된 이상보선생의 '갑사로 가는 길'은 고등학교 교과서에 수록되면서 갑사하면 제일 먼저 떠오르는 대명사가 되었다. 그러다보니 자연히 갑사로 가는 길은 아련한 문학적 설렘마저 기분 좋게 느껴진다. 어느 계절에 찾더라도 아름다운 갑사는 특히 가을날 풍광이 화려하고 아름다워 추갑사라는 애칭도 있다.

5월의 봄날 찾은 갑사는 주차장에 내리면 시작되는 싱그러운 오리나무숲과 길섶을 가득 매운 키 작은 죽단화가 만개해 있어 출발부터 발걸음이 흥겹다. 곧장 갑사 대웅전 쪽으로 향하지 않고 오른쪽 계곡을 끼고 대적전 가는 길로 오르면 24개의 철동으로 된 철당간지주와 대적전 오르는 대나무숲길을 만날 수 있는데 과히 일품이다. 또한 화려한 장식의 갑사부도가 눈길을 끄는데, 원래 갑사 뒤쪽의 계룡산중에 쓰러져있던 것을 이곳으로 옮겨왔다고 한다. 대적전을 둘러보고 대웅전 쪽으로 들어서기 전 마주하는 강당에는 1887년(고종 24년) 충청감사 홍재희가 쓴 갑사편액이 있는데 이 또한 빼먹지 말고 살펴봐야 한다. 공주 갑사는 이처럼 보물 4점(보물 제256호 철당간지주, 257호 갑사부도, 478호 갑사동종, 582호 월인석보목판)과 창건설화를 간직한 천진보탑, 중건설화가 전해지는 공우탑까지 많은 문화재가 산재된 천년고찰이다. 과거 갑사에는 작은 찻집이 있었는데 현재는 문이 굳게 닫힌 것이 운영을 하지 않는 듯하다. 그곳에 앉아 차를 마시면 듣던 계곡 물소리가 그립다.

명성황후의 국혼이 깃든 신원사

동학사나 갑사와 달리 관광지화된 사찰의 부산한 느낌이 전혀 없는 산사, 그래서 절집 자체를 온전하게 느낄 수 있는 신원사는 언젠가 읽었던 심인보님의 『곱게 늙은 절집』에서 벽암 큰스님이 앉아계시던 의자가 생각나는 곳이다. 지금은 어디로 치웠는지 사천왕문 옆 큰스님 자리가 더욱 휑하게 느껴지는 것이 아쉽다.

계룡산의 3대사찰 중 하나로 손꼽히는 신원사는 백제 의자왕 11년(651년) 보덕선사가 창건하였고 임진왜란 때 소실된 것을 조선 고종 13년에 보연화상이 중수하였다. 사찰 내 대표적 건물은 대웅전, 영원전, 독성각, 범종각, 요사채와 세진당, 계룡선원 등이 있고, 왕실의 기도처로 명성황후의 국혼이 깃든 계룡산중악단이 있다. 보물 제1293로 지정된 신원사의 중악단이 특별하게 해석되는 것은 조선 효종 때 유교 명분 강화를 위해 철거됐던 것을 국운이 기울자 명성황후가 민족의 염원을 모아 재건했다는 점 때문이다. 중악단은 묘향산의 상악단, 지리산의 하악단과 함께 국가적 차원에서 산신을 모시기 위해 지어진 대표적인 산신각이다. 현재 상악단과 하악단은 멸실되고 중악단만 현존하는데, 중악단 편액은 '내 목이 잘릴지언정 한 치의 땅도 내놓을 수 없다.'고 청나라와 영토회담에서 울분을 토한 조선 후기 문신 이중하가 썼다고 전해진다.

가을이면 구절초로 꽃 사태가 일어나는 영평사

무엇인가를 기다린다는 것은 참으로 설레는 일이다. 10월, 가을하늘이 파랗게 높아지면 늘 기다려지는 들꽃이 있다. 산사 여기저기에 아무렇게나 흐드러지게 피어나는 구절초, 마치 꽃 사태라도 난 듯 눈부시게 아름다운 곳, 들어오면 편해진다는 이름처럼 가을이면 무작정 그리워지는 곳, 바로 영평사이다. 마곡사의 말사 중의 한 곳인 영평사는 금강을 거슬러 올라 역룡의 자세를 취하는 기세가 좋다는 장군산 명당에 자리하고 있다.

영평사는 앞서 소개한 계룡산 유명사찰들과 달리 최초 창건 시기는 알 수 없으나, 현재 사찰의 모습은 1987년 주지 환성스님이 중창불사를 일으키면서 오늘에 이르렀다고 한다. 이 절집이 특별해진 이유는 가을이면 구절초 하얀 꽃잎이 사찰 주변을 온통 뒤덮어버리는 장관을 연출하기 때문이다. 이 기간에 맞춰 사찰에서 주최하는 '구절초 꽃축제'가 열리는데, 산사음악회까지 겸하고 있는 나름 큰 축제이다. 꽃도 좋고, 음악도 좋지만 이때는 사찰에서 제공하는 국수를 먹으려고 마당까지 긴 줄로 늘어선 사람들 행렬 또한 볼거리가 된다. 장독대 뚜껑을 상 삼아 구절초 꽃 속에서 먹는 맛있는 국수와 연밥은 시각과 미각 그리고 가을 산사의 풍경소리까지, 모든 감각이 행복에 겨운 시간 속으로 빠져든다.

십승지지의 명당, 마곡사

마곡사는 유서 깊은 사찰로 '택리지'나 '정감록'에서 전란을 피할 수 있는 십승지지 명당에 자리한 사찰이다. 백제 무왕 때 신라 고승 자장율사가 창건한 것으로 전해지며, 이름에 얽힌 설화도 몇 가지 전해지는데 창건 후 낙성식 때 자장율사의 법문을 들으려고 몰려든 사람이 삼麻과 같이 무성했다하여 한자 마(麻)를 넣어 마곡사라 하였다고 한다.

오랜 역사만큼 많은 이야기를 담고 있는 마곡사는 일주문을 지나고도 한참을 돌아 들어가야 해탈문과 천왕문을 차례로 지날 수 있다. 극락교를 지나야 비로소 절집 마당에 들어서고 마곡사의 아름다운 가람들을 만날 수 있다. 극락교를 중심으로 세조친필 편액이 걸린 영산전 영역과 수많은 이야기가 전해지는 대광보전 영역으로 나눠진다. 마당 중심에는 상륜부가 금동제로 장식된 라마탑 형식의 보물 제799호 마곡사오층석탑이 자리한다. 사람이 죽어 염라대왕 앞에 가면 '마곡사 청기와를 보았느냐?'라 묻는다는데, 실제 눈여겨 살펴보면 대광보전 용마루 가운데 딱 한 장의 청기와를 찾을 수 있다. 보물 제802호인 대광보전에는 찾아봐야 할 것이 하나 더 있다. '삿자리를 짠 앉은뱅이 이야기'가 전해지고 있는데, 지금은 삿자리 위에 카펫이 깔려있으므로 살짝 카펫을 들춰야 확인할 수 있다.

응진전 바로 옆에는 백범 김구선생이 명성황후 시해에 가담한 일본군장교를 때려죽이고 옥살이 중 탈옥하여 숨어들었던 거처가 잘 보존되어 있다. 또한 요사채 마당에는 김구선생이 돌아와 광복을 기념하여 심은 향나무가 푸르게 자라고 있다. 2층 건물인 대웅보전은 기둥을 안고 돌면 아들을 낳는다는 이야기와 죽어 저승가면 염라대왕이 마곡사 싸리나무 기둥을 몇 번이나 돌았느냐고 묻는 다는 이야기가 구전된다.

여행 정보

찾아가는 길 / 이용안내

동학사

① 천안논산고속도로 → 정안IC → 23번국도 → 월송교차로 → 32번국도(대전방향) → 박정자삼거리 → 동학사

② 호남고속도로 → 유성IC → 32번국도(공주방향) → 박정자삼거리 → 동학사

대전유성시외버스터미널 ↔ 동학사(107번 버스 대략 30~40분 소요), 공주시외버스터미널 ↔ 700번 탑승 후 옥룡동정류장 하차 ↔ 동학사(350번 버스 대략 1시간 소요)

충남 공주시 반포면 동학사1로 462 / 042-825-2570

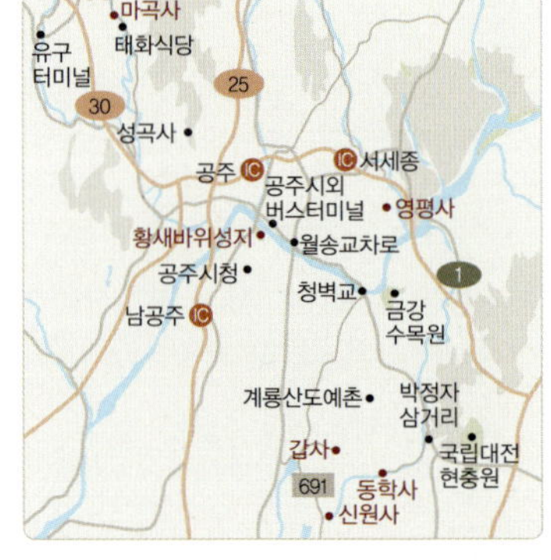

₩ 어른 2,000원, 청소년 700원, 어린이 400원

갑사

☎ 충남 공주시 계룡면 중장리 52 / 041-857-8981

₩ 어른 2,000원, 청소년 700원, 어린이 400원

신원사

☎ 충남 공주시 계룡면 양화리 8 / 041-852-4230

₩ 어른 2,000원, 청소년 700원, 어린이 400원

영평사

☎ 세종특별자치시 장군면 산학리 441 / 044-857-1854

마곡사

☎ 충남 공주시 사곡면 운암리 567 / 041-841-6221

₩ 성인 2,000원, 청소년 1,500원, 어린이 1,000원

먹을거리 _ 마곡사 태화식당

공주 마곡사 근처의 음식점들은 대부분 산채정식과 부침개 등을 판매한다. 마곡사 주차장 바로 앞에 있는 태화식당은 찾기에도 좋고, 음식도 깔끔한 집이다. 이 집 메뉴 중에서 표고정식찌개를 시키면 한상가득 내오는 반찬의 가짓수에 놀라는데 조금씩 다른 맛이 나는 나물은 무엇부터 손이 가야 할지 방황하게 만든다. 부침개 역시감기는 맛이 일품이다.

☎ 충남 공주시 사곡면 운암리 568 / 041-841-8020

₩ 표고버섯찌개 14,000원/ 모듬전 10,000원

주변볼거리 _ 한국 천주교의 초석이 된 순교지 황새바위성지

황새바위는 역사상 가장 많은 순교자가 발생한 천주교 순교지로 박해에 굴하지 않고 포교활동을 펼쳤던 치열했던 아픔을 간직한 곳이다. 이곳 십자가의 길은 예수 그리스도가 사형선고를 받은 후 십자가를 지고 갈바리아산에 이르기까지 있었던 14가지의 중요 사건을 조각상으로 표현해놓은 곳이다. 순교탑은 순교자들이 참수당할 때 쓰인 칼을 형상한 것으로 두 개의 칼이 맞대고 있는 모양이다. 12사도를 상징하기도 하는 열두 개의 빛돌은 무명순교자들을 위한 비석이다. 공주는 온갖 고문과 회유, 공포 속에서도 순교로서 신앙을 지켜낸 순교역사 100여 년의 아픔을 간직한 거룩한 땅이다.

☎ 충남 공주시 금성동 6-1번지 / 041-854-6321

풍경소리가 아름다운 대한민국 암자

구례 화엄사구층암 – 안마당에 들어서면 대웅전격인 천불보전보다 산중다원으로 사용하고 있는 요사채 기둥이 먼저 눈길을 끄는 곳이다. 수령이 약 200년 된 모과나무 기둥은 100여 년 전 요사채를 새로 지을 때 암자 마당에 자라던 나무를 베어 그대로 사용하였다. 주춧돌 위에 당당하게 선 고목은 서까래를 마치 살아있는 듯 이고 있다. 구층암 다원에서는 차를 무료로 제공하는 데 이곳의 죽로야생차 맛은 잊을 수가 없다.

안동 봉정사영산암 – 〈달마가 동쪽으로 간 까닭은〉이라는 영화를 촬영했던 곳으로, 유홍준교수는 『나의 문화유산답사기』에서 '굴곡과 표정이 많은 마당'으로 표현하여 어떤 곳일까 더욱 궁금증을 유발했던 곳이다. 우화루를 지나 만날 수 있는 관심당, 송암당, 응진전(나한전), 삼성각까지 질서 정연하게 어깨를 나란히 연결된 ㄷ자형 건물은 툇마루와 누마루가 끊어질듯 이어져 암자라기보다는 깊은 세월 품고 있는 한옥가정집을 들여다보는 듯 아기자기함이 넘친다.

영천 은해사백흥암 – 은해사에서 2.5km 떨어진 백흥암은 부처님 오신 날과 백중 때만 개방을 한다. 함부로 볼 수 없어 더욱 귀하게 느껴지는 암자에 들어서면 조선시대 사찰 건축의 백미라 할 수 있는 극락전과 산해경의 기이한 세계를 표현한 수미단이 있다. 특히 백흥암의 미나리 밭은 허영만화백의 『식객』 88화 미나리편 배경이 된 곳이기도 하다.

백제문화단지

대백제의 영광, 1400여 년 전 찬란했던

2010년 세계대백제전이 개최되면서 개장한 백제문화단지는 123년간 백제의 왕도였던 부여, 그 화려했던 대백제문화를 오늘로 이어주는 곳이다. 삼국시대 왕궁의 모습을 최초로 재현하였는데, 백제의 왕궁 사비궁, 백제왕실의 사찰 능사, 위례성, 고분공원, 생활문화마을 등 백제의 역사문화를 한곳에서 살펴볼 수 있다.

한눈에 살펴보는 백제의 문화와 역사, 백제역사문화관

백제의 역사와 문화를 한눈에 볼 수 있는 백제역사문화관은 독특한 외관부터 시선을 사로잡는다. 건물 외관은 우리나라 최초의 석탑인 미륵사지석탑의 층급과 층급받침을 표현한 것이고, 백제사찰의 지붕을 형상화하여 기하학적인 질서와 파격미가 현대적으로 잘 표현된 건물이다. 박물관의 상설전시실은 건립기념관과 제1~4전시실, 체험관, 3D 영상관이 1~2층에 나뉘어 위치한다. 건립기념관은 백제문화단지 건립을 기념하는 공간으로 왕궁정전과 능사오층목탑 등을 1/10 크기로 축소한 모형과 여러 가지 현판을 살펴볼 수 있다. 1전시실부터 4전시실까지는 백제의 역사, 백제의 생활문화, 백제

의 정신세계, 백제의 전통계승을 주제로 1400여 년간 잠자던 백제를 재현하여 복원한 다양한 유물과 유적, 관련자료 등을 전시하고 있다.

백제역사관에서는 사비시대의 유물과 유적지, 백제부흥운동 과정과 백제유민들의 역사를 전시하였고, 백제의 생활문화전시관에서는 최초의 계획도시 사비도성의 모형과 백제인의 의식주 경제활동 등을 살펴볼 수 있다. 2층의 백제 정신세계전시관에서는 민간신앙과 미륵신앙, 불교문화와 미륵정토에 대한 백제인들의 염원을 살펴볼 수 있고, 백제 계승전시관에서는 백제의 문화교류기와 독창적인 문화의 우수성을 알 수 있다. 4개의 전시실 외에 백제체험관에서는 백제기악탈, 백제8문양전돌 탁본, 백제탑쌓기, 토기조각 맞추기 등을 직접 체험하면서 백제문화를 새로운 시각으로 만져보며 느낄 수 있다. 또한 3D영상관에서는 3D입체영상물인 '사비의 꽃' 이 하루 4차례(10, 13, 15, 17시 정각) 상영된다.

성왕의 명복을 빌기 위한 왕실사찰, 능사

사비궁은 제일 먼저 '정월 초하루 한낮'을 뜻하는 정양문을 만나고 이를 지나면 웅장한 사비궁과 화려한 능사가 파노라마처럼 눈앞에 펼쳐진다. 능사는 부여읍 능산리에서 발굴된 유적을 토대로 재현한 건축물인데, 건물과 건물사이 간격뿐만 아니라 기둥과 기둥사이의 간격까지도 동일하게 재현했다고 한다. 능사에는 대통문, 오층목탑, 대웅전, 자효당, 회랑 등 총 13개동이 재현되어 있다. 능사로 들어가기 전 수경정에 오르면 능사의 오층목탑과 연지에 비친 반영사진을 아름답게 담을 수 있다.

능사오층목탑은 높이만 무려 38m로 각 층의 옥개는 서까래 모양으로 돌출되게 하는 백제 특유의 하앙식공법을 적용하였고, 못을 하나도 쓰지 않고 일일이 끼워 맞췄다고 한다. 향로각에서는 능사리사지에서 발견된 국보 287호인 백제금동대향로의 제작과정을 살펴볼 수 있도록 꾸며 놓았다. 또한 사찰의 기본이 되는 대웅전(금당)과 자효당(강당)의 모습도 재현되어 있다. 능사 뒤편 고분공원에는 부여군 규암면과 은산면에서 출토된 석실분이 실제 규모로 조성되어 있어 백제시대 분묘 형태를 한곳에서 살펴볼 수 있다.

백제시대의 왕궁을 재현한, 사비궁

새롭게 재현된 사비궁은 중궁전, 동궁전, 서궁전 영역으로 구분되며, 중궁전은 천정문과 천정전, 동궁전은 문사전과 연영전, 서궁전은 무덕전, 인덕전 등 총 14개 동과 회랑으로 둘러싸여있다. 천정전까지는 어도로 이어지는데 이는 부여군 규암면 외리에서 출토된 건축용 벽돌 문양전 8종(도깨비, 용, 봉황, 연꽃, 구름 등) 중 임금을 상징하는 용문양을 복원 재현한 것이다.

중궁전의 천정전은 사비궁에서 가장 으뜸이 되는 상징적인 공간으로 외관부터 웅장하고 화려하다. 이곳에서는 왕의 즉위식과 신년하례식, 외국사신 접견 등 국가 및 왕실의 주요행사가 치러졌다. 천정전의 주기둥은 높이가 10m로 수령 300여 년 된 원목을 사용하였으며, 우리 눈에 익숙한 단청이 아니라 차분한 느낌의 음양오행설에 입각한 오방색을 기본으로 사용하였다. 천정전 내부의 어좌는 백제문화의 특징이라 할 수 있는 '검이불루 화이불치儉而不陋 華而不侈', 즉 검소하지만 누추해 보이지 않고, 화려하지만 사치스럽지 않은 백제의 미학을 온전히 표현하고 있다.

동궁전에는 왕이 평소 집무를 보던 문사전과 문신들의 집무공간인 연영전과 동궁전을 출입하는 현정문, 후원을 출입할 수 있는 숭지문 등이 있다. 서궁전에는 왕이 주로 무신들과 군사에 관한 집무를 처리하던 무덕전과 인덕전, 선광문, 통천문 등이 있다. 인덕전 현판의 뜻은 태평성대에 나타난다는 영물, 기린의 덕을 의미한다. 사비궁 전체는 동선에 맞게 회랑들이 잘 연결되어 있어 편하게 관람할 수 있다. 사비궁 뒤쪽에 자리한 전망대 제향루에 오르면 백제문화단지 사비궁, 능사, 생활문화마을과 위례문 그리고 롯데리조트까지 한눈에 들어온다.

백제인들의 삶을 엿볼 수 있는 생활문화마을과 위례성

생활문화마을은 백제사비시대의 주거단지를 재현한 곳으로 백제인들의 계층별 주거유형과 생활모습을 살펴볼 수 있다. 마을 가운데 위치한 귀족가옥은 백제의 최고의 벼슬이었던 대좌평 사택지적(백제 의자왕 때의 대신)의 가옥을, 군관가옥은 계백장군의 가옥을 각종 문헌과 유물자료를 토대로 연출재현한 것이다. 또한 백제 중류계급에 속하는 의박사 왕유릉타(일본에 본초학을 전수한 성왕 때의 의박사)의 집, 오경박사 단양이(무령왕 때의 학자)의 집, 악사 미마지(무왕 때 음악가)의 집 등이 연출되어 있고, 그밖에도 건축가 아비지(신라 황룡사9층석탑의 제작을 도운 백제 장인)의 집, 제철기술자 탁소(일본에 제철기술을 전파한 근초고왕 때의 인물)의 집, 도공 신한고귀(개로왕 때 일본에 도예 기술을 전수한 도공)의 집 등이 재현되어 있어 백제인들의 신분에 따른 생활풍습을 엿볼 수 있다.

생활문화마을 위쪽에 자리한 위례성은 백제 개국초기 한성시대(BC18~AD475)의 도읍을 여기에 재현한 곳으로 고구려에서 남하해온 온조왕이 터전을 잡았던 곳이다. 망루를 지나 들어가는 위례성은 역사적 고증을 토대로 토성을 쌓았고 정면에는 해자를 두어 개국당시 궁성의 모습을 보여주고 있다. 온조왕이 하남위례성에 도읍하였을 때 정무를 보던 위례궁과 군관, 우보 울음의 집, 고상가옥, 개국공신 마려의 집, 좌평청 등 총 30여 개의 동이 재현되었다.

효율적인 포인트 동선

✔ 사진으로 미리보는 동선 지도

매표소 → 정양문 → 능사 → 고분공원 → 사비궁 → 제향루 → 생활문화마을 → 위례성 → 정양문 → 백제역사문화관(체험형 코스 3~4시간 소요)

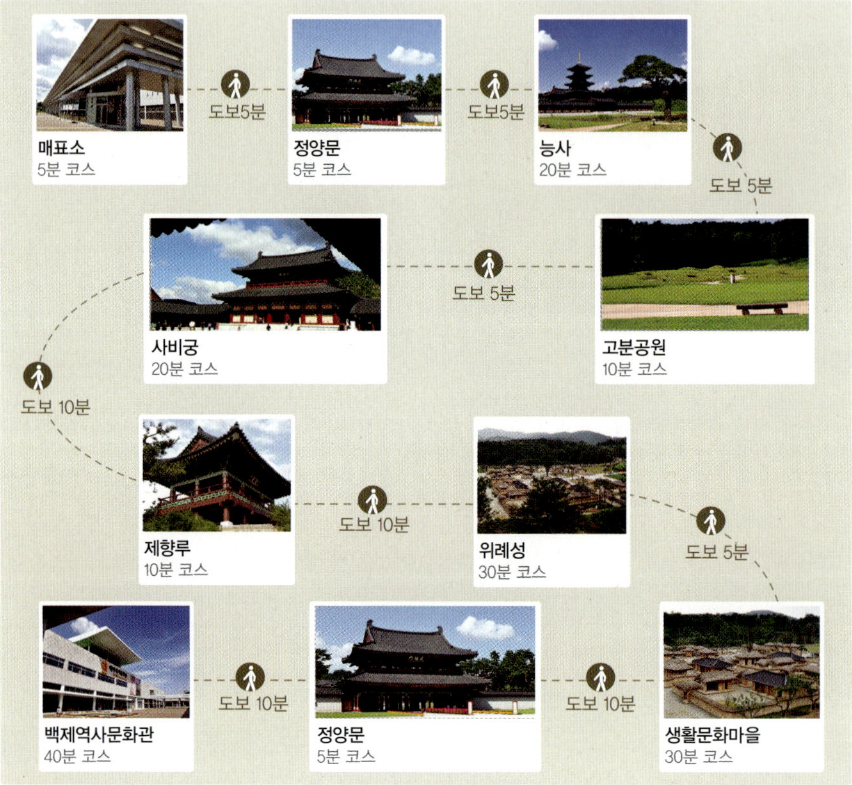

매표소
5분 코스

도보5분

정양문
5분 코스

도보5분

능사
20분 코스

도보 5분

고분공원
10분 코스

도보 5분

사비궁
20분 코스

도보 10분

제향루
10분 코스

도보 10분

위례성
30분 코스

도보 5분

생활문화마을
30분 코스

도보 10분

정양문
5분 코스

도보 10분

백제역사문화관
40분 코스

여행 정보

찾아가는 길

🚗 ① 천안논산간고속도로 → 서공주JCT → 서천공주고속도로 → 부여IC → 라복교차로에서 백제문화단지 방면 좌회전 → 호반로 따라 3.6km 직진 후 신리사거리에서 좌회전 → 백제문로 따라 1.7km 직진 후 문화단지사거리에서 좌회전 → 백제문화단지 보면서 주차장까지 이동

② 천안논산간고속도로 → 서논산IC → 대백제로 따라 14.2km 이동 후 가탑교차로에서 우회전 → 성왕로 따라 1.3km 직진 후 대향로로타리에서 우회전 → 성왕로를 따라 1.9km 직진 후 정동교차로에서 좌회전 → 백제문로를 따라 3.7km 이동 → 백제문화단지 보면서 주차장까지 이동

🚌 부여시외버스터미널에서 내린 후 서독안경원정류장까지 150m 도보 이동 → 농어촌버스(부여-신성) 승차 후, 한국전통문화학교정류장에서 하차 → 백제문화단지까지 200m 도보로 이동(총 30여 분 소요)

이용안내

☎ 충남 부여군 규암면 백제문로 368-11 / 041-830-3400

✉ www.bhm.or.kr/

₩ 통합권 어른 4,000원, 청소년 3,000원, 어린이 2,000원 / 백제역사문화관 별도관람 어른 1,500원, 청소년 1,200원, 어린이 800원

🕒 하절기(3~10월) 09:00~18:00, 동절기(11~2월)09:00~17:00 / 휴관 : 1월 1일, 매주 월요일(월요일이 공휴일인 경우 그 다음날)

먹을거리 _ 서동한우

부여군 최초의 한우 판매인증점인 서동한우는 첨가제를 사용하지 않고 자연의 온도와 습도만을 조절하여 건조 숙성시킨 건강 한우를 맛볼 수 있는 곳이다. 장시간 숙성한 고기는 지금까지 느껴보지 못한 묘한 맛과 씹을수록 입안에 퍼지는 치즈향에 반하게 된다. 또한 암소의 목뼈, 다리, 머리 부분을 푹 끓여 만든 육수에 소꼬리부터 갈비, 도가니, 우설 등이 푸짐하게 들어간 서동탕 역시 권할 만하다.

☎ 충남 부여군 부여읍 관북리 118-2 / 041-835-7585

₩ 특수부위모듬 22,000원, 서동탕 10,000원

주변볼거리 _ 부여충남국악단 토요상설문화공연

백제문화단지 내에 있는 부여군국악의전당에서는 매주 토요일 오후 2시에 토요상설공연이 무료로 열린다. 수준 높은 우리전통예술무대 공연으로 전통문화의 계승발전과 국악인 저변 확대 그리고 부여에 머무는 관광객들에게 뛰어난 볼거리를 제공한다. 평소 접하기 어려운 국악공연은 소리와 몸짓으로 꿈과 미래를 보여주는 특별한 공연이 된다. 공연은 미리 전화나 팩스로 예약할 수 있으며, 공연당일 현장에서 무료좌석권을 받을 수 있다.

☎ 충남 부여군 규암면 백제문로 388 / 공연예약 : 전화 041-832-4874, 팩스 041-832-6174

드라마 테마파크

부여서동요테마파크 – 서동과 선화공주의 천년을 되돌린 사랑은 우리 역사상 가장 극적이고 화려한 인생을 살다간 백제 무왕의 설화이며, 백제왕궁과 정화정, 황화궁, 왕궁서고가 있으며, 당시 서민들의 생활을 재현한 어물전, 곡물전, 죽세전, 약초전 등 촬영 당시 모습 그대로 보존되어 있다. 서동요 촬영장에서는 서동요뿐만 아니라 태왕사신기, 이산, 일지매, 연개소문, 천추태후 등 많은 드라마가 제작되었다.

부안영상테마파크 – 조선시대 사극 전문촬영장인 부안 영상테마파크는 '태양인 이제마'를 비롯하여 '불멸의 이순신', '이산', '왕의 남자', '한반도', '황진이', '궁녀' 등 수 많은 영화와 드라마가 촬영되었다. 특히 역사적 고증을 거쳐 경복궁과 창덕궁을 사실적으로 재현하였으며, 기와촌에는 양반가, 서원, 서당, 전통찻집 등이 있고, 평민촌에는 도예촌, 한방촌, 목공 및 한지공예촌이 형성되어 있어 직접 체험도 가능하다.

합천영상테마파크 – 영화 '태극기 휘날리며'의 평양시가지 세트장이 있다. 기차를 타고 드라마세트장으로 들어가면 폐허가 된 평양 시가지, 조선총독부, 헌병대건물, 경성역, 세브란스병원, 파고다공원, 반도호텔, 목욕탕, 살롱, 찻집 등 1930~1940년대 경성 시가지의 모습과 1960~1980년대 서울 소공동거리가 재현되어 합천에서 서울의 거리를 걷는 듯한 시간과 공간여행이 가능한 곳이다.

Thema 06

부소산성

백제의 역사를 들려주는 숲길,

백제의 최후를 간직한 부소산성은 규모가 큰 산성 중에 하나로 부소는 소나무가 많은 산을 뜻한다. 부소산은 부여의 진산으로 해발 106m의 완만한 산세지만 부여의 신시가지와 백마강을 한눈에 조망할 수 있는 곳이다. 산성 숲길 주변에는 낙화암과 고란사를 비롯해 여기저기 백제궁터의 흔적이 아직까지 남아있다.

백제의 마지막 보루, 복합식 토성 부소산성 (부소산문~영일루)

부소산성은 산 정상을 중심으로 테뫼식(머리띠를 두르듯 산봉우리를 중심으로 쌓는 방식) 산성을 쌓고, 다시 그 주위를 포곡식(산능선과 골짜기의 자연지형을 따라 쌓는 방식)으로 둘러쌓은 복합식 산성으로 부여 서쪽을 반달모양으로 휘감아 흐르는 백마강까지 접해 있어 도성 방어에 최적의 천연요새였다. 백제시대에는 평소 왕실의 비원으로 사용되다 전시에만 도성방어 거점으로 활용되었다. 산성 둘레는 2,495m, 면적은 약 74만 제곱미터로 산책하듯 걸으면 두 시간 정도 소요된다.

부소산성 첫 문인 부소산문(매표소)을 들어서면 삼충사로 향하는 것이 일반적이지만 삼충사 못미처 삼거리 안내간판 왼쪽을 살펴보면 일제강점기 때 파놓은 아치형 지하통로가 보인다. 하수구처럼 보이지만 신사참배를 위해 사람들이 드나들던 통로였다고 한다. 현재 삼충사 자리가 일본신사가 있었던 곳이다. 삼충사(충남 문화재자료 제115호)는 의자왕 때 충신 성충, 흥수, 계백의 영정과 위패를 모신 사당으로 1957년에 세웠다. 매년 10월 백제문화재 때 여기서 삼충제를 지낸다.

삼충사를 지나 터널을 이루고 있는 나무숲길을 따라 걷다보면 사비성을 감싸는 백제만의 독특한 토석혼축土石混築의 성곽을 볼 수 있다. 토성 위로 햇살 한줌 비추니 치열했던 시간보다는 평화롭고 포근함이 느껴진다. 성곽의 아름다운 선에 빠져 걷다보면 어느새 영일루(충남 문화재자료 제101호)와 마주한다. 영일루는 영일대가 있던 자리로 왕과 귀족들이 계룡산 연천봉으로 떠오르는 해를 맞이하던 곳이다. 현재 누각은 1964년에 조선시대 홍산관아의 문루를 이곳으로 옮겨온 것이다.

부소산성 토성을 가장 아름답게 만날 수 있는 곳, 반월루(군창지~사자루)

영일루를 지나면 1915년 불에 탄 쌀이 다량 발견되면서 세상에 알려진 군창지(충남 문화재자료 제109호)를 만날 수 있다. 군창지에서는 ㅁ자 형태의 조선시대 건물지가 발견되면서 이곳이 백제시대부터 조선시대까지 중요한 군사거점으로 군량을 보관하던 창고로 사용되었을 것이라 추정하고 있다. 군창지를 지나 한참을 걷다보면 수혈주거지가 보인다. 수혈주거지는 1980년에 발굴된 움집터로 아궁이 바닥에서 출토된 백제토기 뚜껑과 무구류 등의 유물로 보아 5~6세기경 백제군의 병영이 있던 곳으로 추정한다. 계속해서 조금 더 숲길을 걷다보면 테뫼식산성과 포곡식산성이 겹쳐지며 시야가 조금씩 트이면서 반월루가 보이기 시작한다.

반월루는 1972년에 지은 2층 누각으로 이곳에 서면 부소산성을 가장 아름답게 조망할 수 있다. 누각에 오르면 부여시가지가 한눈에 들어오는데, 유유히 부여를 감싸며 흐르는 백마강이 마치 반달처럼 조망되는 곳이다 하여 반월루라 하였다. 반월루에서 사자루로 가는 길은 내리막으로 이어지는 토성길이다. 사자루는 부소산 가장 높은 곳(해발 106m)에 자리하는데 영일루가 일출을 보면 하루를 계획하던 곳이라면 이곳은 송월대가 있던 자리로 달을 보며 하루를 되돌아보고 마음을 정리했던 곳이다. 지금의 사자루는 조선 순조 때 세운 임천면의 관아정문을 1919년에 여기로 옮겨온 것으로 당시 터를 고르던 중 보물 제196호로 지정된 금동불(금동정지원명석가여래삼존입상)이 발견되기도 하였다.

백화정에서 내려다보는 백마강과 낙화암 (백화정~고란사선착장)

사자루에서 백화정으로 가는 길에는 연리지를 만날 수 있는데, 안내판에는 '가까이 자라는 두 나무가 맞닿은 채로 오랜 세월을 지나면 서러 합쳐져 한 나무가 되는 현상'이라고 설명되어 있다. 낙화암 정상 쪽에는 백화정(충남문화재자료 제108호)이라는 정자가 있다. 백마강을 한눈에 내려다 볼 수 있는 이곳은 백제 멸망당시(서기660년) 궁녀들이 꽃잎처럼 낙화암 아래 몸을 던져 죽음으로서 절개를 지킨 곳이다. 백화정 옆에는 천 년 세월을 무심히 고고함 간직한 채 우뚝 선 천년송이 있다. 낙화암(충남 문화재 제110호)에서 유유히 흐르는 백마강을 내려다보니 마치 백제가 흘러가는 듯하다. 백화정에서 고란사로 향하는 길은 조심스런 계단길이다.

지형 특성상 가람 배치가 가로로 늘어선 고란사(충남 문화재 제98호)는 전각을 한눈에 담기 어렵다. 아쉽게도 창건 기록 또한 전해지지 않아 백제 말 궁에 딸린 내불전 혹은 왕을 위한 정자였을 것이라 추정하고 있다. 백제 멸망과 함께 소실된 것을 고려현종 때 궁녀들의 한을 달래기 위해 중창하였고 사찰 뒤에 희귀한 고란초가 자생하므로 그 이름을 따서 고란사라 불렀다 한다. 현재 고란사 건물은 1900년에 은산면 각대리에 있던 숭각사 건물을 이곳으로 옮겨 지은 것이다. 사찰 뒤쪽에는 한 잔 마시면 3년 젊어진다는 고란정 약수가 있으니 잊지 말고 꼭 마셔보자. 고란사 바로 아래는 선착장이 있는데 여기서 구드래나루터까지 황포돛배를 타보는 것도 좋다. 황포돛배에서 올려다보는 낙화암은 전망대에서 내려볼 때보다 웅장하고 아련하게 느껴진다. '백마를 미끼로 용을 낚은 강', 백마강을 따라 흘러가다보면 부여부산이 가깝게 한눈에 들어오고, 백제를 멸망시킨 당나라 소정방이 용을 낚으려고 앉았던 바위 조룡대와 낙화암 적벽에 조광조가 썼다는 '落花巖'이라는 한자를 찾아볼 수 있다.

효율적인 포인트 동선

✔ 사진으로 미리보는 동선 지도

부소산문 ↔ 삼충사 ↔ 영일루 ↔ 군창지(또는 태자천숲길) ↔ 수혈주거지 ↔ 반월루 ↔ 사자루 ↔ 백화정 ↔ 낙화암전망대 ↔ 고란사 ↔ 고란사선착장 ↔ 구드래선착장 ↔ 구드래 공원(코스를 구드래공원부터 부소산문까지 반대로 돌아도 된다.(총 3~4시간 소요))

여행 정보

찾아가는 길

🚗 ① 천안논산간고속도로 → 서공주JCT → 서천공주고속도로 → 부여IC → 라복교차로에서 백제문화단지 방면 좌회전 → 호반로 따라 750m 직진 후 규암 방면 우회전 → 리복로 따라 800m 직진 후 우회전 → 충절로 따라 1.2km 직진 후 규암사거리에서 좌회전 → 백제교 지나 백강교차로에서 좌회전 → 성왕로 따라 직진 후 소방서로타리에서 1시 방향 420m 직진 후 부소산성 주차장입구

② 천안논산간고속도로 → 서논산IC → 대백제로 따라 14.2km 이동 후 가탑교차로에서 우회전 → 성왕로 따라 1.3km 직진 후 대향로로타리에서 11시 방향 성왕로 따라 1.4km 직진 후 부소산성 주차장입구

🚌 부여시외버스터미널에서 내린 후 터미널을 등지고 200m 정도 직진하면 소방서로터리 → 계속 직진하면 부소산성 구문(로타리에서 오른쪽 성왕로를 따라 200여m 직진하면 부소산성 주차장입구)

이용안내

☎ 충남 부여군 부여읍 관북리 63-1 / 041-830-2512

🕒 하절기(3~10월) 08:00~18:00, 동절기(11~2월) 08:00~17:00

₩ 어른 2,000원, 청소년 1,100원, 어린이 1,000원

고란사선착장(041-835-4690) 구드래 ↔ 낙화암(왕복 : 6,000원, 편도 4,000원 / 황포돛배 백마강일주 12,000원)

먹을거리 _ 장원막국수

음식점보다 주차장이 더 넓은 장원막국수집은 오전 11시~오후 5시까지만 영업을 하는데 메뉴도 막국수와 편육 딱 두 가지뿐이다. 편육은 얇고 넓게 썰어 나오는데 무슨 비법이 있는지 고기 특유 냄새도 전혀 나지 않으면서 입에서 살살 녹는다. 칼칼한 고추장아찌와 싸서 먹는 것도 좋지만 가늘게 나오는 막국수에 편육을 감아서 먹으면 별미다.

☎ 충남 부여군 부여읍 나루터로 62번길 20 / 041-835-6561

₩ 편육 15,000원, 메밀막국수 5,500원

주변볼거리 _ 국립부여박물관

백제의 찬란한 문화를 꽃피웠던 사비시대(538~660)의 수도 부여는 백제문화의 연구와 조사, 보존에 있어 중추적인 역할을 하고 있다. 백제시대 유물 15,000여 점을 소장하였으며, 그 중 1,200여 점의 중요 유물을 전시하고 있다. 백제 이전 선사시대, 백제생활문화, 백제예술세계로 구분하여 전시하며, 국보 287호 백제금동대향로의 진품이 전시되어 있다. 야외전시장에는 원명국사의 공적을 새긴 비석과 고려후기의 비석, 불교연구에 중요자료가 되는 보광사대보광선사비(보물 107호), 고려시대의 불상 석조여래입상, 백제시대를 대표하는 석조부여석조 등 많은 유물들이 전시되어 있다.

☎ 부여군 부여읍 금성로 1번지 / 전화 : 041-833-8562

✉ buyeo.museum.go.kr

걷기 좋은 산성길

위봉산성 – 전북 완주 송광사에서 오성제를 넘어 올라오면 고갯마루에 위봉산성이 있고, 위봉사와 위봉폭포로 이어진다. 위봉산성은 조선 태종(1407년) 때 축성한 것을 숙종 때(1675년) 중수한 포곡식 산성으로 높이는 1.8~2.6m이고, 둘레는 16km에 달한다. 산내 시설물로 성문 4개와 암문지 6개, 장대 2개, 포루지 13개가 확인되었다. 위봉산성은 완주 고종시 마실길의 출발점으로 이곳 산성에서 출발하여 위봉마을 → 위봉폭포 → 송곳재 → 다자미마을 → 학동마을 → 대부산재 → 거인마을까지 이어지는 총 길이 18km이다.

담양금성산성 – 전라남도 담양군 금성면에 있는 삼국시대 성곽으로 사적 제353호로 지정되어 있다. 삼국시대에 축조된 것을 1409년 태종 때 개축하였다. 동서남북 4개의 성문터가 있으며, 통로 외에는 30m가 넘는 절벽으로 둘러싸인 완벽한 지리적 요건을 갖춘 산성이다. 금성산성은 약 11km로 5시간 정도 걸린다. 보국문 → 충용문 → 시루봉 → 동문 → 운대봉 → 산성산 → 북문 → 서문 → 철마봉 → 노적봉으로 이어지는 구간은 험준한 구간도 많으므로 조심해야 한다.

부산동래산성 – 금정산을 품고 있는 18.8km의 단일산성으로 국내최대 규모이다. 부드러운 듯 강인함이 느껴지며, 고담봉, 상계봉 등의 봉우리로 엮어진 포곡식 산성이다. 자연지형을 최대한 이용하였으며, 성벽 높이는 1.5~3m로 남북이 길고 동서가 짧은 타원형이다. 산성에는 4대문이 있고, 성문과 성문사이에는 4개의 망루가 있다. 성곽에 오르면 부산과 김해를 나누는 낙동강과 김해평야가 파노라마처럼 눈앞에 펼쳐지며, 맑은 날에는 멀리 거제도까지 보이는 부산의 진산이다.

Thema 07

정림사지

백제의 혼을 깨우는

부여정림사지는 불교적 윤리를 바탕으로 찬란히 꽃피웠던 백제문화의 심장부 사비성에 세워졌으며, 백제왕실의 흥망성쇠를 끝까지 함께한 곳이다. 국보 제9호로 지정된 정림사지 오층석탑과 보물 제108호로 지정된 정림사지석조여래좌상 그리고 부여정림사지박물관은 우수한 백제문화를 세상에 알리는 중요 역할을 하고 있다.

백제불교문화의 진수를 만나는 정림사지박물관

정림사지박물관은 123년간이나 백제의 수도였던 부여 사비시대 문화를 재조명하고, 올바른 백제문화 이해를 위해 2006년에 개관하였다. 사비시대 문화는 불교를 떠나 얘기할 수 없고, 그 정점에는 정림사가 있다. 박물관은 단층 한옥구조로 불교를 상징하는 범어 '卍'자 모양으로 배치되어 있는데, 중앙홀을 중심으로 진입로, 전시실, 관리실 등이 사방으로 펼쳐지며, 이들 모두는 서로 연결된다. 크게 중앙홀, 백제불교문화관, 정림사지관, 기획전시실, 야외전시장으로 구분된다.

중앙홀에 들어서면 붉은색의 배흘림기둥과 처마를 받치는 공포(주두, 소로, 첨차 살미 등) 등을 제대로 살펴볼 수 있는데, 20여 개의 기둥만으로도 웅장했던 백제건축양식의 진수를 보는 듯하다. 중앙홀 체험코너는 아이들이 좋아하는 석제문양퍼즐, 유물조각, 문양적어보기 등을 함께해볼 수 있다. 중앙홀과 전시실 연결 공간에는 우리나라 중부지방 가옥 형태인 'ㅁ'자형

마당을 두었는데 그 공간에도 다양한 유물이 전시되어 있다. 백제불교문화관은 백제의 불교전래 과정과 출토된 유물로 확인된 백제사찰 분포도를 한눈에 살펴볼 수 있다. 또한 백제를 대표하는 유물인 전돌과 기와 제작 과정을 65% 축소된 모형으로 연출하고 있으며, 기와 제작과정과 석탑 제작과정도 모형으로 재현해 놓았다. 정림사지관에서는 백제문화의 중심이었던 정림사와 불교행사모습을 1/12 크기로 축소, 재현하였으며, 정림사지오층석탑 발굴당시 모형과 현재까지의 발굴 진행과정을 사진으로 한눈에 볼 수 있게 전시하였다.

1,400여 년 전 백제의 혼이 되살아나는 정림사지

공부할 것 많았던 박물관을 빠져나오면 야외전시장을 지나 시원하게 열려있는 정림사지로 연결된다. 정림사지는 백제시대를 대표하는 절터이며, 사적 제301호로 지정 보호되고 있다. 1942년 발굴조사 때 강당터에서 발견된 명문기와에 태평팔년 무진 정림사 대장당초(太平八年 戊辰 定林寺 大藏唐草)라고 적혀있어 이를 근거로 1028년(고려 현종)에 정림사라는 이름으로 사찰이 중건되었음을 알 수 있다. 그러나 그 이전 백제시대 창건 당시의 이름은 아직까지 밝혀지지 않고 있다.

정림사 주요 건물 배치는 1979~1984년 6년여 동안의 발굴조사로 중문, 오층석탑, 금당, 강당에 이르는 남북 일직선 배치이고, 중문과 강당을 회랑으로 연결시킨 전형적인 백제식 가람배치였음이 밝혀졌다. 발굴당시 기둥자리로 보아 중문은 정면 3칸 측면 1칸이었고, 금당은 정면 5칸 측면 3칸, 강당은 정면 7칸 측면 3칸의 건물이었던 것으로 추정하고 있다. 발굴조사에서 드러난 중문 앞의 연못은 현재 단정하게 복원되었고, 석불좌상을 보호하기 위한 전각은 1993년에 새로 지은 시설이다. 현재 정림사지에는 백제 때 세워진 국보 제9호 정림사지오층석탑과 고려 때 만들어진 보물 제108호 정림사지석조여래좌상이 남아 있다. 정림사지에서 출토된 유물로는 백제와 고려기와, 연화문와당, 백제벼루, 토기 그리고 흙으로 빚은 불상 등이 있다.

천년의 세월을 이겨 온 한국의 국보와 보물, 정림사지오층석탑과 석조여래좌상

1,400여 년의 세월을 이겨온 정림사지오층석탑은 익산미륵사지석탑(국보 제11호)과 함께 유일하게 남은 백제시대의 석탑이라는 점에서 의의가 크며, 목조 형식을 따랐지만 단순 모방이 아닌 창의적인 조형으로 매우 장중하고 아름다워 과히 한국 석탑의 시조라 할 수 있다. 한때 신라와 연합하여 백제를 멸망시킨 당나라 장수 소정방이 백제를 정벌한 기념탑이라는 뜻으로 정림사지오층석탑 우주(탑의 모서리 쪽에 있는 기둥) 부분에 대당평백제국비명(大唐平百濟國碑銘)이라는 글귀를 새겨놓아 '평제탑'이라 불리는 수모를 겪기도 했다. 정림사지오층석탑은 완벽한 구조미를 느낄 수 있는 석탑으로 가만히 올려다보고 있으면 백제인의 성품처럼 아늑하고 다정하게 다가온다.

보물 제108호 정림사지석조여래좌상은 고려시대 때 만들어진 불상으로 오랜 세월 풍화나 전쟁 등으로 인해 심하게 파손되거나 마모되어 제작기법과 양식 등은 전혀 알 수가 없다. 실제로 불상의 오른쪽 팔과 왼쪽 무릎 등은 형체를 알아볼 수 없고, 현재의 얼굴부분과 갓도 처음 불상 제작 시의 것이 아닌 훨씬 후대에 만들어졌을 것으로 추정하고 있다. 처음 이 불상을 본다면 '어떻게 이런 불상이 보물로까지 지정됐지?' 라는 의문이 들 정도로 보존 상태가 아주 좋지 않다. 하지만 불상을 얹어 놓은 대좌를 자세히 살펴본다면 '아, 보물로 지정될 만하구나!'라고 스스로 답을 찾을 수 있다. 대좌도 오랜 세월 풍화의 흔적이 고스란히 남아있지만 연꽃모양에 단정하면서도 균형 있는 조각 솜씨를 엿볼 수 있다. 정림사지석조여래좌상은 부처님의 장중함이나 위엄은 느낄 수 없지만, 성의 없이 조각한 듯한 동글동글한 얼굴모습에서 오히려 친근감과 자비로운 부처님을 만날 수 있다.

여행 정보

찾아가는 길

- 천안논산간고속도로 → 서공주JCT → 서천공주고속도로 → 부여IC → 라복교차로에서 백제문화단지 방면 좌회전 → 호반로 따라 750m 직진 후 규암 방면 우회전 → 리복로 따라 800m 직진 후 우회전 → 충절로 따라 1.2km 직진 후 규암사거리에서 좌회전 → 계백로 따라 2.7km, 군청 지나 500m 직진 후 좌회전 → 계백로 따라 270m 직진 후 정림사지 방면으로 좌회전 → 73m 직진 주차장입구
- 부여시외버스터미널에서 내린 후 길 건너 우측 부여우체국 → 좌회전 한 후 올레KT 부여지사 방향 → 부여중학교 앞 → 정림사지(약 400m)

이용안내

- 충남 부여군 부여읍 동남리 정림사지길 36 / 041-832-2721
- 하절기(4~9월) 09:00~19:00, 동절기(10~3월) 10:00~17:00
- 어른 1,500원, 청소년 900원, 어린이 700원(매주 월요일, 1월 1일 휴관)
- www.jeongnimsaji.or.kr

먹을거리 _ 메밀꽃필무렵

한국전통문화체험관이라고 적혀있는 메밀꽃필무렵은 전통적인 한옥 건물로 들어서는 순간 음식점이 맞나 싶을 정도로 한옥과 정원이 멋스러운 곳이다. 이집의 상호처럼 메밀로 만든 막국수, 묵, 부침개 등의 메뉴가 있으며, 별식으로 먹을 만한 연잎밥은 가격도 적당한 편이다. 맛으로 분위기로 소담스러운 정원을 내려다보며 여유 있게 식사를 할 수 있는 곳이다.

- 충남 부여군 부여읍 쌍북리 436 / 전화 : 041-837-0806
- 메밀막국수 6,000원, 연잎밥 10,000원

주변볼거리 _ 우리나라 최초의 인공정원 궁남지

사적 제135호 궁남지는 경주 안압지보다 40여 년 앞서 만들어졌다. 백제사비시대 궁궐의 남쪽에 위치했다 하여 궁남지라 불렀으며 신선이 즐기는 산을 형상화한 연못 위의 포룡정에서 하늘거리는 수양버들을 보고 있노라면 마치 한 폭의 그림 속에 들어온 듯한 느낌이다. 서동요로 알려진 신라 진평왕의 딸 선화공주와 백제무왕의 사랑이야기가 전해지며, 매년 7월 종류와 테마별로 조성된 연꽃들이 피어나면 궁남지의 꽃, 연꽃축제가 시작된다.

- 충남 부여군 부여읍 동남리 117 / 전화 : 041-830-2512

전국의 고즈넉한 폐사지

익산미륵사지 – 사적 제150호로 복원중인 익산미륵사지석탑(국보 제11호)과 미륵사지 유물전시관이 갖춰져 있다. 미륵사는 백제 무왕(600~641년) 때 창건한 사찰로 우리나라 최대의 석탑으로 일컫는 국보 제11호 미륵사지석탑과 보물 제236호 당간지주 2기, 도지정문화재 자료 제143호 석등하대석 2기와 여러 건물지, 가마터, 공방지, 연못 등이 있고 현재 동석탑은 복원되었으나 무너진 서석탑은 아직도 복원중이다.

경주감은사지 – 감은사지는 통일신라시대의 절터로 나라를 지키기 위한 호국사찰의 뜻과 신문왕 아버지 문무왕의 극락왕생을 비는 원찰의 성격도 가진 사찰이다. 신라석탑의 진수를 느낄 수 있으며 문무왕의 호국의지와 아름다운 동해안 풍경까지 느낄 수 있는 곳이다.

남원만복사지 – 만복사지는 정유재란 때 불탔으며 중문지, 목탑지, 동서금당지, 북금당지, 강당지, 회랑지 등이 발굴조사를 통하여 밝혀졌다. 고려시대의 오층석탑(보물 제30호), 석좌(보물 제31호), 당간지주(보물 제32호), 석불입상(보물 제43호), 석인상과 초석, 석조물을 볼 수 있다. 또한 김시습의 소설 「금오신화」에 실린 만복사저포기의 무대로도 알려져 있는 곳이다.

Thema 08

서해의 상록수림, 마량리동백나무숲

충남 서천의 마량리는 포구와 동백나무숲이 어우러진 해돋이와 해넘이를 한곳에서 즐기는 명소이다. 서천 끝자락인 마량포구는 서천군에서 바다 쪽으로 꼬리처럼 튀어나온 끄트머리에 위치한 땅끝과 바다가 맞닿아 있어 서해 일출을 감상할 수 있는 곳이다. 일몰이 아름다운 마량리동백나무숲은 500여 년의 수령을 자랑하며 천연기념물로 지정되어 있다.

바다 위에 꽃뭉치가 동백나무숲을 이루다

마량포구 방파제에서 차로 채 5분이 걸리지 않는 거리에 서천화력발전소 입구를 지나면 동백나무숲을 만날 수 있다. 주차장에 내리면 바다 위로 작은 섬 오력도가 보인다. 이 섬은 옛날 한 장수가 마량에서 연도로 뛰어넘다가 신발 한 짝을 떨어뜨렸는데 그게 섬이 되었다는 재미있는 이야기가 전해지는 곳이다. 동백정 오르는 길에는 마량리동백나무숲의 역사를 담은 사진들이 입구 담장에 걸려 있어 사진으로 기록된 예전 동백나무숲의 모습을 볼 수 있다.

동백정은 발전소 뒤쪽으로 약 30m 언덕 위에 자리한다. 동백정을 중심으로 80여 그루의 동백나무가 군락을 이루고 있는데, 보통 수령이 500여 년이 넘는 나무들로 군락 전체가 천연기념물 제169호로 지정 보호되고 있다. 동백나무는 상록활엽수로 주로 따뜻한 남쪽지역에 자생하는데, 거의 북쪽 한계선까지 올라와 군락을 이루고 있어 학술적으로도 가치가 높다고 한다. 이곳 동백나무숲에 얽힌 전설에 의하면 약 500여 년 전, 마량의 수군첨사가 꿈에 바다 위 떠 있는 꽃뭉치를 많이 증식시키면 마을에 웃음꽃이 피고 번영할 것이라는 계시를 받고 바닷가에 가보니 정말 꽃이 있어 이를 증식한 것이 현재의 군락을 이루었다고 전해진다. 이후 마을사람들은 매년 정월에 이곳에서 풍어와 무사안녕을 비는 제를 지내고 있다. 동백나무는 차나무과에 속하는 나무로 꽃은 11월 말부터 이듬해 4월까지 지역에 따라 피는 시기가 다르다. 이곳 마량리 동백나무는 꽃이 피는 시기를 보면 춘백春栢으로 3월말에서 4월초에 절정을 이룬다. 이 기간에는 서천을 대표하는 지역 축제인 동백꽃 주꾸미축제가 열리는데, 서해안에서 갓 잡아 올린 신선한 주꾸미와 활어회 등 다양한 먹거리장터가 동백정 주차장일대에 들어선다.

동백정 일몰, 아름다운 풍경은 사람도 아름답게 만든다

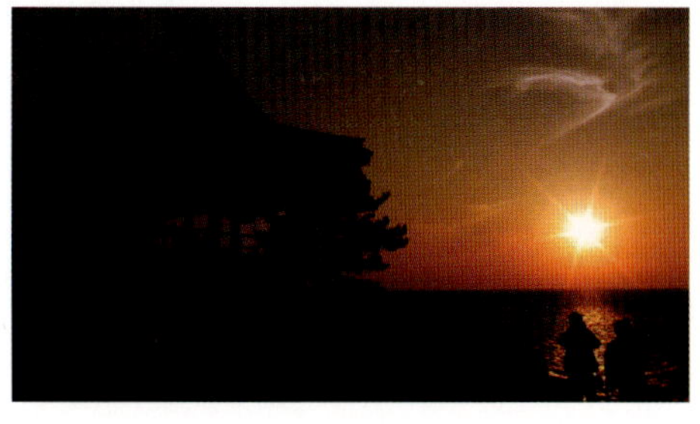

마량리동백나무숲의 최고 명소는 숲 언덕에 우뚝 선 동백정으로 조선 초기에 발간된 지리서 동국여지승람을 보면 '동백정冬柏亭은 군의 남쪽 15리에 있는데, 동백나무 수백 주가 있다.'라고 기록되어 있어, 이곳에 기록 이전부터 동백정이라는 누각이 있었음을 알 수 있다. 하지만 그때의 누각은 언제인지 모르게 사라졌고, 현재의 동백정은 모시로 유명한 서천군 한산면의 조선시대 청사 누각을 1965년에 이곳으로 옮겨와 다시 세웠으며, 편액은 고 박정희대통령이 직접 썼다고 한다. 동백정은 정면 3칸, 측면 2칸의 중층 누각으로, 높이는 약 7m 정도이다.

동백정에 오르면 서해바다의 아름다운 경치가 한눈에 들어오는데, 특히 일몰은 아름답기로 유명하다. 동백정 앞 오력도와 서해바다 황혼이 어우러지는 풍광은 많은 사진작가와 관광객들을 끊임없이 이곳으로 불러 모은다. 사진을 담다보면 오력도의 매력에 흠뻑 빠지게 되는데, 저 넓은 망망대해에 이 섬마저 없었다면 무척이나 심심한 풍경이었을지 모른다. 노을에 빠진 오력도는 붉은 물결과 어우러져 낭만을 불러일으키고, 동백나무와 소나무 사이로 일몰의 여운이 스며들면 실루엣마저 황홀하게 일렁거린다. 아름다운 풍경은 사람도 아름답게 만드는 것 같다.

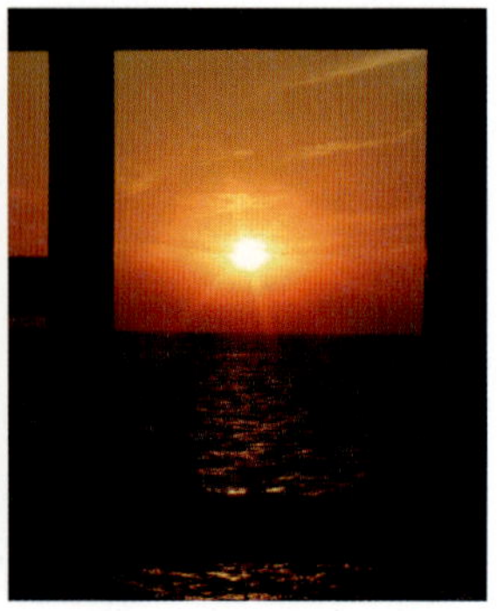

사계절 내내 축제가 이어지는 마량포구

새벽바람 가르며 도착한 마량포구는 비릿한 갯내음이 이정표보다 먼저 포구가 가까워짐을 알린다. 마량포구는 일 년 사계절 축제가 끊이질 않는 곳이다. 3월말부터 4월 초에는 동백꽃/주꾸미축제, 5월말부터 6월초는 광어축제, 9월 초부터는 중하순까지는 전어/꽃게축제, 12월 31일과 1월 1일에는 해넘이/해돋이축제가 이곳에서 진행된다. 말 그대로 사계절 내내 축제가 시작됨을 알리는 곳이다. 특히 이곳은 당진 왜목마을과 더불어 서해에서 일출을 볼 수 있는 곳이다.

마량포구 일출은 언제나 볼 수 있는 것이 아니라 12월 중순부터 60일 정도만 가능하다. 그런데도 이곳이 일출명소가 된 것은 한해를 마무리하면서 일몰을 보고, 다시 다음해를 준비하면서 일출을 볼 수 있기 때문이다. 또한 마량포구는 우리나라 최초로 성경이 전래된 곳이라 알려져 있는데, 1816년 순조 때 영국 함선 두 척이 마량포구로 진입을 시도하다 말도 통하지 않아 되돌아가게 되는데, 이때 마량진 첨사 조대복에게 성경책을 선물로 주었다고 한다. 마량포구 초입에는 이 사건을 알리는 '한국최초성경전래지' 기념비가 세워져 있다.

여행 정보

찾아가는 길

- 서해안고속도로 춘장대IC → 충서로 따라 3.3km 직진 → 성내사거리에서 우회전 후 서인로 따라 7km 직진 → 마량리 방면 좌회전 후 공암남촌길 따라 1.2km 직진 → 동백나무숲 방면 서인로 따라 1.9km 직진 후 동백나무숲 방면 우회전 → 서인로235번 길 따라 985m → 마량리동백나무숲 주차장
- 서천시외버스터미널에서 내린 후 서천로 방면 길 건너 농어촌버스 서천↔동백행 승차 → 마량정류장에서 하차(1시간 10여분 소요) → 동백정까지 도보로 약 800m 이동

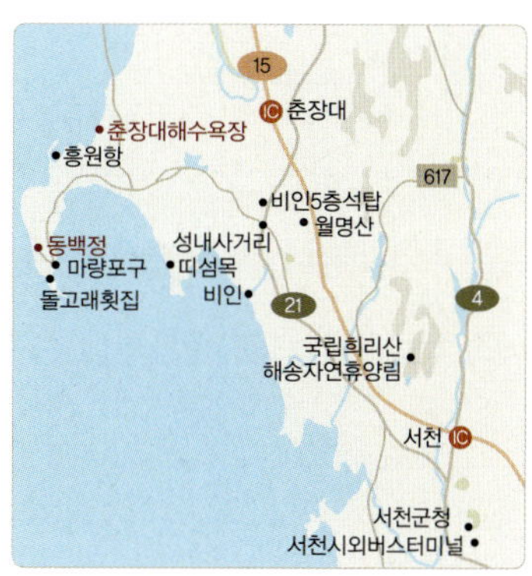

이용안내

- 충남 서천군 서면 마량리 275-1
  041-952-7999(마량리동백나무숲과 해돋이)
- 10:00~18:00
- 성인 1,000원, 청소년 500원, 어린이 300원

먹을거리 _ 돌고래횟집

해안가 포구 가까이 위치한 돌고래횟집은 언 몸을 녹이고 허기진 배를 채우기에도 안성맞춤인 곳이다. 뜨거운 국물이 생각난다면 이집 조개탕을 추천할 만하다. 즉석에서 해주는 달걀김말이가 입맛을 돋운다. 제대로 된 일출을 보지 못했다 해도 조개탕 한 그릇이면 금방 얼굴에 화색이 돈다. 보너스로 사진작가인 이집 사장님 덕에 벽면 가득 채워진 서천의 철새군무와 일출, 일몰사진도 감상할 수 있다..

- 충남 서천군 서면 마량리 178번지 / 041-952-2388
- 조개탕 1인분 7,000원, 꽃게매운탕 35,000원(中)

주변볼거리 _ 춘장대해수욕장

백사장이 2km에 달하며 푸른 해송과 아까시나무숲으로 둘러싸인 넓은 해변이다. 전체적으로 경사가 완만하고 파도가 높지 않아 해수욕을 즐기기에 좋다. 또한 물이 맑아 서천군에서 지정한 청정구역이며, 한국관광공사에서 지정한 우리나라 자연학습장 중의 한 곳이다. 해변 입구에는 금방이라도 날아오를 듯한 갈매기조형물이 있고, 전망대에 오르면 탁 트인 해변 전망을 즐길 수 있다.

- 충남 서천군 서면 춘장대길 20 / 041-953-3383
- www.chunjangdaebeach.com

일출이 아름다운 곳

부산오랑대 – 부산시 연화리에 위치한 오랑대는 송정해수욕장과 국립과학원을 지나 해광사 이정표가 있는 곳으로 진입하면 된다. 옛날 유배온 친구를 찾아온 선비 5명이 절경에 취해 술을 마시며 시와 가무를 즐겼다는 이야기가 전해지는 곳이다. 북풍이 불 때면 파도가 쳐서 동해 바다 해무와 어우러져 일출 장관이 더욱 멋진 곳으로 사진작가들의 출사지로 유명하다. 근처에 대변항과 서암마을, 그리고 젖병등대가 있어 연계하여 둘러볼 수 있다.

장흥소등섬 –소등섬은 한반도 끝자락 포구인 남포마을 앞에 있는 무인도이다. 특히 겨울 일출이 아름다운 곳으로 이청준 소설을 영화화한 〈축제〉의 촬영지이다. 소등섬에는 전설을 담은 백발할머니 조형물이 있으며, 이곳에서는 매년 정월대보름에 당제와 갯제가 열린다.

울릉도도동항 – 울릉도 관문인 도동항은 울릉도여행의 시작이자 끝인 곳이다. 도동항산책로는 해안절경을 제대로 즐길 수 있는 곳으로 저동 촛대바위부터 행남등대까지 이어지는데 왕복 1시간 20분 정도가 소요된다. 오징어잡이 배가 만선의 기쁨을 안고 항구로 돌아올 때쯤 일출은 어지러울 정도로 감동적이다.

Special 01

백제의 왕도를 찾아 나서는 시간여행, 공주 1박 2일

역사문화의 중심이자 오감을 풍성하게 채워 주는 곳, 공주로의 1박 2일 여행은 백제 웅진시대를 제대로 느껴볼 수 있는 역사여행을 겸할 수 있다. 새롭게 깨어나는 공주는 5도 2촌 마을이라는 슬로건으로 평일 5일은 도시에서 주말 2일은 공주에서 보내며 아이들에게는 꿈과 추억을 심어주는 주말도시로 거듭 발전하고 있다.

봄의 사찰 마곡사

유서 깊은 고찰 마곡사는 예로부터 길지로 알려져 기근이나 병란의 염려가 없는 곳에 위치한다. '춘마곡 추갑사'라 불릴 정도로 마곡사의 봄은 아름답기로 유명하다. 마곡사는 독특한 가람배치로 눈길을 끄는데, 개울을 중심으로 영산전을 중심으로 한 수행영역과 대광보전이 있는 교화영역으로 나눠진다. 국내에서는 보기 드물게 독특한 형식으로 만들어진 마곡사오층석탑도 중요 볼거리 중에 하나이다. 대광보전과 대웅보전이 중첩으로 배치되어 수평과 수직이 대비되는 공간미가 빼어나며, 목불의 보고라 부르는 영산전의 목불7구도 눈여겨볼만하다. 대광보전 바닥에는 한 앉은뱅이가 백일기도를 드리며 참나무로 짰다는 삿자리이야기가 전해진다. 현판으로는 세조의 친필로 알려진 영산전과 조선 후기 문인이자 그림에도 능했던 표암 강세황이 쓴 대광보전, 정조 때 청백리로 알려진 송하옹 조윤형이 쓴 신검당 현판까지 고풍스러운 고찰의 풍미와 제대로 어우러진다. 대광보전에서 대웅보전으로 오르는 계단에서 잠시 뒤돌아본 심검당, 중층창고, 요사채 지붕들의 고혹한 자태는 마곡사만의 숨은 매력이다.

직접 만들어 먹는 피자, 공주치즈스쿨

공주자연공예체험관, 공주치즈스쿨에서는 우리나라 치즈의 본고장이라 할 수 있는 임실에서 생산된 자연치즈만을 이용하여 치즈만들기, 피자만들기 등의 다양한 체험프로그램을 진행한다. 온가족이 함께 즐길 수 있는 프로그램으로 아이들은 주도적으로 직접 피자나 치즈 등을 만들어보면서 성취감과 자신감 등을 고취시킬 수 있다. 또한 1,000여 종이 넘는 세계의 치즈 역사, 종류, 재료 등을 퀴즈로 풀어보며 즐거운 한때를 보낼 수 있다. 치즈나 피자만들기 체험 외에도 송아지 우유주기, 뻥튀기, 군고구마(감자) 만들어 먹기, 레일썰매 타보기 등이 야외에서 진행되는데 아이들에게는 놀이동산보다 신나고 즐거운 시간이 된다. 추가적으로 아이스크림만들기, 계란꾸러미 만들기, 한지공예, DIY 목공예 등의 체험프로그램과 1박 2일로도 운영되므로 시간과 비용을 고려하여 선택하면 된다. 체험을 통해 본인이 만든 치즈나 피자는 예쁘게 포장하여 가져올 수 있다.

백제의 재발견, 국립공주박물관

국립공주박물관은 역사의 도시 공주의 문화와 유적을 한눈에 살펴볼 수 있는 곳으로 국보 19점과 보물 3점, 문화재 16,000여 점을 보관, 전시하고 있다. 박물관 내에 재현된 무령왕릉실에서는 왕의 무덤을 지키던 동물 진묘수, 부여금동대향로와 문양이 같은 동탁은잔, 왕과 왕비의 관꾸미개, 귀걸이, 목걸이, 신발, 은제팔찌, 유리동자상, 용봉문환두대도, 금은제 장식칼, 청동거울 등을 살펴보면서 백제의 화려했던 금속공예기술을 살짝 엿볼 수 있다. 충청남도의 고대문화실에서는 독특한 백제의 토기들과 백제와 일본사신의 모습이 그려진 양직공도, 금동관음보살입상 등 구석기시대부터 웅진시대 백제의 문화재와 송산리 고분군에서 출토된 유물들을 좀더 자세히 살펴볼 수 있다. 또한 야외전시장에서는 보물로 지정된 대통사지석조, 불상 등을 볼 수 있다. 이밖에도 야외놀이마당에서는 8자놀이, 망줍기, 달팽이놀이, 오징어놀이 등 다양한 민속놀이도 온가족이 함께 즐길 수 있다.

웅진시대의 백제무덤, 무령왕릉과 송산리고분군

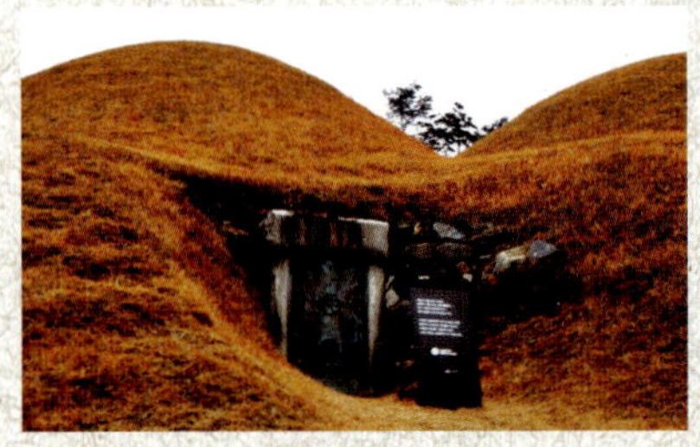

송산리고분군은 백제웅진시대(475~538년)의 왕이나 왕족들 무덤으로 무령왕릉 외에는 누구의 무덤인지 아직까지 밝혀지지 않아 숫자를 붙여 1~6호라고 부르고 있다. 이곳은 조선시대 송시열의 후손인 은진송씨의 종중산이라 하여 '송산'이라 부르고 있는데, 무령왕릉을 포함하여 총 7기의 무덤이 발견되었다. 가장 먼저 둘러볼 곳은 송산리고분모형관이다. 이곳에는 돌방무덤 5호분, 벽돌무덤 6호분 그리고 무령왕릉을 실제크기와 같은 모형으로 재현해두었으므로 백제의 찬란했던 문화와 사후세계관을 엿볼 수 있다.

무령왕릉은 백제의 여러 왕릉 중에서 유일하게 도굴당하지 않은 채 발견되었다고 한다. 1971년 7월 송산리고분 5, 6호분에 물이 스며들자 이를 보수하기 위해 공사를 하던 중에 발견되었는데, 안타깝게도 1500년간이나 봉인됐던 무덤이 발굴에 걸린 시간은 채 하루도 안 될 정도로 졸속 진행되었고, 2년 후에는 일반인들에게 무덤 속까지 공개를 했다. 그러나 점점 습기가 차올라 고분군 보존상의 문제가 생기자 결국 1997년에 영구 폐쇄를 결정한 것이다. 찬연히 빛나는 백제의 문화를 부장품 108종 4,600여 점을 통해 확인할 수 있다는 것은 긍정적이지만 발굴과정이나 사후관리가 철저하지 못했다는 점은 못내 아쉽다. 송산리고분모형관을 둘러본 후 1호분에서 6호분까지 산책하듯 천천히 올라가면 가깝게는 황새바위순교지가 보이고, 멀리 공산성까지 한눈에 들어온다.

한옥 숙박촌, 공주한옥마을

공주한옥마을은 2010년 세계대백제전에 맞춰 개촌한 전통한옥 건축양식에 편리한 현대식 시설을 갖춘 신한옥 개념의 숙박촌이다. 건물의 주목재는 친환경 건축자재인 소나무와 삼나무 등을 사용하였으며 우리나라 전통 난방방식인 구들을 이용하여 전통적인 한옥의 풍미를 그대로 느낄 수 있는 곳이다.

한옥마을 안에서는 취사가 되지 않으므로 식당을 이용해야 한다. 막국수부터 공주국밥, 불고기까

한옥마을과 함께 하는 둘레길

1코스 박물관길 한옥마을 → 박물관 옆길 → 정지산유적지(20~25분 소요)

2코스 무령왕릉길 한옥마을 → 선화당 옆길 → 무령왕릉(25~30분 소요)

3코스 고마나루길 한옥마을 → 곰사당이 있는 금강변 소나무숲(25~30분 소요)

4코스 공산성길 한옥마을 → 무령왕릉 → 공산성(50~70분 소요)

지 식사를 할 수 있는 저잣거리와 편의점이 있으므로 크게 불편하지는 않다. 또한 한옥마을에서는 여러 가지 테마로 전통 문화체험(1인당 5,000~10,000원) 프로그램을 운영하고 있는데 백제차 이야기, 공주알밤으로 과자만들기, 백제 여인의 규방문화 엿보기, 백제유물로 소품만들기, 백제 책엮기 등을 통해 백제인들의 일상생활과 문화를 공유해보는 유익한 시간이 된다. 한옥마을에는 작은 둘레길이 있으며 앞으로는 금강을 품고, 뒤로는 금강솔숲이 있어 아침 일찍 솔향기 맡으며 산책하는 것도 좋다.

백제의 대표적인 고대성곽, 공산성

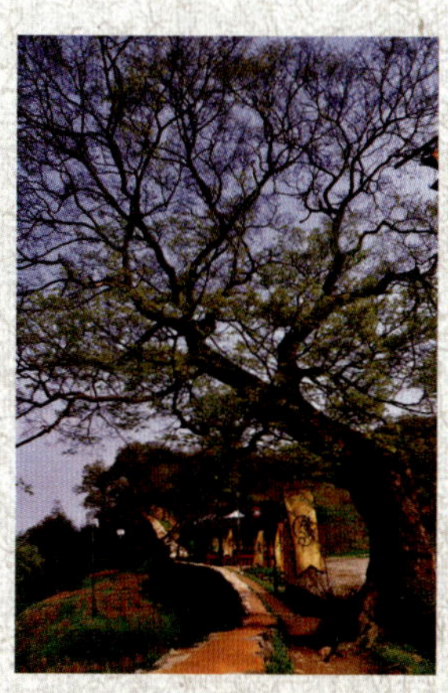

1500년 역사를 품은 백제의 왕성으로 백제의 수도 공주를 방어하기 위한 대표적인 백제 고대성곽이다. 백제 성왕 16년(538)에 부여로 도읍을 옮길 때까지의 백제의 도성이었으며, 이후 조선시대에는 지방행정의 중심지로, 역사적 가치가 크고 학술적으로도 연구할 가치가 많은 중요한 유적이다. 공산성은 문주왕 원년(475년) 한강유역의 한성시대를 마감하고 이곳에 천도하여 성왕 16년(538년) 부여로 도읍을 옮길 때까지 64년간의 백제 역사를 고스란히 간직한 곳이다.

산성 둘레는 약 2.7km로 돌을 쌓아 만든 석성이며 동쪽에는 토성이 남아있다. 산성에는 진남루, 금서루, 공북루, 영동루의 4대 성문이 있으며 산성 내에는 쌍수정, 영은사, 연지, 임류각지, 만하루지 등이 남아있다. 공산성에서 내려다보면 충북과 충남을 휘감아 흐르는 금강의 수많은 다리 중에 가장 명물인 공주금강철교가 보인다. 금강철교는 1933년 준공 당시 최첨단공법으로 건설되어 당대 교량건설사의 가치와 조형적 미가 뛰어나 교각의 새로운 장을 열었으며 당시 한강 이남에서는 가장 긴 다리였다. 성곽 둘레길은 여유를 가지고 천천히 걷다보면 생각지도 못한 새로운 그림 같은 풍경도 만날 수 있다.

동학혁명의 최후, 최대의 격전지, 우금티(치)

공주분지 남단에 형성된 우금티고개는 부여에서 공주 시내로 진입하는 길목이며 과거 공주 남쪽의 관문 역할을 하던 곳이다. 우금티의 우금(牛禁)은 옛날에 이 고개에 도적이 많아 해가 저문 뒤 소를 몰고 이 고개를 넘다가는 소를 뺏기는 일이 잦아 밤에는 소를 몰고 넘지 못하도록 금한 것에서 유래되었다고 한다.

우금티 일대는 동학농민군의 한이 서린 곳으로 동학혁명 때 관군과의 가장 큰 전투가 벌어진 최후이자 최대의 격전지이다. 1894년 전라도 고부에서 탐관오리의 학정과 부패를 바로잡기 위해 전봉준 등이 혁명군을 결성하고 한양으로 진격하기 위해 반드시 넘어야 했던 우금티고개.

민초들의 아우성이 꺾인 통한의 땅, 우금티전적지에는 1973년 이들의 넋을 위로하기 위해 동학혁명군전적비가 세워졌다. 전적비 뒤로는 봉화대가 있으며 원혼을 달래듯 돌탑들이 가지런히 쌓여있다. 기념비 좌측 터널 고갯마루에는 거대한 대나무 조형물이 오래된 풍경처럼 서 있는데, 마치 설치미술관이라도 온 듯한 착각을 일으킨다.

미술관 가는 길, 임립미술관

임립미술관은 한국 미술계를 대표하는 화가이자 교육자인 임립교수가 설립한 미술관이다. 공주에서 태어난 그는 자신의 사비를 털어 지역주민과 문화예술을 공유할 목적으로 미술관을 설립하였다. 일반적인 사립미술관이 주로 한 개인의 작품을 전시하는 것에 반해 이곳은 개인 작품은 물론이고, 미술인들의 창작활동 지원과 전시회를 개최하는 등 미술문화의 다양한 발전과 문화공간으로써 역할도 하고 있다. 또한 한국현대미술 초대전, 공주국제미술제, 제소자미술체험 프로그램, 향토작가초대전 등 국내뿐만 아니라 세계미술 교류의 장으로서도 활동을 하고 있다. 미술관은 본관 대전시실, 특별전시관, 야외조각공원, 야외미술체험장, 백제의 풍경체험장, 야외공연장 등 호수를 중심으로 산책로와 연결되어 있다. 야외전시장에서는 다양한 조각 작품들을 감상할 수 있으며 그림처럼 아름다운 호수와 잘 어우러진다. 부담 없이 가족 단위로 소풍 나온 것처럼 편안하게 미술관을 즐기면 된다.

효율적인 포인트 동선

유구
상원골정류장
마곡사
마곡사토속촌
유구IC교차로
유마교삼거리
유구 시외버스 터미널
옥녀봉
철승산
신풍 면사무소
산정교차로
사곡교차로
마곡사
공주치즈스쿨
서공주
공주
공주
공주IC교차로
국립공주박물관
곰나루 국민관광단지
새이학가든
공주종합 버스터미널
곰나루교차로
희가
공주한옥마을
무령왕릉
공산성
농가식당
강남교차로
구터미널정류장
중동교차로
공주고
소학삼거리
공주시청
돌반교차로
우금티전적지
우금티사거리
남공주
태봉산
봉곡1길 방면
임립미술관

✔ 사진으로 미리보는 동선 지도

마곡사 → 공주치즈스쿨 → 국립공주박물관 → 무령왕릉 → 공주한옥마을(1박 및 아침 산책) → 공산성 → 우금티동학혁명전적비 → 임립미술관

여행 정보

찾아가는 길

당진대전고속도로 유구IC → 유구IC교차로에서 좌회전 2.1km 직진 → 유마교삼거리에서 좌회전 후 9.2km 직진 → 부곡삼거리에서 우회전 후 2.4km 직진 → 운정길 지나 마곡사로 따라 900m 이동 → **마곡사** → 마곡사로 따라 1km 이동 후 마곡사토속촌에서 오른쪽 길 → 마곡사로 따라 7.1km 직진 후 호계황골길 마곡사IC 방면으로 우회전 → 사곡교차로에서 우회전 후 6km 직진 → 산정교차로에서 좌회전 후 3.2km 직진 → **공주치즈스쿨** → 사곡교차로까지 왔던 길로 돌아나와 당진대전고속도로 마곡사IC 진입 → 공주IC 빠져나와 우회전 후 백제큰길 따라 3.6km 직진 → 곰나루교차로에서 좌회전 후 210m 직진 → 관광단지길 공주박물관 방면 좌회전 후 300m 이동 → **국립공주박물관** → 관광단지길 따라 290m 직진 → **무령왕릉** → 관광단지길 170m 직진 후 고마나루길로 우회전 → 500m 직진 후 관광단지길 우회전 150m 이동 → **공주한옥마을(1박)** → 고마나루길 따라 왕릉로까지 이동 → 왕릉로 따라 1km 직진 후 연문교차로에서 공산성매표소 방면으로 진입 → **공산성** → 연문교차로에서 웅진로 따라 1.8km 직진 → 공주고교 끼고 좌회전 후 1.7km 직진 → 우금티사거리에서 우회전 후 300m 이동 → **우금티전적비** → 왔던 길로 돌아나와 중동교차로에서 우회전 후 1.1km 이동 → 강남교차로에서 우회전 후 1.3km 이동 → 소학삼거리에서 우회전 후 5.8km 직진 → 봉곡1길 임립미술관 방면으로 오른쪽 길 빠져 600m 직진 → 봉곡길로 우회전 후 400m → **임립미술관**

공주시외버스터미널에서 770번 버스 탑승 후 마곡사 종점 하차(06:00~20:30, 40분 소요) → **마곡사** → 상원골정류장에서 860번 버스 탑승 후 유구터미널정류장에서 하차(25분 정도) → 870번으로 환승 후 대룡초교정류장에서 하차(30분 정도) → **공주치즈스쿨** → 870번 버스 탑승 후 백룡정류장에서 하차(15분 정도) → 도보로 큰 길 건너편 백룡정류장까지 이동(600m 정도) → 700번 버스로 환승한 후 옥룡삼거리정류장에서 하차(1시간 10분 정도) → 101번 버스로 환승 후 문예회관정류장 하차(15분 정도) → **국립공주박물관** → **무령왕릉**(도보 이동) → 공주한옥마을(도보 이동) → 문예회관 앞 금성여고정류장에서 101번 버스 구터미널정류장에서 하차(10분 정도) → 230번 버스로 환승 후 우금티고개정류장에서 하차(15분 정도) → **우금티전적지** → 우금티고개정류장에서 250번 버스 탑승 후 중동사거리정류장에서 하차(15분 정도) → 도보로 임립미술관 방면 버스 타기 위해 이동 → 320번 버스 탑승 후 임립미술관정류장에서 하차 → **임립미술관**까지 도보로 500m 이동

이용안내

공주치즈스쿨

☎ 충남 공주시 신풍면 대룡리 407-2 / 041-841-7800

✉ www.cheeseschool.org

무령왕릉

☎ 충남 공주시 웅진동 57번지 / 041-856-0331

₩ 성인 1,500원, 청소년 1,000원, 어린이 700원

우금티고개

☎ 공주시 금학동 산 78-1번지 일대

임립미술관

☎ 충남 공주시 계룡면 기산리 791-1 041-856-7749

✉ www.limlipmuseum.org

🕒 하절기(3~10월) 10:00~18:00 동절기(11~2월) 10:00~17:00, 월요일 휴관.

₩ 성인 2,000원, 청소년/어린이 1,000원

먹을거리

밤음식전문농가식당

☎ 충남 공주시 미나리3길 6-5(금성동 192-3) 041-854-8338

₩ 밤된장찌개백반 6,000원, 밤피자 19,000원

희가

☎ 공주시 금성동 176-6 / 전화 : 041-855-3456

₩ 한정식 20,000원

새이학가든

☎ 충남 공주시 금성동 173-5 / 041-855-7080

₩ 공주국밥 8,000원

숙소소개 _ 공주한옥마을

전통한옥 건축양식에 편리한 현대식 시설을 갖춘 신한옥 개념의 숙박촌으로 건물의 우리나라 전통 난방방식인 구들을 이용하여 한옥의 풍미를 그대로 느낄 수 있다. 편의시설로 커피포트, 소형냉장고, TV, 에어컨 등을 갖추고 있으며 방이 워낙 넓어 10명까지 묵을 수 있다.

☎ 공주시 관광단지길 12(웅진동 337) / 041-840-2763

✉ hanok.gongju.go.kr/

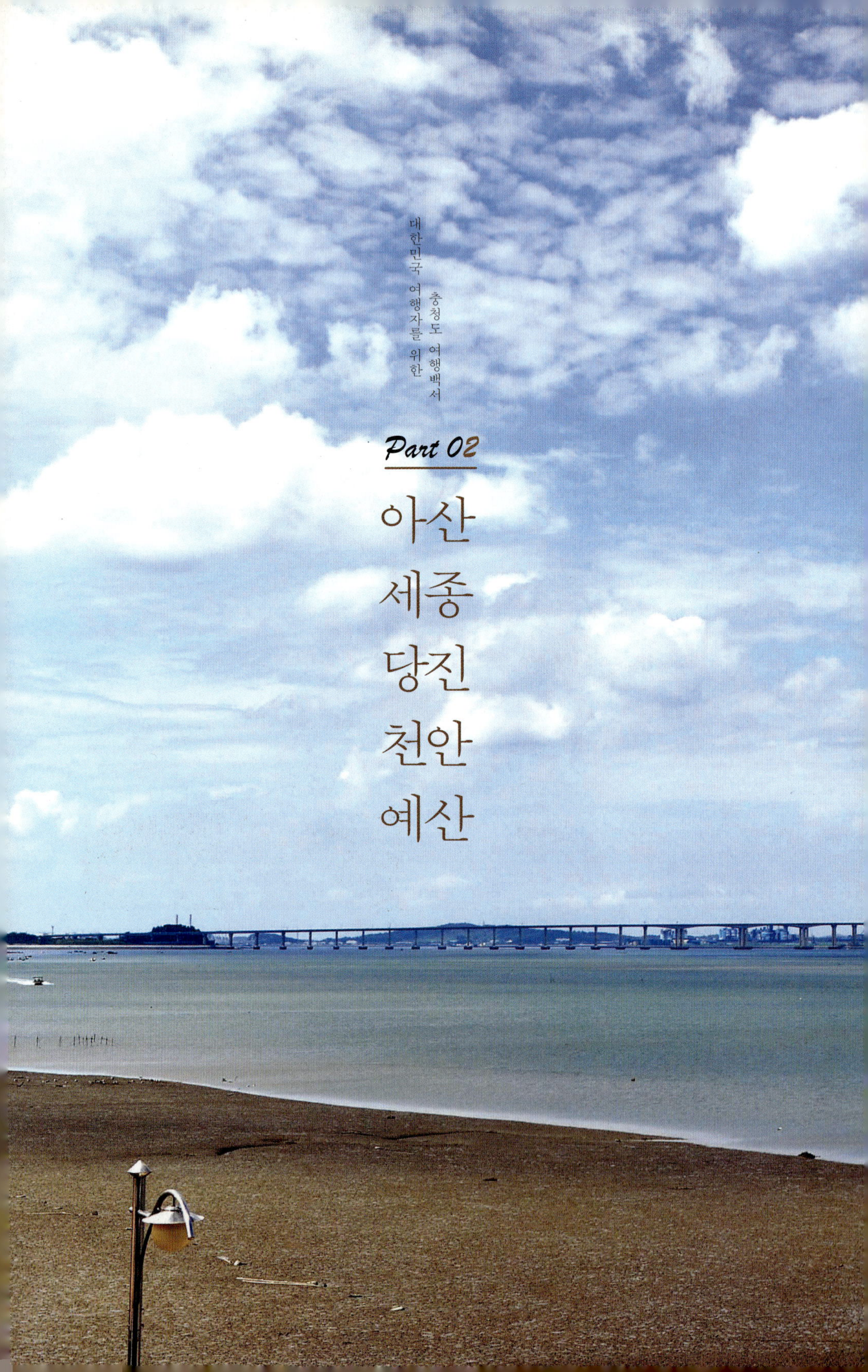

대한민국 여행자를 위한 충청도 여행백서

Part 02

아산 세종 당진 천안 예산

Theme 01

내륙의 외도,

피나클랜드

Theme 02

살아있는 전통민속박물관

외암민속마을

Theme 03

자연 그대로의 동식물을 만날 수 있는

베어트리파크

Theme 04

상록수 집필지

필경사

Theme 05

당진 최대의 종합관광휴양지

해양테마과학관 & 함상공원

Theme 06

천안 제1경 만남과 어울림의 장소,

천안박물관과 천안삼거리공원

Theme 07

묵향 가득 번져 나오는 추사의 발자취,

추사고택과 추사기념관

Special 02

천천히, 천천히 슬로시티

예산 1박 2일

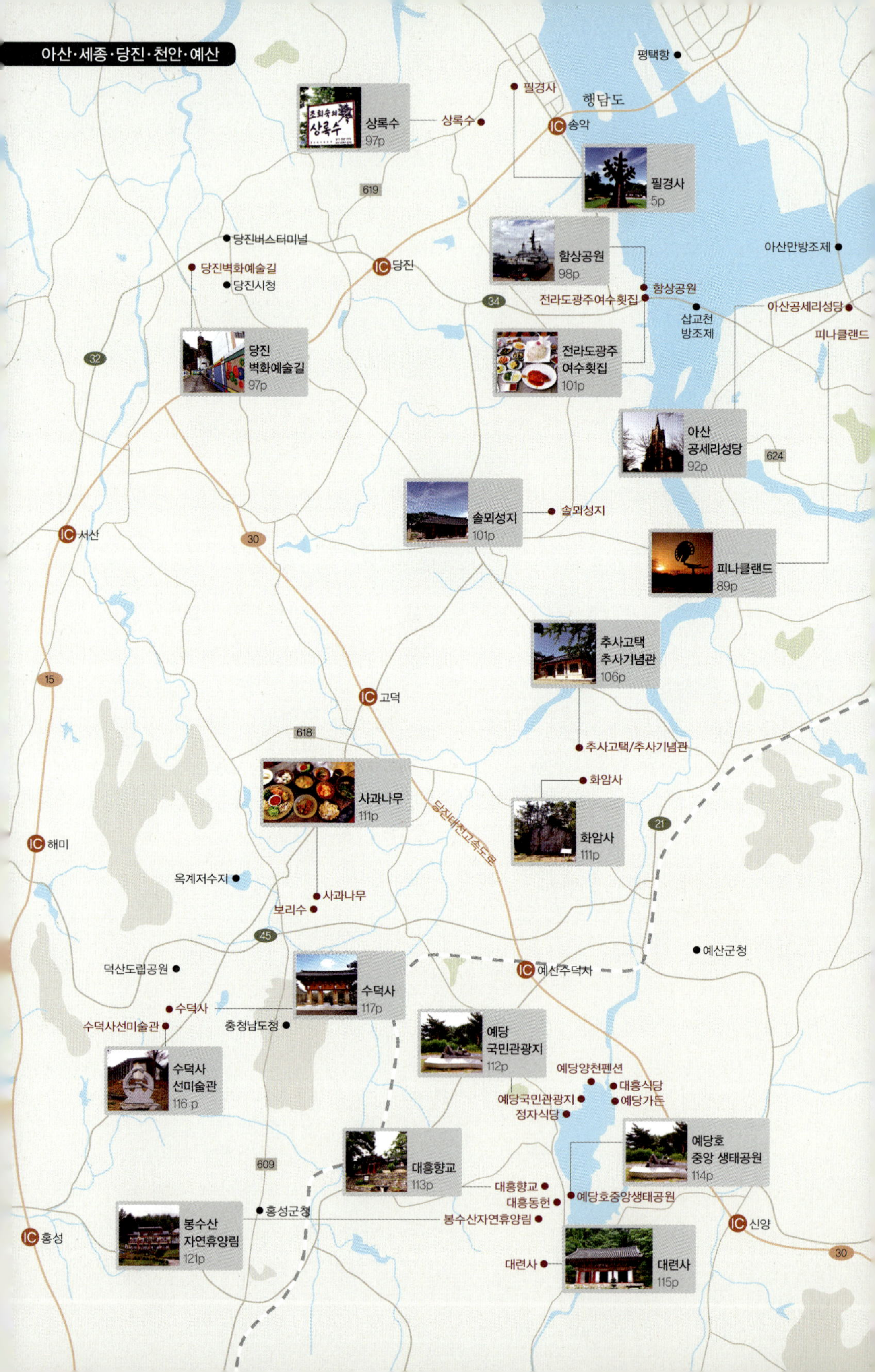

아산·세종·당진·천안·예산
평택항
필경사
행담도
송악
상록수
97p
상록수
필경사
5p
619
당진버스터미널
당진벽화예술길
당진시청
당진
함상공원
98p
함상공원
전라도광주여수횟집
34
아산만방조제
삽교천
방조제
아산공세리성당
피나클랜드
32
당진
벽화예술길
97p
전라도광주
여수횟집
101p
아산
공세리성당
92p
624
솔뫼성지
101p
솔뫼성지
서산
30
피나클랜드
89p
추사고택
추사기념관
106p
15
고덕
618
추사고택/추사기념관
화암사
사과나무
111p
당진대전고속도로
화암사
111p
21
해미
옥계저수지
사과나무
보리수
45
예산군청
덕산도립공원
예산수덕사
수덕사
117p
수덕사
수덕사선미술관
충청남도청
예당
국민관광지
112p
수덕사
선미술관
116 p
예당양천펜션
대흥식당
예당국민관광지
예당가든
정자식당
예당호
중앙 생태공원
114p
609
대흥향교
113p
대흥향교
대흥동헌
예당호중앙생태공원
홍성군청
봉수산자연휴양림
봉수산
자연휴양림
121p
홍성
신양
30
대련사
대련사
115p

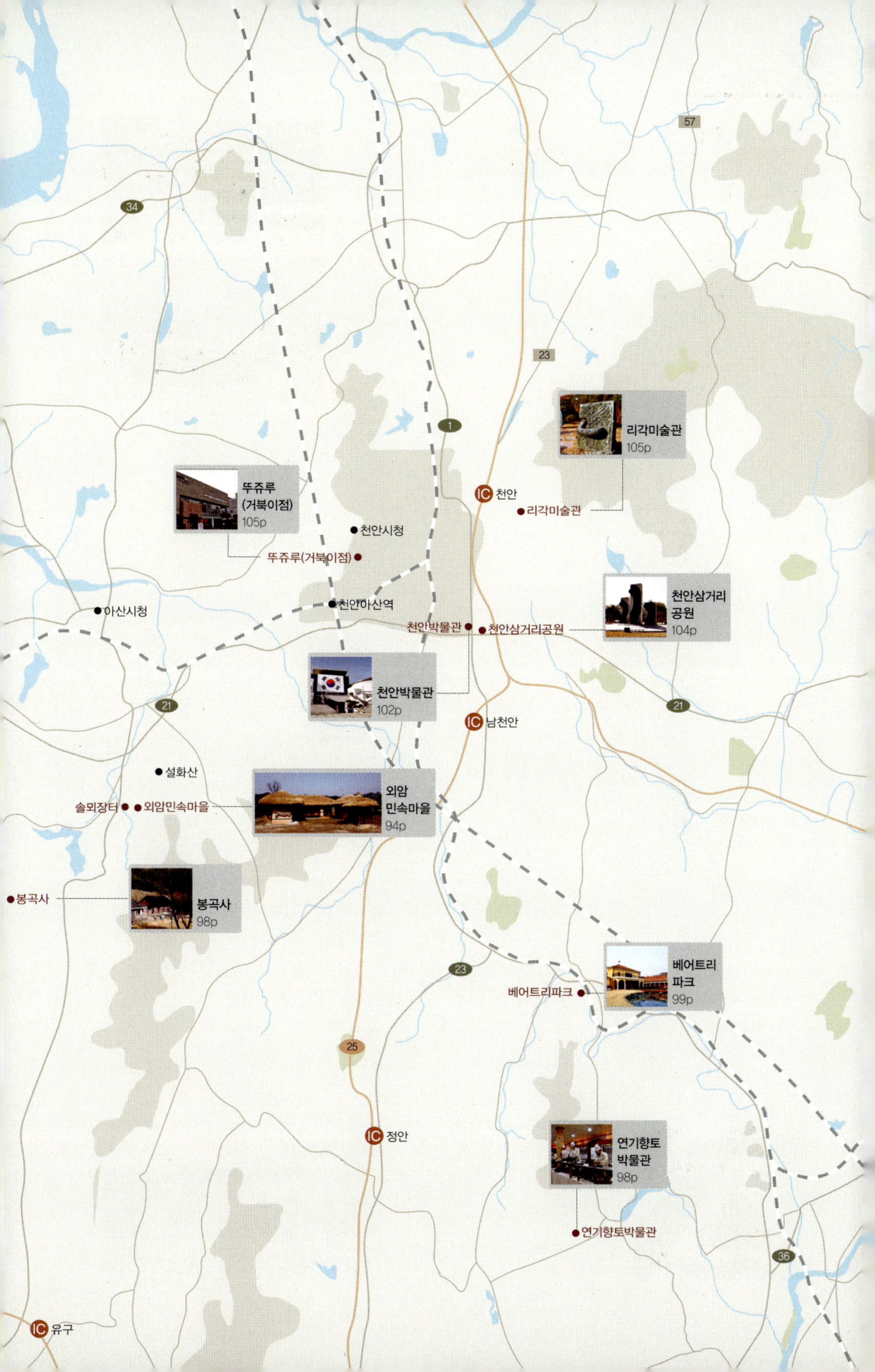
57
34
23
1
리각미술관
105p
천안
리각미술관
뚜쥬루
(거북이점)
105p
천안시청
뚜쥬루(거북이점)
천안아산역
아산시청
천안삼거리
공원
104p
천안박물관
천안삼거리공원
천안박물관
102p
21
남천안
21
설화산
외암
민속마을
94p
솔뫼장터
외암민속마을
봉곡사
봉곡사
98p
23
베어트리
파크
99p
베어트리파크
25
정안
연기향토
박물관
98p
연기향토박물관
36
유구

내륙의 외도, 피나클랜드

'산 최정상의 땅'이라는 의미를 갖고 있는 피나클랜(Pinnacle-Land)는 물, 빛, 바람을 주제로 10여 년간의 준비를 통해 2006년에 개원한 복합문화공간이다. 아산만방조제를 조성하면서 폐허처럼 변한 채석장에 자연과 문화를 절묘하게 조화시켜 만든 공원이라 더욱 의미가 있다. 주제별로 꾸며진 소정원과 산책로, 잔디광장 등이 있으며 정상에 오르면 아산만과 서해대교가 한눈에 들어온다.

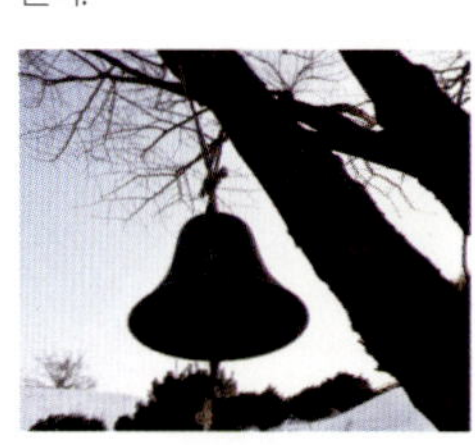

시원하게 뻗은 메타세콰이어길과 잔디광장

매표소를 지나면 가장 먼저 삼나무와 메타세콰이어길이 이어져 처음부터 탄성이 나온다. 좌측으로 암석지형을 자연 그대로 살린 암석원과 100여 종의 허브가 자라는 허브가든이 자리한다. 운치 있는 메타세콰이어길이 끝날 때쯤 느티나무광장이 있는데, 이곳은 여름에는 시원한 나무그늘 쉼터이자 물놀이장으로 활용된다. 광장 맞은편에는 연못 위에 떠있는 듯한 레스토랑 건물이 자리하고 있다.

봄에는 튤립, 가을에는 국화로 옷을 갈아입는 써클가든은 겨울이라 잠시 휴식을 취하는데, 독특한 형태의 원형광장으로 대리석조각과 계절별로 꾸며지는 꽃들이 조화를 이루는 곳이

다. 서클가든 오른쪽은 잔디광장으로 아이들이 마음 놓고 뛰어다닐 수 있으며, 겨울에는 눈썰매장으로도 운영된다. 왼쪽은 수목원으로 계수나무, 노각나무, 단풍나무들이 여유로운 숲의 정취를 풍기는 곳이다. 겨울과 잘 어울리는 자작나무숲은 공예체험장으로 운영되는데, 원목을 이용한 재미있는 소품을 만들어 볼 수 있다.

지그재그길, 그 속에 숨어 있는 10년의 정성

길을 따라 오르다보니 정갈한 정원분위기가 어디서 많이 본듯한 느낌이다. 그도 그럴 것이 이곳을 만든 박건상 부부는 아름다운 꽃섬 외도를 조성한 이창호 부부의 딸과 사위라고 한다. 외도를 조성할 때 일을 도우며 배운 경험과 노하우가 이곳에 10년 이상 녹아들어 지금처럼 아름다운 길이 되었을 것이다. 지그재그길을 다 오르면 거대한 스테인레스 조형물이 보인다. 작품명 '태양의 인사'라는 조형물은 일본의 세계적인 조형미술가 신구스스무新宮晋의 작품이다. 스테인리스스틸 소재의 거대한 날개와 빛의 반사각도가 맞아떨어져 하루에도 수차례 태양과 인사를 나눈다는 의미로 지은 이름이라 한다.

기발함과 자연 그대로를 활용한 진경산수원

원형으로 된 화장실 건물 옥상에 설치된 워터가든은 발상의 전환부터가 신기하게 느껴진다. 눈 덮인 워터가든에서는 수생식물의 흔적을 찾아볼 수 없지만 5~6월에는 노란꽃창포와 붓꽃들이 아름답게 피어나는 곳이다. 워터가든 바로 위쪽이 피나클랜드의 하이라이트라할 수 있는 진경산수원이다. 버려진 채석장을 있는 그대로 활용하여 인공폭포를 만들고, 연못을 조성하였는데 마치 한 폭의 동양화처럼 진경산수라는 이름이 정말 어울리는 곳이다.

내려오는 길, 치킨앤 로즈가든에는 눈에 파묻힌 아기자기한 집에서 금방이라도 동화 속 주인공이 뛰쳐나올 듯하다. 하얀 이국적인 동물농장에는 영국 산목양견, 올드잉글리시쉽독과 그레이트피레니즈가 흰 털을 자랑하며 눈 속에서 점잖게 놀고 있다.

여행 정보

찾아가는 길

- 서해안고속도로 서평택IC → 배수펌프장사거리에서 좌회전 → 포승공단순환로 따라 2.7km 직진 유성TNS사거리에서 좌회전 → 평택항로 따라 8.6km 직진후 아산만방조제 지나 서해로 따라 4.2km 직진 → 월선교차로에서 우회전 후 월선길 따라 200m → 피나클랜드 표지판 보고 주차장으로 진입

  ② 경부고속도로 안성IC → 38번 국도 서동대로 따라 7km 직진 후 신궁교차로에서 P턴 → 45번 국도 팽성로 따라 20.3km 직진 후 아산 방면 P턴 → 39번 국도 아산로 따라 1.6km 직진 → 월선교차로에서 우회전 후 월선길 따라 200m → 피나클랜드 표지판 보고 주차장으로 진입

- 온양온천역 1번 출구로 나와 사거리 지나 하나은행 앞 온양온천역정류장까지 340m 도보로 이동(5분 소요) → 560번 좌석버스 탑승 후 모원리정류장에서 하차(45분 소요) → 피나클랜드까지 520m 도보로 이동(8분 소요)
- 온양고속터미널 맞은편 버스정류장에서 600, 601, 610, 611번 탑승 후 모원리정류장에서 하차(50분 소요) → 피나클랜드까지지 520m 도보로 이동(8분 소요)

이용안내

☎ 충남 아산시 영인면 월산리 346-2번지 / 041-534-2580

✉ www.pinnacleland.net

🕓 오전10시~일몰시까지(매주 화요일 휴원)

₩ 성인 7,000원, 청소년 5,000원, 어린이 4,000원(유모차대여 안 되므로 사전준비/애완견출입금지)

📋 **공예체험** : 들꽃압화부채(8,000원), 들꽃손수건(6,000원), 아로마비누(6,000원), 압화자석액자(6,000원)

먹을거리 _ 피나클랜드 레스토랑

피나클랜드레스토랑은 아담하지만 식사를 하면서 창밖의 자연 풍경을 즐길 수 있어 좋다. 벌침 맞은 돼지로 요리한 두툼한 돈가스는 함께 나온 김 붙인 주먹밥이나 샐러드와도 잘 어우러져 시각부터 입맛을 자극한다. 양도 푸짐한 돈가스는 아이들 입맛에도 제격이고, 치즈를 잔뜩 올린 불고기피자도 맛있다. 참고로 주중에는 카페로 운영되고, 주말과 공휴일에만 레스토랑이 정상 운영된다.

☎ 충남 아산시 영인면 월산리 346-2번지 / 041-534-2580

₩ 벌침치즈돈가스 12,000원, 불고기피자 15,000원

주변볼거리 _ 영화촬영지로 유명한 아산공세리성당

공세리성당은 충남 기념물 제144호로 아산만과 삽교천을 잇는 공세리언덕 위에 세워졌다. 성당 주변에는 묵상하며 걸을 수 있는 '십자가로의 길'은 예수가 십자가를 지고 갈바리아산에 이르기까지 14가지의 중요한 사건을 조각으로 표현해놓았다. 동상을 보며 걷노라면 마음만 분주하게 움직였던 허황된 잡념들을 잠시나마 내려놓으며 조용한 시간을 가질 수 있다. 충남의 아름다운 성당으로 손꼽히며, '신부수업, 고스트맘마, 에덴의 동쪽, 모래시계' 등 70여 편에 달하는 영화촬영지로도 유명하다.

☎ 충남 아산시 인주면 공세리 194-1 / 041-533-8181

✉ www.gongseri.or.kr

테마가 있는 아름다운 공원

곡성천사장미공원 – 섬진강기차마을 장미공원은 장미를 비롯한 다양한 수목과 초화류가 조화롭게 피어나며 분수, 연못, 유리온실, 미로원, 공연장 등 다양한 시설과 동양 최대의 면적으로 꾸며진 장미정원에는 1,004품종에 37,588주를 갖추고 있어 5~7월까지 다양한 주제로 장미축제가 펼쳐진다. 천사장미공원은 꽃 1,004 품종이 아니라 천사 같은 아이들이 즐겁게 놀 수 있는 공원이다.

제주오름공원 – 국내 최초의 오름 테마파크로 제주오름 중 용눈이오름, 다랑쉬오름, 영주산, 웃밤오름, 알밤오름, 백약이오름, 개오름, 우도봉 등 16곳을 아름답게 구성하였다. 아이들과 함께 제주의 오름을 쉽게 접근할 수 있다는 점에서 의미가 있다. 또한 오름 둘레로 제주의 여성과 제주도 사계풍경을 담은 '사진 따라 걷는 돌담길'은 올레길 같기도 하고 동네 골목길을 걷는 듯 재미있다.

청주공군사관학교 하늘공원 – 공군사관학교 요람인 이곳 가장 높은 곳에 자리 잡은 하늘공원은 팔각정, 휴게소, 국궁사대, 온실, 호수 등이 조성되어 있는 곳으로 생도들의 휴식과 일반인들의 면회가 가능한 곳이다. 잘 알려지지 않았지만 공군사관학교 교정과 항공기전시관, 박물관을 관람할 수 있어 아이들에게는 꿈을 키워줄 수 있는 곳이다.

외암민속마을

살아있는 전통민속박물관

설화산에 등기대고 마을 앞으로는 작은 내가 흘러 풍수지리상 배산임수에 딱 맞는 외암민속마을은 400여 년의 역사를 지닌 살아있는 민속박물관이다. 조선 명종 때 이정 일가가 정착하면서 예안이씨 집성촌이 되었다. 외암 지역은 조선초부터 외암리 서쪽 역말에서 말을 거둬먹이던 곳으로 오양골이라 불렀는데 오야에서 외암으로 명칭이 유래된 것으로 추정한다.

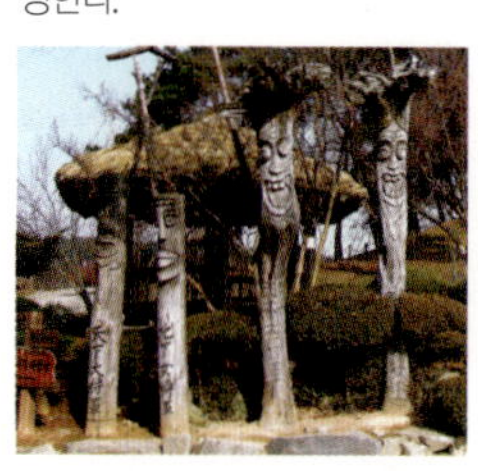

고향을 찾아온 듯한 설렘이 있는 외암마을

마을로 들어서면 입구 개천 쪽 물레방아 앞에 넓적한 돌이 보이는데, 한자로 외암동천巍岩洞天, 동화수석東華水石이라고 쓰여 있다. 동천은 산천에 둘러싸인 경치 좋은 곳, 동화는 동쪽의 으뜸을 뜻하는 것이니 도교의 신선사상이 녹아있음을 알 수 있다. 옛사람들은 이처럼 집터 하나 결정하면서도 산세와 수세 등의 주변지리환경, 나아가 사람 인심까지도 두루 살폈다고 한다. 얕은 구릉지 위에 반듯하게 자리 잡은 마을은 한 가운데 안길이 있고, 이 안길을 들어서면 좌우로 샛길들이 뻗어 나간다. 모양새가 마치 정자나무처럼 큰 줄기를 따라 작은 가지가 뻗고 가지 끝에는 열매가 맺는 것처럼 집들이 자리하는 형상이다.

마을은 광덕산에서 흘러내린 물줄기가 마을 논을 적시는 전형적인 농촌 풍경이다. 주말에는 광덕산 산행 후 외암마을을 찾는 이가 많아 들썩거리는 분위기지만, 평일에 찾은 외암민속마을은 차분하고 조용하다. 매표소에서 안내팸플릿을 받아들고 돌담을 따라 마을길을 들어선다. 마을보다 더 오래됐을 느티나무 한 그루가 고향집이라도 온 듯 편안히 자리했다. 나무둘레만 5.5m로 오랜 세월 마을의 안녕을 기원하는 당산나무 역할을 톡톡히 하고 있다.

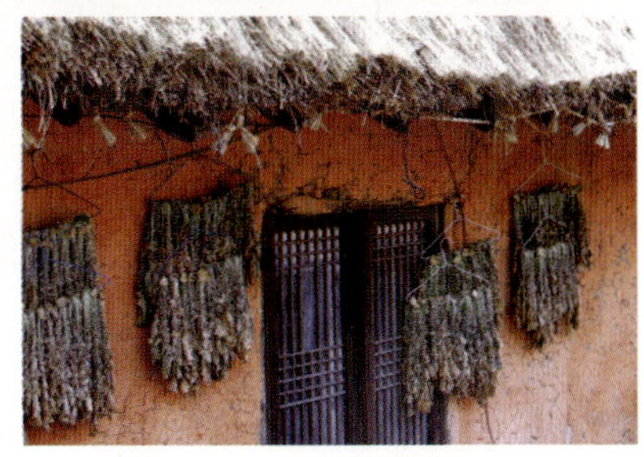

자연을 닮은 정원이 아름다운 고택

건재고택(영암군수댁)은 중요민속자료 제233호로 충청지방을 대표하는 양반집이다. 이집을 지금의 모습으로 고쳐지은 건재 이욱렬의 호를 따 건재고택, 혹은 영암군수를 지낸 바 있어 영암군수댁이라고 한다. 행정안전부에서 지정한 '한국 정원 100선'에 이집 정원이 선정될 정도로 유명해진 고택이다. 문이 굳게 닫혀 있고 높은 담 넘어 보이는 향나무만이 세월의 깊이를 가늠케 한다. 송화댁은 송화군수를 지낸 바 있는 이장현이 살던 집이다. 자연을 그대로 옮겨 놓은 듯한 송화댁 정원은 마당 한가운데로 실개천을 두고 있어 더욱 운치가 느껴진다.

마을 돌담들은 흙을 채우지 않고 막돌을 규칙 없이 쌓은 나지막한 돌각담장인데, 끊어질 듯 연결되면서 마을을 휘감아 길이로 펼친다면 족히 5~6km가 된다. 외암민속마을은 담장 외에도 집집마다 연못을 두었는데 이는 설화산 형상이 화기를 내뿜기 때문에 이를 누르기 위해 정원수와 방화수로를 집안까지 끌어들였다고 한다. 마을 돌담을 벗 삼아 한가로이 걷다보니 늦가을 감나무 홍시의 달콤함이 전해져온다.

오랜 세월 많은 이야기를 품고 있는 고택들

전체 가옥 60여 채 중 기와집은 10여 채인데, 그 중 참판댁은 중요민속자료 제195호로 마을 내에서 규모가 가장 큰 고택이다. 구한말 일제에 빌붙어 친일하는 외부대신의 탄핵을 주청했으나 받아들여지지 않자 이조참판 관직을 버리고 낙향한 퇴호 이정렬이 고종황제로부터 하사받은 집이다. 전해지는 얘기로는 퇴호라는 호도 고종이 직접 하사한 것이며, 그의 충절을 높이 사 여러 차례 하사품을 내렸지만 계속 받지 않자 돌려보낼 수 없도록 낙선재를 본 떠 그의 고향에 집을 짓고 편액까지 써서 하사했다고 한다. 참판댁과 더불어 이곳은 연잎을 넣어 빚은 연엽주가 유명하다. 나라에 극심한 가뭄이 들면 금주령이 내려지고, 왕도 술을 마실 수 없게 되자 술보다는 약하고, 차보다는 진한 연엽주를 빚어 수라상에 올렸다고 한다. 이 비법이 예안 이씨 가문 종가에 이어진 것이 아산연엽주이다. 전통방식으로 빚은 연엽주는 상품으로 판매하는 듯 사랑채 옆에 자그마한 팻말이 보인다. 이 밖에도 성균관 교수를 지낸 이용구가 살았던 교수댁, 홍경래 난을 진압한 이용현이 살았던 병사댁, 창봉 벼슬을 지낸 이중렬

과 그의 아들 이용후가 살았던 참봉댁 등을 둘러볼만하다.

외암민속관은 가옥 12동을 중심으로 조선시대 신분별 주거 공간을 재현해 놓았으며 주거용구, 부엌살림, 농기구, 기타 소품 등 각종 공예품 1,000여 점을 전시하고 있다. 각종 생활용품들은 저마다 이름표를 달고 있어 눈에 익지만 기억 속에 잊혀 가던 이름을 다시 한 번 되뇌게 된다. 골목길에는 모양새가 그럴싸한 연자방아와 디딜방아를 재현해 놓아 아이들 호기심을 자극할 것 같다. 많은 영화와 드라마촬영지로도 유명한 외암민속마을은 아름다운 경관과 사람이 어우러져 돌담을 걷노라면 저절로 발걸음이 느긋해진다.

효율적인 포인트 동선

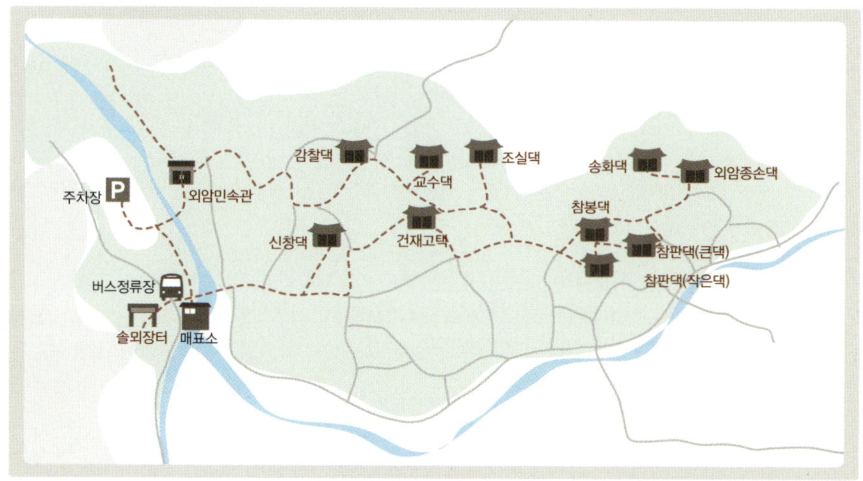

✔ 사진으로 미리보는 동선 지도

매표소 → 신창댁 → 건재고택 → 참봉댁 → 참판댁 → 외암종택 → 송화댁 → 교수댁 → 감찰댁 → 외암민속관(총 2~3시간 소요)

여행 정보

찾아가는 길

🚗 ① 경부고속도로 천안IC → 천안대로 방면으로 만남로 따라 3.3km 직진 → 구상골사거리에서 좌회전 → 쌍용대로 따라 2km 직진 후 지하도 진입 → 쌍용대로 따라 2.7km 직진 → 장재지하차도 진입 후 온천대로 따라 10.58km 직진 → 장존교차로에서 P턴 후 외암로 따라 2.1km 직진 → 외암민속마을 방면으로 좌회전 후 외암로 따라 표지판 보고 주차장으로 진입

② 서해안고속도로 서평택IC → 배수펌프장사거리에서 좌회전 → 포승공단순환로 따라 2.7km 직진 유성TNS사거리에서 좌회전 → 평택항로 따라 8.6km 직진후 아산만방조제 지나 서해로 따라 14km 직진 → 곡교교차로에서 우회전 후 온양순환로 따라 14km 직진 → 장존교차로에서 우회전 후 외암로 따라 2.1km 직진 → 외암민속마을 방면 좌회전 후 민속마을 표지 따라 주차장으로 진입

천안 IC
구상골 사거리
천안시청
곡교 교차로
현충사
39
쌍용지하도
천안아산역
1
아산시청
아산고속 버스터미널
장재 지하차도
온양온천역
남천안 IC
장존교차로
설화산
솔뫼장터
외암민속마을
616
강당골
25
봉곡사
39

온양온천역 1번 출구로 나와 아산우리들의원 앞 온양온천역 정류장까지 130m 도보 이동(3분 소요) → 100, 120번 버스 탑승 후 외암민속마을정류장에서 하차(40~45분 소요) → 외암민속마을까지 100m 도보로 이동(2분 소요)

온양고속터미널 맞은편 버스정류장에서 100, 120번 버스 탑승 후 외암민속마을정류장에서 하차(40~45분 소요) → 외암민속마을까지 100m 도보 이동(2분 소요)

이용안내

충남 아산시 송악면 외암리 258-4 / 041-544-8290

www.oeammaul.co.kr

09:00~17:30(민박 가능_홈페이지 참조)

성인 2,000원, 청소년/어린이 1,000원

먹을거리 _ 솔뫼장터

외암민속마을 입구에 있는 솔뫼장터는 마을풍경만큼이나 소박한 메뉴 구성이지만 어렸을 때 먹어봤던, 아니면 처음 보지만 먹고 싶어지는 그러한 전통 음식들을 그 자리에서 직접 만들어준다. 구수한 수수 냄새가 발길을 잡는 수수부꾸미, 고소하고 바삭하게 부쳐 저절로 동동주가 생각나는 해물파전 등, 조금 느끼하다 싶으면 새콤달콤 손맛 가득 비벼 나오는 비빔국수나 열무국수 한 그릇이면 포만감 가득한 행복한 여행이 된다.

충청남도 아산시 송악면 강당로 36 / 041-544-7554

수수부꾸미 5,000원, 해물파전 11,000원, 비빔국수 6,000원

주변볼거리 _ 송림이 아름다운 봉곡사

봉곡사는 지형에 맞춰 남북으로 길게 가람이 배치되어 있다. 동향으로 대웅전, 향각전, 삼성각, 고방요사채가 나란히 자리를 잡았다. 만공스님의 처음 깨달음을 기념하기 위한 만공탑이 있으며, 요사채 뒤편 공터에 사람의 상을 한 5개의 커다란 바위가 서 있거나 누운 자세로 있는데, 이것이 자연석불오방불이다. 오래된 역사만큼 대웅전 옆 요사채와 이어진 고방의 독특한 건물 모습도 놓치지 말고 봐야 한다. 또한 대웅전 맞은편 향나무와 오르는 길에 만나는 송림숲은 '보존해야 할 아름다운 숲길'로 우리나라 토종 소나무 천연림이며, 일제가 송진을 채취하기 위해 파놓은 흔적이 곳곳에 남아 있는 역사의 현장이기도 하다.

시간과 사람이 머무는 한옥마을

안동하회마을 – 유네스코 세계문화유산에 등재된 한국관광 으뜸명소 중의 한 곳으로 풍산류씨가 600여 년간 대대로 살아온 대표적인 집성촌이다. 기와집과 초가가 오랜 역사속에서 잘 보존된 곳으로 안동의 전통문화를 잘 간직하고 있는 마을이다. 마을 이름처럼 낙동강이 마을을 감싸 안고 흐르는데 풍수지리적으로도 사람이 살기 가장 좋은 곳 중 한 곳이라고 한다.

전주한옥마을 – 국내 최대 규모의 한옥촌으로 전주시 교동, 풍남동 일대, 700여 채의 한옥으로 이뤄진 전통마을이다. 한옥마을을 조망할 수 있는 오목대에 오르면 기와지붕과 초가지붕이 조화롭게 한눈에 들어온다. 경기전, 풍남문, 전동성당, 전주향교 등 잘 보존된 문화재가 산재하며, 최명희문학관, 전통한지원, 전통술박물관, 전주한옥체험관 등에서는 전주만의 독특한 문화를 보고 배울 수 있다.

경주양동마을 – 유네스코지정문화유산으로 조선시대 반촌마을의 기와집과 초가집 그리고 돌담과 토담이 조화를 이루며 옛경관을 오롯이 보존하고 있는 곳이다. 관광지가 아니라 문화유적지로 하촌, 물봉골, 수졸당, 내곡, 두곡, 향단코스로 나눠진 탐방길을 마음먹고 구경한다면 한나절은 족히 걸린다.

베어트리파크

동식물을 만날 수 있는 자연 그대로의

베어트리파크는 33만 제곱미터에 다양한 꽃과 나무들이 테마별로 군락을 이루고 있는 수목원이자 여러 동물들이 함께 살고 있는 테마파크이다. 몇 쌍의 반달곰과 사슴이 지금은 수백 마리가 되었고, 아름드리 향나무와 수백 년 된 느티나무는 수목원의 정성과 노력을 엿볼 수 있다. 사계절 문화와 레저를 즐길 수 있는 공간으로 방문객을 위한 편의시설도 잘 갖춰진 곳이다.

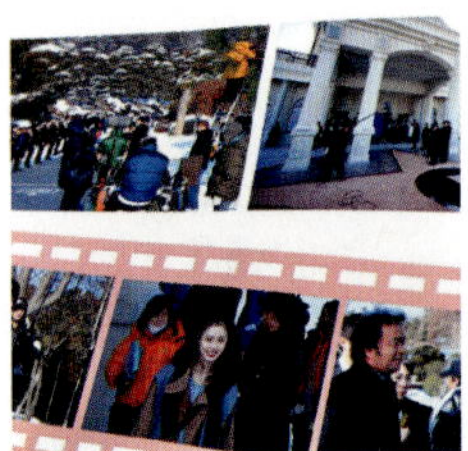

드라마 속 한 장면을 만나다. 유럽풍 웰컴하우스

인기드라마 마이프린세스와 시티헌터의 촬영지로 이미 우리 눈에 익숙해진 베어트리파크에서 가장 먼저 만난 테마는 잘 꾸며진 오색연못이다. 1,000여 마리의 비단잉어가 사람들 발걸음 따라 움직이듯 이리저리 몰려다니는 것이 과히 장관이다.

정면에는 마이프린세스에서 이설공주의 아름다운 황실로 나왔던 스페인 건물풍의 웰컴하우스가 멋지게 자리한다. 건물 오른쪽에는 대만편백나무 뿌리로 만든 '신이 내린 나무'라는 작품이 있다. 보는 순간 압도당할 정도인데 수령이 2000년 이상 된 것이라 한다. 볼거리 넘치고 워낙 넓은 곳이라 웰컴하우스 레스토랑에서 잠시 차 한잔 즐기며, 동선을 구상해보는 것도 좋은 생각이다.

Beartree SHOP

반달곰에서 꽃사슴까지 동물들과 교감하는 시간

일반적인 관람순서는 오색연못을 비롯하여 베어트리정원을 지나면서 왼쪽으로 방향을 잡아 반달곰을 비롯한 여러 동물들을 보면서 전망대까지 올랐다가 야생화동산을 거쳐 식물들을 보면서 내려오는 것이 좋다. 베어트리정원은 분수가 시원하게 뿜어져 나오고, 한쪽에 유명한 로뎅Auguste Rodin의 작품 '생각하는 사람' 조각상이 보인다. 이 작품은 브론즈버전으로 프랑스 로댕미술관 외 전 세계 25점 밖에 없는 작품 중의 하나로 15번째 에디션이라고 한다. 정원에는 사계절 특성을 고려하여 야생화를 심었기 때문에 어느 계절에 찾아와도 화려한 형형색색의 아름다운 꽃들을 만날 수 있다.

정원 위쪽의 애완동물원에서는 앙증맞은 강아지를 비롯하여 토끼, 꽃사슴, 공작 등 귀여운 동물들을 만날 수 있다. 애완동물원 바로 오른쪽은 반달곰동산으로 곰들에게 먹이도 주고, 재롱도 보면서 즐거운 시간을 보낼 수 있다. 계속해서 눈망울이 너무도 예쁜 꽃사슴동산과 우리나라 산천에 서식하는 야생화를 식재한 야생화정원을 지나면 전망대에 다다른다. 전망대에 서면 베어트리파크의 아름다운 전경이 발아래 깔린다.

생각할 여유를 주는 새총곰 조각공원과 온실

전망대에서 아이들이 뛰노는 잔디광장 쪽으로 내려오면 작은 카페를 지나 곰조각공원에 도착한다. 이곳은 동화 '새총곰 가족이야기'를 고정수작가의 작품으로 조성한 테마공원이다. 공원 바로 옆에는 이곳을 손수 가꾸고 일궈온 이재연 회장의 호를 따온 송파정이 있다. 팔각 정자의 운치가 더해진 송파정의 작은 연못에는 조각이지만 백곰 2마리가 비단잉어를 잡고 있다.

열대식물원부터는 전 세계에서 수집한 다양한 꽃나무들을 만날 수 있다. 열대온실은 입구부터가 계절과 상관없이 초록으로 무성한 식물들이 자리 잡고 있다. 덩치 큰 바나나나무와 다양한 다육식물들은 열대지방 특유의 느낌으로 이국적인 꽃향기가 코를 자극한다. 온실을 나서면 바로 수련원으로 연결되는데, 수련원에서는 다양한 품종의 수련들이 따사로운 햇살을 즐기며 피어있다. 꽃창포와 붓꽃류가 형형색색 피어 있는 한여름의 아이리스원은 과히 천상처럼 아름답다. 아이리스원 바로 아래는 오랜 세월 정성과 노력 없이 볼 수 없는 나무들로 가득한 송파원과 분재원이 자리한다. 특히 분재원은 100여 년 된 목부작과 석부작은 고고한 자태로 생명의 경이로움을 새삼 느낄 수 있게 해준다.

향나무숲길, 그윽한 향기 가득한 향나무동산

안내원이 따로 있는 비밀의 화원 만경비원은 추가 입장권을 구입한 경우만 들어갈 수 있다. 온실 전면부가 지하공간으로 조성되어 있는 특이한 구조의 온실이다. 전면이 거울로 장식된 얼음바위 형상의 썬큰sunken부 분수 주위로 호접란이 돌아가며 화려하게 피어있다. 만경비원은 한국 전통정원풍으로 조성되어 있다. 그 중 유독 눈을 뗄 수 없는 괴목은 열대우림지역의 나무뿌리와 줄기가 서로 엉켜 고사된 것을 가공하여 작품처럼 전시한 것이다. 이밖에도 돌처럼 변해 버린 나무화석, 고무나무 분재동산, 허브동산, 다양한 선인장 등 평소 접하지 못했던 희귀한 식물을 만날 수 있다.

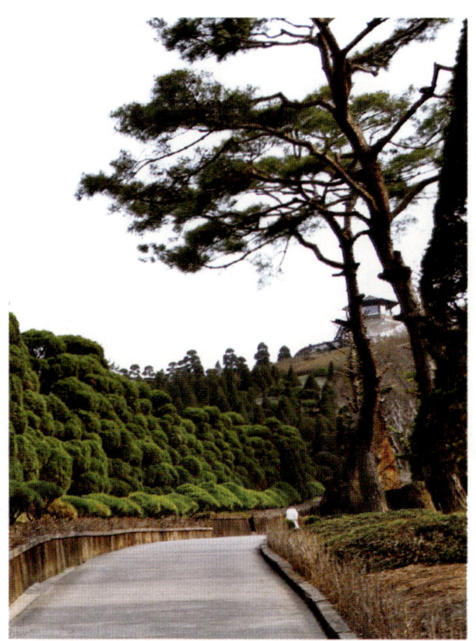

만경비원을 나서면 향나무동산으로 연결된다. 수령이 40~50년 된 향나무와 편백나무가 빼곡히 우거져 쉴 새 없이 쏟아내는 피톤치드 때문에 삼림욕장이 따로 없다. 아무렇게나 걸어도 영화 한 장면 같은 향나무숲길, 꽃이 없어도 느껴지는 그윽한 향기는 답답했던 마음이 한결 편안해짐을 느낄 수 있어 좋다. 향나무동산은 베어트리파크에서 가장 여유롭고 느긋하게 쉴 수 있는 곳이다. 향나무동산을 빠져나와 자혜원에 들어서면 또 다시 아름다운 정원에 눈이 호사스러워지는 느낌이다. 천천히 둘러본 후 수목원 관람을 마무리하며 출구 쪽으로 빠져나오자.

효율적인 포인트 동선

✔ 사진으로 미리보는 동선 지도

매표소 → 오색연못 → 스타광장 → 웰컴하우스 → 베어트리정원 → 애완동물원 → 반달곰동산 → 야생화동산 → 전망대 → 잔디광장 → 곰조각공원 → 송파정 → 열대식물원 → 수련원 → 아이리스원 → 분재원 → 만경비원 → 향나무동산 → 자혜원 → 테디베어샵(총 4~6시간 소요)

여행 정보

찾아가는 길

- 천안논산고속도로 남천안IC에서 우측 방향 세종로 따라 12.6km 직진 → 베어트리파크 방면 우측 방향 200m 이동 후 우회전 → 신송로 따라 150m 베어트리파크 주차장
- ① 전의역(무궁화) 하차 후 택시 탑승(5분 거리)
  ② 천안역 하차 700/701번 버스 탑승 후 전의정류장 하차 후 택시 이용
- ① 전의시외버스정류장 하차 후 택시이용(5분거리)
  ② 천안역 혹은 조치원역 하차 후 전의행 버스 탑승 후 택시 이용

이용안내

- 세종특별자치시 전동면 신송로 217 / 044-866-7766
- www.beartreepark.com
- 4~9월 09:00~18:30, 10~3월 09:00~18:00
- 매표는 폐장시간 2시간 전까지 / 만경비원 추가 2,000원

구분		4~10월	11~3월
성인	평일	10,000원	8,000원
	주말	13,000원	
청소년/어린이		8,000원	6,000원
※ 인터넷 예매 시 1,000~2,000원 할인혜택			

먹을거리 _ 베어트리파크 내 웰컴레스토랑&새총푸드코트

베어트리파크는 단지가 넓고 중심부에서 떨어져 있어, 먹을 곳이 마땅치 않다. 다행히 베어트리파크 내에 레스토랑 2곳과 카페 1곳이 있어 이런 불편을 다소나마 해결해준다. 웰컴하우스 내에 있는 레스토랑은 아이들이 좋아할 만한 피자, 스테이크, 파스타 등 다양한 경양식 주문할 수 있다. 곰조각공원 위쪽에 자리한 새총곰야외식당은 메뉴가 다양하지는 않지만 한식이나 면 종류 등을 선택해서 먹을 수 있다.

- 세종특별자치시 전동면 신송로 217 / 044-865-6137
- 대표메뉴 : 수제돈가스&수프 10,000원, 바비큐폭립 21,000원 / 푸드코트 : 나물비빔밥 7,000원, 멸치국수 5,500원

주변볼거리 _ 연기향토박물관

동양화를 전공한 임영수 관장은 1996년에 만든 박물관이다. 연기군 내 옛 도요지에서 출토된 도자기와 근대유물, 토기, 청자, 분청사기, 기와, 농사관련 각종 기구, 불상, 민화 그림 등 총 1,000여 점이 전시되어 있다. 특히 민속놀이의 유래, 전설, 설화 등의 기록이 잘 되어 있어 연기의 역사를 알 수 있다.

- 세종특별자치시 연서면 청라리 146 / 041-862-7449

천상의 향기 가득한 식물원

울릉도예림원 – 울릉군 북면 현포항에서 현포2리 노인봉과 추산 송곳봉 중간지점에 위치한 울릉군 지역의 유일한 문화예술공원이다. 울릉도 자생 분재 300여 점과 희귀 야생화 분재 350여 점 등이 전시되어 있으며, 천연기념물 51호 멸종위기식물 섬개야광나무와 1200년 된 울릉도 최장 노거수 주목나무를 볼 수 있다.

허브힐즈 – 대구시 용계리에 위치하며 테마별로 허브정원, 체험동물원 쥬쥬랜드, 친환경레포츠 에코어드벤처 타잔힐즈 등 다양한 볼거리와 즐길거리가 있는 테마파크이다. 공원의 빼곡이 자리한 수목들은 삼림욕하기에 좋으며, 허브정원에는 70~80여 종의 허브들이 봄부터 가을까지 순차적으로 피어나 진한 향기가 온몸에 전달된다.

팜카밀레 – 태안군 남면에 위치하며 허브를 가꾸고 향기를 전하는 '향기와 맛이 있는 아름다운 농원'이다. 각종 허브와 야생화, 그리고 다양한 수종으로 구성되어 11개 테마가든에 200여 종의 허브와 야생화 등을 만날 수 있다. 이곳은 식물과 레스토랑, 허브샵, 풍차, 야외무대 등이 잘 어우러진 풍경으로 프로방스 스타일 농원이다.

필경사

상록수 집필지

필경사(筆耕舍), 한자를 풀면 붓으로 땅을 일구는 집이 된다. 심훈의 농촌계몽사상과 의지가 잘 들어나는 이름으로 일제강점기 선생이 문학창작 활동 중 낙향하여 직접 설계하여 지은 집이다. 이 집에서 『상록수』를 비롯하여 『영원의 미소』, 『직녀성』 등이 탄생하였다.

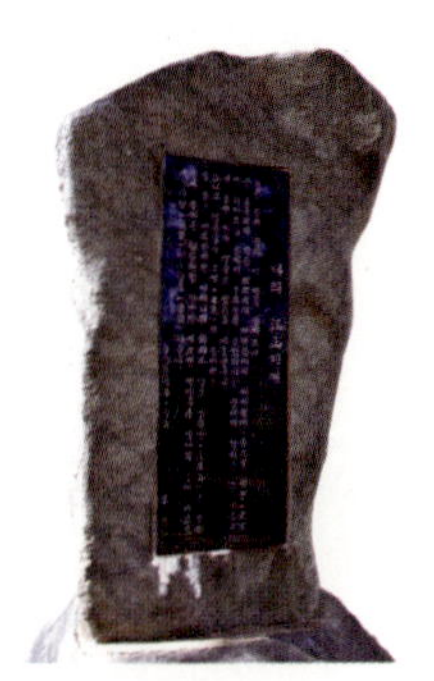

심훈의 계몽사상과 소설 『상록수』 이야기

『상록수』로 잘 알려진 심훈(1901~1936) 선생은 소설가이자 항일 저항시인이며, 영화인이자 언론인이다. 소설가로서의 활동은 고향으로 낙향한 후 『영원의 미소』, 『직녀성』, 『상록수』 등 세 편의 소설을 매해 한 편씩 출간했다.

이 중 상록수는 동아일보사가 창간 15주년에 맞춰 주관한 장편소설 현상공모에 당선까지 된 작품이다. 원고 1,500매를 2달 만에 써내려갔는데 이는 실제 주변 인물들을 모델로 했기 때문에 가능했던 일이다. 소설 속의 박동혁은 자신의 조카 심재영을, 여주인공 채영신은 최용신의 행적을 모델로 하고 있다. 이밖에도 심재

영이 조직한 공동경작회를 '농우회'로 바꾸는 등 지명이나 이름만 달리할 뿐 대부분 실재했던 것을 바탕으로 창의적 상상력이 결합된 작품이라 할 수 있다.

필경사 이정표를 보면서 좁은 마을길로 들어서면 오른쪽에 상록초등학교가 보인다. 소설 속 박동혁이 활동했던 야학당이 그 모태였으리라. 근처에는 심훈의 시비와 함께 심재영이 살았던 집이 있고, 심훈의 '나의 강산이여'라는 시비를 찾아볼 수 있다.

주옥같은 작품이 탄생한 필경사

필경사는 심훈 문학의 산실이다. 심훈이 1932년 서울 생활을 접고 이곳 부곡리로 내려와 조카 심재영의 사랑채에 머물면서 『영원의 미소』와 『직녀성』을 집필하여 받은 원고료로 1934년에 직접 설계하고 지어 필경사라 하였다. 필경筆耕이라는 이름은 1930년 그의 작품 『필경』에서 따왔으며, 붓으로서 사람들의 마음을 갈아엎고자 했던 농촌계몽 의지가 잘 드러나고 있다.

일화에 의하면 필경사를 지으려고 집터를 찾아 이곳저곳을 돌아다녔는데, 이때 아끼던 상아파이프를 잃어버리고 그걸 찾으려 헤매다 마침내 찾은 곳이 지금의 필경사 자리였다고 한다. 낮은 자연석 기단에 정면 5칸, 측면 2칸 규모에 화장실과 욕실까지 겸비된 당시로는 비교적 큰 규모였다. 이곳은 한때 교회로도 사용되었으나 그의 조카 심재영이 구입하여 관리해오다 당진군에 희사하여 오늘날의 문학답사지로 거듭나게 되었다.

심훈의 문학정신을 되새기는 상록수문화관

필경사 옆에는 심훈 선생의 문학정신을 엿볼 수 있는 상록수문화관이 있다. 둘러보기 전 마당에 있는 조형물이 먼저 눈에 들어오는데, 무쇠로 만들어진 나무모양의 조형물이 상록수를 상징하고 있음은 바로 짐작이 간다. 해방을 염원하며 썼을 '그날 쇠가 흙으로 돌아가기 전에 오라'라는 시구가 조형물을 받치고 있고, 땅에는 마치 그림자가 드리운 듯 조형물 모양 따라 푸른 잔디가 깔려 있다. 그 앞으로 역시 쇠로 만들어진 투박한 '지식의 의자'가 말없이 앉아 있다.

문화관에서는 심훈선생의 작품과 활동사항 등을 영상으로 편집하여 상영을 해주므로 영상을 먼저 본 후 천천히 전시물들을 둘러보면 된다. 문화관 중앙에 의자가 있고, 양쪽으로 심훈의 기사와 작품, 소설 상록수를 비롯하여 출간된 소설, 시집 등이 전시되어 있다. 심훈 선생이 중국 유학시절 생활체험을 소재로 써 1930년 조선일보에 연재했던 『동방의 애인』도 볼 수 있으며, 1960년대 필경사의 모습과 1998년 새롭게 복원한 필경사의 모습도 비교사진으로 전시되어 있다. 또한 동아일보에 『상록수』가 당선되었다는 사실을 보도한 신문기사도 눈에 띈다. 심훈선생은 '조선의 영웅'이라는 글에서 백 명의 이론가, 천년의 예술가보다 농촌에서 힘든 삶을 살고 있는 농민들과 호흡을 같이하며 계몽운동을 하는 이들이 조선의 영웅이라 표현하고 있다. 문화관에서 가장 눈에 들어오는 것은 아무래도 선생의 유품인 책상이다. 이 책상에서 『상록수』를 비롯하여 『직녀성』, 『영원의 미소』 등의 작품이 창작되었을 것이다. 상록수문화관을 나서면 3·1기미독립선언일을 기념하고 해방의 날을 그리며 쓴 시 '그날이 오면' 시비가 세워져 있다.

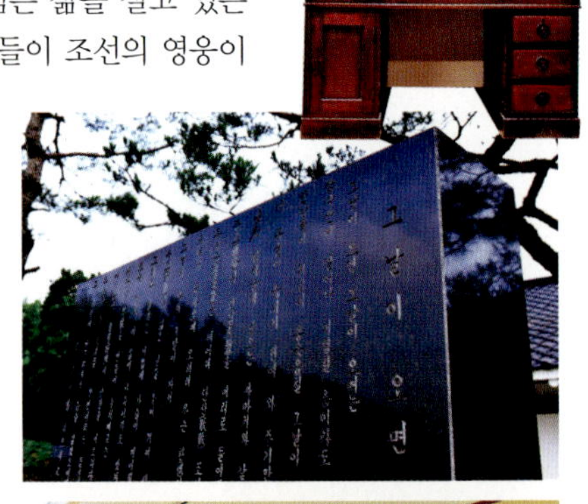

여행 정보

찾아가는 길

서해안고속도로 송악IC 빠져나와 북부산업로 따라 750m 직진 → 부곡교차로에서 좌회전 후 첫 번째 사거리에서 바로 우회전 → 상록수길 따라 1.4km 직진 후 안내표지보면서 필경사 주차장으로 진입

당진버스터미널에서 22, 22-1번 버스(한진행)를 탑승한 후 필경사정류장에서 하차(30분 소요)

이용안내

충남 당진시 송악읍 부곡리 215-12 / 041-356-8405

http://www.ssks.kr

09:30~17:30(입장료 무료)

먹을거리 _ 조희숙의상록수

집주인은 남편과 함께 농촌운동을 하면서 과수원과 목장을 거쳐 지금은 생활개선회 활동의 일환으로 당진의 향토음식 체험장을 오픈하였다. 이 집은 〈한국인의 밥상_73회〉 프로그램에도 소개될 정도로 맛이나 정성이 이미 세상에 알려져 있다.

충남 당진군 송악읍 오곡리 120-2 / 사전예약 : 041-358-8110(예약필수)

상록수밥상(4인 한상 기준 1인 15,000원)

sangroc.co.kr/xe

주변볼거리 _ 당진 자원봉사벽화예술길

당진시 당진 1동 서문 2길 당진인적자원개발센터 담벼락을 중심으로 천주교회까지 이어지는 길과 골목을 중심으로 200여 미터가 조성되어 있다. 자원봉사벽화예술길은 3구간으로 나눠지는데 1구간은 당진의 상징인 시화, 새, 시목과 8경을 담은 '당진비경도', 2구간은 '예술산책로 – 몬드리안의 골목', 제3구간은 '솔내음 솔솔, 추억과 사랑담은 소나무의 솔밭'이라는 주제로 아름다운 벽화가 조성되어 있다.

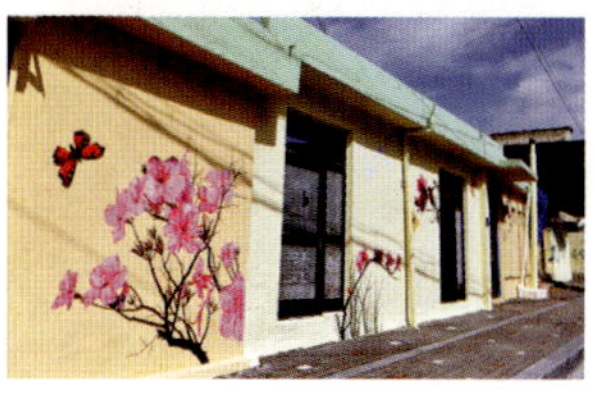

당진시 당진동 서문2길(당진구청사, 당진인적자원개발센터 벽 또는 천주교 당진교회 가는 길)

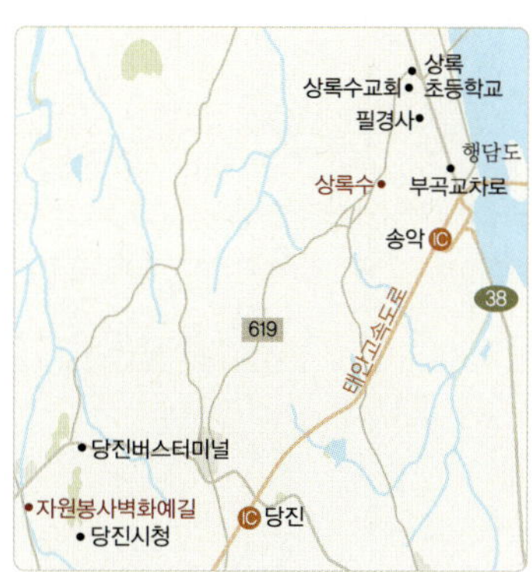

이야기가 있는 문학관

인제 박인환문학관 – 시인들의 아지트였던 서점 '마리서사', 명동 술집 '포엠', '유명옥' 그리고 문인들의 만남의 장소 '봉선화다방', 세월이 가면을 지었다는 선술집 '은성' 등 마치 드라마세트장처럼 꾸며져 있으며 독서를 할 수 있는 다목적실과 박인환거리에는 목마와 숙녀 조형물과 거리미술작품들을 볼 수 있다.

보성 조정래태백산맥문학관 – 전시실은 1983년 집필을 시작하여 6년여 만에 탈고한 분단문학의 최고봉 소설 '태백산맥' 관련 자료들이 전시되어 있다. '소설을 위한 준비와 집필', '태백산맥의 탈고', '출간 이후', '작가의 삶과 태백산맥' 등 1만 6천여 매 분량의 태백산맥 육필원고를 비롯한 159건 719점의 전시물들을 볼 수 있다.

전주 최명희문학관 – 전시관은 녹록치 않았던 작가의 삶과 그 흔적이 고스란히 담겨 있다. 독락제에서는 작가의 혼이 담긴 원고와 지인들에게 보낸 친필 편지, 엽서들, 생전 인터뷰와 문학 강연 모습을 담은 동영상, 여러 작품에서 추려낸 글이 새겨진 각종 패널이 전시되어 있다. 혼불 총 1만 2천여 매 중 3분의 1분량이 전시되고 있으며, 단편소설이 실린 책과 소설, 친필 사인책, 최명희 청년문학상 원고 등이 전시되어 있다.

해양테마과학관 & 함상공원

당진 최대의 종합관광휴양지

바다와 어우러진 삽교호 관광지는 수산물시장과 군함테마파크 함상공원, 과학으로 만나는 해양테마과학관, 바다와 호수가 함께 어울러진 공원 삽교바다공원, 생활체육공원, 기타 삽교호놀이동산, 수변테크로 이어지는 전망대 등이 조성되어 볼거리, 즐길 거리, 먹을거리가 풍성한 당진 최대의 종합관광휴양지이다.

손으로 만질 수 있는 생생한 해양체험학습장

2010년 개관한 해양테마과학관은 풍부한 우리나라의 해양생물들을 만날 수 있는 곳이다. 생태환경에 따라 분류된 1층의 대형수족관에서는 살아있는 다양한 어종들을 가까이에서 육안으로 관찰할 수 있으며, 해양체험존과 닥터피시체험존에서는 직접 손으로 만져보면서 보다 생생한 체험학습을 즐길 수 있다.

2층 전시관은 공룡특별전시관, 화석광물관, 게생태관, 갯벌생태관 등으로 구분되어 있다. 티라노사우루스가 가장 먼저 눈에 들어오는 공룡전시관에서는 2억 년 전 살았던 공룡들의 생생한 세계를 느껴볼 수 있다. 공룡뿐만 아니라 공룡시대부터 함께해온 다양한 화석까지 관람할 수 있어 학습 효과도 배가 된다. 또한 40석 규모의 4D 영상관에서는 환경오염을 주제로 한 애니메이션, 입체영상을 통한 가상현실을 체험할 수 있는 롤러코스터, 공룡을 주제로 생동감 넘치는 영상물 등이 상영 중이다.

해양안보의식 고취를 위한 군함테마공원

바다와 해군을 동시에 체험할 수 있는 삽교호함상공원은 퇴역함정 2척 상륙함(화산함)과 구축함(전주함)을 해군으로부터 대여 받아 조성한 군함테마공원이다. 상륙함에서는 21세기 대양해군과 해군 문화를 직접 체험할 수 있으며, 구축함에서는 함포체험과 해군의 일상생활상을 체험할 수 있다. 관람객들에게 해병대 복장을 대여해주므로 기억에 남을 사진도 촬영할 수 있다.

군함들은 밖에서 볼 때는 큰 배이지만 배안으로 들어서면 미로처럼 복잡하게 여러 방들이 연결되고, 이동 통로 또한 답답할 정도로 협소하게 느껴진다. 곳곳에 이해를 돕기 위해 밀랍인형이 실제 군인처럼 앉아 있어 현장감을 더하고 있다. 이곳은 해군과 해병대의 역사와 생활을 간접적으로나마 체험해볼 수 있는 기회가 된다.

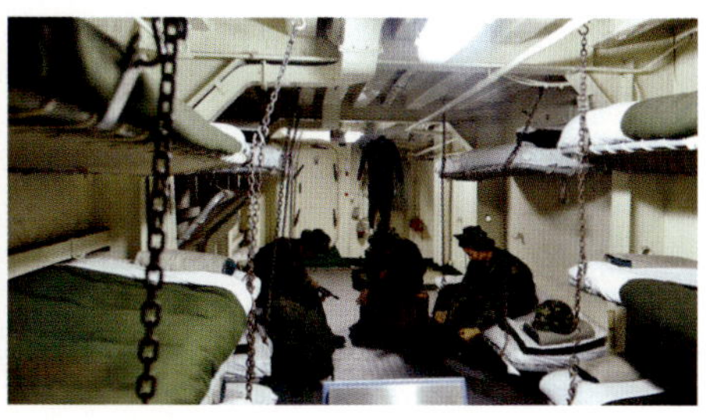

삽교호가 시원하게 조망되는 바다전망대와 야외전시장

군함 갑판에는 함상카페가 있어 멀리 삽교호를 감상하며 잠시 쉬면서 더위를 씻을 수 있는 공간이다. 또한 바다전망대에 오르면 바다와 호수가 함께 어우러진 삽교호가 파노라마처럼 한눈에 펼쳐진다.

함상공원 앞에는 '바다로 세계로! 대양해군!'의 수륙양용장갑차를 체험해볼 수 있다. 제자리에서 360도까지 회전이 가능한 장갑차는 한국전쟁 이후 해병대가 '귀신 잡는 해병' 신화를 만드는데 일조한 장비라고 설명되어 있다. 그밖에도 야외전시장에는 해상초계기, 탱크, 함포 등도 전시되어 있다.

여행 정보

찾아가는 길

- ① 서해안고속도로 송악IC에서 삽교호 방면으로 북부산업로 따라 6.6km 직진 → 운정IC에서 좌회전 → 서해로 따라 990m 직진 → 운정교차로에서 좌회전 후 닻거리길 따라 200m 이동 → 삽교천길 따라 안내표지 보고 주차장으로 진입

  ② 서해안고속도로 당진IC에서 예산 방면 반촌로 따라 540m 이동 → 예산방면 왼쪽 방향 옛터골길 따라 10.9km 직진 → 운정IC 지나 운정교차로에서 좌회전 후 닻거리길 따라 200m 이동 → 삽교천길 따라 안내표지 보고 주차장으로 진입

- ① 서울/인천/천안/당진 등에서 삽교천시외버스터미널 → 도보로 함상공원까지 이동(5분 소요)

  ② 당진시외버스터미널에서 버스 26-2, 8340번 탑승 → 삽교호종점정류장(40~60분 소요)

이용안내

- 충남 당진시 신평면 삽교천3길 79 / 041-363-6960
- www.dmto.or.kr
- 하절기(3~10월) 09:00~18:00, 동절기(11~2월) 09:00~17:00, 여름성수기 09:00~19:30(매주 1, 3주 월요일 휴관)
- 성인 6,000원, 청소년/어린이 5,000원 / 4D영상관 추가 3,000원

먹을거리 _ 삽교천 전라도광주여수횟집

삽교호함상공원 주차장 옆에는 횟집들이 나란히 붙어 있는데, 독특한 상호부터가 재미난 곳이다. 대부분 도시이름이 붙어 있어, 자연스럽게 눈에 익은 도시이름이 적힌 집으로 발걸음 하게 된다. 관광지이지만 서해의 싱싱한 해산물이 싸게 공급되는 지역이라 적당한 가격대로 부담 없이 당진의 회맛을 즐길 수 있다. 본 요리가 나오기 전에 멍게, 키조개, 새우튀김, 조개찜, 아나고, 오징어무침, 옥수수샐러드 등이 인심 좋게 배를 채우며 메인 회는 살을 도톰하게 썰어 씹는 맛이 좋도록 내온다. 회를 먹은 후에는 얼큰한 매운탕에 라면사리 하나 올리면 속까지 개운해짐에 여행이 더욱 즐거워진다.

☎ 충남 당진군 신평면 운정리 168-6 / 041-362-6654

₩ 우럭/광어 1kg 80,000원, 회덮밥 12,000원, 바지락칼국수 6,000원

주변볼거리 _ 신앙의 못자리 솔뫼성지

한국인 최초의 사제인 성 김대건신부가 탄생한 솔뫼성지는 4대에 걸쳐 순교자가 태어나고 생활하던 곳이다. 솔뫼는 '소나무 산'으로 택리지에서도 충청도에서 제일 좋은 땅이라고 기술되어 있다. 천주교가 가장 먼저 전파되었고 그로인해 가장 심한 탄압을 받았던 이곳은 1906년부터 성역화 작업이 시작되어 합덕 본당의 신자들이 순례를 하면서 자연스럽게 성지순례 문화가 태동된 곳이다. 김대건신부가 태어난 터를 중심으로 성당과 김신부의 생애가 담겨있는 배 모형 기념관, 김대건신부생가, 솔뫼아네나광장, 김대건신부 동상, 십자가로의 길 등이 성역으로 조성되어 있다.

☎ 충남 당진시 우강면 송산리 114 / 041-362-5021

전쟁 이야기가 있는 공원

부산유엔기념공원 – 세계 유일의 유엔군 묘지로, 세계평화와 자유를 위해 생명을 바친 총 11개국 2,300여 명의 유엔군 전몰장병이 잠들어 있는 곳이다. 전몰장병을 추모하기 위해 추상성, 영원을 강조하는 기하학적인 삼각형태가 특징이며, 유리대신 스테인드글라스를 사용한 추모관은 평화의 사도, 승화, 전쟁의 참상, 사랑과 평화 등의 의미를 담고 있다. 무명용사의 길에는 11개의 물계단, 11개의 분수대, 11그루의 소나무가 서있다. 한국전쟁 중 전사한 4만여 명 유엔군들의 이름을 새긴 추모 조형물이 있고, 입구 벽면에는 이해인 수녀의 헌시가 새겨져 있다.

대청동중앙공원 – 멀리서도 보이는 충혼탑을 비롯하여 광복기념관, 민주항쟁 기념관, 4.19위령탑, 조각공원 등이 있다. 충혼탑은 주로 신년, 현충일, 국군의 날, 경찰의 날 등에 공식적인 참배행사가 이뤄지는 곳으로 대한민국 건국 이후 나라와 겨레를 위해 싸우다 전사한 부산출신 경찰관과 국군 영령을 위해 세운 위령탑이다. 충혼탑 9개의 열주 아래 반원형으로 된 영현실에는 부산 출신 영령 9,314위의 위패가 모셔져 있다. 위령탑이 세워진 곳은 부산의 앞바다가 한눈에 들어오는 곳으로 충혼탑 너머로 떨어지는 일몰과 일출, 그리고 부산의 야경을 제대로 감상할 수 있는 곳이다.

용산전쟁기념관 – 전시실에는 호국추모실, 전쟁역사실, 6·25전쟁실, 해외파병실, 국군발전실, 대형장비실 등 총 6개의 전시실로 구성되어 있으며 삼국시대부터 현제까지 수집된 각종 전쟁자료와 공훈 등이 전시되어 있다. 옥외전시장에는 한국전쟁 당시 사용했던 장비와 상징조형물, 광개토대왕릉비, 평화의 시계탑 등이 있고, 한국전쟁 당시 국군인 형과 북한군인 아우가 전쟁터에서 극적으로 만난 실화를 소재로 남북의 분단과 대립을 화합과 통일로 승화시키려는 의지를 표현한 조형물 등이 전시되어 있다.

천안 제1경 만남과 어울림의 장소, 천안박물관과 천안삼거리공원

천안삼거리는 예로부터 영남과 호남 그리고 충청도의 문물과 사람이 모이는 만나의 장소였다. 교통의 요충지에 자리한 천안박물관은 천안의 역사와 문화, 선사유적부터 근대에 이르기까지의 천안 이야기가 담긴 유적과 유물을 살펴볼 수 있다. 또한 각종 체험프로그램과 다양한 문화행사도 즐길 수 있다.

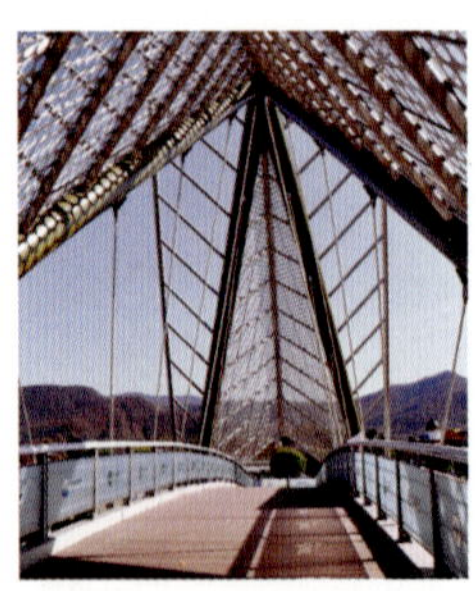

역사속 천안삼거리 풍경을 만나보자

천안박물관은 2층에서 1층으로 내려오면서 관람하도록 동선이 구성되어 있다. 2층에 자리한 제1전시실은 천안고고실로 구석기시대부터 삼국시대까지의 선사유적, 관방유적, 역사속의 천안, 천안의 위상 등을 자세한 자료와 다양한 연출 방법으로 쉽게 이해될 수 있도록 전시되어 있다. 제2전시실 천안역사실로 고려시대부터 조선시대까지의 천안의 생활상을 중심으로 전시하고 있다. 고려시대를 대표하는 국보 제7호 봉선홍경사사적갈비와 국보 제280호 성거산천흥사동종 그리고 암행어사박문수초상화, 광덕사면역사패교지 등의 보물과 보협인석

탑, 조선시대 직산현관아, 목천향교, 천안읍지 등의 향촌사회 생활모습을 살펴볼 수 있다.

바로 이어지는 제3전시실은 천안삼거리실로 예부터 삼남 사람들이 모여들던 천안삼거리의 활기찬 모습을 볼 수 있다. 호서지방의 관문역할을 하던 호서계수아문이 실제처럼 재현되어 있고, 이를 통과하면 당시의 주막과 객주, 시장의 유기전, 포목전, 소달구지, 대장관, 천안웃다리풍물 등이 모형으로 재현되어 있다. 그밖에도 어가행렬과 천안의 설화, 민속놀이 등이 흥겨운 소리와 함께 둘러볼 수 있다. 이곳이 천안의 낭만과 한양길에 올랐던 나그네들의 이야기가 자연스럽게 전해지는 천안삼거리의 풍경이다.

체험을 통한 놀이학습과 야외전시장

1층으로 내려오면 기획전시실을 지나 제5전시실인 교통통신실로 이어진다. 이곳은 예부터 사통팔달 교통의 요지였던 천안의 모습을 전시하는 곳으로 남도의 변란을 한양으로 알리던 봉수대와 교통의 요충지에 위치하며 주변 11개 역을 관리하던 역원驛院이었던 성환역도찰방 그리고 천안역의 시대별 발달사를 한눈에 살펴 볼 수 있다. 또한 조선시대 교통수단과 통신망, 역원제도 등을 이해할 수 있으며, 왕실 교통수단이었던 연과 덩, 각종가마 등도 전시하고 있다. 제6전시실은 어린이전시실로 단순히 관람에 그치는 것이 아니라 아이들의 호기심을 충족시킬 수 있도록 재미있는 체험공간으로 운영된다. 전시실에서 보았던 유물들을 직접 만져보며 느낄 수 있는 탁본체험, 탑 쌓기, 도자기 퍼즐맞추기, 황제의 자동차와 동헌체험 등을 해볼 수 있다. 특히 왕이 타던 어차를 타보거나 영상으로 달리는 증기기관차를 타보면서 즐거운 여행 기분을 느껴볼 수 있다.

야외전시장에는 충청도 지역의 기와집과 초가집 그리고 장승과 돌무덤 등이 재현되어 있다. 기와집은 과거 일반적 주거형태인 ㄱ자 모양으로 중부지방 주택의 특징을 살펴볼 수 있다. 야외전시장은 산책로 조성이 잘되어 있고, 야생화특별전과 같이 시기별 전시도 있으므로 전시를 마친 후에는 산책로를 따라 걸어보는 것도 좋다. 또한 천안박물관 내 녹색생활체험장에서는 코스별로 다양한 프로그램을 운영하고 있는데 신비한 매직버블체험, 전통탈 목걸이, 난타 천연손수건, 색색모래초 등 우리 전통문화를 익히며 과학적인 사고를 키울 수 있다.

천안 제1경, 그 속에는 흥이 있다

천안박물관에서 천안삼거리공원으로 연결되는 육교는 작품처럼 아름답다. 천안삼거리는 천안 12경 중 제1경으로 옛 삼남대로의 분기점이었다. 당연히 만남과 어울림의 장소로 경상도와 전라도 사람들은 한양을 가려면 꼭 거쳐야 하는 관문이었다. 천안 북쪽은 평택과 수원을 거쳐 한양으로 가는 길, 남쪽에는 청주, 문경새재를 넘어 안동, 보은, 대구, 경주로 연결되는 길, 그리고 서쪽은 논산을 지나 전주, 광주, 목포로 이어지는 길이 시작되고 만나는 곳이었다. 이곳에는 능소와 선비 박현수의 애틋한 사랑이야기가 전해지는데 현재 이야기에 맞춰 테마길을 조성하고 있다.

공원 정문을 들어서면 흥타령비와 천하대장군이 보인다. 천안삼거리 흥타령은 흥겨운 노래의 대명사로 많은 사람들의 흥을 돋고 즐겁게 하는 타령이었다. 흥타령비를 지나 사각거리는 낙엽 소리를 즐기며 걷다보니 연못이 나타난다. 연못에는 조선시대 화축관의 문루로 추정되는 영남루(충남문화재자료 제12호)가 능수버들과 어우러져 서있다. 그 앞으로 연못가운데는 다섯 마리 용이 서로 여의주를 차지하려 다투는 오룡쟁주五龍爭珠 조각상이 있는데, 용은 천안시를 상징하는 동물이면서 천안이 오룡쟁주 형국의 길지임을 표현하고 있다. 공원에는 여러 개의 기념비와 탑이 산재해 있다. 공원 중심에 위치한 삼룡리삼층석탑(충남문화재자료 제11호)은 고려시대 탑으로 천안 안서동에서 밭을 갈다 발견된 것을 독립로 확장공사 때 이곳으로 옮겨 세운 것이라 한다. 나지막한 언덕에는 천안을 배경으로 지은 노래 하숙생 노래비와 천안 출신 항일독립투사 7분의 공적을 추모하는 독립투쟁의사광복회원기념비가 세워져 있다.

여행 정보

찾아가는 길

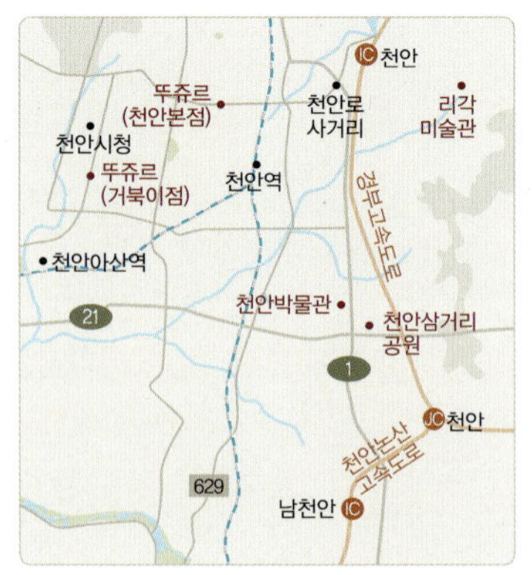

🚗 ① 경부고속도로 천안IC에서 왼쪽 방향 → 천안로사거리에서 대전 방면으로 좌회전 후 천안대로 따라 3.9km 직진 → 천안박물관 이정표 보고 박물관 주차장으로 진입

② 천안논산고속도로 남천안IC 빠져나와 천안대로 따라 4.4km 직진 → 천안박물관 이정표 보고 좌회전하여 박물관 주차장으로 진입

🚆 / 🚌 ① 국철 천안역 1번 출구로 나와 동부천안역정류장까지 75m 도보 이동 → 버스 24, 71, 500, 700, 701, 710번 탑승 후 천안박물관(천안동중학교)정류장에서 하차(20~30분 소요) → 박물관까지 도보로 이동

② 천안종합버스터미널 길건너 종합터미널정류장에서 버스 12, 24, 500, 700, 701, 710번 탑승 후 천안박물관(천안동중학교)정류장에서 하차(30~40분 소요) → 박물관까지 도보로 이동

이용안내

천안박물관

☎ 천안시 동남구 천안대로 429-13 / 041-521-2891 / 녹색생활체험장 문의 041-565-0750(입장료 없음)

⏲ 3~10월 09:00~18:00 / 11~2월 09:00~17:00

휴관일 : 매주 월요일, 1월 1일, 설날과 추석당일

천안삼거리공원

☎ 충남 천안시 동남구 삼룡동 306 / 041-521-6342

먹을거리 _ 뚜쥬루거북이점

서울 용답동에서 시작하여 1998년 천안 성정동으로 이사를 한 제과의 명문 뚜쥬루제과점은 프랑스어로 '언제나, 항상, 영원히'를 뜻하는 뚜쥬루(Toujours)처럼 한결같은 마음으로 빵을 굽는 집이다. 2008년 개업한 뚜쥬루 '거북이점'은 '더욱 느리게 제품을 만들겠다.'며 상호부터 그렇게 지었다고 한다. 냉동제품을 해동해 굽는 것이 아닌, 느리더라도 생생반죽과 정직한 맛으로 소비자 건강을 우선하겠다는 의지가 엿보인다. 뚜쥬루거북점은 1층은 베이커리이고, 2층은 카페로 운영된다. 이집의 인기 상품은 시바앙호두봉, 찹쌀떡, 목장우유쌀롤, 뚜쥬루바게트, 거북이빵 등인데, 특히 거북이빵은 천연효모를 14시간 이상 발효하여 만든, 이름 그대로 느리게, 더 느리게 만든 빵이다.

☎ 충남 천안시 불당동 763번지(불당우체국건너편) 041-563-0086

₩ 거북이빵 1개 2,000원, 시바앙호두봉 20,000(大)

주변볼거리 _ 커피향 가득한 리각미술관

태조산 중턱에 위치한 리각미술관은 다양한 현대 미술을 접할 수 있는 곳으로 이종각 관장의 70년대 초기 작품부터 90년대 이후 작품까지 백여 점 이상이 전시되어 있다. 리각미술관 속에 있는 Cafe M에서 풍겨 나오는 그윽한 커피향은 작품 관람 분위기를 더욱 운치 있게 만드는 듯하다. 전시관 밖으로 나오면 1만 6천 제곱미터에 달하는 야외조각 공원이 있는데, 대부분 청동으로 만들어진 여러 점의 작품들이 곳곳에 전시되어 있다.

☎ 충남 천안시 동남구 유량동 4-1 / 041-565-3463

✉ ligak.co.kr

테마가 있는 부산의 거리

보수동책방골목거리 – 50년 역사를 자랑하는 부산의 명물 보수동책방골목은 전국 어디에서도 찾아 볼 수없는 문화의 골목으로 현재는 부산문화의 상징이라고 할 수 있다. 보수동책방골목은 단순히 책만 판매하는 것이 아니라 새로운 문화층을 흡수하기 위해 작은 음악회, 보수동책방골목만을 배경으로 한 사진전 등 다양한 문화 접목을 통해 많은 사람들의 관심을 모으고 있다. 책방 골목을 걷다보면 곳곳에서 세월의 흔적을 만날 수 있는데, 과거 서점 모습을 담은 흑백사진을 보노라면 빛바랜 이야기가 들리는 듯하다.

40계단 문화관광테마거리 – 40계단은 1950년 피난 중 헤어진 가족들의 상봉장소로 유명하였다. 이곳은 한국 전쟁당시 이 부근에 거주하던 피난민, 부두노동자들의 애환을 달래기 위해 국민은행 중앙동지점부터 40계단까지를 문화의 거리로 조성한 것이다. 테마거리에는 옛 정취를 살려 나무전봇대 위에 까치집을 설치하였으며 중구가 영화산업의 중심지임을 알리기 위해 50~60년대의 영화포스터와 50년대 경음악을 틀어주어 과거로 돌아간 듯한 분위기를 느낄 수 있다.

남포동 PIFF의 거리 – 1996년 제1회 부산국제영화제(PIFF)가 남포동에서 열리면서 이곳이 PIFF의 거리로 자리 잡았다. 많은 사람들이 오가는 남포동 초입에 위치하며 스타의 거리에는 화강암과 동판으로 만든 유명 영화인들의 핸드프린팅이 바닥에 깔려있다. 극장가는 언제나 활기가 넘치며, 1박 2일 승기호떡집에는 불이 날 정도로 많은 사람들이 찾는다. 거리에 조형물들을 감상하며 걷다보면 국제시장으로 이어지는데 젊음의 거리, 조명의 거리, 아리랑 거리 등등으로 이름 지어져 형형색색의 볼거리와 제품들을 만날 수 있다.

묵향 가득 번져 나오는 추사의 발자취, 추사고택과 추사기념관

조선 후기의 대표적인 실학자 추사 김정희(1786~1856)선생의 체취가 가장 많이 묻어 있는 곳이 바로 예산이다. 예산의 추사고택은 추사가 태어나고 어린 시절을 보낸 곳이며, 그의 묘 또한 이곳에 있고, 그가 심었다는 백송 한 그루가 아직까지 건재하게 살아 있다. 추사의 업적을 기리기 위한 추사기념관이 같이 있어 추사의 삶을 좀더 생생하게 들여다 볼 수 있다.

은은한 묵향이 곱게 배인 사랑채와 세한도

추사고택은 추사체로 명성을 날린 명필 김정희가 태어나고 어린 시절을 보냈던 곳이다. 원래 53칸 집이었으며 1968년까지 후손들이 살다 매도된 것을 1976년 도에서 매수하여 문화재로 지정관리하고 있다. 조선 중기 양반가옥의 전형적인 모습으로 지어진 추사고택은 면적이 265제곱미터이며 안채와 사랑채, 문간채, 사당채 등 일부가 복원되어 있다. 솟을대문을 들어서면 ㄱ자로 꺾인 사랑채가 보이고 그 뒤로 안채가 자리하고 있다.

남향으로 지어진 사랑채는 남쪽으로 한 칸, 동쪽으로 두 칸 구조이며 대청과 마루로 연결되어 있다. 사랑채가 사회적 활동이나 문학적 유희 장소로 자주 사용되었던 만큼 마루공간이 넓고, 가운데 문을 열면 방이 하나로 이어진다. 사랑채 마루 위에는 제주도에서 귀양살이하던 시절 제자 이상적(1804~1865)이 권세를 따르는 세속에 물들지 않으며, 옛정을 잊지 않고 곤란한 처지인 자신에게 끝까지 정의를 지킨 것에 감격해 세한(겨울에 홀로 푸른 소나무)에 비유하여 그렸다는 세한도歲寒圖가 걸려 있다. 세한도 오른쪽 하단을 보면 장무상망長毋相忘(오랫동안 서로 잊지 말자.)이란 붉은 낙관이 이 그림을 그려준 추사의 뜻이 함축된 것으로 보인다. 추사고택은 복원과정 중 옛 모습을 많이 잃었지만 유일하게 본래 자리를 지키고 선 석주가 있는데, 이는 추사가 직접 제작한 것으로 그림자 길이로 시간을 재던 일종의 해시계였다. 석주 앞면에 새겨진 '석년石年'은 김정희의 아들 김상우가 추사체로 새긴 것이다.

실용적이면서도 아름답게 지어진 안채

안채는 작은 마당을 ㅁ자 형태로 건물들이 감싸 안는 구조라 마당에 들어서면 6칸 대청이 먼저 한눈에 들어오고, 소박한 작은 하늘은 처마 틀에 갇힌다. 대청 양옆으로 안방과 아궁이가 자리하고 반대편에는 안사랑채와 작은 아궁이가 보인다. 최초 건물을 지을 당시 추사의 증조부이자 영조의 둘째딸 화순옹주와 결혼한 김한신(월성위)이 왕으로부터 하사 받은 땅에 서울 적선동에 있던 가옥을 이전 건립한 것이다. 이때 충청도 군현은 물론이고, 경공장(한양에서 나라 건축을 전담하던 목수)까지 불러다 최고의 모양새로 지었으니, 가옥의 각 칸들은 실제 쓰임에 맞게 문과 창을 낸 실용적인 구조이면서 한옥의 곡선미가 제대로 살아있다.

각 칸 기둥과 벽면에는 추사의 서체로 주련과 편액이 걸려있어 그의 글 솜씨를 충분히 느낄 수 있으며, 방마다 다르게 디자인된 문창살을 보고 있자니 방안에서는 자연의 빛이 어떤 모습으로 보일지 문득 상상해보게 된다. 마당에 잠시 서서 주련에 담긴 한자들의 뜻을 생각해보는 것도 괜찮을 듯하다. 고택의 오른쪽 담장에 달린 쪽문을 나서면 대대로 마셨을 우물이 있고, 담장을 따라 올라가면 사당채 영당으로 이어진다. 사당채는 추사의 아들 김상무가 세웠으며, 추사영실秋史影室이라 쓴 현판은 추사의 오랜 벗 권돈인의 글씨이고, 초상화는 제자였던 이한철이 그렸다고 한다. 현재 초상화 원본은 국립중앙박물관에 현판은 간송미술관에서 보관하고 있다.

世間兩件事耕讀(세간양건사경독)
세상에서 두 가지 큰일은
밭을 갈고 독서하는 일이다.
大烹豆腐瓜薑菜(대팽두부과강채)
좋은 반찬은
두부 오이 생강 나물이요
高會夫妻兒女孫(고회부처아녀손)
훌륭한 모임은
부부와 아들딸 손자

조선왕실의 유일한 열녀 화순옹주와 백송

고택을 나와 다시 바라보니 가옥을 둘러싼 담장에 박힌 동글동글한 돌 모양조차 고택이 풍기던 정갈하고 단정한 멋을 그대로 닮아 있어 그 어떤 꽃담보다 아름답게 보인다. 고택 좌측에는 단출하게 조성된 김정희묘(문화재자료 188)가 있고, 추사고택을 나와 조금 걸으니 화순옹주홍문(충남유형문화재 제45호)이 있다. 영조의 둘째딸 화순옹주와 결혼한 김한신이 1758년 사도세자와 말다툼 끝에 벼루에 맞아 갑작스럽게 세상을 떠나자, 이에 격분한 화순옹주는 열흘 동안 식음을 전폐하다 결국 남편의 뒤를 따른다. 영조는 화순옹주의 정절은 높이 사지만 자신의 뜻을 저버린 데 대한 아쉬움 때문에 정려를 내리지 않았고, 후에 정조가 정려를 내렸다고 한다. 화순옹주는 조선왕실에서는 처음 있는 유일한 열녀였다고 한다.

화순옹주홍문을 지나면 추사의 글을 배경으로 조성한 추사공원이 있다. 휘 둘러본 후 약

500미터를 올라가면 추사가 25세 때 청나라 연경(중국 북경)에서 씨앗을 가져다 심었다는 백송 한 그루가 있다. 백송 뒤로 보이는 무덤은 추사의 고증조부 김홍경의 묘이다. 백송은 희귀 수종으로 수목원이나 가야 볼 수 있을 만큼 지금도 흔하지 않은데, 이곳의 백송은 수령이 200년이 넘고, 천연기념물 106호로 지정되어 보호받고 있다.

추사 예술혼을 느낄 수 있는 추사기념관

추사고택 바로 옆에는 김정희묘가 있고, 그 옆으로 추사 김정희 선생의 서예정신과 업적을 새롭게 조명하고 그가 남긴 작품들을 체계적으로 보존, 전시하기 위한 추사기념관이 자리한다. 추사기념관의 상설전시관에는 벽면을 따라 추사의 신비한 탄생설화부터 연경에서 보낸 60일간 스승인 옹방강翁方綱, 완원阮院 두 학자와의 만남, 제주도 유배기와 만년기, 그리고 추사체 완성에 이르기까지 추사의 발자취를

한눈에 볼 수 있도록 잘 정리해두었다. 한쪽에는 추사고택을 축소한 모형과 추사의 일대기가 미니어처로 연출되어 있다.

한쪽 벽면에는 추사선생의 어록이 예쁘게 디자인되어 있는데, 선생의 정신세계를 지탱해왔던 철학을 엿볼 수 있다. 추사 스스로도 글쓰기에 얼마나 노력하였는지를 알 수 있는 어록이 눈에 띈다. '내 글씨는 비록 말할 것도 못되지만, 나는 70평생에 벼루 열 개를 밑창 냈고, 붓 일천 자루를 몽당붓으로 만들었다.' 또한 추사의 예술관을 짐작하게 하는 글도 보인다. '가슴속에 오천 권의 문자가 있어야만 비로소 붓을 들 수 있다.' 그는 천재였음에도 항상 스스로를 갈고 닦고 노력하는데 게으르지 않았다. 그의 글은 손끝의 기능이 아니라 사람의 영혼을 취하게 하는 예술적인 혼이 깃들어 있는 것이다.

추사기념관의 다목적 영상실과 체험실은 이곳을 방문하는 어린이와 학생들이 직접 체험을 통해 참여할 수 있는 공간으로 꾸며져 있다. 추사의 편지를 읽고, 직접 붓과 한지를 이용하여 편지를 써보는 체험이나 먹물을 이용하여 탁본을 떠보는 체험 등은 권할 만하다.

여행 정보

찾아가는 길

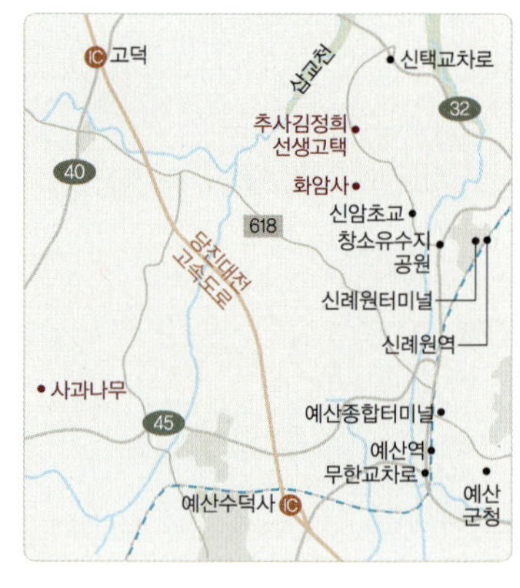

- ① 서해안고속도로 당진IC 빠져나와 옛터골길 따라 4km 직진 → 거산삼거리 못 미쳐 예산 방면 오른쪽 방향 → 예당평야로 따라 16.2km 직진 후 신택교차로에서 좌회전 → 오신로를 따라 2000m 가다 추사고택로 방면으로 좌회전 후 추사고택로 따라 2.2km 직진 → 추사고택 방면 좌회전 후 표지판 보고 주차장으로 진입

  ② 당진상주고속도로 예산수덕사IC 빠져나와 충서로 따라 4.6km 직진 → 무한교차로에서 좌회전 후 충서로 따라 4.7km 직진 후 창소유수지공원 못미쳐 좌회전 → 신암남로 따라 1.4km 이동 후 종경교 방면 우회전 → 125m 이동 후 추사고택 방면으로 왼쪽 9시 방향 신암남로 따라 140m 이동 → 우회전 후 신암남로를 따라 2.9km 직진 → 표지판 보고 주차장으로 진입

- 신례원역(새마을호) 하차 후 신례원정류장까지 도보로 이동(7~10분 소요) → 농어촌버스 440번 탑승 후 추사김정희고택앞정류장에서 하차(20분 소요)

- ① 예산종합터미널에서 농어촌버스 440번 탑승 후 추사김정희고택앞정류장에서 하차(35분 소요)

  ② 신례원터미널에서 신례원정류장까지 도보로 이동(2~3분 소요) → 농어촌버스 440번 탑승 후 추사김정희고택앞정류장에서 하차(20분 소요)

이용안내

☎ 충남 예산군 신암면 용궁리 799-2 / 041-339-8248

🕒 하절기 09:00~18:00, 동절기 09:00~17:00(연중무휴)

₩ 성인 500원, 청소년 300원, 어린이 200원

먹을거리 _ 사과나무

예산의 문인들이 자주 왕래하는 카페로 토속적인 풍경의 정원과 실내 디자인이 고풍스러운 집이다. 이 집의 메뉴는 십여 년 넘게 바뀌지 않는데, 보리밥과 돈가스, 파전이 전부라 선택의 여지가 별로 없다. 하지만 언제 찾아가도 늘 한결같은 음식 맛을 보여주는 곳이라 편안하게 느껴진다. 맛있는 보리밥 한 그릇과 창밖으로 스며드는 아름다운 정원 풍경을 즐기며, 여유롭게 식사할 수 있는 곳이다.

☎ 충남 예산군 삽교읍 상하리 372-17 / 041-337-4279

₩ 보리밥 6,000원, 돈가스 8,000원

주변볼거리 _ 추사여행의 완성 화암사

오석산 자락에 위치한 화암사는 추사 김정희의 향기를 맡을 수 있는 곳이다. 사찰입구에는 절집 같지 않은 요사채가 있고, 이를 지나면 대웅전을 비롯해서 약사전, 종각, 요사채 등의 건물을 만날 수 있다. 가람배치는 ㅁ자 형태로 단정한 느낌을 준다. 이 사찰에는 추사가 제주도 귀양시절에 써서 보냈다는 친필 편액 '시경루' 와 '무량수각'이 걸려 있다. 또한 대웅전 뒤로 돌아가면 화암사석조보살입상 뒤 병풍암에 추사의 친필을 각자한 시경(詩境), 천축고선생댁(天丑古先生宅)이란 글씨를 만날 수 있다.

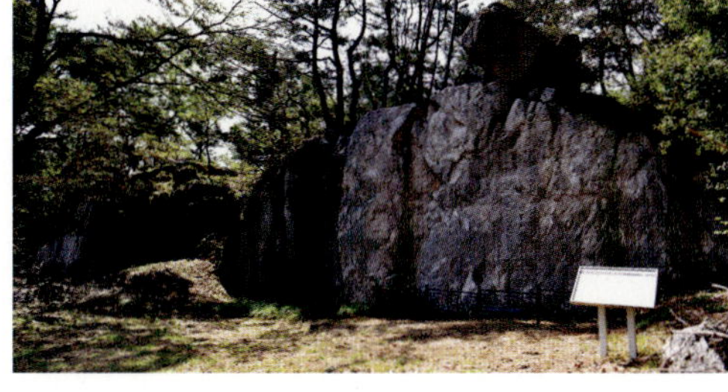

오래된 기와집

구례 쌍산재 – 쌍산재는 구례군 마산면 사도리에 있는 한옥으로 6대에 걸쳐 오늘에 이른 300년 된 고택이다. 쌍산재 앞 당물샘은 한국관광공사에서 전국 10대 약수터로 선정한 곳이며, '지리산 약초 녹은 물이 흘러든다.'라고 소문난 약수다. 대숲이 울창하며, 서당을 운영하던 선조들의 흔적을 느낄 수 있는 사락당, 경암당으로 오르는 죽로차 밭길이 멋스럽다. 또한 후문 영벽문을 나가면 사도지저수지 풍경이 아름답다.

보은 선병국가옥 – 충북 보은군 하개리에 위치한 선병국가옥(중요 민속자료 제134호)은 당대 제일가는 대목들을 불러 모아 지은 고택이다. 마치 물에 뜬 연꽃 형상의 연화부수형 명당에 지은 집으로 100여 년의 역사를 가지고 있다. 지금은 고시공부하는 학생들이 주로 기거하며, 보성선씨 영흥공파 21대 종부인 김정옥씨가 직접 가르쳐주는 고추장만들기 체험은 종가의 맛을 그대로 느낄 수 있다.

전주 학인당 – 전북 전주시 완산구 교동에 100년 역사가 머무는 고택 학인당은 효자로 유명한 백낙중이 살던 곳으로 고종황제는 그의 효행을 높이 사 승훈랑이란 벼슬을 내렸다. 해방 후 백범 김구 선생 등 정부요인들이 전주 방문 시 숙소로 사용되었던 역사적인 의미도 있는 고택이다. 현재 문화공간으로 활용되는 학인당은 판소리에 있어 중요한 현장이라 하는데, 안채방의 들문과 덧문, 창호지문, 갑창 4개의 겹문은 방음과 방풍은 물론이고, 판소리 공연 때 소리 울림을 좋게 하여 우리 한옥의 숨은 과학에 감탄하게 된다.

천천히,
천천히 슬로시티
예산 1박 2일

예산은 덕숭산의 수덕사와 봉수산의 대련사 그리고 옥계저수지와 예당저수지. 산과 물이 잘 조화를 이뤄내며 한 폭의 그림과도 같은 도시이다. 특히 예산군 대흥면은 국내에서 6번째로 국제슬로시티연맹에 가입했으며, 대흥동헌, 의좋은형제공원, 대흥향교, 예당저수지 등이 둘러볼만 하다. 또한 현존하는 최고 목조건물 수덕사와 선미술관 등 곳곳에서 낭만을 느낄 수 있는 여행지이다.

강태공마저 풍경이 되는 예당저수지, 예당국민관광지

우리나라 최대 규모의 농업용 저수지인 예당저수지는 예산군의 대흥, 응봉, 신양, 광시 4개의 면에 걸쳐 있으며, 면적이 서울 여의도 4배에 달할 정도로 광대한 저수지이다. 예당저수지는 단순히 농업용수만 공급하는 것이 아니라 수려한 자연경관을 이용하여 레저관광의 명소로 탈바꿈하고 있다. 예당저수지 북단 등촌리와 후사리 일대는 1986년부터 국민관광지로 지정된 곳이다. 이곳에는 야외공연장과 부력분수대, 조각공원, 야영장과 쉼터, 야생화산책로와 피크닉장, 공원매점과 카페까지 각종 편의시설들이 설치되어 있어 연인이나 가족 나들이 장소로 제격이다.

예당호조각공원은 우리나라의 유명 중견작가와 공모작가들이 참여한 공원으로 작품성과 대중성 높은 작품들을 곳곳에서 만날 수 있다. 공원 입구부터 처음 만나게 되는 작품은 혈관이 그대로 느껴지는 역동적인 작품 '높이 더 높이'이다. 다양한 작품들 중 설명을 굳이 보지 않아도 가슴으로 먼저 알아버리는 작품 '휴(休)'는 누워서 책을 읽고 있는 모습이 너무 평화로워 작품 옆 빈 공간에 누우면 마치 작품이 완성될 것 같은 느낌을 받는다. 야생화들이 피어있는 산책로에는 전래동화를 읽으면서 산책할 수 있고, 시간마다 20분 동안 연출되는

예당호 조각공원

부력분수쇼는 최대 60m까지 치솟는 고사분수, 나비분수, 시간차분수, 발레분수 등 다양한 형태로 구성되어 눈까지 시원해진다. 야간에는 5가지색이 수중에서 빛을 발산하여 더욱 아름다운 분수쇼를 볼 수 있다. 느긋하게 벤치에서 즐기는 20분간의 분수쇼는 예당저수지의 명물로 자리하며 여행자들에게 색다른 경험을 선사한다.

빛바랜 시간의 흐름이 느껴지는 대흥향교

대흥향교로 향하는 길, 길가 건물들은 푸근하고 질박한 세월의 무게가 느껴지는 70~80년대 모습을 간직하고 있다. 문을 닫은 정육점, 아직도 성업 중인 미용실, 페인트가 벗겨진 이름 모를 집들의 지붕에선 빛바랜 시간의 흐름이 느껴진다. 향교 앞에는 수령 600년 된 은행나무(기념물 160호)가 울창한 녹음을 자랑한다. 아직도 매년 정월에는 이 마을의 무사태평을 기원하는 성황제를 올리며, 나무를 베면 마을이 피해를 입는다는 속설이 이어지는 당산나무이다.

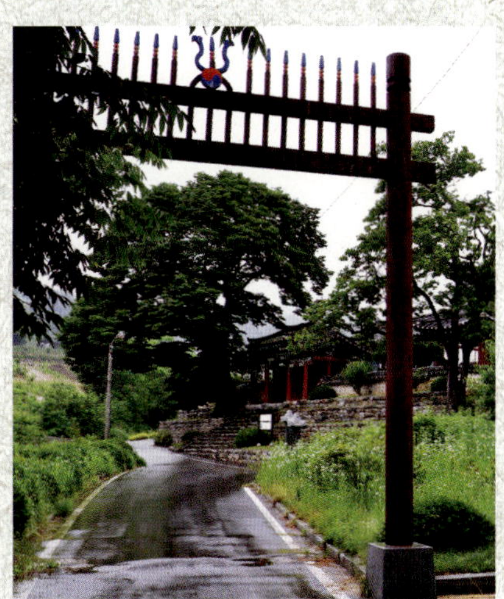

향교를 알리는 홍살문을 지나면 지방민의 교육과 교화를 담당하던 대흥향교가 보인다. 다른 향교들처럼 전면에 명륜당, 후면에는 대성전을 둔 전학후묘식의 배치이다. 향교의 교육은 학교가 대신하지만 여전히 제를 모시는 역할은 꾸준히 이어져 대성전 안에는 5성(공자, 맹자, 자사자, 증자, 안자), 공문십철(공자의 수제자 10인), 송조 6현(송나라의 대표적인 성리학자 6인), 동방 18현(우리나라 대표

적인 유학자 18인)의 위패가 봉안되어 있다. 슬로시티는 느림의 미학을 즐기는 곳이다. 예산 슬로시티는 예당호를 중심으로 대흥면, 응봉면 일대가 속해있다. 다른 유명한 슬로시티처럼 눈에 띄는 특별한 돌담이나 몇 백 년 된 가옥은 없지만 어쩌면 그 밋밋한 평범함이 마음속 고요한 향수를 불러일으키고 있는지도 모르겠다.

수생식물 생태학습장
예당호중앙생태공원과 의좋은형제공원

대흥향교에서 큰길로 나서면 길 건너편에 예당호중앙생태공원이 있다. 아름답게 조성된 수중산책로 데크를 따라가면 여름에는 연꽃과 창포, 어리연 등의 수생식물을 만날 수 있고, 겨울에는 조류관찰대에서 청둥오리, 쇠오리 등의 군무를 볼 수 있다. 데크 곳곳에 바람개비와 예산의 특산물인 사과 인형이 설치되어 있어 기념사진을 찍기에도 좋다. 또한 물풀향기 따라 걷다보면 어느새 전망대에 이르는데 예당저수지에 평화롭게 놓인 좌대는 한 폭의 그림처럼 다가온다. 최근 관리소홀로 어렵게 조성한 생태학습장이 잡풀만 무성해진다는 안타까운 소식도 있지만 이를 계기 삼아 더욱 아름답게 관리되기를 기대해본다.

생태공원을 나와 대흥동헌을 향하면 들어가는 입구에서 밀랍인형으로 된 의좋은 형제 이야기를 만날 수 있는 의좋은형제공원이 자리한다. 한 고을에 사는 우애 깊던 형제가 가을걷이가 끝난 후 '동생네는 새 살림이라서 돈이 많이 들겠지'라고 생각한 형과 '형님네는 식구가 많아 돈이 많이 들 거야'라고 생각한 아우가 밤이면 몰래 자기 집 볏단을 아우와 형네 볏가리에 보태주다 어느 날 밤 볏단을 든 채 서로 마주쳤다는 가슴 훈훈한 이야기. 여직 교과서 속 동화인줄로만 알았는데 이 형제들 우애는 조선 세종 때 이곳에서 호장을 지낸 이성만과 이순 형제의 실제 이야기이고, 이는 〈신증동국여지승람〉에 소개되어 있다. 이 형제들은 우애만 좋았던 것이 아니라 효자로 소문이 나 연산군 때는 예산이성만형제효제비(충남 유형문화재 제102호)를 이곳에 세웠다.

의좋은형제공원을 지나 안쪽으로 들어가면 임성아문이라 적힌 대흥동헌을 만날 수 있다. 고을 수령이 집무를 보던 건물로 조선후기 건축양식인 상량문에는 영락 5년(1407년)에 지었다는 기록이 남아있다. 홑처마 팔작지붕의 목조기와집인데, 작은 연못과 동헌밖에 없던 이곳에 KBS 드라마 '산 너머 남촌에는'을 촬영하기 위해 장독대와 아궁이 모습을 더해 종갓집 분위기가 난다. 동헌 뒤편 마당에는 흥선대원군 때 세운 척화비가 있다.

임존산성 아래 예당호가 한눈에 내려다보이는 대련사

예당로를 따라 동산교 못 미처 대련사로 통하는 동리마을로 들어선다. 빛바랜 건물과 나지막한 돌담에서 마을의 인심이 전해지는 듯하다. 마을을 지나 좁고 가파른 도로를 1km쯤 오르다보면 봉수산 중턱에 자리 잡은 대련사를 만난다. 2m 높이로 쌓은 축대 계단 양옆의 고목이 절집의 산문 역할을 하고 있다. 수덕사의 말사로 지어진 대련사는 백제말 의자왕 때 고승 의각과 도침이 창건한 사찰로 대흥임존산성 안에 연당과 연정(우물)이 있어 따온 이름이라고 한다.

아담한 절집은 원통보전(극락전) 뒤로 산신각과 양옆으로 요사채가 있으며 경내 마당에는 탑의 형태는 갖췄으나 마모가 심하고, 상륜부 노반과 복발만 남아있는 대련사삼층석탑(문화재자료 제178호)이 있다. 이 탑은 형태로 보아 고려말 때 제작된 것으로 추정하고 있다. 절집 마당에는 임존성을 알리는 안내도와 성안약도가 자세히 그려져 있다. 시간적 여유가 된다면 대련사에서 임존성 주문인 남문지까지 600여 미터를 오르는 것도 좋다. 백제 부흥군이 나당연합군의 공격을 물리쳤던 백제 성터를 둘러보고, 예당호의 아름다운 모습도 한눈에 내려다볼 수 있다.

고암선생의 일면을 엿볼 수 있는 수덕여관과 수덕사선미술관

수덕사 덕숭산문을 지나면 얼마 오르지 않아 일주문 왼쪽에 단아한 초가집이 보인다. 2007년 새롭게 복원된 수덕여관(충남기념물 제103호)은 고암 이응로(1904~1989) 화백이 1944년 구입하여 프랑스로 떠나기 전까지 작품 활동을 했던 고택으로, 출가한 일엽스님과 여류서양화가인 라혜석씨의 가슴 저린 이야기도 전해지는 곳이다. 이응로화백이 프랑스에서 돌아와 1969년 동백림사건으로 옥고를 치룬 후 재차 프랑스로 떠나기 전 잠시 머물면서 바위에 2점의 문자적 추상화로 암각화를 남겼다. 고암이 떠난 후에도 본부인인 박귀희씨가 시어머니를 모시며 여관으로 운영해오다 2001년 사망하면서 빈집처럼 방치되다시피 했다. 이를 고암 손자로부터 수덕사에서 사들여 원형으로 복원하고 템플스테이와 문화전시공간으로 활용하고 있다.

수덕여관을 돌아가면 바로 아래 수덕사선미술관이 있다. 이곳은 불교미술세계의 사상과 역사성을 작품을 통해 이해할 수 있는 국내 최초의 불교전문미술관이다. 선미술관에는 고암선생께서 한국전쟁 직후 서울 소공동 성림다방에서 작품을 전시할 때 사용한 8m가량의 긴 방명록이 전시되어 있다. 박수근 화백, 초대 박물관장 최순우박사, 코주부 김용환화백 등 당대의 유명인사들의 생생한 일면을 볼 수 있는 명언록으로 귀중한 기록자료이다. 한국전쟁 직후에 '싸워 이겼도다. 재건하자'라는 문구도 보이며, 고암선생과 관련 있는 명사들의 작품과 유품 등이 전시되어 있다. 수덕사선미술관 입구뿐만 아니라 주변에도 많은 조형작품들이 전시되어 있으므로 산책하듯 여유롭게 둘러보면 된다.

세속의 즐거움을 잠시 잊게 하는 수덕사

예산군 덕산면 사천리 일대는 호서의 금강산이라 불리는 덕숭산이 위치하고, 이 산자락에 자리 잡은 수덕사는 충남에서도 으뜸으로 꼽는 사찰이다. 건립연대는 분명치 않지만 백제 위덕왕 때 고승 지명이 창건한 것으로 추정하며, 고려말 공민왕 때 나옹화상이 중수하였다. 우리나라 최초 비구니선원인 견성암과 경허스님과 만공스님이 선풍을 휘날렸던 정혜사 그리고 금선대 등 산내 여러 암자가 산재해 있다. 수덕사는 최근까지도 성역화 중창불사로 도량을 넓히고 있어, 산문을 지나도 대웅전까지는 한참을 올라야 한다. 덕숭산문을 지나 일주문, 금강문, 사천왕문을 차례로 통과해야 비로소 강당 황하정루에 도달하는 산지형 가람배치를 하고 있다.

성보박물관으로도 활용되는 황하정루를 지나면 시야가 확 트이면서 절집 앞마당이 넓게 펼쳐진다. 남북통일과 민족화합을 상징하는 금강보탑과 통일신라양식을 취했지만 고려초에 제작된 것으로 추정되는 수덕사삼층석탑(충남유형문화재 제103호)이 보인다. 수덕사의 백미는 고려시대를 대표하는 국보 제49호 수덕사대웅전이다. 고려 충렬왕 때 지어진 건물로 백제 목조건축양식을 보이며, 건립연대를 알 수 있는 목조건물 중에서 가장 오래된 것으로 매우 귀중한 문화유산이다. 직선과 곡선이 조화롭게 배치되어 있으며, 장식적인 포대공과 우미량의 곡선 조화는 옆모습을 보면 더욱 아름답게 느껴진다. 또한 절집마당에서 왔던 길을 돌아다보면 덕숭산문부터 시작되는 선 세계가 세속의 즐거움을 잠시 잊게 하며 덕숭산과 수덕사의 넉넉한 품에 잠시 쉬어갈 수 있다.

효율적인 포인트 동선

✔ 사진으로 미리보는 동선 지도

예당국민관광지(예당호조각공원) → 대흥식당(점심식사) → 대흥향교 → 예당호중앙생태공원 → 대흥동헌 → 의좋은형제공원 → 대련사 → 봉수산자연휴양림(1박) → 봉수산자연휴양림산책 → 수덕사 → 수덕여관 → 수덕사선미술관

여행 정보

찾아가는 길

당진대전고속도로 예산수덕사IC에서 홍성 방면 → 충서로 따라 2.3km 직진 후 응봉사거리에서 좌회전 → 예당로 따라 3.7km 직진 후 평촌삼거리에서 좌회전 → 예당관광로 따라 1.6km 직진 → 예당국민관광지 → 유턴하여 840m 오른쪽에 정자식당(점심식사) → 예당관광로 따라 720m 직진 후 평촌삼거리에서 좌회전 → 예당로 따라 2.5km 직진 후 도접교 지나자마자 우회전 → 예당로 따라 600m 직진 후 좌회전 → 전방 70m 지점 대흥향교 → 유턴하여 도접교까지 나온 후 우

회전 → 예당로를 따라 340m 직진 후 좌회전하여 100m 전방 예당호중앙생태공원 → 100m 유턴한 후 좌회전 → 예당로 따라 240m 직진 후 우회전하여 340m 전방 대흥동헌 → 유턴하여 200m 전방 의좋은형제공원 → 우회전 후 예당로 따라 2.4km 직진 후 대련사 표지 보고 우회전 → 동산2길 따라 1.2km 직진 → 대련사 → 유턴하여 1.2km 나온 후 좌회전 → 예당로 따라 2km 직진 후 좌회전 → 임존성길 따라 1.3km 봉수산자연휴양림(1박 및 산책) → 유턴하여 임존성길을 따라 1.3km 직진 후 좌회전 → 예당로 따라 12km 직진 후 충의대교삼거리에서 서산 방면 유턴 → 충의로 따라 1.5km 직진 후 삽교교차로에서 좌측 방향 윤봉길로 따라 6.2km 직진 → 수덕사교착로에서 수덕사 방면 우측 265m 이동 후 좌측 34m 이동 → 수덕사교착로에서 수덕사 방면 좌회전 → 수덕사로 따라 3.4km 직진 후 수덕사 표지 보고 우회전 → 수덕사 주차장매표소

🚌 예산종합터미널에서 하차 후 역전파출소정류장까지 약 924m 도보이동(15분 소요) → 농어촌버스 300번 탑승 평촌삼거리정류장 하차(35~40분 소요) → 농어촌버스 361번 환승 후 후사리정류장 하차(5분 소요) → 예당국민광지 → 도보로 5~10분거리 정자식당(점심식사) → 평촌삼거리정류장까지 도보로 이동(10분거리) → 농어촌버스 300, 302번 탑승 후 교촌3리 정류장에서 하차(10~15분 소요) → 도보로 대흥향교까지 이동(15~20분) → 도보로 예당호중앙생태공원까지 이동(20분 소요) → 도보로 대흥동헌까지 이동(5분 소요) → 도보로 의좋은형제공원까지 이동(3분 소요) → 대흥중학교정류장까지 도보로 이동(5분 소요) → 농어촌버스 300, 302번 탑승 후 동산리정류장 하차(10분 소요) → 도보로 대련사까지 이동(15~20분 소요) → 동산리정류장까지 도보로 이동(15~20분 소요) → 농어촌버스 300, 302번 탑승 후 대흥중학교정류장 하차(10분 소요) → 도보로 봉수산자연휴양림까지 이동 후 1박(15~20분 소요) → 봉수산자연휴양림 산책 후 대흥중학교정류장까지 도보로 이동(15~20분 소요) → 농어촌버스 302번 탑승 후 오가국화시험장정류장 하차(1시간 40분 소요) → 농어촌버스 531번 환승 후 수덕사정류장에서 하차(1시간 10분 소요) → 수덕사까지 도보로 이동(5~10분 소요)

이용안내

예당국민관광지

☎ 충남 예산군 응봉면 등촌리와 후사리 일대
041-339-7312

대흥향교

☎ 충남 예산군 대흥면 교촌리 662
041-332-0552

예당호중앙생태공원

☎ 충남 예산군 대흥면 동서리

대흥동헌

☎ 충남 예산군 대흥면 동서리 106-1
041-339-7323

대련사

☎ 충남 예산군 광시면 동산리 산11번지
041-332-0408

봉수산자연휴양림

☎ 충남 예산군 대흥면 상중리 산11-1
041-339-8936

✉ www.bongsoosan.com

수덕사

☎ 충남 예산군 덕산면 사천리 20 / 041-330-7700

✉ www.bongsoosan.com

₩ 성인 2,000원, 청소년 1,200원, 어린이 800원(주차료 2,000원)

수덕사선미술관

☎ 충남 예산군 덕산면 사천리 20 / 041-338-8765

🕘 09:30~17:00

먹을거리

예산은 먹거리가 참 풍부하다. 예당호를 둘러싼 마을에서는 한 집 건너 하나씩일 정도로 민물장어, 붕어찜, 어죽 등을 하는 식당들이 많아 고민할 필요없이 가까운 식당을 찾아들어가도 후회하지 않는다. 예당저수지를 바라보면서 먹는 어죽 한 그릇이면 마음과 배가 든든해진다.

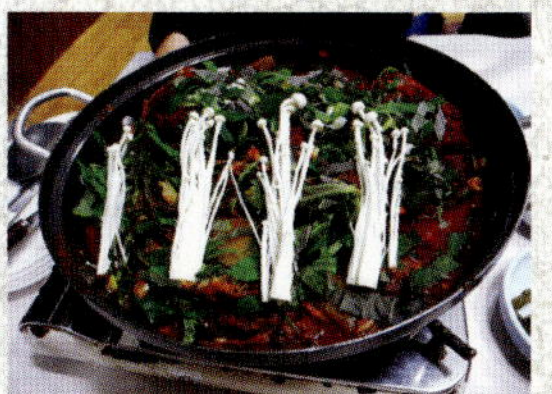

예당가든

☎ 충남 예산군 대흥면 노동리 81-2
041-333-4473

₩ 매운탕 2인 기준 25,000원, 어죽 6,000원

대흥식당

☎ 충남 대흥면 노동리 140-2
041-335-6034

₩ 매운탕 2인 기준 25,000원, 어죽 6,000원

사과나무

☎ 충남 예산군 삽교읍 상하리 372-17
041-335-5071

₩ 보리밥 6,000원, 돈가스 8,000원

정자식당

☎ 충남 예산군 응봉면 등촌리 199
041-335-7795

₩ 매운탕 2인 기준 25,000원, 어죽 6,000원

숙소소개

봉수산자연휴양림

대흥면사무소를 지나 2km 숲길은 외길이지만 갈라지는 길목마다 이정표가 친절하게 안내되어 있어 어렵지 않게 찾아갈 수 있다. 봉수산자연휴양림은 예당저수지가 내려다보이는 공기 좋고, 전망 좋은 휴양지이다. 휴양림에서 임존성 북문지까지는 1.2km로 휴양림에 묵으면서 아침 산책도 할 수 있다. 휴양림 안에는 계곡물을 받아 채워 사용하는 수영장과 삼림욕을 즐길 수 있는 휴식공간이 가득하다.

☎ 충남 예산군 응봉면 후사리 6-7
041-335-5071

예당양천펜션

전국 제일의 낚시터인 예당저수지 주변에서 유일하게 정남향 쪽으로 지어진 펜션이다. 넓게 예당호가 한눈에 내려다보이는 조망이 있어 더욱 인기 있는 곳이다. 자연친화적인 황토와 너와집은 미리내, 흰여울, 양천룸으로 구분되며, 넓은 객실과 복층 구조로 지어졌다. 예당호관광지가 걸어서 5분 거리이며 방안에 앉아 예당호를 바라볼 수 있다.

☎ 충남 예산군 응봉면 후사리 6-7
041-335-5071

Part 03

대전 논산 계룡 금산

Theme 01

유교사상을 꽃피운 대학자의 숨결,

우암사적공원

Theme 02

건축과학의 신비가 숨어 있는 한옥,

명재고택

Theme 03

근대문화유산의 보고, 시간이 멈춰버린 도시,

강경

Theme 04

조선 최고 예학의 대가,

사계 김장생고택 은농재

Theme 05

육지 속 오지마을

방우리

Theme 06

인삼향 가득한

금산여행

Theme 07

계백의 혼이 담긴,

백제군사박물관 & 탑정호 일몰

Special 03

인문학이 살아 숨 쉬는

논산 1박 2일

대전·논산·계룡·금산
공산성부추해물칼국수
공주시청
충남역사박물관
금강 자연휴양림 33p
금강자연휴양림
남공주 IC
남세종
충남 역사박물관 32p
계룡산 자연사박물관 33p
계룡산 자연사박물관
구절산
유성 JC
유성 IC
갑사 41p
갑사
계룡산국립공원
동학사
괴목정공원 147p
괴목정공원
종학당 160p
동학사 40p
노성궐리사 162p
탄천 IC
서대전 JC
신동회관
종학당
노성궐리사
회통천복삼계탕
노성향교/명재고택
동금성옛날짜장
계룡시청
계룡역
노강서원 161p
이삼장군고택
은농재
노강서원
계룡
천안논산고속도로
노성향교 명재고택 130p
이삼장군 고택 163p
돈암서원 164p
논산역
돈암서원
관촉사 165p
옥녀봉 139p
관촉사
탑정호수변생태공원
백제군사박물관
논산시청
탑정리석탑
기찻길옆오막살이
탑정호
백제 군사박물관 156p
탑정호일몰포인트
옥녀봉
강경근대문화유산
죽림서원/팔괘정/임리정
논산
탑정호수변 생태공원 159p
대둔산
기찻길옆 오막살이 143p
강경 근대문화유산 136p
논산
천등산
탑정호 158p
죽림서원 팔괘정/임리정 165p
호남고속도로
경천저수지
익산

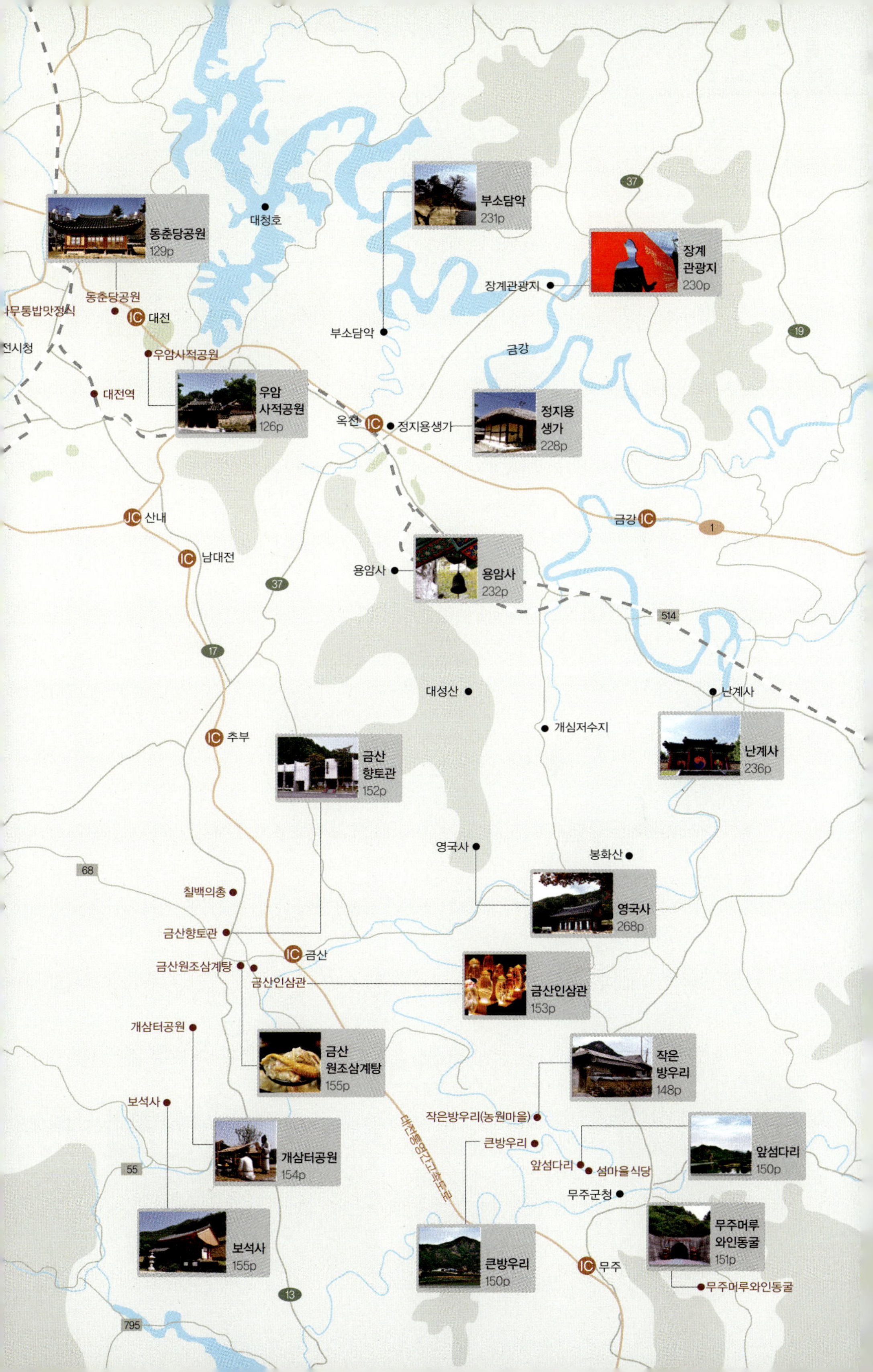

대청호
부소담악
231p
동춘당공원
129p
장계
관광지
230p
장계관광지
동춘당공원
IC 대전
부소담악
금강
우암사적공원
대전역
우암
사적공원
126p
옥천 IC
정지용생가
정지용
생가
228p
금강 IC
JC 산내
IC 남대전
용암사
용암사
232p
대성산
난계사
개심저수지
IC 추부
금산
향토관
152p
난계사
236p
영국사
봉화산
칠백의총
영국사
268p
금산향토관
IC 금산
금산원조삼계탕
금산인삼관
금산인삼관
153p
개삼터공원
금산
원조삼계탕
155p
작은
방우리
148p
보석사
작은방우리(농원마을)
대전통영간고속도로
큰방우리
개삼터공원
154p
앞섬다리
섬마을식당
앞섬다리
150p
무주군청
보석사
155p
큰방우리
150p
IC 무주
무주머루
와인동굴
151p
무주머루와인동굴

Thema 01

우암사적공원

유교사상을 꽃피운 대학자의 숨결,

우암사적공원은 조선후기 유학자 우암선생이 제자들을 가르치며 학문을 연구하던 곳으로 남간정사를 제외하고는 새롭게 복원하여 공원화한 것이다. 독특한 정원형식을 보여주는 남간정사와 우암선생의 흔적을 느낄 수 있는 우암유물관, 그리고 강학, 공부방인 이직당, 명숙각, 인함각, 심결재, 견뢰재 등을 살펴볼 수 있다.

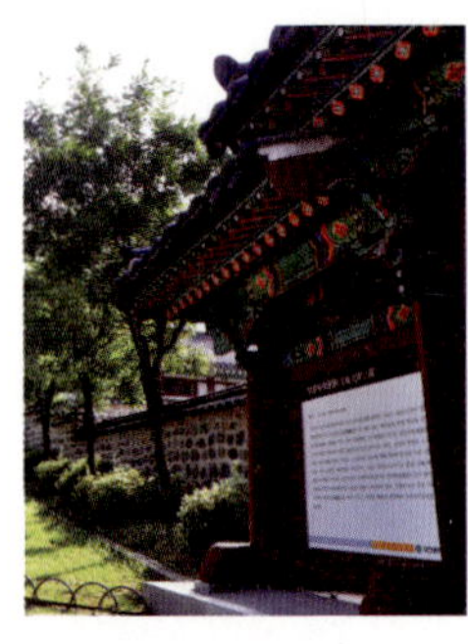

한국정원조경사에 독특한 경지를 이룬 남간정사

우암사적공원 왼쪽의 작은 솟을대문을 들어서면 1683년 송시열이 지은 서당 남간정사와 기국정이 보인다. 우암 송시열은 이곳에서 제자들을 가르치고 그의 학문을 완성하였다. 1607년 충북 옥천의 외가에서 태어났으나 초년에는 주로 대전 소제동에 살며 비래암과 능인암이라는 서당을 세워 제자를 키웠다. 말년에는 능인암 아래 강학당을 세운 것이 지금의 남간정사(대전유형문화재 제4호)이다. 남간정사로 들어서면 작은 연못이 인상적인데, 계곡에서 흘러든 물이 남간정사 대청 밑을 흘러 이곳까지 모이게 되어 있다. 이는 한국의 정원조경사에 있어 독특한 경지를 이루는 훌륭한 양식이라고 한다.

한여름의 남간정사는 연못 주위로 흐드러지게 피어난 배롱나무의 빨간 꽃들이 켜켜이 쌓인 녹색의 이끼와 대비를 이루고, 굽은 나무 허리가 세월의 깊이를 말해주는 듯하다.

남간정사 오른쪽에는 기국정이 위치한다. 기국정은 원래 소제동의 송자고택(대전문화재자료 제39호) 앞 연못가에 있던 것을 일제강점기에 이곳으로 옮겨 세운 것이다. 우암선생은 기국정 주변에 연꽃과 국화, 구기자를 많이 심었는데, 연꽃은 군자를 의미하는 꽃이고, 국화는 세상을 피해 살고 있음을, 구기자는 가족의 단란함을 각각 의미한다. 유생들이 이 건물 주변에 구기자나무와 국화가 많다하여 기국정杞菊亭이라 불렀다고 한다.

비바람이 몰아쳐도 닭의 울음은 그치지 않는다

기국정을 나와 공원 중심부쪽으로 오르다보면 홍살문 왼쪽에 콘크리트로 지어진 한옥건물 우암유물관이 자리한다. 전시관에서는 우암선생의 발자취를 돌아볼 수 있는데, 효종이 우암에게 북벌을 당부하며 하사한 담비털옷을 비롯하여 유품과 장서, 영정, 그가 즐겨보았던 서책, 유배지에서 보낸 편지 등을 살펴볼 수 있다. 그중 병자호란과 정묘호란을 거치면서 청나라에 두 차례나 치욕적인 패배를 당하면서 참담했을 심정을 담아 쓴 글자, '恥(부끄러울 치)'는 당시 선생의 시대정신을 반영하고 있다. 또한 안방준(1573~1654)이 우암에게 충효를 중시했던 집안 내력과 세상을 살아가는데 필요한 삶의 지침으로 써주었다는 風雨如晦鷄鳴不已(풍우여회계명부기, 비바람이 몰아쳐도 닭의 울음소리는 그치지 않는다.)가 인상적이다.

장판각은 우암선생의 글과 일대기를 모아 만든 송자대전(대전 유형문화재 제1호) 목판이 보관된 곳이다. 송자대전宋子大全은 송시열을 공자나 주자와 견주는 성인이라 하여 송자라 칭하고, 당시 송시열의 노론이 정계와 학계에서 주도적인 위치에 있었으므로 문집이 아닌 대전이라 부른 것이다. 송자대전의 목판은 총 11,023판 1,151매로 원판은 순종(1907) 때 화재로 불에 타 없어지고 1929년 후손들과 유림들이 다시 판각한 것이다.

유생들의 마음가짐까지 느낄 수 있는 공부방

명정문을 올라가면 정면에 이직당과 좌우로 명숙각, 인함각이 기품 있게 자리한다. 강당건물인 이직당은 우암선생의 직사상直思想을 담고 있는 건물이며, 서로 마주보는 건물은 유생들의 공부방으로 명숙각은 모든 일을 명확하게 하고, 마음은 맑고 깨끗하게 하라는 의미를, 인함각은 모든 괴로움을 참고 또 참아야한다는 유생들의 마음가짐을 일깨우는 편액이다. 유생들 공부방에는 누마루가 있어 그곳에 잠시 오르면 대전 시내가 시원하게 내려다보인다. 이직당 뒤로 심결재와 견뢰재 건물이 다시 마주보는 배치를 하고 있다. 매사를 심사숙고하여 결정하라는 심결재와 우암선생의 마지막 교훈을 받들고 선현들의 가르침을 굳게 지키라는 뜻의 견뢰재는 명숙각이나 인함각과 달리 누마루가 없이 툇마루 형태의 단아한 건물이다. 공부방 위에는 새로 지은 사당 남산사가 위치한다.

명정문을 나오면 오른쪽에 덕포루가 있다. 연못이 주변풍경과 잘 어우러져 한 폭의 그림처럼 아름다운 곳이다. '도심이 멀어질수록 자연은 더 가깝게 다가오는 것일까.' 도심 속에 있으면서도 마치 아늑한 숲속 품에 든 것처럼 우암사적공원은 이 땅의 유교사상을 꽃피운 대학자의 숨결을 같이 호흡하며, 휴식까지 겸할 수 있는 곳이다. 이곳에서는 해마다 봄가을에는 우암선생의 제향봉행이 이루어지고 있다. 또한 우암사적공원 바로 뒤에는 잘 정비된 등산로가 있는데, 등산로를 따라 오르면 꽃산 정상까지 30분 정도면 오를 수 있다. 대전시를 한눈에 조망하기 좋은 곳이므로 시간적인 여유가 있다면 사적공원을 둘러본 후 꽃산 정상까지 올라보는 것도 좋은 생각이다.

여행 정보

찾아가는 길

경부고속도로 대전IC 빠져나온 후 동서대로 따라 1.26km 직진 → 동부네거리에서 좌회전 후 한밭대로 따라 710m 직진 → 가양네거리에서 좌회전 후 우암로 따라 630m 직진 → 흑룡네거리에서 우회전 후 충정로 따라 580m 직진 후 좌회전하여 우암사적공원 주차장으로 진입

대전역 하차 후 지하철 1번 출구로 나와 중앙시장정류장까지 도보로 이동(5~7분 소요) → 311번 버스 탑승 후 우암사적공원정류장에서 하차(15~20분 소요) → 우암사적공원까지 도보로 이동(5분 소요)

이용안내

대전 동구 가양동 65 / 042-673-9286

3~10월 05:00~21:00, 11~2월 06:00~20:00

먹을거리 _ 대나무통밥맛정식

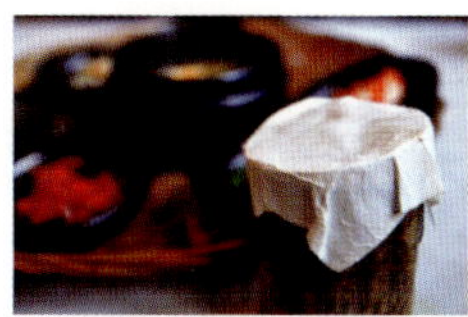

대나무에 대추, 솔잎, 흑미, 잣 등의 견과류와 향긋한 솔잎을 넣어 오랜 시간 정성을 다해 짓는 대나무통밥은 은은한 향이 어우러진 최고의 건강식 밥상이다. 주인장이 차례로 내오는 음식들은 숫자를 셀 수 없을 만큼 종류가 다양하며 영양과 정성까지 가득하다. 예약하고 가면 기다리는 시간 없이 편하게 먹을 수 있다.

대전 서구 만년동 346 / 042-488-6951

대나무정식 2인 기준 30,000원

주변볼거리 _ 동춘당

보물 제209호 동춘당은 효종 때 병조판서를 지낸 송준길(1606~1672)이 낙향하여 자신의 호를 따서 건축한 별당으로 조선중기 건축의 한 표본으로 알려져 있다. 편액 동춘당은 그와 함께 불벌을 계획했던 우암송시열이 쓴 글씨이다. 동춘당에서는 독서와 교육을 통해 인재를 양성하였으며, 단아하게 지어진 건물은 송준길의 검소한 생활상을 엿보기에 충분하다. 매년 봄에는 동춘당문화제가 열려 송준길 선생의 학풍을 재조명하는 문화제가 열린다. 동춘당 옆에는 송준길의 둘째 손자가 분가하여 지은 송용억가옥(대전민속자료 제2호)도 잘 보존되어 있다.

대전 대덕구 송촌동 192 / 042-608-6114

우암송시열의 글씨가 있는 여행지

담양소쇄원 – 소쇄원은 양산보(1503~1557)가 조성한 최고의 별서원림 계곡을 중심으로 입구 쪽에 자리한 대봉대는 소쇄원의 모든 경관이 한눈에 들어오는 곳이다. 소쇄원의 중심인 제월당 뒤편 담에는 소쇄처사양공지려(瀟灑處士梁公之廬)라고 적힌 문구는 우암선생의 글씨이다.

논산태고사 – 우리나라 12승지 중 하나로 신라 신문왕 때 원효대사가 창건한 사찰이다. 원효대사는 태고사 절터를 발견하고 아주 기쁜 나머지 3일 밤낮에 걸쳐 춤을 추었다는 설화가 전해질 만큼 절경인 곳이다. 일주문이 따로 없고 절 입구에는 태고사에서 수학한 우암선생이 친필로 새긴 석문이라는 글씨가 음각되어 있다.

부여수북정 – 조선 광해군 때 양주목사를 지낸 김흥국(1557~1623)이 인조반정을 피해 이곳에 와서 살면서 지은 건물이다. 북쪽으로 부산이 보이고 강 건너편으로 부소산의 모습이 보인다. 수북정 아래 자온대는 백제시대 왕이 왕흥사에 행차할 때 이 바위를 거쳐 갔었는데 왕이 도착할 때마다 바위가 저절로 따뜻해져서 구들돌이라 명명했다고 한다. 자온대 암벽에는 우암송시열이 친필로 쓴 자온대가 음각되어 있다.

명재고택

건축과학의 신비가 숨어 있는 한옥,

300년 이상 된 논산 명재고택은 조선중기 상류층의 전형적인 양반가옥이다. 뒤로는 노성산을 병풍삼아 ㅁ자형으로 지어졌으며, 안채는 ㄷ자형으로 행랑채와 사당이 있고, 안채 앞 사랑채는 대문이 없고 넓은 마당 앞에 연지가 있다. 담장 없는 집으로 유명한 명재고택은 그만큼 후손들이 감출 것 없이 살았음을 뜻하기도 한다.

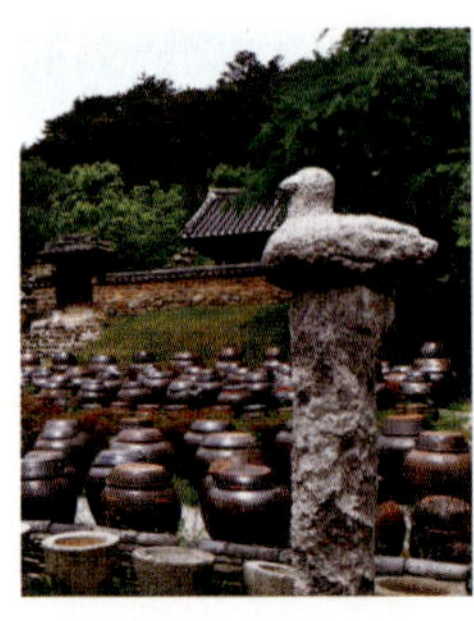

모든 선비들이 흠모하던 명재 윤중선생과 그의 고택

인조 7년부터 숙종 때(1629~1714)까지 살다 간 조선의 대학자로 유계, 권시, 김집, 송시열 등 고명한 학자들로부터 수학했으나 벼슬에 뜻을 두지 않고 성리학에만 몰두했다. 실제로 선생은 등과한 적은 없지만 대사헌, 이조참판, 이조판서, 우의정 등의 임명을 받았으며, 선생의 뜻에 따라 일체 벼슬을 누린 적은 없다. 하지만 정치적 중요 쟁점이 있을 때에는 상소로 그의 의견을 피력하였다고 한다. 산촌에 묻혀 학문과 덕을 쌓으니 그 덕망이 당시 제일이었고, 모든 선비의 흠모 대상이 되어 백의정승 대우를 받았다.

명재고택은 담이 없다. 연지를 지나 정면에 보이는 사랑채 앞의 배롱나무가 한옥의 멋스러움을 더한다. 명재고택 사랑채에는 많은 이야기가 전해진다. 사랑채 앞마당에는 나란히 있는 선돌이 보이는데, 왼쪽 큰 선돌은 손님용이며 오른쪽 작은 선돌이 고택의 주인용으로 바깥에서도 손님이 주인장이 있는지 신발만 봐도 알 수 있도록 하였다. 사랑채에 걸린 택호는 이은시사離隱時舍로 세속을 떠나 은둔하며 천시를 연구하는 집이라는 뜻과 주역에는 움츠린 용이 승천하기 위해 때를 기다린다는 의미를 담고 있다. 디딤판 위에 도원인가桃源人家라는 편액은 무릉도원, 신선세계를 뜻하는데, 실제 여름 새벽 연못에서 물안개가 피어오르면 사랑채에서 내려다보는 풍경이 마치 구름 위에 떠 있는 느낌이라고 한다.

과학의 비밀과 배려의 지혜가 돋보이는 한옥구조

이은시사라 적힌 사랑채 창문은 4분합 들문으로 문을 들어 걸쇠에 걸면 창틀이 지금의 와이드TV 규격인 16 : 9 비율이라고 한다. 300년 전 선조들의 과학적 안목에 감탄이 저절로 나올 수밖에 없다. 할아버지부터 3대가 생활할 수 있게 설계된 사랑채는 큰방과 작은방이 연결되어 있는데, 방 사이를 연결하는 장지문은 미닫이 겸 여닫이 형태의 안고지기문으로 활짝 열어젖힐 수도 있다. 안고지기문은 다른 가옥에서는 흔히 볼 수 없는 독창성이 뛰어난 문으로 4쪽으로 된 문을 양쪽으로 열고 바깥쪽으로 살짝 밀면 여닫이문처럼 활짝 열려 통로까지 방으로 활용할 수 있는 베란다 확장 개념의 문이다. 이런 방식의 문은 우리나라에선 명재고택에서만 볼 수 있다. 사랑채 앞 주춧돌에는 일영표준日影標準이란 한자가 쓰여 있는데, 이는 해시계의 기준을 잡는 용도로 사용하였다고 한다. 작은방 앞에 앉아 장독대를 바라보면 돌담, 느티나무, 항아리 그리고 굴뚝까지 한 폭의 그림 같은 풍경이다. 큰방 창문은 사당 쪽을 향하는데 참배는 물론 혹여 아프거나 할 때 기원을 하였다고 한다.

사랑채를 살펴본 후 안채로 들어서면 중문부터 배려의 지혜를 엿볼 수 있다. 바로 안채가

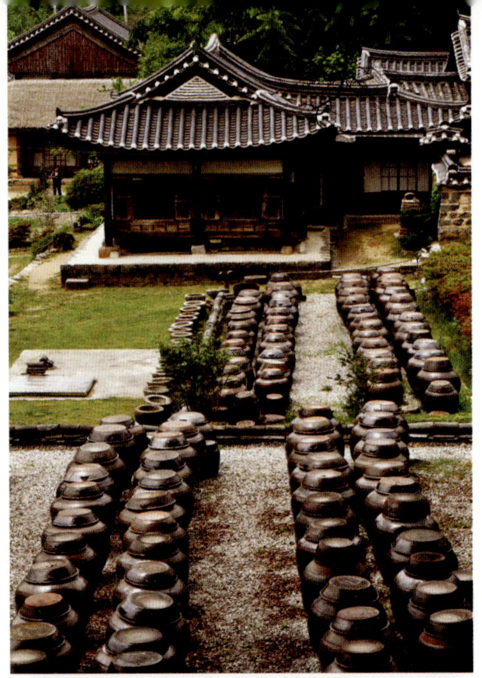

보이지 않고 내외벽이 설치되어 있어 갑작스러운 손님 방문에도 당황하지 않을 수 있다. 안채 마당을 들어서면 ㅁ자형의 공간이 형성되고, 대청마루는 툇마루와 연결되어 있다. 대청에는 바라지창이 있어 이를 열면 경사진 언덕에 놓인 정겨운 장독대가 보인다. 돌담을 돌아가면 담보다 낮은 굴뚝을 만나는데 이곳이 안채 동쪽 뒷마당으로 여인들만의 공간이다. 작은 쪽마루에서 사랑채 너머로 바깥 풍경이 살포시 눈에 들어온다.

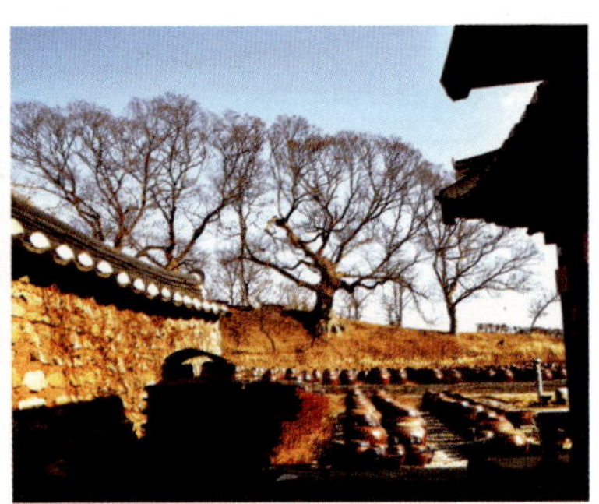

바람의 방향과 햇볕의 길이까지 염두에 둔 과학적인 설계

명재고택에서 과학적인 설계가 가장 돋보이는 곳은 안채와 광채 사이의 공간이다. 안주인이 자주 사용하는 광을 안채 가까이 지었으며, 안채와의 거리는 바닥에 배수를 위한 물길부터 바람길, 햇볕길 모두를 염두에 두고 설계하였다. 두 건물 사이 공간은 앞쪽은 넓고, 뒤쪽으로 갈수록 좁아지게 지었는데, 지붕에서 떨어진 빗물은 물빠짐이 좋고, 더운 여름에는 앞쪽으로 남동풍을 넓게 받아 안채까지 시원한 바람을 전달하고, 겨울에는 북서풍을 좁게 받아 한 번에 넓게 빠져나가도록 설계한 것이다. 이 공간이 신비한 건 남쪽에서 보면 갈수록 좁아지지만 뒤로 돌아 북쪽에서 보면 공간 폭이 일정해 보이는 착시현상이 나타난다. 또한 앞에서 보면 오른쪽 처마 끝이 15cm 정도 높지만 끝에 가서는 수직으로 만나게 된다. 이는 계절에 따른 태양의 고도까지 고려한 설계로 여름에는 강렬한 빛을 차단하고, 겨울에는 좀더 오랫동안 빛을 끌어들일 수 있게 된다.

사랑채 앞에는 샘이 있는데, 이는 지금까지도 장을 담글 때 사용한다고 한다. 지대가 낮고 향나무를 심었는데, 향나무는 여인네들의 공간을 가려주는 역할뿐만 아니라 나무뿌리가 물을 정화해주는 기능도 한다. 사랑채 옆에는 수백 개의 장독이 놓여 있어 보는 것만으로도 장관이다. 그저 바라만 봐도 좋은 고택과 오래된 고목 그리고 짙은 세월의 흔적을 안고 있는 장독대 모습에서 편안함이 느껴진다. 집안 대대로 내려오는 종갓집만의 비법된장은 교동된장이라 하는데, 향교가 고택 옆으로 이전하면서 '향교 동쪽에 있는 집'이라는 의미를 담고 있다. 필자는 종손의 배려로 이 집 간장을 맛볼 수 있었는데 몇 번을 찍어 먹어도 짜지 않고 단맛이 났다. 파평윤씨 노종파 종갓집 간장은 묵은 간장에 부어 만드는 되매기장으로 유명한데 '이 간장 한 숟가락이면 아픈 배가 나았다.'는 이야기가 전해지기도 한다.

명재고택에서는 고택의 초가집 별채와 더불어 큰사랑방, 안사랑방, 건넌방 등 한옥체험과 숙박도 가능하다. 또한 명재고택과 나란히 있는 노성향교도 둘러볼 만하다. 공자, 맹자 등 성현의 위패를 봉안하고, 지방민의 교육과 교화를 목적으로 지어졌으며, 창건 시기는 정확히 알 수 없으나 인조 9년(1631)에 대성전을 보수했다는 기록이 남아 있어 오래된 건물임을 알 수 있다.

여행 정보

찾아가는 길

- (자동차) ① 천안논산고속도로 탄천IC 빠져나와 우측방향 만마름길 따라 290m 직진 → 우회전하여 장마루로 따라 730m 직진 → 장마루삼거리에서 좌회전 후 노성로 따라 5.9km 직진 → 좌회전 후 노성산성길 따라 500m 전방 주차장으로 진입

  ② 호남고속도로지선 논산IC 빠져나와 동안로 따라 2.5km 직진 → 동산교차로에서 우회전 후 득안대로를 따라 16.8km 직진 → 하도교차로에서 오른쪽 길로 빠진 후 노성리 방면 좌회전 → 하도1길을 따라 200m 직진 후 우회전 → 논산평야로 따라 2.4km 직진 후 좌회전 → 노성산성길을 따라 500m 전방 주차장으로 진입
- (기차) 논산역 하차 후 늘봄예식장정류장까지 도보로 이동하여 501, 508번 버스 탑승 → 노성정류장 하차(45~50분 소요) → 명재고택까지 도보로 이동(10분 소요)
- (버스) 논산시외버스터미널 하차 후 길 건너편 정류장에서 501, 508번 버스 탑승 → 노성정류장 하차(30~35분 소요) → 명재고택까지 도보로 이동(10분 소요)

이용안내

☎ 충남 논산시 노성면 노성산성길 50(교촌리) / 041-735-1215

✉ www.myeongjae.com

먹을거리 _ 신동회관

직접 기른 소를 공급하여 저렴하면서도 신선한 맛을 9년째 유지하고 있는 음식점이다. 인근에서 소문난 맛집이라 평소에도 줄을 서서 기다려야 먹을 수 있다. 갈비탕을 시키면 따끈한 돌솥밥이 같이 나오는데 가격표를 다시 확인하고야 먹게 될 정도로 저렴하다. 함께 내오는 정갈한 반찬들은 손맛이 느껴지는 음식으로 하나하나 정성이 느껴진다. 불고기전골 역시 고기가 연하고, 맛이 있다 보니 과식 본능이 일어난다. 식당 바로 옆 정육점에서는 생고기를 저렴하게 판매한다.

☎ 충남 논산시 상월면 산성리 44-5 / 041-733-9252

₩ 갈비탕 7,000원, 불고기전골 7,000원

주변볼거리 _ 이삼장군고택과 종학당

논산 상월면 주곡리 이삼장군고택은 영조 때 이인좌의 난을 평정한 공으로 영조에게 하사받아 세운 집이다. 솟을대문 좌우로 문간채들이 있고, ㄷ자형 안채와 ㄴ자형 사랑채가 이어져 전체적으로는 ㅁ자형 가옥구조이다. 대문 옆에는 이삼장군이 말을 매어 놓았다는 은행나무가 지금도 멋지게 서 있다. 종학당은 파평윤씨 노종파 문중서당으로 문중의 자녀와 내외척, 처가의 자녀들을 합숙 교육하기 위해 만든 사교육기관이다. 400여 년 전부터 있었던 사립학교로 수준별 수업을 진행했다고 한다. 그 결과 종학당에서 공부하여 대과에 합격한 인물이 47명이나 된다하니 명문교육기관이었음이 입증된다.

☎ 충남 논산시 상월면 주곡리 51 / 041-730-3226

세월의 풍미가 느껴지는 한옥숙박

부여백제관 – 백제관은 조선시대 4분의 왕비를 배출했던 여흥민씨 집안의 고택(부여 민칠식가옥)으로 중요민속자료 192호로 지정된 전형적인 사대부 가옥이다. 약 200여 년의 역사를 간직한 이 가옥을 부여군에서 매입한 후 보수 수리하여 여러 사람이 활용할 수 있는 전통문화공간으로 탈바꿈시켰다. 숙박을 원하는 경우 전화(041-832-2722)로 예약문의를 해보는 것이 좋다.

담양한옥에서 – 담양군 창평면 삼지내마을에 있는 '한옥에서'는 슬로시티로 지정된 아름다운 돌담길이 어우러진 풍경이 있는 곳이다. 돌담길 따라 걷노라면 시골정취가 물씬 느껴지는 고택들과 창평면 들녘을 품에 안을 수 있으며, 근처에는 죽녹원이나 식영정, 소쇄원 등 담양의 유명관광지가 인접해 있다. 건물 내에 다실이 따로 있어 차 한 잔의 여유는 행복한 여행과 추억을 만들 수 있다.

안동칠계재 – 경상북도 안동시 서후면 금계리에 위치한 조선후기 전통가옥으로 안동장씨 후손이 운영하고 있다. 광풍제월 칠계재는 안동종가의 기품과 전통을 이어가는 고택으로 광풍제월은 시원한 바람과 맑은 달, 비 갠 뒤의 바람과 달, 아무거리낌 없는 맑고 밝은 인품을 뜻한다. 고택 옆으로 암반위에 세워진 광풍정과 제월대 두 채의 정자에 오르면 마을의 산세가 한눈에 내려다보인다.

강경

시간이 멈춰버린 도시,
근대문화유산의 보고,

강경은 우리나라 최대의 젓갈 시장으로 유명한 곳이다. 강경시장은 17세기 말 강경천 주변부터 형성되기 시작해서 19세기 말엽에는 대구, 평양과 더불어 조선의 3대 시장으로 성장하였다. 강경시장은 인접한 강경포구를 통해 발전하였지만 철도가 놓이면서 쇠락하여 현재는 근대문화유산의 보고로 재도약하고 있다.

전형적인 일본 목조건물, 구강경공립상업학교 관사

논산에서 들어온다면 강경천을 지나 강경상업정보고등학교를 만날 수 있다. 학교 정문 왼쪽에 자리한 관사는 붉은 벽돌에 날렵한 모양새라 멀리서도 눈에 띈다. 이 건물은 1931년에 학교장의 관사로 신축되었으며, 전형적인 일본 목조건물 형식을 취했지만 자재는 나무가 아닌 벽돌을 사용한 것이 특징이다. 또한 지붕 끝은 높게 솟구쳤지만 내려오면서 완만한 모양새가 한국의 전통적인 선이 살아 있다.

건물 내부의 천정은 높지만 공간은 좁고, 미로 같은 복도를 따라 여러 개의 방으로 나눠있다. 이 건물은 근대적 기술이 접목된 건물로 건축사적으로도 가치가 인정되어 등록문화재 제322호로 지정되어 있다.

강경에서 가장 오래된 근대식 교육기관, 강경중앙초등학교와 강당

1905년 개교한 강경중앙초등학교는 강경읍에서 가장 먼저 세워진 근대식 교육기관으로 교사 건물은 재건축되었지만 강당만은 1937년 준공 당시의 모습이 잘 보존되어 있다. 비교적 단순한 형태의 붉은 벽돌로 지어진 이 건물은 논산에서 가장 오랜 역사를 지녔으며, 근대문화유산 등록문화재 제60호로 지정되어 있다.

강당 건물은 전체적으로 단아한 멋이 풍기는데 외형의 단조로움을 피하고자 건물 모서리는 흰색 띠를 입체적으로 둘러 볼륨감과 시각적인 아름다움까지 느낄 수 있다. 건물은 전체적으로 채광을 염두에 둔 듯 창문이 많다 싶게 곳곳에 목조로 설치되어 붉은 벽돌과 조화를 이루고 있다. 학교 운동장 화단에는 예전 학교 다닐 때 추억을 떠오르게 하는 국민교육헌장과 '독서는 마음의 양식'이라는 돌조각이 있고, 책을 펼쳐 든 아이의 동상이 아련한 추억 여행을 잠시 이끈다.

남쪽에서 제일 큰 한약방, 중앙리 구남일당한약방

강경시장을 중심으로 형성된 골목에서 만날 수 있는 구연수당(남일당)한약방은 1923년에 건축되었으며, 근대문화유산 등록문화재 제10호로 지정되어 있다. 남일당이라는 이름에서 알 수 있듯 '한강 남쪽에서는 제일 큰 한약방'으로 당시 충남과 호남을 통틀어 가장 큰 규모의 한약방이었다.

건물 지붕은 일자형 평면의 우진각 기와지붕으로 상가의 기능이 합쳐진 근대식 한옥 2층 구조이다. 점포로 사용됐던 한약방 1층은 좌우로 밀어 여는 미서기문과 비를 피할 수 있는 차양지붕이 정겹게 느껴진다. 2층 정면에는 창 3개가 나있는데 칸별로 미서기창을 두고 있어 근대기 한옥의 변천사를 미루어 짐작할 수 있다. 목재로 된 미서기문을 열면 유리출입문이 나오는데 평일에는 문이 닫혀 내부를 볼 수 없지만 주말에는 '연수당건재대약방' 설립자의 손자인 유한근 시인이 이곳을 문학관으로 이용하고 계시므로 운이 좋다면 내부 구경은 물론 차까지 한 잔 얻어 마실 수 있다.

강경의 역사와 생활문화를 알 수 있는 강경역사관

1913년 신축된 구한일은행 강경지점도 등록문화재 제324호로 지정되어 있다. 건립 당시 한호농공은행 강경지점이었다가 일제강점기에 조선식산은행 강경지점으로, 해방 후에는 한일은행 강경지점에서 다시 충청은행 강경지점으로, 이름과 주인은 시절에 따라 수차례 바뀌었지만 근대기 강경을 대표하는 금융시설로 이 지역 상권과 늘 함께 했던 곳이다. 한국전쟁 때 폭격으로 지붕이 파괴된 것을 원형을 살려 다시 복구하여 오늘에 이른다.

붉은 벽돌조 건물의 단조로움을 피하고자 화강석으로 벽면을 장식하였는데 세련되면서도 견고해 보인다. 이 건물은 이후 개인소유의 창고로 사용되던 것을 시에서 구입하여 2012년 '강경역사관'으로 개관하였다. 이곳 역사관에서는 근세기 풍요를 누렸던 강경의 역사와 생활문화를 한눈에 살펴볼 수 있다.

한옥 예배당 강경북옥감리교회

옥녀봉으로 향하는 길에 만나는 한옥 양식의 북옥감리교회는 국내에는 유일하게 현존하는 한옥 형태의 개신교회이다. 1923년 처음 성결교회로 출범하여 교회가 부흥하면서 다른 곳으로 이전했고, 이 건물은 감리교 북옥교회로 바뀌어 오늘에 이른다. 등록문화재 제42호로 지정된 북옥교회는 일제강점기 신사참배와 일본역사수업 거부 운동이 일어났던 곳이기도 하다.

정면 4칸, 측면 4칸 규모로 정면과 측면이 거의 일대일인 정방형 평면의 한식목조양식이다. 여러 사람이 한곳에 모일 수 있도록 평면으로 지어져 한옥교회 건축방법의 특징적 요소를 잘 보여준다. 또한 당시 남녀유별의 유교 풍습에 맞게 전면에 출입문을 2개를 두고, 대들보를 중심으로 좌우에 남녀신도가 따로 앉을 수 있게 설계되었다.

넉넉한 금강이 내려다보이는 옥녀봉, 강경침례교회 터

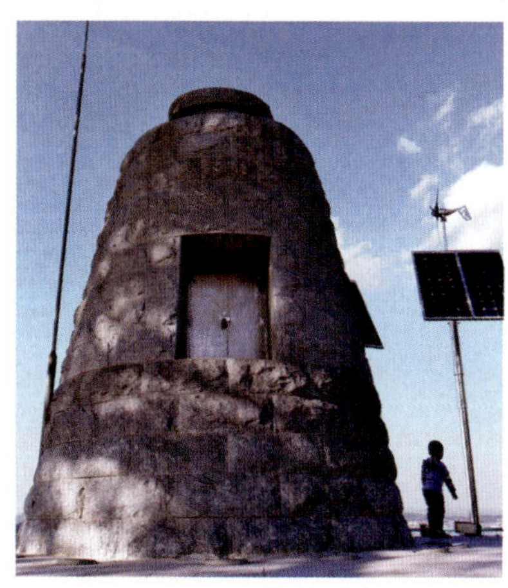

옥녀봉의 옛 이름은 강경산으로 논산 8경 중 제7경으로 여기서 선녀 옥녀가 죽었다하여 옥녀봉이라 한다. 수령을 알 수 없는 오래된 느티나무와 전망대 그리고 복원된 봉수대가 자리 잡고 있다. 그다지 높지 않은 봉우리인데도 큰 느티나무 아래 벤치에 앉으면 유유히 흐르는 금강과 함께 강경의 옛 풍경 속으로 잠시 빠져들 수 있다. 일몰시간대라면 황산대교와 논산 들녘에 내려앉는 노을이 장관을 이루는 곳이다. 봉수대 옆 너럭바위에는 해양과 관련된 암각해조문이 있다. 총 170자가 암각되어 있는데 밀물과 썰물 등 이곳의 자연현상을 때별로 기록하여 실생활에 이용할 수 있게 하였다.

곰바위라 불리는 큰 바위 아래에는 1896년 파울링Pauling Gordon 선교사부부가 강경의 지병석씨를 전도하여 주일예배를 드렸다는 우리나라 최초 교회인 '강경침례교회' 터가 남아 있다. 일제강점기 항일사상의 근거지를 말살하려고 신사를 짓는다는 명분으로 이 교회는 강제 폐교되었다. 현재 이곳은 침례교회 전국총회에서 침례교단사적지로 지정하여 관리하고 있다.

가장 오래된 연산역급수탑과 구강경노동조합

구강경노동조합 건물은 공원쉼터가 있는 곳에 위치하는데 등록문화재 제323호로 지정 관리되고 있다. 이 건물은 1925년에 건축된 목조 형태의 한식 건물로 당시 2층 건물이었으나 관리 소홀로 2층 부분이 무너져 내리면서 현재는 1층만 남아있다. 구강경노동조합 건물은 근대기 강경 상권의 흥망을 엿볼 수 있는 상징적인 건물이다.

강경에서 조금 벗어난 연산역에는 현존하는 급수탑 가운데 가장 오래된 연산역급수탑(한국의 철도근대문화유산 23)이 있다. 이 급수탑은 호남선 증기기관차에 물을 공급하던 시설로 몸체는 화강석을 쌓아 외곽 테두리를 정교하게 다듬었으며, 나머지 부분은 거친 상태로 두었다. 급수탑 출입구는 아치형으로 이맛돌Key Stone 모양이 매우 정교하며, 그 앞의 우물도 화강석을 잘 다듬어 쌓았다.

효율적인 포인트 동선

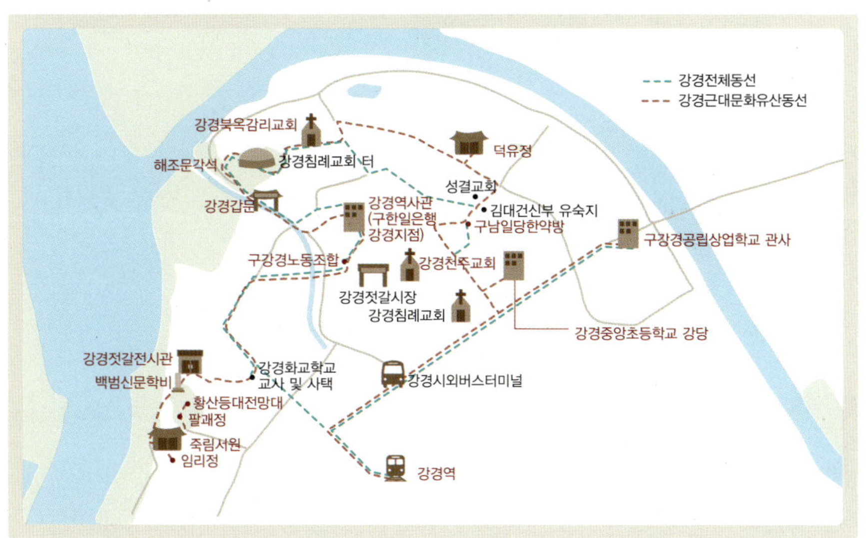

사진으로 미리보는 동선 지도

1. 강경근대문화유산 코스 강경역 → 구강경공립상업학교관사(등록문화재 제322호) → 강경중앙초등학교강당(등록문화재 제60호) → 구남일당한약방(등록문화재 제10호) → 강경북옥감리교회(등록문화재 제42호) → 옥녀봉 → 강경역사관(등록문화재 제324호) → 구강경노동조합(등록문화재 제323호) → 강경화교학교 교사 및 사택(등록문화재 제337호)

2. 강경 전체동선 강경역 → 구강경공립상업학교관사(등록문화재 제322호) → 강경중앙초등학교강당(등록문화재 제60호) → 구남일당한약방(등록문화재 제10호) → 김대건신부 유숙지 → 덕유정 → 강경북옥감리교회(등록문화재 제42호) → 강경침례교회 터 → 옥녀봉 → 강경갑문 → 강경역사관(등록문화재 제324호) → 구강경노동조합(등록문화재 제323호) → 강경화교학교 교사 및 사택(등록문화재 제337호) → 강경젓갈전시관 → 박범신문학비 → 죽림서원 → 임리정 → 팔괘정 → 황산등대전망대 → 강경역

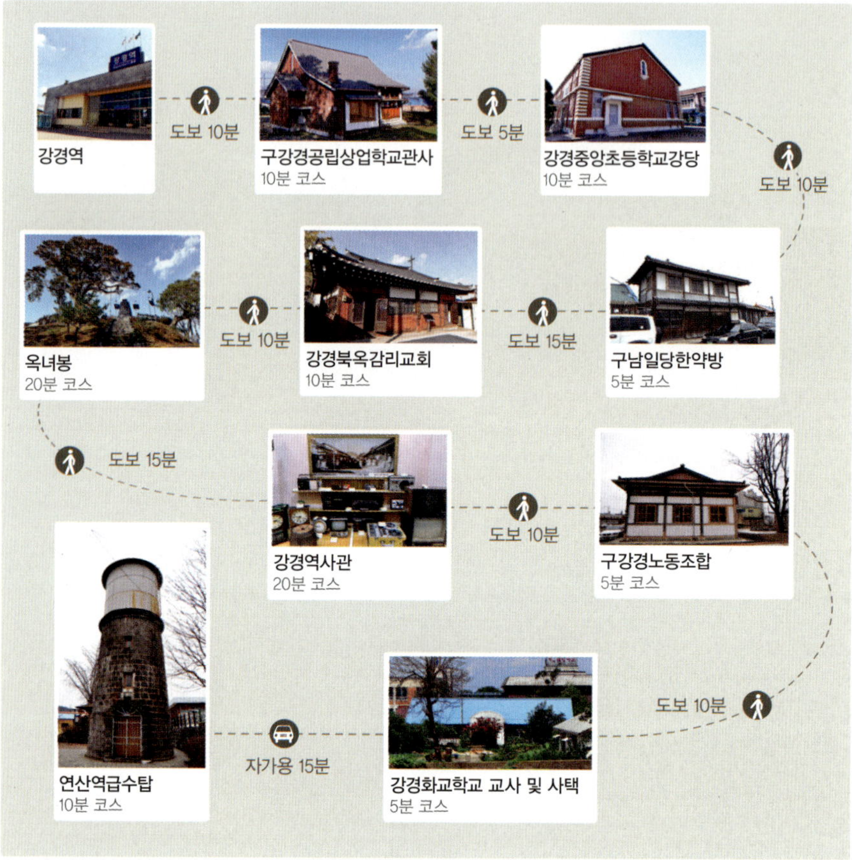

강경역
도보 10분
구강경공립상업학교관사
10분 코스
도보 5분
강경중앙초등학교강당
10분 코스
도보 10분
구남일당한약방
5분 코스
도보 15분
강경북옥감리교회
10분 코스
도보 10분
옥녀봉
20분 코스
도보 15분
강경역사관
20분 코스
도보 10분
구강경노동조합
5분 코스
도보 10분
강경화교학교 교사 및 사택
5분 코스
자가용 15분
연산역급수탑
10분 코스

여행 정보

찾아가는 길

- 천안논산고속도로 연무IC 강경방면으로 동안로 따라 4km 직진 → 강동과선교 지나 동안로 따라 270m 1시 방향 우회전 → 동안로 따라 700m 전방 강경공립상업학교관사
- ① 용산역이나 영등포역에서 강경역행 새마을호기차
  ② 논산역이나 연산역에 하차 후 버스 이용
- ① 서울남부터미널이나 동서울종합터미널에서 강경시외버스터미널행 탑승
  ② 논산버스터미널이나 연무대버스터미널 하차 후 시내버스 이용

옥녀봉
구강경노동조합
구남일당한약방
구강경공립
상업학교관사
강경젓갈
전시관
팔괘정
산양사거리
강경역
임리정
강경천
천안논산고속도로
연무
IC
23
68
799

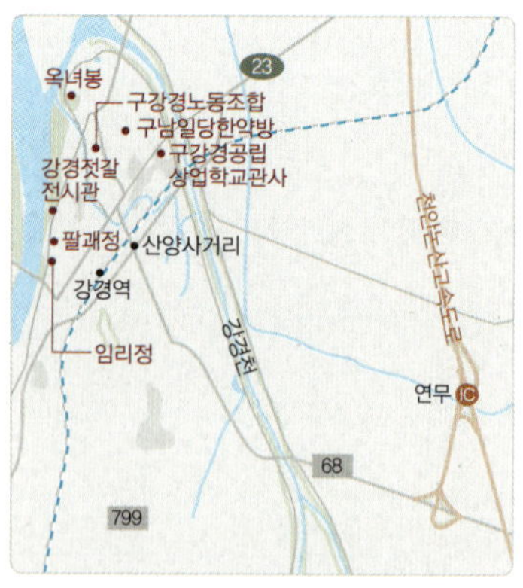

이용안내

강경공립상업학교 관사

논산시 강경읍 남교리 1

강경중앙초등학교 강당

논산시 강경읍 중앙리 89

구남일당한약방 논산시 강경읍 중앙리 88-1

강경역사관(구한일은행강경지점)

논산시 강경읍 서창리 51-1
10:00~17:00

강경북옥교회 논산시 강경읍 북옥리 96

강경침례교회 논산시 강경읍 북옥리 137번지

강경노동조합 강경읍 염천리 20

강경화교학교 교사 및 사택 강경읍 황산리 34-1

연산역급수탑 논산시 연산면 청동리 127-74

먹을거리 _ 기차길옆오막살이

강경과 논산 사이 기찻길 옆에 있는 보쌈전문점으로 보기에도 육질이 쫀득쫀득하게 느껴질 정도로 정성이 가득한 상이 나온다. 쌈속으로 내오는 무말랭이무침은 꼬들꼬들하며 살짝 소금에 절인 배추가 돼지고기와 어울리며 이뤄내는 환상적인 궁합에 새우젓갈과 함께 먹으면 입안에 고소함이 잔잔히 밴다. 보쌈을 먹고 난 후 먹는 칼국수는 해물육수로 시원한 국물 맛에 배가 불러도 자꾸만 손이 가는 맛이다.

충남 논산시 등화동182-1 / 041-733-7516

보쌈 中 36,000원, 해물칼국수 5,000원

주변볼거리 _ 임리정 & 팔괘정

사계 김장생이 건립하여 후학을 가르쳤던 임리정과 우암 송시열이 제자들에게 강학하던 팔괘정은 금강을 남쪽으로 바라보는 곳에 세워져 있다. 송시열이 스승인 사계 선생이 임리정을 건립하자 가까이 지내고자 하는 마음에 팔괘정을 건립했다 하니 사제의 정이 후대에까지 전해지는 듯하다. 팔괘정 옆에는 아직도 송시열의 암각 글씨가 현존하며 근처에는 죽림서원과 강경 등대전망대, 강경젓갈전시관, 박범신문학비까지 같은 동선에 있어 한번에 둘러보기 좋다.

임리정

충남 논산시 강경읍 황산리 95

팔괘정

충남 논산시 강경읍 황산리 86

근대문화가 있는 여행지

부산근대역사관 – 1929년 일제강점기에는 식민수탈기구인 동양척식주식회사 부산지점으로 사용되었고, 해방 후인 1949년부터는 미국 해외공보처 부산문화원으로 사용되었던 건물이다. 부산시민들의 끊임없는 반환요구로 미문화원이 철수한 후 부산시가 인수하여 관리하고 있다. 우리나라의 아픈 역사를 알릴 수 있는 교육의 장으로 1876년 개항기부터 시작된 일제의 수탈과 근대화 과정, 해방과 한미관계의 새로운 출발 등 관련 유물 200여 점을 비롯하여 영상물, 모형물 등 입체적인 전시물로 부산의 근현대사를 한눈에 조명할 수 있다.

대구근대역사관 – 대구근대역사관은 경상감영공원과 나란히 위치하며 옛 조선식산은행대구지점(유형문화재 제49호)을 개조하여 대구의 근대사를 시대별, 주제별로 살펴볼 수 있다. 1층 상설전시관에서는 근대의 문화, 구국의 정신, 근대의 태동, 교육도시 대구, 근대화의 산실 대구 등의 주제로 관람할 수 있으며, 특히 대구읍성과 근대도시 대구의 이전 풍경을 만날 수 있다. 2층 기획전시실에서는 100여 년 전 대구의 모습을 흑백사진으로 살펴볼 수 있으며, 국채보상운동과 2.28학생운동을 주도한 대구의 정신을 엿볼 수 있다.

조선 최고 예학의 대가, 사계 김장생고택 은농재

사계고택은 조선 예학의 대가인 김장생선생이 말년에 낙향하여 학문을 연구하던 곳이다. 사랑채인 은농재를 중심으로 행랑은 영상관, 학습관, 예절관, 체험관으로 꾸며져 있어 그의 삶과 학문정신을 살펴볼 수 있다. 또한 은농재 뒤편으로는 트래킹하기 좋은 '사계 솔바람길'이 있다.

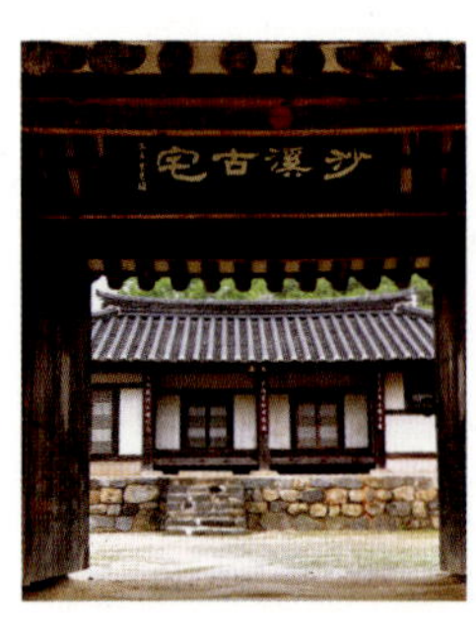

17세기 예학의 한국을 대표하는 학자, 사계 김장생

조선대대 최고의 예학자로 손꼽히는 사계 김장생(1548~1631)은 조선 중기의 문신이자 유학자로 율곡선생 제자 가운데에서도 단연 돋보이는 학자였다. 율곡선생의 사상과 학문정신을 이어받아 예학을 정비한 한국 예학의 대표 인물이다. 한때 지방관이나 철원부사직을 역임하기도 했지만 1613년 서얼들이 일으킨 역모사건(계축화옥)에 연루된 일과 이후 인목대비 폐모논의로 북인이 득세하자 관직을 포기하고 낙향하여 예학연구와 후진양성에 전념하였다.

사계선생의 학문 정통을 이은 제자들은 후일 서인과 노론계의 대표적인 인물들로 17세기 조선을 대표하는 학자이자 정치가인 송시열과 송준길, 이유태, 장유 등이 있다. 그의 저서로는 가례집람, 의례문해 등이 있으며 그가 죽은 뒤에 사계유고가 간행되었다.

유생들의 글 읽는 소리가 들리는 듯한 고택

사계고택이라 적혀있는 대문을 들어서면 정면에 바로 사랑채인 은농재 (충남유형문화재 제134호)가 먼저 눈에 들어온다. 집안 곳곳에는 사계선생의 학문과 교육 사상을 알 수 있는 20여 개의 주련이 눈에 띈다.

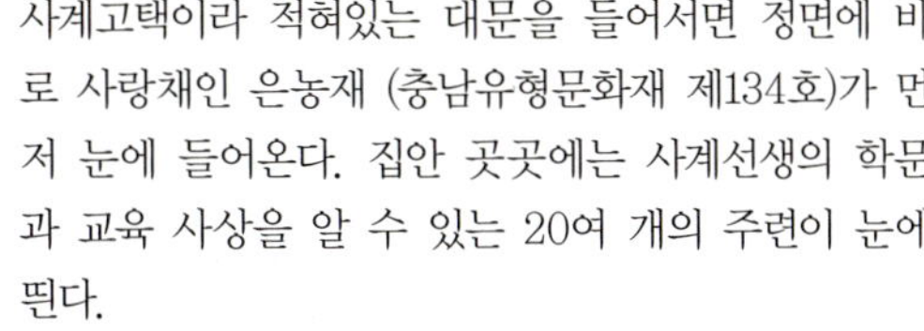

사랑채 좌우로 문이 나있는데 왼쪽은 안채로 들어가는 문이고 오른쪽은 작은 일각대문으로 맞은편에 영당이 있다. 영당은 1631년 사계선생이 돌아가시자 출상하기 전까지 시신을 모셨던 곳이다. 뒤뜰 영당 옆에는 소박한 장독대가 보이는데, 그 주변으로 봄이면 수많은 철쭉이 아름답게 다투어 피어난다. 고택 뒷마당에는 400여 년 된 연못 구노정에 오르면 '하루라도 책을 읽지 않으면 입안에 가시가 돋고 황금이 백만 냥이라도 잘 가르친 자식만 못하다.'라는 사계선생의 철학을 엿볼 수 있는 글귀가 있다.

'一日不讀書 口中生荊棘
黃金百萬而不如一敎子
(일일불독서 구중생형극
황금백만이불여일교자)'

조선의 예를 배울 수 있는 두계은농재

봄이 아름다운 두계리 은농재는 유생들이 머물던 객사를 개조하여 영상관, 학습관, 예절관, 체험관으로 꾸며 사계

의 예학을 전시, 관람할 수 있도록 하고 있다. 학습관은 사계선생의 삶과 일대기, 허씨 탄생설화, 사계선생의 효에 얽힌 이야기, 병자호란과 임진왜란 때의 활약상 그리고 사계의 스승과 제자들을 소개하고 있다. 체험관은 조선시대 양반자제들이 관직의 등급과 상호 관계를 익히면서 벼슬에 오르는 포부를 키웠다는 승경도놀이를 소개하고 있으며, 가례집에 의거한 차례상과 제사상 차림도 살펴볼 수 있고, 한쪽에서는 붓글씨를 직접 써보는 체험코너도 마련되어 있다.

예절관은 예학이란 무엇인가를 배우며 예법의 중요성과 올바른 예법, 인간이 살아가는 데 있어 빼놓을 수 없는 4례인 관혼상제를 이해할 수 있는 미니어처, 사계의 저서 등을 전시하고 있다. 또한 아이들의 흥미를 유발할 수 있는 예와 관련된 퀴즈풀이, 사계고택 퍼즐맞추기도 체험해볼 수 있다. 영상관에서는 사계의 생애와 학문을 다룬 영상물을 관람할 수 있다.

명품 역사트래킹 코스 사계솔바람길

사계 김장생선생을 테마로 한 '사계솔바람길'은 사계고택을 출발하여 모원재입구를 거쳐 왕대산 정상까지 이어지는 3km의 역사 트레킹 코스이다. 사계솔바람길은 소나무향기 가득한 완만한 길을 시작으로 적당한 경사도가 있어 산책하듯 가볍게 오르면서 사계선생의 정신과 뜻을 기리기 좋은 길이다.

왕대상 정상에 오르면 원두막 주변에 사계선생의 예학이야기와 허씨부인 설화, 사계선생의 제자 등에 관한 설명판 10여 개가 설치되어 있다.

여행 정보

찾아가는 길

호남고속도로지선 계룡IC 빠져나와 왕대교차로에서 대전 방면 우회전 후 왕대로 따라 900m 직진 → 119안전센터 방면 좌회전 후 왕대로 따라 1km 직진 → 두계은농재방면 좌회전 후 사계로 따라 두계은농재 이정표 보고 진입

서울/용산/영등포역에서 계룡역행 기차 → 계룡역에서 202번 버스 탑승 후 두마면사무소에서 하차(5~10분 소요) → 은농재까지 300여 미터 도보로 이동(5분 소요)

이용안내

계룡시 두마면 사계로 122-4 사계고택 / 042-840-2863

09:00~18:00 / 휴관일 : 매주 월요일, 공휴일 익일, 명절

먹을거리 _ 회동전복삼계탕

예로부터 바다의 용왕이 먹었다는 '전복'은 불로장생 식품으로 미네랄은 풍부하면서 지방질이 적고 단백질이 많아 바다의 황제로 군림한다. 삼계탕과 전복의 환상적인 궁합으로 영양보충과 원기회복에 탁월한 음식이다. 특히 이 집의 오리해천탕은 육해공이 다 들어가서 영양식으로는 최고의 음식이라 칭할 만하다.

충남 계룡시 엄사면 연화동길 19 / 042-841-1254

전복삼계탕 13,000원

주변볼거리 _ 괴목정공원

계룡시 신도안에서 공주 동학사로 가는 밀목재 직전에는 유서 깊은 공원 괴목정이 자리한다. 무학대사가 이곳을 지나다 지팡이를 무심코 꽂아 놓은 것이 자라나 큰 괴목이 되었다고 한다. 괴목정 중심에 서로 의지하듯 비스듬히 자라는 수령 500년 넘은 보호수는 전설 못지않게 멋스러움을 자랑한다.

충남 계룡시 신도안면 용동리 / 042-840-2114

유서 깊은 고택

경주양동마을 관가정 – 관가정(보물 442호)은 조선중종 때 청백리 우재 손중돈의 집으로 곡식이 자라는 모습을 살펴본다는 의미를 담고 있다. 형산강과 기계천이 흐르는 넓은 안강평야가 한눈에 내려다보이는 경주양동민속마을에서 가장 전망이 좋은 저택으로 고건축의 품위와 기상을 느낄 수 있다.

구례 운조루 – 지리산과 섬진강을 품은 곳에 있는 운조루는 전라도 땅에 지어진 경상도 집이다. 조선후기의 반가로 예전의 모습을 잘 유지하고 있으며 동선이 잘 연결되도록 세심한 배려를 하였다. 과감한 구조의 사랑채와 실용적인 구성의 안채, 그 밖에 행랑채, 사당, 연당 등이 있다.

아산 맹씨행단 – 고택을 찾는 사람들에게 무한한 상상을 불러일으키는 맹씨행단은 방과 마루만 남아 있다. 미완성처럼 보이지만 남아있는 안채는 정확하게 좌우대칭이 엄격하여 무게감마저 느껴져 더욱 호기심을 자극한다. 고택 마당에 600년 된 수령을 자랑하는 은행나무는 사라진 고택의 다른 부분을 채워주기에 충분하다.

방우리

육지 속 오지마을

이름부터 정겨운 방우리는 적상천과 남대천, 진안천이 합류한 물줄기가 금강으로 흘러나가는 곳에 위치하는데 지역적으로 방울처럼 매달려 있다 하여 붙여진 마을이름이다. 이곳은 행정구역상 충남 금산에 속하지만 생활권은 오히려 전북 무주에 가깝다. 방우리는 큰방우리와 농원마을 작은방우리로 나뉘는데 경관이 좋은 곳은 작은방우리 쪽이다.

찾아가는 길마저 외로운 외딴마을 방우리

행정구역은 충청남도 금산군 부리면에 속하지만 정작 금산 쪽으로 통하는 길은 없고 무주읍내를 지나 반딧불주유소 삼거리에서 내도리 방향으로 달리면 그제야 앞섬다리가 나온다. 고즈넉한 육지 속 섬마을 무주 앞섬마을을 지나 좌회전하면 제방으로 향하는데 탁 트인 강가에 촛대바위가 반갑게 맞아준다. 촛대바위를 지나면 갈림길이 나타나고 왼쪽이 큰방우리(원방우리), 오른쪽 좁은 길이 작은방우리(농원마을)로 가는 길이다.

방우리는 순창설씨 집성촌으로 주민 대부분이 설씨 성을 갖고 있다. 조선성종 때 순창에서 이곳 방우리로 이주해 온 이후

500년이 넘게 한곳에 모여살고 있다. 크지 않은 큰방우리는 원방우리 17가구, 작은방우리 10가구를 합쳐 총 인구가 100명도 채 안되는 마을이다. 마을입구에는 수년째 범죄 없는 마을로 지정되었음을 알리는 나무현판이 자랑스럽게 걸려있다. 마을로 들어서면 폐가도 눈에 띄고 제대로 찾아왔나 싶을 정도로 마을이 너무 조용하다. 어린 시절 시골집 동네를 돌아보듯 천천히 걷다보면 끊어질 듯 이어진 돌담길이 아련한 향수를 자극한다. 파란 하늘이 살포시 내려와 물든 것처럼 파란 양철지붕이 선명하고, 흙돌담에 흐드러진 황매화는 이곳에 사람이 살고 있음을 얘기해주는 듯하다.

적벽강 휘돌아가는 육지 속 섬마을

큰방우리를 나와 경치가 더 아름답다는 작은방우리로 향한다. 기암과 촛대바위가 절묘하게 어우러진 아슬아슬한 풍경들이 눈앞에 펼쳐진다. 작은방우리로 오르는 길은 좁은 1차로라 혹여 마주 오는 차가 있을까 조심스레 액셀을 밟는다. 교통이 불편하여 예부터 피난지로 알려졌던 마을이라 하니 정말로 강원도 오지마을 못지않다. 마을로 접어드는 고갯길 벼랑 아래로 내려다보이는 풍광은 엽서 사진처럼 아름답다.

유유히 흐르는 적벽강 물줄기와 하얀 백사장, 우뚝 선 미루나무 너머로 마치 한반도 지형처럼 강줄기가 흘러가니 오지 중에 발견한 보석 같은 풍경이다. 작은방우리에 다다르니 한적한 것이 육지 속 섬마을 분위기가 물씬 풍긴다. 농원마을은 인적이 느껴지지 않고 정적 속에 편안함이 느껴지는 곳이다.

마음 내려놓고 힐링할 수 있는 곳

은은한 솔내음이 가득한 숲과 시원하게 펼쳐진 금강에서 플라이낚시를 즐기는 여름휴가를 상상해본다. 방우리에는 특별한 편의시설이 없으므로 필히 먹거리는 준비해야 한다. 10여 년 전만해도 배로 강을 건너야 할 정도의 오지였던 곳이다. 맨손으로 현재의 마을을 가꿨다는 농원마을 사람들의 이야기는 1963년 신상옥감독이 연출한 계몽영화 〈쌀〉의 배경이 되었다. 한국전쟁 이후 정착민들이 수로를 만들고 농지를 개간하여 마을을 형성하는 영화 스토리는 이곳 농원마을의 실제 이야기였다. 지금도 영화 속에 등장했던 원방우리 입구의 수문과 농원마을 고갯길의 수력발전소가 남아있다.

현재 방우리는 청정지역답게 모든 토지나 임야가 절대보존지역으로 묶여있다. 작은방우리 일대 2km의 하천습지는 생태적 가치가 높아 '후대가 보존해야 할 자연습지'로 선정되어 있다. 최근에는 멸종위기종인 담비와 수달, 황조롱이, 말똥가리, 백로, 왜가리 등 다양한 생물과 우리나라 고유어종까지 찾아 볼 수 있게 되었다. 한가로운 햇살이 어깨에 살포시 내려앉는다. 찾아오기에 힘들었지만 이렇게 한참을 머무르며 머리를 비워가기 좋은 곳이다. 돌아가는 길 앞섬다리 근처에서 어죽 한 그릇 먹는다면 비워진 머리만큼 든든하게 배를 채울 수 있는 여행이 된다.

여행 정보

찾아가는 길

중부고속도 무주IC 빠져나와 가림교차로에서 무주 방면으로 우회전 → 무주로 따라 3km 직진 후 당산교차로에서 무주읍 방면으로 좌회전 → 무주읍 내 반딧불주유소 앞에서 내도리 방면 → 앞섬다리 건너 마을회관에서 좌회전 → 방우리방향 뚝방길 따라 2km 직진 → 선바위에서 좌측은 큰방우리, 우측은 작은방우리(네비 주소 : 충남 금산군 부리면 방우리 산3-2 작은방우리 입구 발전소)

무주공용버스터미널 하차 후 굴천리행 농어촌버스 탑승 후 무주정류장하자(약 10~15분 소요) → 도보나 다른 교통수단 이용하여 방우리로 들어가야 함

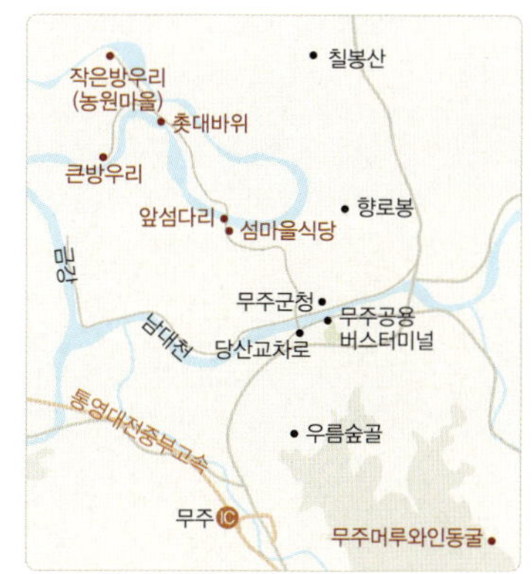

먹을거리 _ 섬마을식당

매운탕과 어죽이 유명한 곳으로 따로 먹거리를 준비하지 않았다면 이곳을 놓치면 안된다. 매운탕은 무시래기와 민물생새우가 들어가 얼큰하고 개운한 맛이 일품이다. 어죽은 민물고기를 끓인 후 뼈를 걸러 육수를 만들고 대파, 마늘 등의 양념을 넣어 푹 끓인 여름철 보양음식이다. 어죽의 독특한 잡내가 전혀 없으며 취향에 맞게 들깨가루를 넣어 먹으면 더욱 맛이 좋다.

☎ 전북 무주군 무주읍 내도리 1357-1 / 063-322-2799

₩ 메기매운탕 中 35,000원, 어죽 6,000원

주변볼거리 _ 무주머루와인동굴

머루와인동굴은 무주양수발전소 건설을 할 때 굴착 작업용 터널로 사용되던 곳을 머루재배농가에 임대한 것이다. 재배농가에서는 터널을 리모델링한 후 무주지역에서 재배된 친환경 머루를 이곳에서 1년 이상 숙성시켜 상품으로 출고하고 있다. 머루와인동굴 입장료는 2,000원이며, 입장권으로 머루슬러시나 머루주스를 시음해볼 수도 있다. 또한 아이들과 함께라면 머루쿠키, 머루아이스크림 등을 직접 만들어볼 수 있는 다양한 체험거리와 와인족욕을 신청해도 좋을 듯하다.

☎ 전라북도 무주군 적상면 북창리 산119-5 / 063-322-4720

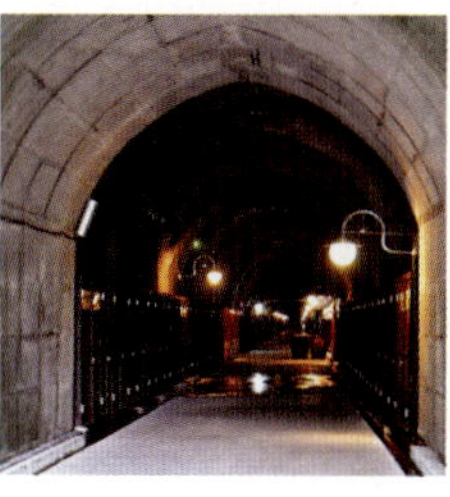

테마가 있는 농촌마을

장성자라뫼마을 – 장성 자라뫼 오현마을은 봄이면 친환경 쌀 생산지에 자운영 꽃이 물결치는 흙 내음 가득한 농촌테마마을이다. 이곳에서는 계절별로 다양한 테마체험과 학습 프로그램을 경험해볼 수 있다. 민들레차, 민들레환, 민들레액기스, 민들레장아찌, 고추장 등 마을에서 생산된 특산품들을 상품화하여 판매까지 하고 있으며, 친환경 논에서는 투구새우도 만날 수 있다.

완주창포마을 – 완주 창포마을은 푸른 창포를 군락으로 재배하는 곳으로 전국에서 유일한 창포 재배 마을이다. 1급수 하천인 대아호 주변에서는 창포뿐만 아니라 수달과 각종 수서곤충을 만날 수 있다. 이곳은 녹색농촌체험마을로 지정돼 있어 숙박을 겸해 달빛축제, 밤따기 등 다양한 체험프로그램을 경험할 수 있다.

영천용계매실마을 – 영천에서 하늘 아래 첫 동네라 불리는 용계매실마을은 오지마을답게 길부터 예사롭지 않다. 용이 머물다 승천했다는 용계리마을은 전형적인 산지마을로 예전에는 담배 농사를 주로 지었던 곳이라 아직도 집집이 담배를 말리던 황토창고가 곳곳에 보인다. 마을 전체 농가에서 친환경 유기농 매실을 재배하고 있는데 고도가 높아 남도지방보다 시기적으로 매실이 늦게 출하된다.

금산여행

인삼향 가득한

금산은 토질과 기후가 인삼을 재배하기에 알맞아 세계적인 브랜드 금산인삼을 탄생시킨 곳이다. 금산인삼광장에는 이 지역 상징이자 종주지임을 상징하는 15m 높이의 초대형 '인삼모자상'이 먼저 눈에 띈다. 특히 가을에는 금산인삼축제가 대규모로 열리는데 이곳을 방문하는 것만으로도 왠지 웰빙여행이 될 것 같은 기분이 드는 곳이다.

금산의 역사와 생활상을 살펴볼 수 있는 금산향토관

금산향토관은 인삼의 고장 금산의 역사와 생활, 문화 등을 한곳에서 살펴볼 수 있는 곳이다. 크게 금산역사관, 생활민속관, 농악전시관 그리고 다목적 회의실로 전시공간이 구분되어 있는데, 주민들의 손때 묻은 옛 생활용품부터 오랜 세월 맥을 이어온 금산농악과 금산만의 다양한 생활문화를 생생하게 체험해볼 수 있다.

금산역사관에서는 금산의 과거와 현재 그리고 금산인삼의 전설과 역사 등을 살펴볼 수 있다. 이곳 전시물 중 유독 눈에 띄는 것이 충남유형문화재 제131호로 지정된 태조대왕태실 모형이다. 조선 최고의 명당이라는 만인산에 모셔진 태조대왕태실을 여기서도 볼 수 있게 모형화 해두었다. 생활민속관은 금산의 50~60년 전 소중한 추억들이 잘 정리된 곳이다. 이곳 전시품 대부분은 주민들이 직접 기증하였다니 더욱 의미 있는 전시실이다.

인삼이 궁금하다면, 금산인삼관

지역특산물인 인삼의 우수성을 홍보하기 위한 전시관으로 지구촌유물관, 풍수인관, 인삼약초관, 건강생애관, 상도관 등으로 구분하여 전시하고 있다. 인삼 재배과정에서부터 금산인삼에 얽힌 설화, 인삼의 효능 등을 한눈에 살펴볼 수 있다. 인삼하면 막연히 6년근이 좋다 알고 있는데, 인삼의 성장과정을 햇수별로 전시하고 있어 6년근을 비교 식별하는데 도움이 된다. 또한 나라별로 독특한 인삼재배단지의 모습을 재현한 모형도 둘러볼 만하다.

인삼약초관에서는 우리 땅에서 자라는 약초와 그 효능을 살펴볼 수 있다. 본초강목과 동의보감 속의 인삼, 신체기관과 약초이야기, 인삼의 효능과 우수성 등을 알기 쉽게 설명하고 있다. 인삼음식관에서는 무병장수 명약으로 알려진 인삼을 이용한 다양한 요리와 국가브랜드 식품으로 세계화를 꿈꾸는 금산군의 노력을 엿볼 수 있다. 금산인삼관을 둘러본 후에는 전국 인삼생산량의 80%가 거래된다는 금산수삼센터, 금산인삼국제시장, 금산인삼종합쇼핑센타, 금산인삼약령시장 등도 방문해볼만 하다. 이 쇼핑센터들은 상시 운영하고 있으므로 언제든지 안심하고 구입할 수 있다.

금산인삼의 뿌리를 찾아서, 개삼터공원

성곡리에 위치한 개삼터는 1500년 전 강씨 성을 가진 한 사람이 최초로 이곳에 인삼을 재배하기 시작했다고 전해지는 곳이다. 개삼터공원 입구에는 금산인삼랜드를 상징하는 '하늘선물 금산인삼'이라 적힌 조형물이 먼저 방문객을 반긴다. 길을 따라 올라가면 년근별로 인삼의 모형을 설명과 함께 살펴볼 수 있다. 또한 인삼을 처음 재배했다는 강처사 설화를 미니어처로 설명과 함께 세워두고 있어, 걸으면서 자연스레 개삼터의 이야기를 전해들을 수 있다.

이야기에 따르면 강씨 성을 가진 처사가 앓아누운 모친을 위해 진악산 관음굴에서 쾌유를 빌던 중 어느 날 산신령이 현몽하여 빨간 열매 3개가 달린 풀을 캐어 그 뿌리를 달여 드리라고 했다. 이에 산신령의 말대로 풀을 찾아 달여 드리자 모친의 병이 완쾌되었고 그 풀의 뿌리가 사람과 비슷하다 하여 인삼이라 부르게 되었다고 한다. 설화 속 강처사의 효심을 기리기 위해 개삼각을 짓고 강처사가 살던 고택도 재현해 놓았다. 해마다 금산인삼축제를 시작하기 전 이곳에서 진악산 산신령께 장삼제를 지내고 있다. 개삼각은 금산군의 자랑으로 향토유적 제1호로 지정되어 있다.

인삼, 인간, 자연이 어우러지는 금산인삼축제

매년 9월 10일간의 일정으로 진행되는 금산인삼축제는 금산군의 고려인삼 종주지로서 위상을 계승, 발전시키고, 그 명성을 이어 인삼의 내수시장 활성화와 세계화를 위한 문화관광축제의 장이다. 2013년 33회를 맞이한 축제는 우리나라 최초의 인삼 시배지인 성곡리 개안이 마을 개삼터에서 시작된다. 축제장은 금산인삼약령시장 일대이며, 지역문화예술인과 연예인들이 펼치는 축하공연과 다채로운 행사가 폐막식까지 끊이지 않고 계속된다.

축제기간에는 학술, 교역, 전시, 공연, 체험 등 다양한 주제로 행사가 진행되는데, 테마별로 살펴보면 인삼을 주제로 한 해학적인 마당극, 해외 문화예술인 초청공연, 유명연예인 초청공연, 방문객이 직접 참여하는 체험행사, 인삼약초시장 내 수삼센터에서 펼쳐지는 야간이벤트까지 볼거리뿐만 아니라 즐길거리도 풍성하다. 축제장은 금산인삼약초시장과도 연결되어 있으므로 시장에 들러 저렴한 가격에 인삼을 구매하거나 인삼을 재료로 한 다양한 먹거리를 만날 수 있다.

여행 정보

찾아가는 길

- 중부고속도로 금산IC 빠져나와 인삼로 따라 직진하면 금산 시내로 진입할 수 있음
- 금산시외버스터미널행 이용

이용안내

금산향토관 ☎ 금산군 금산로 1575 / 041-750-4492
　　　　　　 09:00~18:00(매주 월요일, 국공휴일)

개삼터공원 ☎ 금산군 남이면 성곡리 일대 / 041-750-2384

금산인삼관 ☎ 금산군 금산읍 신대리 392 / 041-750-2621
　　　　　　 9:00~18:00(입장료 무료)

먹을거리 _ 금산원조삼계탕

금산원조삼계탕은 금산에서 직접 생산된 무공해 재료를 이용하여 닭과 수삼에 대추, 밤 등 각종 한약재를 넣어 맛은 물론이고 몸에도 좋은 보양식이다. 이 집의 삼계탕은 육질이 연하고 풍부한 단백질과 필수아미노산 등이 많아 지방간이나 새살을 돋는데 효과가 좋다고 한다.

☎ 충남 금산군 금산읍 중도3리 34-1번지(금산수삼센터 앞 대원상가 2층) / 041-752-2678

₩ 삼계탕 11,000원, 갈비탕 7,000원

주변볼거리 _ 1100년 된 은행나무가 있는 보석사

금산군 남이면 석동리 진악산 남동쪽 기슭에 자리한 보석사는 신라 헌강왕 때인 886년 조구대사가 창건한 사찰이다. 보석사는 마곡사 말사이면서도 과거 전북일원의 33개 말사를 통찰한 대사찰로 많은 학승을 배출한 곳이다. 앞산 금광에서 채굴된 금으로 불상을 주조했다 하여 절 이름이 보석사이다. 임진왜란 때는 나라가 위기에 빠지자 승병을 조직하여 싸웠던 곳으로도 유명한 사찰이다.
보석사는 천년이 넘은 은행나무(천연기념물 제365호)가 있으며 사찰 내에 대웅전, 등운선원, 기허당, 산신각, 의선각, 일주문, 요사채 등이 아름답게 배치되어 있다.

힐링 여행도시

전남장흥여행 – 정남진 장흥은 산과 강, 바다, 호수가 조화를 이룬 천혜의 자연요건을 갖춘 곳으로 예부터 충효사상이 뚜렷한 문림의향의 도시이다. 나로우주센터, 우주과학관 등 고흥의 우주항공 연관시설과 인접하며 전국 최대 일조량으로 청정 농수축산물을 생산할 수 있어 항상 풍요로운 고장이다. 또한 몸과 마음을 치유하는 장흥의 편백숲 우드랜드 힐링캠프는 억불산 산기슭에 위치하는데 우리나라를 대표하는 치유의 숲으로 편백숲 산책로와 황토흙집, 편백소금집 체험 등 자연 속에서 휴식과 재충전을 할 수 있는 곳이다.

충남당진여행 – 당진은 수도권과 1시간거리이며 당진상주고속도로가 개통되면서 충청지역 해양관광의 메카로 자리매김하고 있다. 당진 1박 2일 여행은 바다와 땅의 풍요를 그대로 담고 있어 색깔, 맛, 향기 등 다양한 체험들을 즐길 수 있다. 사계절 감동을 주는 당진 9경 중 섬 안의 해수욕장 난지섬 관광지는 송림이 우거져 있으며 넓은 백사장이 있어 아이들과 함께 물놀이나 트레킹을 즐기기에 좋은 섬이다.

Thema 07

계백의 혼이 담긴, 백제군사박물관 & 탑정호 일몰

논산시 신풍리에 위치한 백제군사박물관은 탑정호가 훤히 내려다보일 정도로 산세가 수려하여 백제인의 기상이 느껴지는 곳이다. 계백이 5천의 결사대로 5만의 신라군과 맞섰던 황산벌의 투혼이 서린 이곳은 다양한 전시물이 있는 박물관 외에도 자연학습공원과 호수공원을 비롯하여 다양한 문화체험시설을 갖추고 있어 아이들과 함께하는 교육나들이에 그만인 곳이다.

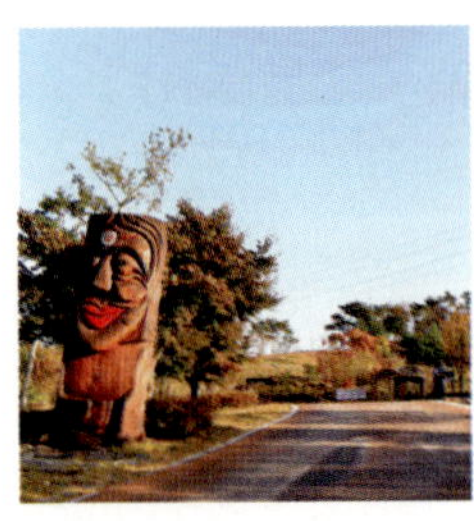

백제의 성과 군사시설을 살펴볼 수 있는 백제군사박물관

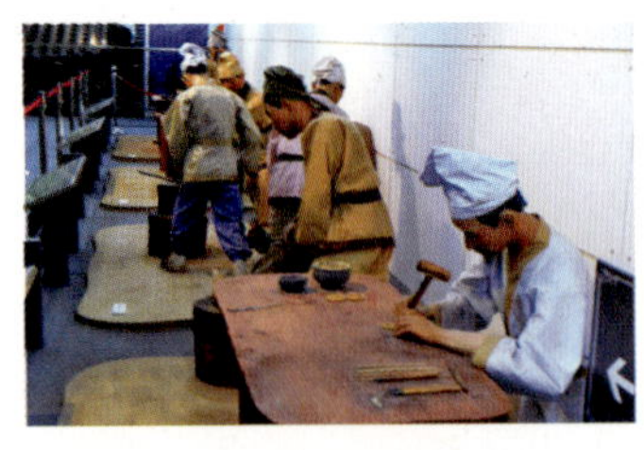

백제군사박물관은 크게 3개의 전시실과 기타 관람시설로 구분되어 있다. 제1전시실은 시대별로 정리된 연표를 통해 백제의 군사활동과 전쟁사를 살펴볼 수 있고, 풍납토성, 웅진성, 부소산성 등 백제의 주요 성을 모형화하여 토성의 축조과정과 방어체계 등을 엿볼 수 있게 하였다. 제2전시실은 용맹한 백제군의 행렬을 미니어처로 만날 수 있으며, 당시 군사들이 사용했던 도검과 활, 도끼 등 무기의 제작과정과 전투장면을 실감나는 모형으로 만날 수 있다. 또한 전시실 한쪽에는 탁본이나 토기만들기 체험을 해볼 수 있어 아이들 체험학습에도 도움이 된다.

제3전시실은 백제의 군사적 요충지였던 논산의 역사와 문화를 시대별로 정리해 놓았으며, 4D 입체영상관은 계백장군과 황산벌 최후의 전투를 실감나는 입체영상과 모션시뮬레이션을 통해 즐겨볼 수 있다.

자연과 잘 조화를 이룬 야외 체험장

박물관을 나오면 왼쪽에는 계백장군묘와 충장사가 나란히 위치하며, 충장사 앞 잔디광장에는 목책성곽이 재현되어 있다. 박물관 입구 왼쪽으로 계백장군동상이 있는 충혼공원이 자리한다. 그 맞은편에는 만남의 숲, 자연과의 동화, 안녕의 기원이 담긴 문화의 숲, 은목서와 천리향이 심어진 향기의 숲, 조용히 사색을 즐길 수 있는 계백의 숲, 청단풍과 홍단풍의 아름다움을 느낄 수 있는 단풍의 숲, 야생화가 심어진 야생화원 등 다양한 주제로 만들어진 테마숲들이 곳곳에 있다.

테마가 있는 공원은 아이들이 좋아하는 딱정벌레 모형과 야생화 산책로가 잘 조성되어 있어 숲을 관찰하며 즐길 수 있다. 국궁 체험을 해볼 수 있는 성곽에 오르면 백제군사박물관이 한눈에 훤히 내려다보이고, 한쪽에는 장기판, 윷판, 팽이 돌리기, 모형 말타기 등 다양한 체험장이 있어 아이들에게 즐거운 놀이터가 된다. 무거운 윷가락이나 장기알도 이동시켜 보고 굴렁쇠나 팽이도 돌리다보면 아이들의 눈빛이 더욱 초롱초롱해 보인다. 주말에 진행되는 승마체험은 아이들이 말과 교감을 느끼며 직접 타볼 수 있어 인기가 좋다. 탑정호를 제대로 조망하고 싶다면 군사박물관 뒤 황산루전망대로 오르면 된다.

아름다운 풍광에 빠져드는 탑정호 일몰

논산 탑정호 일몰을 만나러 가는 길, 시간이 넉넉하다면 탑정호 인근에 있는 탑정리석탑(유형문화재 제60호)을 찾아보는 것도 좋다. 석탑은 탑정호 저수지 북쪽 끝 제방에 위치하며 고려시대 때 만들어진 것으로 추측하고 있다. 전하는 이야기로는 고려태조가 백제의 견훤을 정벌하러 갈 때 이곳에 주둔하며 어린사라는 절을 지었고, 이 탑은 후백제 때 대명스님의 부도라고 전해져 온다.

탑정호는 논산8경 중 하나로 충남권에서는 두 번째로 큰 호수이다. 논산평야의 젖줄이자 수려한 풍광의 대둔산을 품은 마치 바다 같이 깊은 호수이다. 끝없어 보이는 탑정호는 물이 맑고 깨끗해 낚시꾼들의 발길이 끊이지 않으며, 겨울철에는 가창오리, 고방오리, 쇠오리 등의 철새 서식지로도 유명하다. 호수 위로 석양이 물들 때면 절로 탄식이 흘러나오는 풍광이 연출된다.

여행 정보

찾아가는 길

- 천안논산고속도로 서논산IC 빠져나와 대백제로 타고 1.4km 직진 → 논산교차로에서 득안대로 공주방면 우측도로 진입 후 1.2km 직진 → 광석교차로에서 대전방면 우측도로 진입 후 7km 직진 → 외성삼거리에서 감곡리방면 우회전 후 3.1km 직진 → 백제군사박물관 이정표 보고 주차장으로 진입
- 논산시외버스터미널 하차 후 시외버스터미널정류장에서 307번 논산방면 버스 탑승 → 신풍리정류장에서 하차 후 백제군사박물관까지 800m 도보로 이동 하차 후 논산탑정리석탑까지 200m 도보로 이동
- KTX나 새마을호 탑승하여 논산역 하차 → 늘봄웨딩홀정류장에서 307번 버스 탑승 → 신풍리정류장에서 하차 후 백제군사박물관까지 800m 도보로 이동

이용안내

☎ 충남 논산시 부적면 충곡로 311-54 / 041-730-4538

⏲ 09:00~18:00(휴관일 1월1일, 구정 및 추석당일, 매주 월요일)

₩ 일반 1,000원, 청소년 700원, 어린이 500원

먹을거리 _ 붕어마을

붕어는 산성식품이지만 칼슘과 철분, 단백질이 많아 빈혈이 있는 사람은 물론 성장기 아이들에게도 좋다. 붕어마을 붕어찜은 무와 시래기를 바닥에 깔고 붕어에 양념장을 얹은 후 물을 자작하게 끓인 후 어느 정도 익으면 콩가루와 각종 야채를 넣고 졸여내는 찜 음식이다. 붕어의 참맛을 제대로 즐기고 싶다면 늦가을부터 겨울에 잡히는 붕어가 좋다. 붕어찜은 소갈증 해소에 도움이 될 뿐만 아니라 담백하면서도 입안에서 살살 녹는 것이 영양만점이다.

☎ 충남 논산시 부적면 신풍리 255-1 / 041-733-2308

₩ 붕어찜 11,000원

주변볼거리 _ 탑정호수변생태공원

공원입구에는 논산의 대표 과일인 딸기 조형물이 먼저 반긴다. 넓은 잔디광장에는 시민들 편의를 위해 곳곳에 파라솔이 설치되어 있고, 향기원, 자연학습원, 들꽃원, 초화원으로 구분된 꽃단지는 계절마다 다양한 꽃들이 풍성하게 피어난다. 운치 있는 나무데크 산책로를 따라 연꽃원, 창포원, 잠자리연못를 지나면 전망대 정자에서 탑정호의 잔잔한 풍경을 만날 수 있다. 가을에는 억새가 흐드러지게 피어나는데 이 또한 장관이다.

☎ 충남 논산시 부적면 충곡리 287-9번지 / 041-732-1752

일몰이 아름다운 곳

순천만과 와온해변 – 연안습지로는 우리나라 최초로 람사르협약에 등록된 순천만은 일출이 장관이다. 순천만 일출은 학산리 화포해변에서 보는 게 장관이고, 일몰은 용산전망대와 상내리 와온해변에서 보는 것이 아름답다. 순천만은 북으로 5.4㎢ 갈대밭과 남쪽으로 22.6㎢의 광활한 갯벌이 조화를 이룬 곳이다. 순천만은 흑두루미 월동지로 갈대가 단일 군락을 이루면서 새들의 서식환경에 가장 중요한 은신처와 먹이를 제공하고 있다. 순천만의 아름다운 S자형 수로는 일몰 때면 수많은 사진작가들을 불러 모은다.

제주금능해변 일몰 – 금능으뜸원해변은 조가비가 섞인 아름다운 백사장과 낙조가 환상적인 곳이다. 투명한 바다는 바닷속 모래까지 훤히 내다보여 건너편 비양도까지 걸어서 갈 수 있을 듯한 착각마저 든다. 일몰 때면 낙조를 기다리며 바다를 즐기는 수많은 사람의 모습을 실루엣으로 담을 수 있어 더욱 풍부한 일몰의 장관을 연출할 수도 있다.

부산다대포해수욕장 – 마치 살아 움직이는 모래섬처럼 바닷물의 영향으로 해안선과 거의 평행을 이뤄 형성된 좁고 긴 모래톱들이 일렬로 낙동강 하구에 늘어선 모양이 마치 울타리라도 쳐 놓은 것 같다. 이러한 곳에 위치한 다대포해수욕장은 부산에서는 일몰이 아름답기로 이미 정평이 나있는 곳이다. 물때를 잘 맞춰서 간다면 더욱 환상적인 일몰을 만날 수도 있다.

Special 03

인문학이 살아 숨 쉬는
논산 1박 2일

논산은 계백장군의 기백이 살아 숨 쉬는 무의 고장이자 조선의 정신문화를 이끈 수많은 학자들이 활동한 문향의 도시이다. 충남을 대표하는 명가 탐방과 더불어 문화재와 인문학 이야기가 있는 여행은 뭔가 색다른 여행이 된다. 습관적으로 쫓기듯 보고 다니는 여행이 아닌 인문학을 통해 잊고 있던 문화나 감성을 되새기며 정신까지 풍요로운 여행이 된다.

300년 전부터 수준별 수업을 진행한 종학당

종학당(충남유형문화재 제152호)은 파평윤씨 노종파의 문중서당이다. 인평대군의 스승이었던 명재 윤증선생의 부친 윤선거가 문중 자녀와 내외척, 처가 자녀들을 이곳에 합숙시키며 교육했던 곳이다. 백록당과 정수루 그리고 정수암 등의 건물이 현존한다. 종학당은 초보적인 교육을 하던 곳으로 정면 3칸, 측면 2칸의 팔작지붕 건물로 중앙은 대청을 겸한 통마루이고, 양쪽 칸은 온돌방이다. 일반적인 서원이나 서당과 달리 실학적인 교육을 하던 곳으로 천자문부터 통감정도까지 교육을 하였다

종학당에서 가장 아름다운 건축물 정수루는 종학당과 비슷한 시기에 건축된 것으로 추정한다. 정수루는 서재 마루와 누각이 연결되어 있으며, 학문을 토론하고 시문을 짓던 장소로 이용하였다. 정수루에 오르면 못 한가운데에 둥근 섬을 만든 방지원도형의 연못과 종학당 그리고 멀리 병사저수지, 그 너머로 병사와 파평윤씨 덕포공재실, 노종파 묘소까지 한눈에 들어온다.

지방민 교육을 담당했던 노강서원

노강서원은 1675년 김수항 등의 발의로 팔송 윤황선생의 학문과 덕행을 추모하며 지방민의 교육을 위해 건립하였다. 17세기 말 서원 건축양식을 알 수 있는 강당 건물은 상하 2단에 높은 건물인데도 시각적으로 안정감이 느껴진다. 정면 5칸 측면 3칸의 건물로 중앙의 3칸은 강당, 좌우 1칸씩은 온돌방이며 밑으로는 함실 아궁이를 두었다.

노강서원은 조선의 시대정신을 보여주는 서원 건축물로 그 가치가 인정되어 보물 제1746호로 지정되어 있다. 강당 뒤에는 자연석 담장에 3개의 문이 있는 사당이 있다. 팔송 윤황선생을 주벽(사원에 모신 위패 중 가장 중심이 되는 위패)으로 윤문거, 윤선거, 윤증 4인을 배향하고 있으며, 유림들에 의해 매해 음력 2월과 8월 중정中丁에 선현들을 위해 제사를 지내고 있다.

공자의 영정을 봉안한 영당 궐리사와 노성향교

명재고택을 사이에 두고 노성향교와 궐리사가 위치한다. 향교는 나라에서 세운 교육기관으로 공자와 여러 성현께 제를 지내며 지방민의 교육과 교화에 힘을 썼다. 노성향교는 대성전, 명륜당, 동무, 서무, 동재, 서재, 내삼문, 외삼문으로 이어지는데 홍살문부터 향교영역이다. 건립연대는 정확히 알 수 없으나 명륜당 현판에 숭정 4년에 문묘를 중수하였다는 기록이 있어 인조 9년인 1631년 이전에 지어진 건물임을 알 수 있다. 노성향교 대성전은 공자의 영정과 증자, 맹자, 안자, 자사 등 5성과 송나라 정이, 주희와 우리나라 18현 등 모두 5성 20현을 모시고 봄, 가을로 제향을 지내고 있다.

명재고택을 지나 5분 정도 걸으면 공자의 영정을 봉안한 영당 노성궐리사가 있다. 예전에 강릉, 제천, 화성에도 궐리사가 있었지만 현재는 화성과 이곳뿐이다. 궐리는 공자가 태어나고 자란 마을 이름이다. 1716년 권상하, 김만준, 이건명 등 우암 송시열의 제자가 노성산 아래에 세웠으며 1791년에는 송조 5현을 봉안하였고, 1805년에 관찰사 박윤수가 현 위치로 옮겼다. 궐리사 옆에는 네모난 기단위에 북두칠성을 의미하는 7개의 별이 그려진 권리탑과 공자 조형물이 세워져 있다.

자연을 향해 무한대로 열려있는 이삼장군고택

우리 한옥은 물과 바람소리, 나무와 햇살 등 자연을 한껏 받아들일 수 있는 구조이다. 이삼장군고택은 술골(주곡리)이라는 호리병모양 마을 초입에 자리 잡고 있다. 이삼장군(1977~1735)은 조선 영조 때 무관으로 상월면 주곡리에서 태어났다. 윤증의 문하에서 글을 배웠으며 무과에 급제하여 포도, 어영, 훈련대장을 거쳐 형조판서까지 역임하였다. 그가 살았던 고택은 영조 때 이인좌의 난을 평정한 공으로 하사받아 지은 것이다.

외삼문 솟을대문을 들어서면 사랑채 누마루가 먼저 눈에 들어온다. 날개채에 작은 사랑채를 배치한 것과 안채 측면에 툇마루를 두었는데 한옥에서는 좀처럼 보기 어려운 배치이다. 사랑채는 ㄴ자 형태로 방 2칸, 마루 1칸의 작고 소박한 구조로 사랑채를 보고 돌아서면 곡선이 아름다운 흙담과 아담한 마당이 보인다. 사당 앞쪽에 자리한 며느리방은 작은 쪽마루에 마당을 두어 독립적인 공간으로 꾸며졌는데 시집온 며느리에 대한 배려를 엿볼 수 있는 부분이다.

재야의 백의정승으로 추앙받던 명재선생의 집, 명재고택

300년 된 논산 명재고택은 조선중기 상류층의 전형적인 살림집으로 안채, 사랑채, 대문간채 그리고 사당영역으로 구성된 호서지방의 대표적인 양반가옥이다. 담장이 없는 고택은 후손들에게 감출 것 없는 삶을 살았음을 의미하며, 흐트러짐이 없는 고택에는 몇 가지 과학의 비밀이 숨겨있다. 사랑채의 장지문인 안고지기문과 명재고택에서만 볼 수 있는 베란다, 안채와 광채와의 물길, 바람길, 햇볕길을 열어 자연을 고스란히 받아들이는 설계가 돋보이는 고택이다. 수를 헤아릴 수 없는 장독대 또한 운치를 더한다.

고택의 초가집 별채와 큰사랑, 안사랑, 건넌방은 고택체험을 위해 개방되어 있다. 종손과의 대화를 통해 300여년 이어온 명재고택의 숨은 이야기와 검소한 생활상을 엿보며 우리 것을 잘 지켜나가는 고택의 전통을 알 수 있다. 한옥의 장점 중 하나인 전통적인 난방방식 구들은 친환경 난방으로 따뜻하면서도 한옥의 풍미를 그대로 전해주고 있다.

서원철폐령에도 살아남은 돈암서원

돈암서원은 충청지역의 대표 서원으로 대원군의 서원철폐령에도 보존되었던 전국 47개 서원 중의 하나이다. 조선의 예학을 정비하였던 예학의 태두 사계 김장생선생이 타계한 지 3년 후(1634년) 제자들이 스승을 추모하며 건립한 서원이다. 좌우 담장보다 높이 솟은 솟을삼문에는 우암송시열이 쓴 돈암서원 현판이 보이는데, 그 안쪽에는 입덕문이라는 현판이 걸려 있다. 문을 들어서면 정면에 양성당이 있고, 좌측에는 강학공간인 응도당이 보인다. 사계선생의 위패를 모신 사우祠宇는 양성당 후면에 있고, 장판각, 정회당, 산앙루 등의 건물이 자리한다.

유림들은 매년 음력 2월과 8월 중정에 제사를 올리고 있다. 돈암서원에서 가장 빼어난 건물은 보물 제1569호로 지정된 응도당으로 문화재적 가치가 높다. 정면 5칸, 측면 3칸의 맞배지붕으로 규모도 클 뿐 아니라 양쪽 측면에 가적지붕(눈썹처마)을 단 것이 다른 서원에서는 찾아보기 힘든 독특한 형태이다. 돈암서원비문과 함께 사당영역의 내삼문 좌우에 새겨진 글씨는 김장생과 후손들의 예학정신을 잘 보여주는 상징물로 서일화풍瑞日和風, 지부해암地負海涵, 박문약례博文約禮라는 글자가 전서체로 담벼락에 새겨져 있다.

은진미륵의 미소가 머무는 관촉사

논산 연무의 들녘이 한눈에 내려다보이는 반야산 중턱에 관촉사가 자리하고 있다. 일주문, 천왕문을 거쳐 가파른 계단을 오르면 누각을 지나 정면에 대웅전이 보이고 우측에는 은진미륵이라 불리는 높이 18m의 석조미륵보살입상이 온화한 미소로 방문객을 반긴다. 경내에는 미륵전, 명부전, 삼성각, 요사채 등이 아름답게 배치되어 있는데 이 중 한자로 해탈문과 한글로 관촉사라고 적힌 작은 석문은 다른 사찰에서는 보기 힘든 형태로 세워져 있으므로 눈여겨볼만하다.

석조미륵보살입상과 석등, 석탑, 미륵전을 제외하고는 모두 최근에 지어진 건물들이다. 관촉사는 설화에 의하면 고려광종 19년인 968년 반야산에서 나물을 뜯던 여인이 아이가 우는 소리가 들려 가보았더니 커다란 바위가 솟아나고 있어 이 사실을 관가에 보고하였고, 이를 전해들은 조정은 하늘의 계시로 받들어 혜명대사에게 그 바위로 불상 조성을 명한다. 혜명대사는 석공과 인부 100여 명을 데리고 석불을 완성했는데, 석불이 세워지자 상서로운 기운이 21일 동안 서려있었고, 미간 사이의 옥호에서 발한 빛이 사방을 비췄는데, 그 빛이 촛불의 빛과 같다하여 사찰의 이름을 관촉사라 하였다고 전해진다.

김장생과 송시열의 혼이 깃든 죽림서원, 임리정, 팔괘정

죽림서원은 논산지역에서는 처음으로 1626년(인조 4년)에 사계 김장생이 돈암서원에 앞서 세워진 서원이다. 정암 조광조, 퇴계 이황, 율곡 이이, 우계 성혼, 사계 김장생, 우암 송시열 6분의 위패가 모셔져 있다. 고종의 서원철폐령에 따라 훼철되었다가 1946년 복원되었고 매년 음력 3월과 9월에 제향을 올리고 있다.

서원 바로 옆 대나무숲 계단을 오르면 사계선생이 강학을 위해 설립한 임리정이 있다. 시경에 나오는 '두려워하기를 깊은 연못에 임한 것 같이 하고, 얇은 얼음을 밟는 것같이 하라.戰戰兢兢 如臨深淵 如履薄氷'는 구절로 몸가짐을 두려워하고 조심하라는 성현의 뜻을 담고 있는 이름이다. 임리정에서 조금 떨어진 곳에 자리한 팔괘정은 우암 송시열선생이 사계 김장생선생을 존

경하는 마음에 스승과 가까이에서 학문을 연마하고자 건립하였다고 전해진다. 임리정과 똑같은 모양으로 정자 오른쪽 암벽에는 송시열선생이 각자했다는 몽괘벽夢挂壁, 청초안靑草岸이라는 글씨가 새겨져 있다. 팔괘정을 지나 등대전망대에 오르면 강경시내가 한눈에 들어오고, 강변에는 수상레저타운과 배모형의 강경젓갈전시장 그리고 논산평야가 시원하게 펼쳐진다.

효율적인 포인트 동선

탄천 IC
노성산
종학당
신동회관
노성궐리사
명재고택/노성향교
동금성
이삼장군 고택
노강서원
오강리삼거리
서논산 IC
논산역
논산시외버스터미널
마구평 삼거리
돈암서원
백제군사 박물관
탑정호수변 생태공원
탑정호
논산시청
관촉사
건양대학교
기차길옆오막살이
공운로지하차도
강경천
팔괘정
죽림서원/임리정
643
645
697
799
691
23
25
4
1
29

✔ 사진으로 미리보는 동선 지도

노강서원 → 종학당 → 이삼장군고택 → 궐리사 → 노성향교 → 명재고택(1박) → 돈암서원 → 관촉사 → 죽림서원 → 임리정 → 팔괘정

여행 정보

찾아가는 길

천안논산고속도로 탄천IC 빠져나온 후 노성방면 우측도로 진입 → 장마루로 따라 5.5km 직진 후 오강리삼거리에서 우회전 후 600m 정도 논산노강서원 이정표 보고 주차장까지 진입 → **노강서원** → 오강리삼거리까지 왔던 길 돌아나와 명재로 따라 좌회전 후 3.7km 직진 → 노성로 공주방면 좌회전 후 530m 직진 → 종학길 따라 우회전 후 이정표 따라 400m 직진 → **종학당** → 병사저수지 끼고 종학길 따라 2.5km 크게 한 바퀴 돌아 노성방면 좌회전 후 4.3km 직진 → 백일헌로 부적방면 우회전 후 820m 직진 → 주곡길 쪽으로 좌회전 후 이정표 따라 420m 직진 → **이삼장군고택** → 교촌리까지 2.1km 정도 왔던길 돌아나와 교촌길로 우회전 후 이정표 따라 350m 직진 →

노성궐리사 → 교촌길로 80m 정도 다시 나와 우회전 후 210m 직진 → 노성산성길로 우회전 후 이정표 보고 진입 → **노성향교** → 60m 도보로 이동 → **명재고택 답사 및 고택체험 1박** → 노성로까지 교촌길 따라 500m 이동 → 900m 직진 후 부적방면 우회전 → 백일헌로 따라 6km 직진 후 대전방면 우회전 → 백일헌로 따라 3km 직진 후 농업기술센터 앞에서 대전방면 좌회전 → 계백로 따라 3.5km 직진 후 임3길 쪽으로 우회전 후 이정표보고 진입 → **돈암서원** → 왔던 길 돌아나와 계백로 따라 6.5km 직진 → 계백사거리에서 좌회전 후 논산대로 따라 1.1km 직진 → 표지판 잘 확인하면서 논산오거리방면으로 진입(왼쪽길) → 관촉로 따라 1.3km 직진 후 건양대학교방면 우회전 → 이정표 확인하면서 관촉사주차장까지 진입 → **관촉사** → 관촉로 따라 1.3km 이동 후 전주방면 좌회전 → 논산대로 따라 3.9km 직진 후 공운로지하차도 지나 화산교차로에서 익산방면 좌회전 → 계백로 따라 3.7km 직진 후 삼거삼거리에서 익산방면 좌회전 → 강경로 따라 1.4km 직진 후 산양사거리에서 우회전 → 동안로 따라 300m 이동 후 강경읍교차로에서 좌회전 → 동안로 따라 900m 직진 후 교차로에서 1시 방향으로 진입 → 황산3거리에서 우회전 후 이정표 확인하면서 250m 이동 → **죽림서원** → 이정표 확인하면서 도보로 70m 이동 → **임리정** → 이정표 확인하면서 도보로 150m 이동 → **팔괘정**

🚌 논산시외버스공용터미널에서 터미널정류장까지 도보로 이동(60m) → 602번 버스 탑승 후 오강리정류장에서 하차(11개 정류소 20~30여분 소요) → 도보로 5분 이동(330m) → **노강서원** → 도보로 신당리정류장까지 이동(10분 소요) 후 511번 버스 탑승 후 병사1리정류장 하차(1개 정류장 15분 소요) → 도보로 600m 이정표 보고 이동(10분 소요) → **종학당** → 종학당정류장까지 도보로 이동 후 514버스 탑승 → 항공학교정문정류장에서 하차(5개 정류장 15분 소요) → 501번 버스 환승 후 산성리정류장에서 하차(3개 정류장 15분 소요) → 이정표 보고 900m 도보로 이동 → **이삼장군고택** → 다시 산성리정류장까지 도보로 이동 후 501, 508번 버스 탑승 후 교촌리정류장에서 하차(1개 정류장 10분 소요) → 이정표보고 400m 도보로 이동 → **궐리사** → 도보로 이정표 확인하면서 **노성향교**까지 이동(5분 소요) → 명재고택까지 도보로 이동(2분 소요) → **명재고택 답사 및 고택체험 1박** → 교촌리정류장까지 도보로 이동(450m) → 501번 버스 승차 후 우리정형외과정류장에서 하차(13개 정류장 30~40분 소요) → 304번 버스로 환승 후 돈암서원앞정류장에서 하차(9개 정류장 30분 소요) → 돈암서원까지 300m 도보로 이동 → **돈암서원** → 임리정류장까지 310m 도보로 이동 → 304번 버스 탑승 후 논산시외버스터미널정류장 하차(11개 정류장 30분 소요) → 405번 버스로 환승 후 관촉1동정류장에서 하차(6개 정류장 15분 소요) → 도보로 240m 정도 이동 → **관촉사** → 관촉1동정류장에서 405번 버스 탑승 후 우리정형외과정류장에서 하차(7개 정류장 15~20분 소요) → 101번 버스로 환승 후 죽림서원정류장에서 하차(17정류장 30~40분 소요) → **죽림서원** → 이정표 확인하면서 도보로 70m 이동 → **임리정** → 이정표 확인하면서 도보로 150m 이동 → **팔괘정**

이용안내

종학당 ☎ 논산시 노성면 종학길 39-6
문화관광과 041-730-3226

노강서원 ☎ 논산시 광석면 오강길 56-5
문화관광과 041-730-3226

노성향교 ☎ 논산시 노성면 교촌길 308
문화관광과 041-730-3226

노성궐리사 ☎ 논산시 노성면 교촌길 35
문화관광과 041-730-3226

이삼장군고택 ☎ 논산시 상월면 주곡길 37
문화관광과 041-730-3226

명재고택 ☎ 논산시 노성면 노성산성길 50
문화관광과 041-730-3226

돈암서원 ☎ 논산시 연산면 임3길 26-14
041-736-0096

관촉사 ☎ 논산시 관촉로 1번길 25
041-736-5700

죽림서원 ☎ 논산시 강경읍 금백로 20-3
문화관광과 041-730-3226

임리정 ☎ 논산시 강경읍 금백로 20-8
문화관광과 041-730-3226

팔괘정 ☎ 논산시 강경읍 황산리 86
문화관광과 041-730-3226

먹을거리

양은냄비 5개로 시작한 40여년 전통의 유정콩나물국밥은 논산에서 먹는 멸치육수맛이 진한 전주콩나물국밥 스타일이며 시골구석에 어떻게 찾아왔는지 동금성옛날짜장집은 인터넷에서 맛집으로 유명한 집이다. 과거로의 여행길에 맛까지 추억이 담긴 옛날 맛을 찾아서 간다면 여행길이 더 의미가 있을 것 같다.

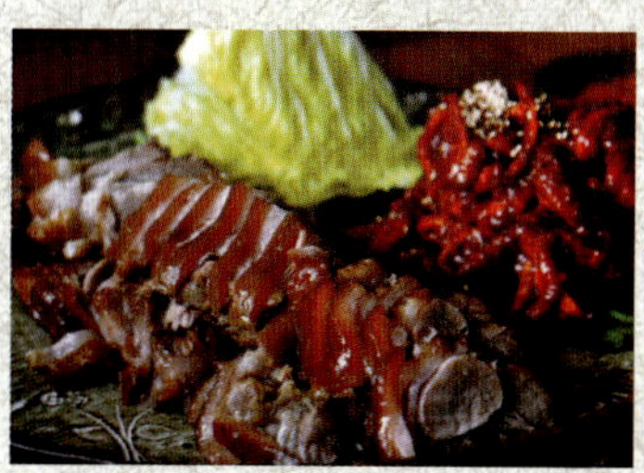

동금성옛날짜장

☎ 충남 논산시 상월면 산성리 288
041-733-8004

₩ 짜장면 4,000원, 짬뽕 5,000원

신도회관

☎ 충남 논산시 상월면 산성리 44-5
041-733-9252

₩ 불고기전골 7,000원, 갈비탕 7000원

황산옥

☎ 충남 논산시 강경읍 황산리 81-16
041-745-4836

₩ 복찌개 50,000원, 복탕 12,000원

기찻길옆오막살이

☎ 충남 논산시 등화동 182-1 / 041-736-7516

₩ 해물칼국수 5,000원, 보쌈 18,000원

유정콩나물국밥

☎ 충남 논산시 내동 625 / 041-732-0080

₩ 콩나물국밥 6,000원

숙소소개

논산의 1박 2일 여행이라면 다소 불편할 수도 있지만 일부러라도 고택체험을 권장하고 싶다. 시대가 발전하면서 편리에 밀려 소중한 우리의 전통문화들이 사라져가고 있는 이때 고택에서의 하룻밤은 부모님들에게는 과거로의 추억여행, 아이들에게는 우리문화를 직접 체험해볼 수 있는 기회를 제공해준다.

명재고택

300여년 된 고택으로 대문이 없어 감출 것 없이 살았던 조상들의 청렴함을 살펴볼 수 있다. 가옥의 설계에서도 물길, 바람길, 햇볕길을 고려한 과학적인 설계를 주의 깊게 살펴보는 재미가 있다. 또한 고택을 둘러싼 고목과 배롱나무, 연지와 더불어 수많은 장독대는 감탄이 저절로 나오는 풍경이다. 잠자리 또한 아늑하여 눈을 감았다 뜨면 상쾌한 아침이 시작된다.

☎ 논산시 노성면 노성산성길 50 / 041-735-1215

✉ www.myeongjae.com

백일헌 이삼장군고택

큰 서원에나 있을 법한 은행나무가 아름다운 한옥으로 곡선의 담과 안채를 배려한 아담한 마당, 며느리를 배려한 집 구조 등 아기자기한 한옥의 멋을 느낄 수 있는 고택이다. 고택에서의 하룻밤은 예약이 필수이므로 출발 전에 전화로 체크해보는 것이 좋다.

☎ 논산시 노성면 상월면 주곡길 37
041-730-4537

Part 04

청양 보령 태안 서산

Theme 01

밤하늘 별을 헤아리다,

칠갑산스타파크천문대

Theme 02

마음까지 맑아지는 힐링갤러리

고운식물원

Theme 03

천오백 년 역사가 흐르는 적요의 공간,

성주사지

Theme 04

흰 부용화 같은

백화산과 태안마애삼존불

Theme 05

수천의 이름 모를 순교자들의 성지,

해미순교성지

Theme 06

왕벚꽃을 보며 봄을 보내는,

상왕산개심사

Theme 07

세상에서 가장 아름다운 이야기가 있는

천리포수목원

Special 04

서쪽 땅끝, 마음이 일렁이는

태안 1박 2일

청양·보령·태안·서산
천리포수목원 202p
백화산성 192p
흥주사 209p
만리포 해수욕장 207p
시골밥상 207p
노을지는 갯마을 210p
태안마애 삼존불 190p
바다 꽃게장횟집 193p
팜카밀레 허브농원 211p
루테라스 펜션 217p
해미 순교성지 194p
부석사 201p
읍성뚝배기 197p
해양횟집 217p
태안기업도시 라티에라 213p
안면도 자연휴양림 212p
방포회타운 217p
꽃지 해수욕장 211p
안면도 수목원 212p
천리포수목원
만리포해수욕장
흥주사
백화산성
태안마애삼존불
시골밥상
바다꽃게장횟집
태안군청
노을지는갯마을
서산시청
서산공용버스터미널
해미순교
부석사
읍성뚝배기
팜카밀레허브농원
안흥성
루테라스펜션
마리나비치
해양횟집
숭의사
청포대
태안기업도시 라티에라
간월암
황도
서산A방조제
안면해수욕장
남당항
홍성방조제
방포회타운
꽃지해수욕장
안면도자연휴양림
안면도수목원
샛별해수욕장
보령방조제
구매항
634
29
32
603
649
77
96
40
610

서산
신창제 저수지 198p
개심사 199p
추사고택 106p
개심사
고목나무가든
고목나무 가든 201p
추사고택
화암사
화암사 111p
해미
남연군묘
해미읍성 197p
예산군청
예당 국민관광단지 112p
수덕사
충청남도청
수덕사 117p
예당국민관광단지
예당 저수지 112p
예당저수지
대흥향교
봉수산자연휴양림
홍성군청
홍성
신양
대흥향교 113p
봉수산 자연휴양림 121p
백월산
광천
칠갑산 천문대 176p
청양고추 문화마을 185p
바닷물 손두부 177p
오서산
청양군청
청양시외버스터미널
청양고추문화마을
고운식물원
고운정식당
바닷물손두부
칠갑산천문대
장곡사
칠갑산장승공원
천장호출렁다리
풍년국수 189p
고운 식물원 178p
성주사지 186p
장곡사 177p
천장호 출렁다리 174p
풍년국수
대천역
보령종합터미널
성주사지
대천
보령시청
석탄박물관
석탄 박물관 189p

밤하늘 별을 헤아리다, 칠갑산스타파크천문대

청양군 대치면과 정산면을 잇는 한치령에는 칠갑산스타파크천문대가 자리하고 있다. 국내 최초로 굴절망원경과 돔입체영상시스템 그리고 다양한 천문프로그램을 체험해볼 수 있는 곳이다. 입구에는 칠갑산노래공원과 최익현동상, 충혼탑 등이 있으며, 인기방송 프로그램인 KBS 1박 2일 촬영지로 소개되면서 많은 사람이 찾는 여행지이다.

칠갑산 옛길에서 면암선생을 만나다

천장호 출렁다리를 지나 칠갑산로를 달리다가 칠갑산천문대 이정표를 보고 우회전하면 한티고개로 오르는 칠갑산 옛길이다. 과거 대치면 대치리와 정산면 마치리를 이어주던 이 길은 대치터널이 생기기 전까지는 민초들의 애환이 서려있는 고갯길이었다. 산이 험해 산적들이 우글거리는 곳이라 혼자서는 넘지 못하고 한티마을 주막에 머무르다 사람이 모이면 무리지어 고개를 넘었다고 한다. 마주 오는 차와 만난다면 곤란할 수밖에 없는 좁은 길을 계속 오르면 대치면과 정산면의 경계에 칠갑문이 성벽처럼 막아선다. 칠갑문 좌측이 칠갑산천문대로 오르는 길이며 칠갑광장과 휴게소가 있다.

칠갑광장에는 면암 최익현선생 동상이 세워져 있다. 면암선생(1833~1906)은 대원군의 시책을 비판하여 제주도에 유배되는 등 크고 작은 사건이 있을 때마다 여러 번 유배길에 올랐었다. 1900년 포천에서 청양으로 이주한 후 을사조약이 체결되자 전

라북도 순창에서 의병을 일으켰으나 체포되어 대마도에서 단식하던 중 순절하였다. 이 동상은 면암 최익현선생의 높은 애국정신을 기리기 위해 세운 것이다.

백제의 진산, 칠갑산 유래와 충혼탑

광장 한쪽에는 구기자약수터가 있어 목을 축일 수 있으며, 칠갑광장석비와 칠갑산유래비가 세워져있다. 칠갑산은 충남의 알프스라 불리며 대치면과 장평면에 걸쳐 있는 명산이다. 백제시대에는 칠갑산을 사비성의 진산으로 여겨 제천의식을 행하였으며 산 이름에서 칠은 천지만물을 생성하는 7대 근원(地, 水, 火, 風, 空, 見, 識)을, 갑은 전체운행의 원리가 되는 육십갑자의 으뜸인 갑(甲)자에서 유래하였다고 한다. 생명의 시원이 되는 명산이자 일설에는 일곱 장수가 나올 명산이라 하여 칠갑산이라 정하였다고 전해진다. 칠갑산 동쪽에는 두솔성지(사비성)와 도림사지, 남쪽에는 금강사지와 천정대 남서쪽에는 정혜사, 서쪽에는 장곡사까지 백제인의 얼이 담긴 천년사적지로 1973년에 도립공원으로 지정되었다.

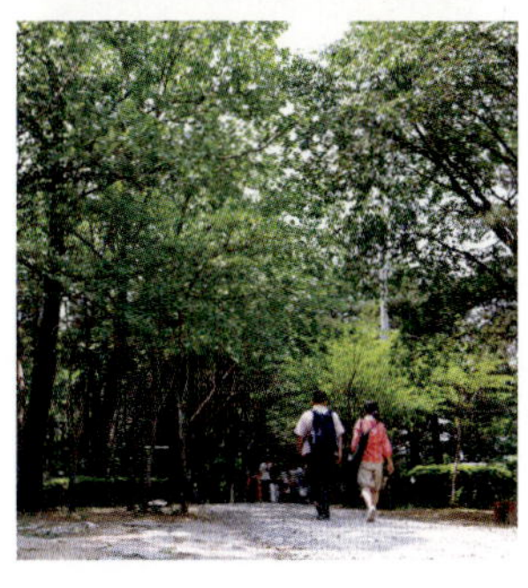

천문대로 오르는 200여 미터의 숲길 양쪽에는 운동기구와 벤치가 설치되어 있어 쉼터 역할을 하고 있다. 조금 더 오르다보면 조국과 민족을 위해 산화한 청양군 출신의 전몰 호국영령들의 명복과 숭고한 희생정신, 호국정신을 기리기 위한 충혼탑이 잘 조성되어 있다. 약 9m 높이의 충혼탑에서는 매년 1월 1일 해맞이 행사와 6월 6일 추념행사가 이뤄진다. 충혼탑 뒤에는 칠갑산산신당이 있다.

국내 최초의 굴절망원경을 갖춘 칠갑산천문대

3층짜리 건물 칠갑산천문대에는 천체투영실, 체험전시실, 주관측실, 보조관측실, 야외전망대를 갖추고 있으며, 국내 최초의 굴절망원경과 풀돔 입체영상시스템을 갖추고 있다. 천체투영실에서는 10m 크기의 돔스크린에 실제 밤하늘과 같은 가상 천체를 투영하여 밤하늘 별자리와 천체를 살펴볼 수 있으며, 5D 입체영상시스템을 통해 우주관련 영화를 관람할 수 있다.

주관측실에는 국내 최대구경인 304m 굴절망원경이 설치되어 있어 목성, 토성, 화성 등의 행성과 위성, 성운, 성단까지 관측할 수 있다. 반구형 슬라이딩 돔인 보조관측실에서도 천체를 관측할 수 있으며 태양망원경으로 홍염 및 흑점까지 관찰할 수 있다. 천문대 관람에는 대략 1시간 정도 소요되며, 매시 정각과 30분에 천문프로그램이 운영된다. 당일 기상상태에 따라 관측 프로그램 진행여부가 달라지므로 사전에 일기예보를 확인하고 방문하는 것이 좋다.

천체 관측 시 알아야 할 7가지

1. 날씨정보는 필수
2. 별보기 직전에는 밝은 빛을 피한다.
3. 아는 만큼 보이며 본만큼 알게 된다.
4. 함께 보면 더 즐겁다.
5. 밝은 별을 기억하면 밤하늘 길잡이가 된다.
6. 나만의 별자리를 만들어보자.
7. 밤하늘의 지도인 성도, 붉은색 손전등, 천문정보 등 준비하면 재미가 2배가 된다.

여행 정보

찾아가는 길

서천공주고속도로 청양IC로 빠져나와 학암삼거리에서 우회전 → 충의로 따라 1.35km 직진 후 신덕삼거리에서 좌회전 → 새울길 따라 420m 직진 후 천장리방면 우회전 → 신덕길 따라 3km 직진 후 칠갑산휴게소에서 청양방면 좌회전 → 칠갑산로 따라 3.7km 직진 후 한티고개길방면 우회전 → 한티고개길 따라 1.6km 직진 후 칠갑산장기점에서 좌회전 후 광장휴게소 주차 후 도보로 이동

① 시외버스 탑승 후 정산터미널 하차 → 농어촌버스(청양–정산) 탑승 후 칠갑산도립공원정류장 하차(20여 분 소요) → 칠갑산천문대까지 도보로 이동(10~20분 소요)

② 시외버스 탑승 후 청양터미널 하차 후 읍내리정류장까지 도보로 이동 → 농어촌버스(청양–정산) 탑승 후 칠갑산도립공원정류장 하차(30여 분 소요) → 칠갑산천문대까지 도보로 이동(10~20분 소요)

이용안내

☎ 충남 청양군 정산면 마치리 526-3 / 041-940-2790

✉ star.cheongyang.go.kr

₩ 성인 3,000원, 중고등학생 2,000원, 초등학생 1,000원

🕒 동절기(11~3월) 10:00~21:00, 하절기(4~10월) 10:00~22:00 / 매시 정각과 30분에 프로그램 시작 / 관람인원:1회에 100명(프로그램별 40명)

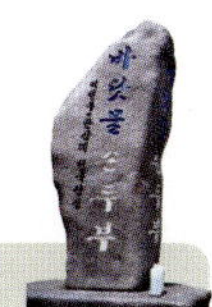

먹을거리 _ 바닷물손두부

칠갑산스타파크천문대에서 내려와서 대치터널 못미처 있는 바닷물손두부는 전통재래방식으로 띄운 청국장과 바닷물 간수를 이용하여 직접 두부를 빚는다. 검은콩으로 만든 흑두부와 구기자가 들어간 구기자두부는 별미이며 구기자가 들어간 청국장은 특유의 냄새가 덜하여 맛있게 먹을 수 있다. 이 집은 충남에서 착한 지역먹거리 업체만 지정해주는 충남로컬푸드 '미더유'로 선정되어 더욱 믿음이 간다.

☎ 충남 청양군 대치면 대치리 79-1 / 041-943-6617

₩ 구기자청국장백반(7,000원), 바닷물손두부(8,000원)

주변볼거리 _ 대웅전이 두 개인 장곡사

장곡사는 칠갑산남쪽 기슭에 있는 사찰로 국내에서 보기 드물게 대웅전을 두 개나 가지고 있으며 많은 국보급 문화재를 소장하고 있는 천년고찰로 신라 문선왕 때 보조선사 체징이 창건한 것으로 전해진다. 일반적인 사찰의 대웅전에는 석가모니를 주불로 모시지만 장곡사 상대웅전은 비로자나부처님, 하대웅전은 약사여래를 주불로 모시고 있다. 또한 절집 바닥은 보통 목재지만 여기는 벽돌이 깔린 점이 독특하다. 상대웅전 앞에는 850년 된 느티나무가 천년고찰의 분위기를 더욱 자아낸다.

☎ 충청남도 청양군 대치면 장곡리 15 / 041-942-6769

우리나라 천문대

영천보현산천문대 – 단양소백산천문대, 대전대덕전파천문대와 함께 우리나라 3대 천문관측소이다. 년 중 청정일수, 광해정도가 대한민국에서 가장 별이 잘 보이는 곳으로 국내 최대 구경의 1.8m 반사망원경과 태양 플레어망원경이 설치되어 있다. 천문대 초입에는 천체의 무한한 신비와 아름다움을 선사하는 천문우주과학 체험 학습공간인 보현산천문과학관이 있다.

소백산천문대 – 소백산 희방사(4.4km)나 죽령탐방지원센터(7km)에서 천문대가 있는 연화봉까지 산행해야만 만날 수 있는 천문대이다. 천문대에서 태양계탐방로를 걸으며 태양계를 간접 체험할 수 있으며, 행성간의 거리 축적에 맞춰 지점마다 행성에 대한 안내판과 조형물, 휴식 공간 등이 잘 조성되어 있다.

곡성섬진강천문대 – 곡성섬진강천문대는 아름다운 섬진강변에 위치한다. 주관측실에는 한국천문연구원에서 순수과학기술로 제작한 600mm 반사망원경과 8m 원형돔스크린을 갖춘 천체투영실, 홍보관 등이 있다. 밤하늘에 무수히 반짝이는 사계절 별자리를 보며 우주의 신비를 느낄 수 있는 다양한 체험프로그램을 운영하고 있다.

Thema 02

고운식물원

마음까지 맑아지는 힐링갤러리

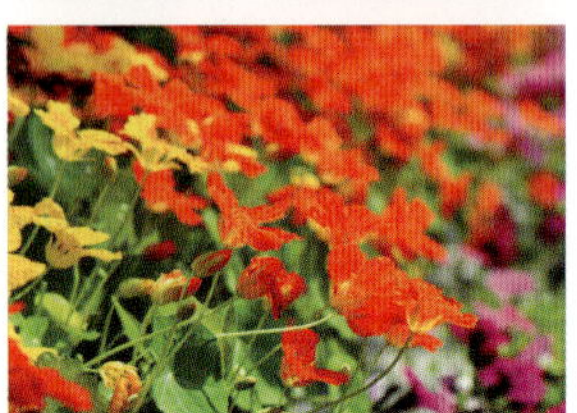

청양에 위치한 고운식물원은 37ha의 넓은 대지에 8,600여 종의 다양한 수목과 풀꽃이 식재되어 있으며, 향토식물 자원 보존과 자연생태관광, 자연학습장으로 운영되는 산림문화 공간이다. 식물원 내에는 관람객을 위한 방갈로도 운영되므로 숙박과 함께 고운 식물원 체험학습 프로그램을 이용할 수 있다.

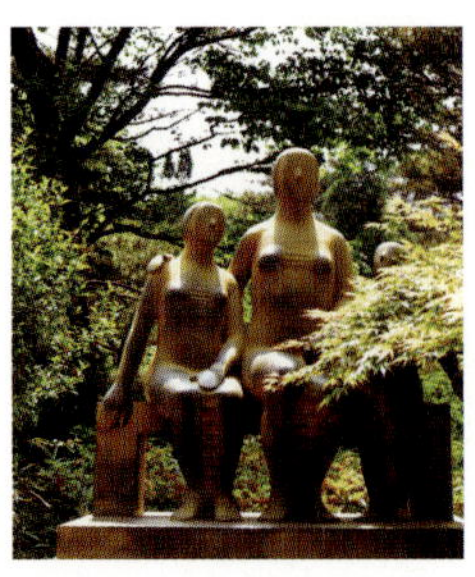

계절마다 아름다운 풀꽃들이 가득 피어나는 야생화원

가족단위 관람객이 많은 고운식물원은 입구부터 데이지 꽃이 하얀 손짓으로 반갑게 인사를 한다. 조금 오르다보면 길이 두 갈래로 갈라지는데 아스팔트길은 가을, 겨울 길이고 봄, 여름에는 나무데크길을 선호한다. 먼저 그늘이 있는 나무데크길을 따라 가다보면 붓꽃원, 초화원, 계곡이 있는 정원으로 이어진다. 붓꽃원에는 220여 종의 다양한 품종이 식재되어 있으며 아이리스라고 부르기도 하는데 무지개 여신인 이리스(iris)에서 유래한 꽃말처럼 신비하고 아름다운 화원이다. 가을에 걷기 좋은 단풍나무길은 가을이 아니라도 다양한 수종이 식재되어 있어 울긋불긋한 단풍나무를 만날 수 있다. 잘 조성된 길을 따라 계속 걷다보면 탁 트인 하우스느낌의 문화아트홀로 들어선다. 흔히 꽃비빔밥에 많이 사용하는 한련화가 형형색색 피어 있다.

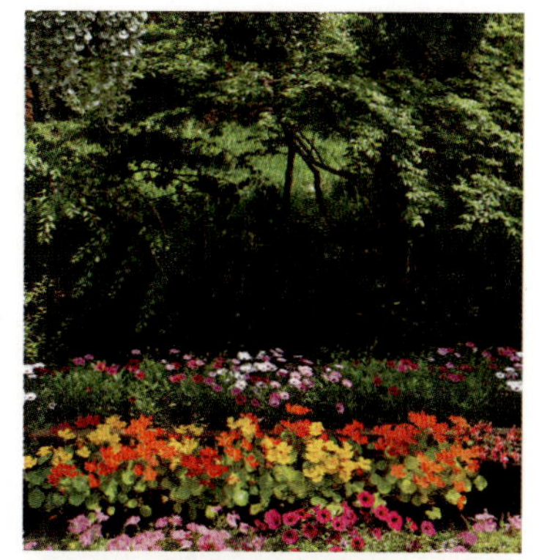

식물원에는 꽃뿐만 아니라 작은 동물농장도 있다. 천연기념물인 반달가슴곰, 아이들이 좋아하는 원숭이, 꽃사슴, 염소, 공작 그리고 오리까지 작지만 여러 동물을 볼 수 있다. 동물농장을 지나면 고운 식물원이 자랑하는 야생화원조각공원이 이어지는데, 우리나라 깊은 산과 고산지대에서 자생하는 희귀멸종위기 식물 등 200여 종의 야생화가 계절마다 순서를 기다려 피어난다. 도심의 원예종 꽃들에 밀려 이제는 흔히 볼 수 없는 풀꽃들이 조각품들과 잘 어우러져 눈을 즐겁게 해준다.

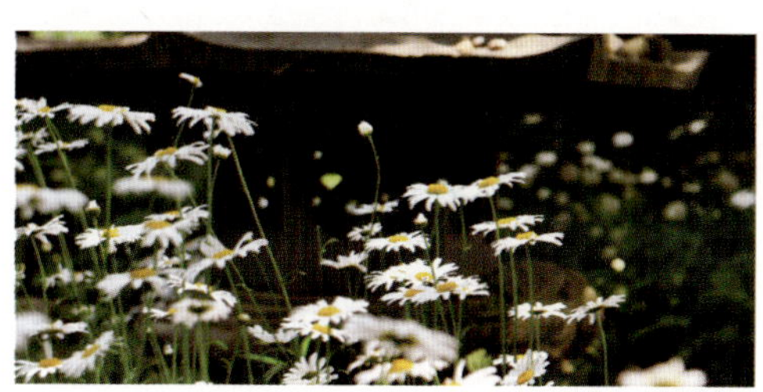

바람을 느낄 수 있는 곳, 수련원과 습지원

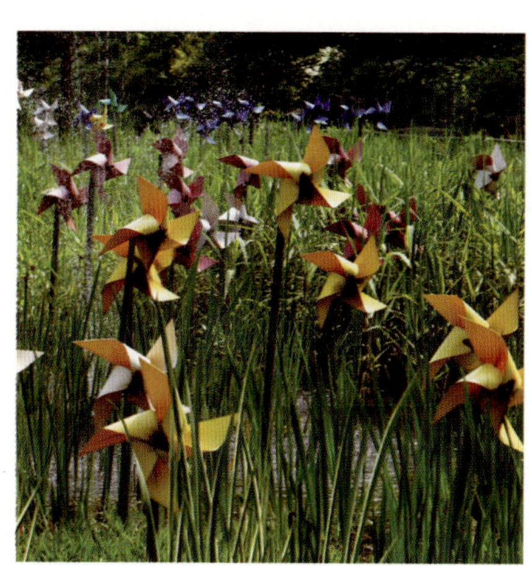

야생화원 옆쪽의 수련원은 나무데크가 설치되어 있어 좀더 가깝게 수생식물을 살펴볼 수 있다. 여름에 화려하게 피어나는 홍련, 백련 등의 연꽃과 다양한 수생식물 150여 종이 식재되어 있는 곳이다. 수련원 위쪽으로는 꽃이 화려한 모란과 작약을 만날 수 있는데 5~6월에 방문한다면 화려한 꽃들을 만날 수 있다.

습지원은 물이 흐르면서 쌓아놓은 퇴적물에 여러 생물들이 서식하는 곳이다. 습지원에는 소금쟁이, 도롱뇽, 개구리 등의 수서동물과 부처꽃, 박하, 갈대, 창포, 칸나, 대사초 등의 습지식물들을 찾아볼 수 있다. 중간에 색색의 바람개비가 채워져 있는데, 바람이 세게 불면 아우성치듯 소리가 나고

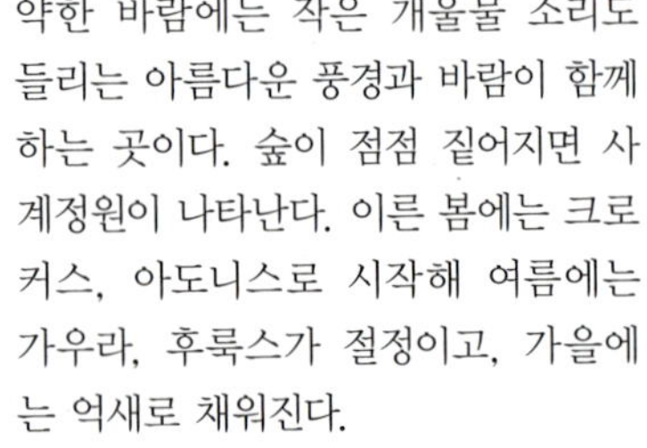

약한 바람에는 작은 개울물 소리도 들리는 아름다운 풍경과 바람이 함께 하는 곳이다. 숲이 점점 짙어지면 사계정원이 나타난다. 이른 봄에는 크로커스, 아도니스로 시작해 여름에는 가우라, 후룩스가 절정이고, 가을에는 억새로 채워진다.

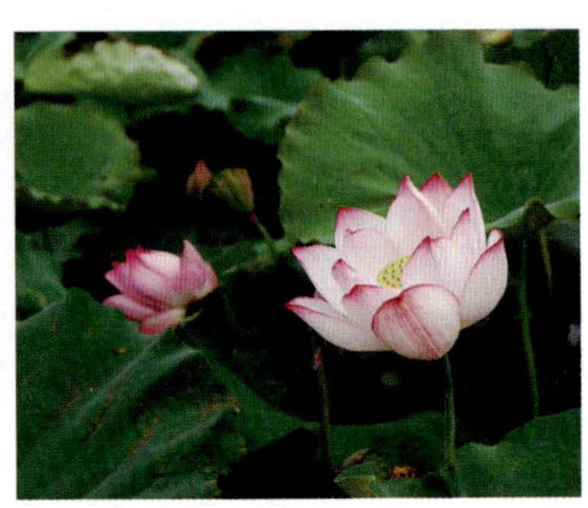

아이들이 좋아하는 숲속 놀이공간과 체험학습장

식물원 내 물놀이장은 여름철에만 한시적으로 운영되므로 이용하고 싶다면 사전에 식물원 쪽에 연락을 해보는 것이 좋다. 물놀이장 바로 옆에는 언제든 이용할 수 있는 작은 놀이터도 있다. 또한 사계정원을 지나면 민속놀이체험장이 준비되어 있다. 체험장 주변에는 개망초가 흐드러지게 피어 자연스럽게 꽃밭 속에서 투호, 널뛰기, 고무신밟기, 제기차기, 비석치기 등의 전통민속놀이를 아이들과 함께 즐길 수 있다. 아이들에게는 무료해질 수 있는 식물원 내에 놀이시설과 체험학습장을 운영하므로 아이들도 즐겁게 보낼 수 있다.

체험학습장에서는 압화를 이용한 예쁜 열쇠고리를 만들거나 올리브, 라벤더 등 피부에 좋은 식물재료를 이용하여 천연비누를 만들어볼 수 있다. 또한 형형색색의 꽃잎으로 꽃손수건 만들기나 나뭇가지를 이용하여 곤충을 만들어볼 수도 있다. 체험장을 이용하려면 4,000~5,000원 정도 재료비를 지불해야 하며, 인원제한이 있으므로 사전에 전화로 예약해두는 것이 좋다.

다양한 꽃만큼 그윽한 향기도 가득하다

6월부터 화려하게 피어나는 장미원에는 360여 종의 다양한 장미들이 식재되어 있다. 보통 9월까지 끊임없이 피고 지는 장미들로 인해 이곳은 항상 코가 즐거워지는 곳이다. 식물원온실에는 우리나라 중북부에서는 자라기 힘든 관엽식물, 허브와 다육식물 등 주로 남부수종들이 암석과 조화롭게 잘 조성되어 있다. 온실 천장을 온통 빨갛게 물들인 브라질아브틸론은 마치 작은 종소리라도 낼 듯 아련히 매달려 있어 그리움이라는 단어가 떠오른다.

산에서 내려오는 물을 그대로 이용하는 수생연못을 지나면 잔디광장이 펼쳐진다. 이곳에서는 식물원 내의 다양한 행사와 공연이 진행되는 곳이지만 행사가 없을 때는 지친 다리를 쉬어가기 좋은 곳이다. 어쩌면 식물원에서 가장 느긋한 시간을 보낼 수 있는 곳으로 많은 것을 보고 느끼는 것도 중요하지만 가족과 함께 보내는 시간이 더 의미가 있지 않을까?

잔디광장 위쪽에는 만병초원이 자리하고 그 위쪽에는 약초원이 조성되어 있다. 이곳에는 사람의 몸을 보호하고 여러 가지 질병에 약이 되어 먹을 수 있는 약초들이 있는데 일부 풀꽃들은 독성이 강하므로 눈으로만 즐겨야 한다. 4~5월에 흐드러지게 피어나는 목련은 천리포수목원에서 도입한 50여 종의 목련들을 식재한 것이고, 그 아래 원추리군락은 목련이 지기를 기다렸다 피어난다. 원추리는 부를 상징하는 꽃으로 7월경이면 만개한다.

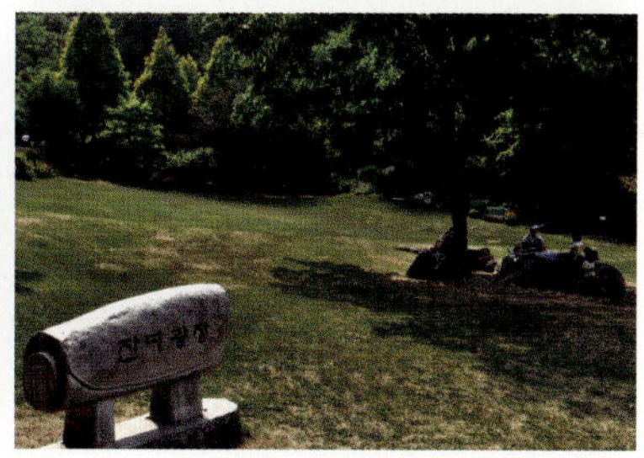

숲의 표정을 읽을 수 있는 전망대와 롤러슬라이드

산책하듯 걷다보면 어느새 고운식물원 전체를 조망할 수 있는 해발 265미터에 위치한 전망대에 다다른다. 좌우 격자 모양으로 심어진 회양목 사이에 포대화상과 석등이 세워져 있고, 회양목아래는 기린초가 자리를 잡았다. 전망대에 서면 석탑 너머로 고운식물원의 산세가 한눈에 들어온다. 식물원을 조성할 때부터 산을 훼손하지 않고 자연 그대로를 살려 가꿨기 때문에 식물원 전체를 둘러보려면 이리저리 산책하듯 바삐 돌아봐야 한다.

팔각정 전망대 바로 옆에는 210m 롤러슬라이드가 설치되어 있어 또 다른 즐거움을 준다. 전망대에서 암석원까지 바로 내려갈 수 있는데 동그란 고무판을 깔고 앉아만 있으면 된다. 양쪽 발로 속도를 조절할 수 있어 안전하게 어린이부터 어른들까지 동심의 세계로 안내한다. 내려가는 속도를 즐기며 터널 양옆으로 꽃향기가 가득 피어나고, 스릴도 그만이다. 전망대까지 올라온 보람이 느껴진다.(롤러슬라이드 이용료 1,000원 별도)

암석과 어우러져 자라는 고산식물과 소원의 종

롤러슬라이드를 타고 내려오면 암석원으로 이어진다. 이곳은 수목한계선에 자생하는 고산식물과 척박한 암석이나 모래에 뿌리를 내리고 사는 식물들이 암석과 조화를 이뤄 자라고 있다. 백두산과 한라산에서 자생하는 고산식물을 비롯하여 세계 각처의 고산식물 200여 종을 살펴볼 수 있다.

어디선가 종소리가 바람에 실려 온다. 이곳은 고운식물원 마지막 코스인 '소원의 종 울리기'이다. 바람결에 움직이는 종소리를 들으며, 마음을 담아 간절히 기원하면 그 소원이 이뤄진다고 적혀 있다. 뭐든 의미를 담는다면 그 뜻이 이뤄지지 않을까. 고운식물원에서 보낸 시간에 감사하며 꽃이 가득한 식물원은 언제 찾아와도 우리들의 쉼터가 되길 기원해본다.

효율적인 포인트 동선

사진으로 미리보는 동선 지도

1. 대표관람코스(2~3시간 소요) 매표소 → 관목원 → 붓꽃원 → 동물농장 → 문화아트홀 → 야생화원 → 조각공원 → 수련원 → 습지원 → 사계정원 → 민속놀이체험장 → 체험학습장 → 장미원 → 남부식물원 → 잔디광장 → 만병초원 → 약초원 → 무궁화원 → 국화원 → 수국원 → 목련원 → 전망대 → 롤러슬라이드 → 교목원 → 암석원 → 소원의 종 → 고운정식당 → 출구

2. 산책코스(1시간 소요) 매표소 → 관목원 → 비비추원 → 수생식물원 → 남부식물온실 → 장미원 → 사계정원 → 습지원 → 수련원 → 문화아트홀 → 색정원 → 출구

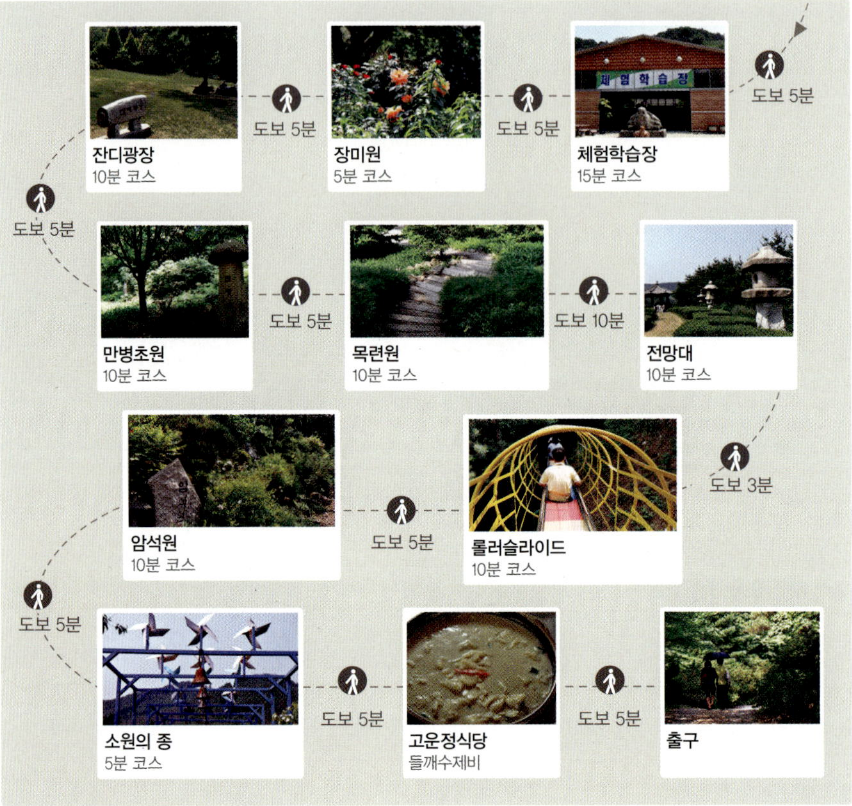

잔디광장
10분 코스

도보 5분

장미원
5분 코스

도보 5분

체험학습장
15분 코스

도보 5분

도보 5분

만병초원
10분 코스

도보 5분

목련원
10분 코스

도보 10분

전망대
10분 코스

도보 3분

롤러슬라이드
10분 코스

도보 5분

암석원
10분 코스

도보 5분

소원의 종
5분 코스

도보 5분

고운정식당
들깨수제비

도보 5분

출구

여행 정보

찾아가는 길

- 당진대전고속도로 신양IC 빠져나와 지방도 645본 청신로 따라 14.5km 직진 → 백천사거리에서 청양방면 우회전 후 2km 직진 → 청양교사거리에서 보령방면 우회전 후 1.7km 직진 → 청송초등학교앞에서 이정표 확인하고 고운식물원 방면으로 좌회전 후 2.6km 직진 → 고운식물원주차장 진입
- 청양시외버스터미널 하차 후 농어촌 버스(청양-군량산동) 탑승(15~20분 소요) → 고운식물원정류장 하차 후 도보로 이동(5분 내외)

이용안내

- 충남 청양군 청양읍 군량리 389-2번지 / 041-943-6245
- www.kohwun.or.kr
- 하절기(3~10월) 08:00~18:00, 동절기(11~2월) 09:00~17:00
- 성인 8,000원, 학생 4,000원(동절기 50% 할인) / 체험학습 4,000~5,000원 / 롤러슬라이드 1,000원

먹을거리 _ 고운정식당과 고운매

고운식물원 내에는 2개의 식당이 있어 식물원을 돌면서 지친 기운을 북돋을 수 있다. 본관 사무실 옆에 자리한 고운정에서는 들깨수제비, 옻나무백숙, 보리밥 등의 메뉴가 있고, 문화아트홀 옆에 자리한 고운매에서는 간단히 먹을 수 있는 라면, 국수 등과 꽃밥, 꽃비빔밥 등의 메뉴가 준비되어 있다. 고운정의 들깨수제비는 들깨를 가득 갈아 넣어주므로 걸쭉하면서도 면이 쫀득쫀득해서 별미로 즐기기에 안성맞춤이다.

☎ 충남 청양군 청양읍 군량리 289-2 / 041-943-2202

₩ 들깨수제비 6,000원

주변볼거리 _ 청양고추문화마을

청양하면 떠오르는 대표 브랜드 당연히 청양고추이다. 청양군에서는 고추를 테마로 한 체험학습 문화공간인 청양고추문화마을을 지정하여 청양고추를 알리는데 힘쓰고 있다. 군량리에 위치한 청양고추문화마을은 고추전시관, 기획전시실, 고추박물관, 펜션 14동, 세계고추전시관, 자연생태관, 자연생태숲 등으로 꾸며져 있다. 문화마을에서는 고추의 역사와 유래는 물론 체험학습장과 휴식공간 등이 잘 조성되어 있어 가족나들이 장소로도 제격이다.

아름다운 꽃이 많은 식물원

울릉예림원 – 울릉도에서 자생하는 식물분재 650여 점과 이 지역 자연석을 이용한 조형물 70여 점이 전시되어 있다. 특히 전 세계에서 유일하게 울릉도에서만 자생하는 천연기념물51호 섬개야광나무와 1,200년 된 주목 등은 꼭 봐야 될 명물이다. 또한 예림원 일몰해상전망대에서는 바다절벽 위의 설치된 유리판에 올라 담력을 테스트해볼 수 있으며, 동글동글한 몽돌을 이용한 발지압 코스와 3개의 폭포가 둘러볼 만하다.

아산세계꽃식물원 – 아산 도고면 봉농리에 있으며 유리온실에 3,000여 종의 꽃들을 사시사철 오감으로 체험할 수 있는 실내식물원이다. 초화정원, 생태연못, 다육식물정원, 덩굴식물정원, 향기정원, 식물정원, 앵무새체험관 등 계절마다 형형색색의 꽃들이 피어난다. 다양한 체험학습을 통해 자연이 주는 감동을 받을 수 있으며 관람 후 입장권을 제시하면 다육화분을 선물로 준다. 일년 내내 동백축제, 튤립축제, 베고니아축제, 백합축제, 달리아축제 등 20여 가지 테마의 꽃 축제가 열린다.

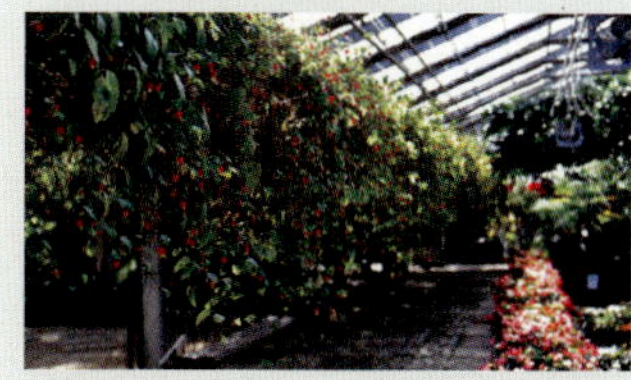

가야산야생화식물원 – 가야산에서 자생하고 있는 582종, 52만 8천여 본의 식물들이 식재된 온실에는 문주란, 새우난초 등의 야생화와 희귀한 꽃들이 가득하다. 야외전시원에는 가야산자생색물원, 야생화학습원, 관목원, 숙근초원, 국화원으로 5가지 테마로 구성되어 있으며 판매장에는 가야산에서 자생하는 야생꽃차를 음미할 수 있으며 압화, 분경, 꽃차 등을 구매할 수 있다.

성주사지

천오백 년 역사가 흐르는 적요의 공간,

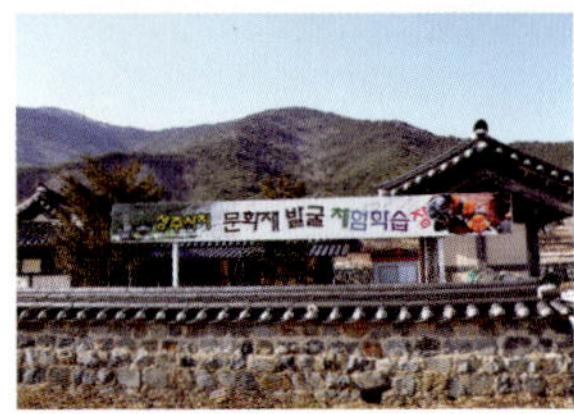

성주사는 신라말 9산선문 중 성주산문의 중심으로 2,000여 명의 승려가 머물던 전국 최고의 사찰이었다. 과거 성주천은 시커먼 물이 흐를 정도로 탄광이 많았지만 현재는 보령석탄박물관만이 옛 명성을 전하고 있을 뿐이다. 성주사지에는 오층석탑과 삼층석탑 3개가 무심한 세월을 지키고 있으며 금당과 중문 터, 석불입상과 낭혜화상부도비가 남아있다.

성주산문의 총본산이었던 성주사

신라 문성왕 때 국사 무염(낭혜화상)에 의해 불전 80칸, 행랑 800여 칸, 수각 7칸, 고사 50여 칸 등 천여 칸에 이르는 대규모 사찰로 중창하였고 이때 성주사라는 이름도 왕으로부터 하사받았다고 전해진다. 이후 성주산파의 총본산으로 크게 발전하였지만 임진왜란 때 전소된 것을 중건하지 못한 채 석탑 일부와 터만 남아 보존되고 있다. 성주사터 입구에는 '성주사지 문화재 발굴체험학습장'이 있으며 유물탁본, 유물복원, 고인돌과 석촉만들기 등을 체험할 수 있다.

안내소를 지나면 높이 2.2m의 성주사지 석등(유형문화재 제33호)을 만난다. 1971년 성주사지 석탑들을 해체 수리하면서 현 위치에 복원하였다. 팔각의 화강석 재질로 지대석은 복원할 때 주변의 판

석 4개를 모아 사용하였고, 지대하석은 정사각형이고 그 위에 여덟 잎의 연꽃이 새겨져 있다. 석등의 옥개석은 1단의 받침이 있고 처마가 완만하다. 전체적으로 조각이 조잡하고 간석의 균형이 맞지 않는 점 등으로 보아 석탑 건립시기 보다 늦은 조선시대 작품으로 추정한다. 성주사지 중심에 자리 잡은 오층석탑은 보물 제19호로 지정되어 있다. 2층의 받침돌과 5층의 몸돌 그리고 상륜부로 구성된 것이 고려시대 석탑에서 많이 볼 수 있는 방식으로 9세기 후반에 만들어진 것으로 추정된다.

닮은 듯 다른 3개의 석탑과 금당터 석계단, 석불입상

오층석탑 뒤쪽 강당지 앞에는 크기도 고만고만한 3개의 삼층석탑이 정겹게 서 있다. 이런 형식의 석탑이 있는 것은 일반 사찰에서는 드문 일로 「숭암산성주사사적」에 의하면 정광, 약사, 가섭 세 여래의 사리탑이라고 한다. 성주사터 왼쪽에 있는 서삼층석탑은 보물 제47호로 2중 기단 위에 3층을 이루는 탑신 구조가 통일신라말기의 전형적인 석탑이다. 상대갑석에 각면 처마 양쪽과 남쪽 중앙에 각각 6개의 구멍과 동서남북 중앙에 각 8개의 구멍 등 탑 주위에 장식물을 달았던 흔적이 많아 아마도 다른 탑에 비해 가장 화려한 장식을 했던 것으로 추정된다.

중앙에 위치한 중앙삼층석탑 역시 보물 제20호이며 양쪽 탑들과 같은 양식이지만 몸돌 조각이 다른 것에 비해 화려한 편이다. 탑신 앞뒷면 중앙에는 자물쇠와 문고리모양 1쌍이 새겨져 있다. 3개의 석탑 중 보물이 아닌 지방유형문화재로 지정된 동삼층석탑 역시 1층 탑신석에는 문비門扉를 새기고 그 안에 자물쇠와 문고리를 돋을새김하였다. 2중 기단 위에 면석과 탑신석에는 우주와 탱주가 옥개석에는 4단의 층급 받침이 모각되어 전형적인 통일 신라말기의 양식을 충실히 반영한 석탑이다.

오층석탑 바로 뒤 금당터를 오르는 석계단(문화재자료 제140호) 양쪽의 소맷돌(난간)에는 사자상을 조각해두었는데 1986년에 도난을 당한 후 최근 새롭게 복원하였다. 금당터 한가운데에는 깨진 석조연꽃대좌가 있는데 그 넓이로 보아 불상이 있었을 것으로 짐작하고 있다. 강당지 북동쪽에는 훼손이 심한 석불입상이 자리하고 있다. 아직도 마을 사람들이 미륵으로 모시고 있는 석불입상(문화재자료 제373호)은 하반신 일부가 땅에 묻혀 있으며, 시멘트로 땜질을 하여 본래 형태를 알 수 없지만 자세히 보면 목에는 삼도가 뚜렷하고 법의가 어깨에서 배까지 부드럽게 흘러내리고 있다. 이 불상은 9세기 통일신라시대의 양식으로 추정하고 있다.

동방대보살이라 불린 무염과 오석에 새긴 낭혜화상백월보광탑비

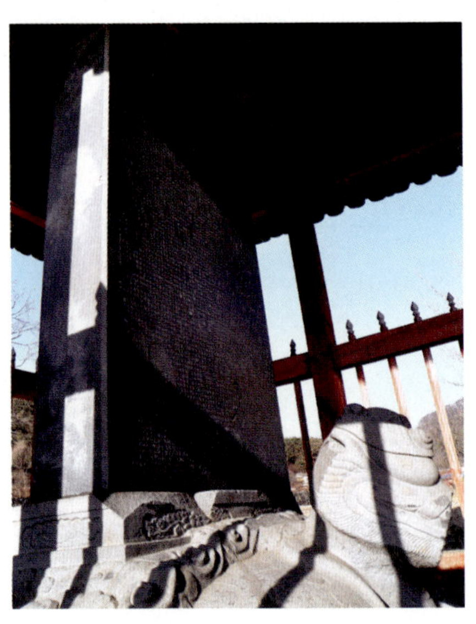

신라의 부도비 중 가장 큰 규모인 성주사낭혜화상백월보광탑비는 국보 제8호로 지정되어 있다. 몸돌은 성주산에서 나온 오석烏石를 사용하였는데, 오석은 보령의 특산물이자 비석 자재 중 제일로 친다. 탑비는 총 높이 4.55m, 비신 높이 2.63m, 너비 1.5m, 두께 0.43m로 신라 진성여왕 4년(890)에 건립되었다. 신라 9산선문 중 성주산문을 처음 창설한 무염이 성주사에서 입적하자 왕이 비를 세우고, 시호를 대낭혜, 탑호는 백월보광이라 하사했다 전해진다. 보광탑비에는 낭혜화상의 행적을 5천여 자로 새겼는데, 왕명을 받은 고운 최치원이 글을 짓고 그의 사촌동생인 최인곤이 글씨를 썼다.

이렇듯 당대 최고의 문장가가 글을 짓고, 왕이 깊은 관심을 가진 낭혜화상 무염은 태종무열왕의 8대 손으로 성은 김, 호는 무량 혹은 무주, 법명은 무염, 그가 죽은 후 내려진 시호는 낭혜이다. 어려서부터 해동신동이라 불릴 만큼 뛰어났으며, 12세 때 설악산 오색석사에 출가한 후 22세에 당나라로 건너가 선종禪宗을 공부하고 20여 년 동안 중국 곳곳을 다니며 보살행을 실천하였다. 847년 48세에 귀국하여 40여 년간 성주사에 머물며 성주산문을 일으켰다.

여행 정보

찾아가는 길

서해안고속도로 대천IC 빠져나와 보령방면 우회전 후 대해로 따라 3.2km 직진 → 궁촌사거리에서 우회전 후 현충탑길 따라 940m 직진 → 시청삼거리에서 9시 방향으로 진입 후 성주산로 따라 5.1km 직진 → 성주삼거리에서 성주사지 방면 좌회전 후 심원계곡로 따라 900m 직진 → 보령성주사지 주차장

보령종합터미널 하차 후 흥덕마트정류장까지 약 1km 도보로 이동(15분 소요) → 버스 806번 탑승 후 성주2구정류장에 하차(20~25분 소요) → 보령성주사지입구까지 약 300m 도보로 이동(5분 소요)

이용안내

충남 보령시 성주면 성주리 72 / 041-930-3542

먹을거리 _ 보령풍년국수

구대천역 근처 중앙시장 주차장 앞에 있는 보령풍년국수집은 53년 전통의 맛집이다. 잔치국수와 함께 나오는 무김치도 길쭉하게 먹기 좋게 썰어준다. 국수는 소면이 아닌 중면으로 고명으로 고춧가루, 깨소금, 약간의 파가 올라간 것이 전부다. 하지만 멸치육수로 진하게 우려낸 국물 맛은 갖은 양념보다 더 입안의 혀끝을 요동치게 하는 맛이다.

충남 보령시 대천동 331 / 041-935-7194 ₩ 잔치국수 3,000원

주변볼거리 _ 석탄박물관

과거 규모면에서는 국내 제2의 탄전이었던 보령탄광이 폐광되면서 흉물처럼 방치되자 이곳에 국내 최초로 석탄박물관을 건립하였다. 박물관에서는 석탄의 기원과 우리나라의 대표 에너지자원이었던 연탄에 관련된 다양한 자료를 전시하고 있다. 전시관은 탐구의 장, 발견의 장, 참여의 장, 확인의 장, 체험의 장 등 각각 5개의 전시장과 탄광생활관으로 구성되어 있다.

충남 보령시 성주면 성주산로 508 / 041-934-1902

적막감이 감싸고 있는 폐사지

익산왕궁리유적 – 익산왕궁리유적의 대표적인 볼거리는 익산왕궁리오층석탑이다. 백제후기~통일신라 후기 사이에 왕궁을 철거하고 그 위에 조성한 것으로 추정하는데 현존하는 왕궁리오층석탑과 금당, 강당 등의 터를 확인할 수 있고, 절터 바깥쪽으로 성곽유물이 발굴되고 있다.

남원만복사지 – 만복사지는 정유재란 때 모두 불타 버렸으며 중문지, 목탑지, 동서금당지, 북금당지, 강당지, 회랑지 등이 발굴조사로 밝혀졌다. 고려시대의 오층석탑(보물 제30호), 석좌(보물 제31호), 당간지주(보물 제32호), 석불입상(보물 제43호), 석인상과 초석, 석조물을 볼 수 있다. 또한 김시습의 소설 「금오신화」에 실린 만복사저포기의 무대로도 알려져 있는 곳이다.

비슬산대견사지 – 대견사는 9세기 신라 흥덕왕 때 보당암으로 창건되었으며 하늘에 닿을 듯 높은 산정에 반듯하게 놓인 절터이다. 일연스님이 삼국유사를 집필하셨던 유서 깊은 절로 대마도 기운을 누르는 절이라 하여 일제강점기에 강제 폐사되었다.

태안마애삼존불

백화산과

흰 부용화 같은

태안시내를 품고 있는 태안의 진산 백화산은 태안팔경 중 제1경으로 꼽는다. 백색의 부용화 같은 백화산 정상에 오르면 태안시내가 한눈에 내려다보이고 멀리 서해바다 일몰이 장관을 이루는 명소이다. 백화산 아래 태을암 태안마애삼존불은 서산마애삼존불보다 앞서 만들어져 태안 여행에서 빼놓을 수 없는 여행지이다.

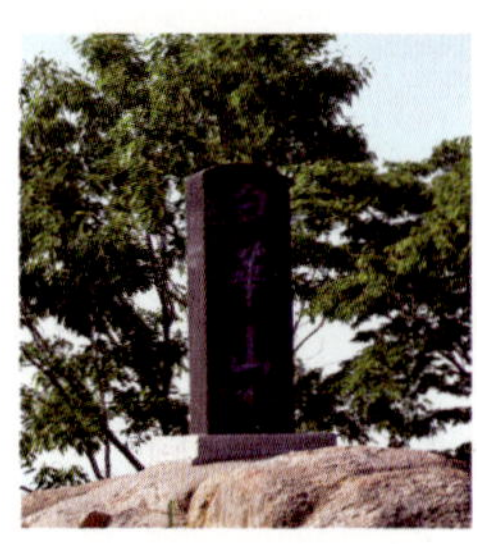

서해바다의 안녕을 기원하였던 태을암과 태안마애삼존불상

태안마애삼존불을 보려면 백화산 중턱에 있는 태을암까지 올라야 하는데 다행히 포장이 잘 되어 있어 접근이 쉽다. 성종 10년(1479) 왜구의 출몰이 잦아지자 민생안정을 위해 경북 의성현 태일전을 이곳으로 옮겨와 단군영정을 봉안하고 서해의 평안을 기원하였다. 이후 1480년 단군영정을 안흥진성으로 옮기면서 태일전이 비게 되고, 여기에 불상을 모시면서 태을암으로 사찰의 면모를 갖추기 시작했다. 앞이 탁 트인 태을암 전망을 뒤로 하고 산길로 오르면 태안마애삼존불 전각이 보인다.

전각에는 태안마애삼존불(국보 제307호)이 양각되어 있는데, 왼쪽 불상은 2.96m, 오른쪽 불상은 3.06m, 중앙보살은 2.23m 높이로 1보살 2여래 형식으로 배치되어 있다. 일반적으로 삼존불은 중앙에 보존불, 좌우에 협시보살을 배치하는 2보살 1불 배치지만 이곳의 삼존불은 가운데에 보살을 두고 왼쪽

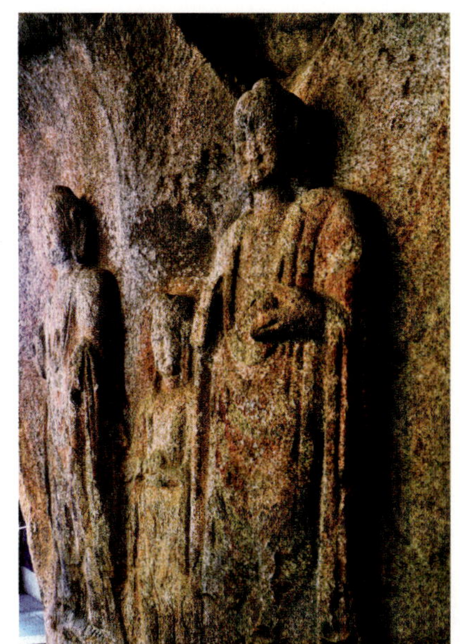

에는 석가여래, 오른쪽에는 약사여래불을 배치하는 독특한 형식을 취하고 있다. 오랜 세월 손상은 많지만 태안 마애삼존불은 백제 최고의 마애불상이라 해도 과언이 아니며 신라는 물론 일본 불교에도 영향을 미쳤다. 지역적으로 중국과의 교두보였던 태안반도에 위치하고 있어 백제시대 불교 유입 경로를 밝힐 수 있는 귀중한 유산이다.

절집 마당과는 어울리지 않는 암벽 글귀들의 정체

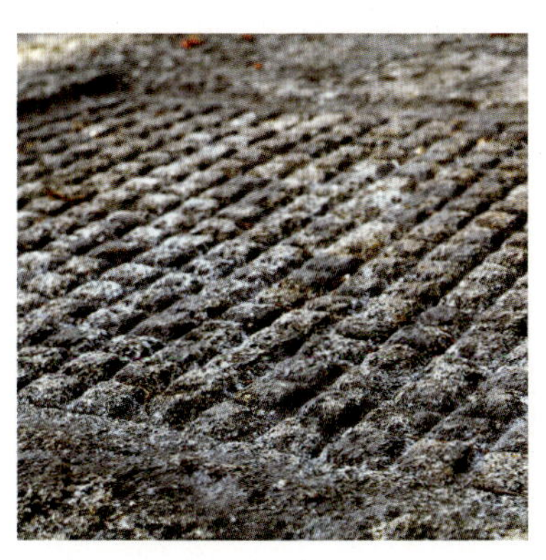

태안 마애삼존불 옆에는 높이 3.5m의 자연석 바위에 '태을동천太乙同天'이라고 한자가 음각되어 있다. 태을은 도교사상에서 하느님이나 옥황상제를 뜻하며 동천은 서로 소통한다는 뜻이므로 이곳이 하늘과 통하는 신성한 자리였음을 의미한다. 의미 그대로 실제 이곳에 서면 하늘과 통했을 법하게 아름다운 곳이다. 태을동천 각자 옆에는 계해년 가을 김규항이라는 사람이 썼음을 알리고 있다. 신선바위 앞쪽 바위에는 빨간색으로 각자된 '일소계'라는 한자가 있는데 이 글씨는 김규항의 후손이 적었다고 전해진다.

태을동천이라 음각된 바위 위에는 가로세로 19줄의 바둑판이 새겨져 있다. 실제 여기서 바둑을 두었는지는 알 수 없으나 태을동천이라는 단어와

는 너무도 잘 어울리는 모양새다. 계곡에 흐르는 물소리와 마애삼존불을 바라보면서 바둑을 둔다면 신선놀음이 따로 없을 것 같기 때문이다. 마애삼존불 앞쪽에는 원형 탁자에 팔각형으로 바위를 붙여놓은 '감모대感慕臺'가 있다. 한자 뜻 그대로 해석하면 마음속 깊이 사모한다는 말인데, 이는 김해김씨 집안의 조상을 위로하는 장소였을 것으로 추측된다.

사방이 확 트인 군사적 요새, 백화산성

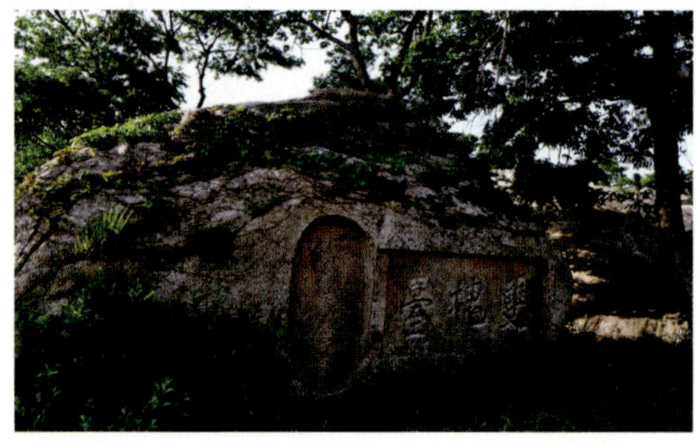

감모대를 지나 좁은 산길로 접어들면 얼마 가지 않아 백화산 정상에 다다를 수 있다. 산길을 500여 미터 정도 올라가면 봉화대 못미처 쌍괴대雙槐臺라고 음각된 큰 바위가 눈에 띈다. 옛날 회화(괴화)나무 두 그루가 있던 곳이라 붙여진 이름이다. 조금 더 오르면 동쪽으로 서산의 북주산과 남쪽으로는 부석의 도비산과 연락을 취했을 봉화대 표지석이 있다. 봉화대를 지나면 백화산성으로 연결되는데 이 산성은 고려 충렬왕(1275~1308) 때 축성되었으며 높이 3.3m에 길이가 619m 정도이다. 산성에는 2개의 우물과 마을이 있었을 것으로 추정되는데 주변 급경사지와 절벽형태로 쌓아져 있어 이곳이 군사적 요새였음을 알 수 있다.

백화산 정상 웅장한 너럭바위에는 정상표지석이 있다. 백화산은 금북정맥에서 서쪽으로 뻗은 능선이 이곳까지 이어져, 비록 낮은 산(높이 284m)이지만 다양한 기암괴석과 문화재를 품은 넉넉한 산이다. 태안 8경 중 제1경으로 손꼽히는 이곳은 수많은 바위 때문에 사계절 내내 흰 꽃처럼 보인다하여 백화산이라 부른다. 정상에 오르면 태안읍내를 주변으로 펼쳐진 서산농장과 안흥, 서산, 화강포까지 고개만 돌리면 사방이 한눈에 들어온다.

여행 정보

찾아가는 길

서해안고속도로 서산IC로 빠져나와 운산교차로에서 서산방면 좌회전 → 갈산무로치길 따라 13km 직진 후 예천사거리에서 태안방면 좌회전 → 서해로 따라 13.8km 직진 후 평천교차로에서 태안방면 오른쪽 도로 진입 → 동백로 따라 2.9km 직진 후 교통광장오거리에서 진행방향 800m 직진 → 태안현대서비스 못미처 이정표 확인 후 우회전하여 원이로 따라 1.3km 직진 → 태을암주차장 진입

태안버스터미널 하차 후 태안터미널정류장까지 60m 도보로 이동 → 농어촌버스 탑승 후 태안구터미널정류장에 하차(4개 정류장 10분 소요) → 태을암까지 1.55km 도보로 이동(20~30분 소요)

이용안내

충남 태안군 태안읍 동문리 817-2 / 041-672-1440

먹을거리 _ 바다꽃게장

알이 꽉 찬 꽃게장은 밥도둑이라는 말에 걸맞게 짜지도 비리지도 않아 밥 한 그릇이 뚝딱 사라진다. 더욱이 게딱지에 비벼먹는 밥맛은 바다내음 가득한 것이 일품이며, 서비스로 나오는 조개탕은 태안에서만 맛볼 수 있는 싱싱함으로 채워진다.

충남 태안군 태안읍 남면 남문리 575-18 / 041-674-5197

꽃게장정식 22,000원

주변볼거리 _ 흥주사

백화산 아래 있는 흥주사(충남유형문화재 제133호)는 작은 사찰이지만 900년이나 된 고목이 이 절의 역사를 말해준다. 부처님의 손길이 자손만대에 전해지길 바라는 마음으로 사찰이름을 흥주사라 했다고 한다. 아담한 작은 마당을 사이에 두고 석탑과 대웅전이 어긋나게 마주보고 있다. 대웅전에는 아미타불을 주불로 관세음보살과 미륵보살과 함께 삼존불을 모시고 있다.

충청남도 태안군 태안읍 상옥리 산1154 / 041-674-3473

기품 있는 마애불상

칠불암마애불상군 – 경주 남산에 위치한 통일신라시대 불상군이다. 국보 제312호로 지정된 불상군의 높이는 삼존불 4.26m, 사면불 2.2~2.4m이다. 바위 전면에 부조한 삼존불과 돌기둥에 새겨진 4구의 불상 모두 합쳐 7구의 불상이 있어 칠불암이라 불리고 있다. 칠불암으로 오르는 길은 송림으로 완만한 산길이 무척 아름다운 곳이다. 칠불암은 언제 들러도 차 한잔 내주는 곳으로 툇마루에 앉아 눈앞에 펼쳐진 경관을 조망하며 마음의 여유를 가질 수 있다.

서산마애삼존불 – 백제의 가장 아름다운 미소로 불리는 서산마애삼존불상은 1400년 전의 세월을 그대로 품고 있는 불상이다. 중앙에 본존인 석가여래입상과 왼쪽 제화갈라보살입상, 오른쪽이 미륵반가사우상이 조각되어 있다. 불상들은 각기 함박웃음과 미소를 머금고 있어 다른 곳에서는 볼 수 없는 편안함이 느껴진다. 6세기말엽 교역의 길목으로 평안과 안녕을 기원하기 위해 새겨졌다. 서산마애삼존불은 해의 높이에 따라 부처님의 표정이 변하는데 가장 아름다운 미소를 만나고 싶다면 오전 11시 전후 시간대가 좋다.

해미순교성지

수천의 이름 모를 순교자들의 성지,

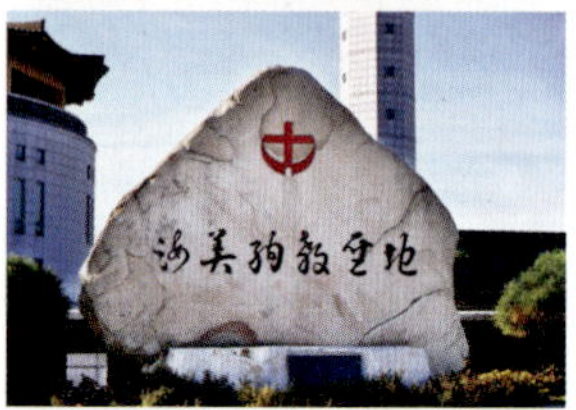

해미순교성지는 신유박해와 기해박해 그리고 병인박해에 이르기까지 종교적인 이유로 순교한 이들을 기리기 위해 조성된 순례지이다. 1984년 교황 방한을 계기로 한국 순교자 103위가 시성되면서 해미성지에는 대성당, 소성당, 순교기념전시관, 자리개돌, 노천성당, 순교탑, 순교헌양탑, 무명순교자의 묘 등이 순차적으로 성역화되었다.

순교자의 정신이 깃든 대성당과 소성당

해미순교성지가 있는 곳은 조선시대 서해안 지역 방어를 위한 군사요충지였다. 1651년 호서좌영이 설치되면서 현감이 토호부사를 겸하고, 지역방위와 국사범까지 처형할 수 있게 되자 1799년부터 1872년에 이르는 기간 동안 충청도 서북부지역에 거주하던 천주교신자 천여 명을 잡아다 교수, 참수, 석형, 동사형, 생매장 등의 방식으로 처형하였다.

여숫골 해미천 주변에서 생매장된 이름 모를 순교자들을 기리기 위해 1975년 높이 16미터의 탑을 세우고, 1985년 해미본당을 지었다. 대성당은 전체적으로 웅장한 느낌인데 지붕의 기와

나 입구의 전통대문이 독특한 건축미를 발산한다. 주차장 입구 한쪽에 자리한 '이름없는집'은 이곳을 방문한 순례객들이 성경 이어쓰기를 하며 당시 순교자들의 뜻을 되새기고 기억하는 곳이다.

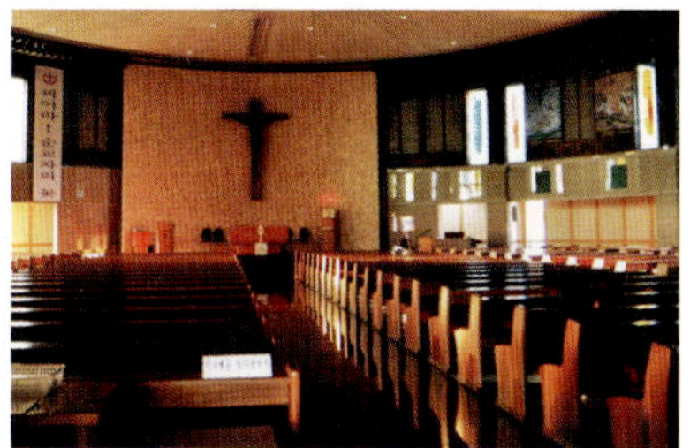

참혹했던 순교의 순간이 전해지는 해미순교성지기념관

본당 뒤편 잔디가 잘 덮혀있어 마치 고분 같은 느낌이 드는 원형건물은 발굴된 순교자들의 유물과 유해가 전시된 기념관이다. 기념관 입구 벽면은 순교당하는 순교자들의 모습이 조각으로 새겨져 있다. 무심코 안으로 들어서면 박해 당시 줄에 묶여 끌려가던 무명순교자들의 모습이 조각으로 이어진다.

입구에 있는 나무토막은 해미읍성 내 감옥 옆에 있던 회화나무(호야나무)로 천주교 박해 때 신자들을 매달아 처형했던 순교목의 죽은 가지라고 한다. 수령이 300년인 이 회화나무는 당시의 아픔을 간직한 채 아직도 옥사 앞을 지키고 서있다. 진둠병 근처에서 발견된 휘광이(망나니) 칼은 박해 당시 참수용으로 사용됐던 칼로 추정하는데 벌겋게 녹슨 칼에서 그날의 아픔이 전해져 온다. 벽면에는 온통 순교자들의 처참하고 급박했던 당시 모습을 보여 주는 조형물들이 전시되어 있다.

평화롭고 조용한 순교길에 숨겨진 아픔의 역사

전시관을 나오면 주렛골에 살던 해미지역 첫 순교자 인언민 마르티노의 마지막 절규가 돌에 새겨져 있다. '그렇고말고 기쁜 마음으로 내 목숨을 천주님께 바치는 거야' 죽음 앞에서도 끝내 의연함을 지켰던 순교자의 마지막 모습이 그려진다. 십자가의 길에 늘어선 14개의 조형물은 순교자들 목에 채웠던 족쇄형 큰칼을 본 떠 만든 것이다. 큰칼 구멍에 원형의 돌을 깎아 끼워 넣고 그 표면에 그림을 조각한 것으로 예수님의 십자가의 길과 순교자들의 죽음 행진을 묘사한 것이라고 한다.

노천성당 우측에는 생매장 순교지 진둠벙이 있다. 이곳은 대박해로 잡혀온 수많은 천주교인을 십 수 명씩 큰 구덩이를 파고 한꺼번에 생매장한 곳이다. 개울 한가운데 둠벙에 죄인들을 꽁꽁 묶어 물속에 빠뜨려 죽이는 참혹한 수장이 행해졌던 곳으로 죄인들을 빠뜨려 죽인 둠벙이라 해서 '죄인 둠벙'에서 '진둠벙'이라 부르고 있다. 해미읍성 서문 밖 수구 위 돌다리는 병인박해 때 천주교인들을 자리개질로 처형했던 사형도구로 2009년 이곳으로 옮겨 보존하고 있으며 원래 터에는 모조품이 자리하고 있다.

여행 정보

찾아가는 길

- 서해안고속도로 해미IC 빠져나와 태안방면 남문2로 따라 550m 직진 → 잠양교차로에서 대산방면 좌회전 후 중앙로 따라 1.4km 직진 → 표지판 확인 후 우회전하여 주차장으로 진입
- 서산공용버스터미널에서 해미행 시내/시외버스(510번, 511번, 150번) 탑승 후 반양리정류소 하차(20분 소요) → 도보로 해미순교성지까지 이동

이용안내

- 충남 서산시 해미면 읍내리 274-10 / 041-688-3183
- www.haemi.or.kr
- 없음

먹을거리 _ 읍성뚝배기

해미읍성 맞은편에 위치한 읍성뚝배기집은 나지막한 슬레이트집으로 들어서는 순간 마당에 길게 놓인 가마솥이 이 식당의 내력과 전통을 말해주는 듯하다. 가마솥에서 진하게 우러나온 소머리곰탕은 국물도 진할 뿐 아니라 소머리고기가 푸짐하게 들어가 있다. 정갈한 반찬 중에서도 편육은 잔칫집에서나 먹을 수 있는 옛 맛으로 쫄깃한 맛에 더 먹고 싶어진다.

- 충남 서산시 해미면 읍내리 327-1 / 041-688-2101
- 소머리곰탕 8,000원

주변볼거리 _ 해미읍성

전북 고창읍성, 전남 순천 낙안읍성과 함께 우리나라의 3대 읍성으로 꼽히는 해미읍성은 평지에 쌓은 평성으로 비교적 원형이 잘 보존되어 있다. 둘레 1.8km, 높이 5m로 총 면적은 20만 제곱미터의 거대한 성으로 정문인 진남루와 규양문, 지성문, 성안에는 동헌과 객사, 옥사 등이 남아있다. 이곳은 천주교 박해 800여 년간 천여 명이 처형된 곳으로 순교자들의 애한이 담긴 수령 300년 된 순교목 호야나무가 그 자리를 지키고 서있다. 청허정으로 올라가면 읍성 전망이 한눈에 보이는데, 함께 보이는 솔숲 또한 장관이다.

- 충남 서산시 해미면 읍내리 / 041-660-2540

특별한 성지

원불교영산성지 – 전남 영광군 백수읍 길용리 일대를 영산성지라 부르는데 소태산 박중빈 대종사가 탄생하고 성장하여 구도와 고행을 끝으로 큰 깨달음을 이루고 9인의 제자들과 함께 원불교를 창립한 영험한 곳이다. 성지에는 대종사의 탄생가, 기도터인 삼밭재, 마당바위, 입정터, 깨달음을 얻었던 노루목 대각터, 장언답, 구간도실터, 창립관, 9인 제자가 목숨을 바쳐 기도를 올렸던 9인기도봉과 원불교 성직자를 양성하는 영산선학대학교가 있다.

백제불교최초도래지 – 영광 법성포는 인도 승려 마라난타가 중국 동진에서 해로를 통해 백제에 입국할 때 최초로 당도하여 불교를 전파하였던 곳이다. 법성포라는 지명은 '성인이 불법을 들여온 성스러운 포구'라는 뜻을 담고 있다. 한국불교의 문화와 정신이 깃든 유서 깊은 곳으로 마라난타의 출신지인 간다라 지역의 전형적인 양식 탁트히바히 사원의 주탑원을 본떠 조성한 탑원과 간다라 유물관, 마라난타가 부처님을 받들고 있는 웅장한 사면대불상 등 간다라 불교문화예술의 특징적 요소를 직접 관람할 수 있다.

상왕산개심사

왕벚꽃을 보며 봄을 보내는,

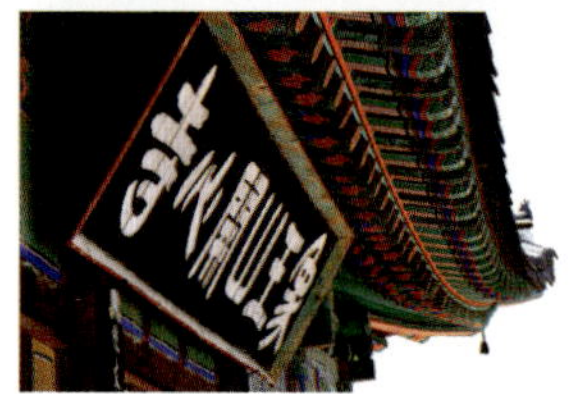

서산 상왕산 기슭에 자리한 개심사는 충남의 4대 사찰 중 한 곳으로 백제 의자왕 때 혜감국사가 창건하고, 조선 성종 때 산불로 소실된 것을 다시 지어 오늘에 이른다. 개심사에는 보물 제143호인 대웅전과 명부전, 심검당이 있으며 봄에는 왕벚나무, 여름엔 배롱나무 꽃이 너무도 아름다운 곳이다.

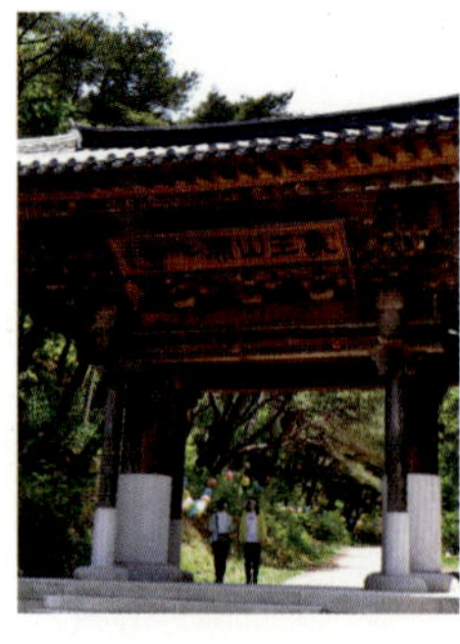

자연을 품은 듯한 절집에서 저절로 마음을 열고 닦는 가르침

개심사 가는 길에 만나는 신창제저수지에 허허로운 마음 씻어내고 마음을 여는 절집으로 향한다. 일주문을 지나 10분 정도 걷다보면 사찰의 산문을 대신하듯 세심동, 개심사입구라 적힌 표지석을 만나게 된다. 최근 서산시에서 제정한 아라메길 제1구간에 이곳이 포함되면서 길이 잘 정비되었다. 개심사로 오르는 산길은 적송이 울창하게 우거져 있다.

경내로 들어서는 길은 세 갈래인데 특히 가운데 계단길은 봄에는 벚꽃이 화려하다. 설법전인 안양루에 걸린 상왕산개심사象王山開心寺라는 현판은 한국을 대표하는 서화가 해강 김규진 선생이 전서체로 동글동글 친근하게 썼다. 안양루 오른쪽 작은 해탈문을 들어서면 무량수각을 볼 수 있고, 왼쪽으로 요사채인 심검당을 볼 수 있다. 심검당은 개심사에서 가장 오래된 건축물로 자연 그대로의 굽은 나무 기둥에 흙벽을 입힘 것이 소박하면서도 멋스러움을 간직하고 있다. 자연을 품은 듯한 심검당은 충남문화재자료 제358호로 화강석을 치석으로 쌓은 기단 위에 자연석을 초석으로 두고 원기둥을 세워 공포를 짜 올린 주심포계 양식으로 조선시대 요사채 형식을 알 수 있는 귀중한 건축물이다.

건축양식의 극치를 보여주는 개심사대웅보전과 아담한 절집마당

몇 안 남은 조선 초기 건축물인 개심사 대웅보전(보물 제143호)은 정면 3칸 측면 3칸의 장방형 겹처마 맞배지붕이면서 내부에는 다시 주심포식 지붕으로 구성되어 있는 것이 특징이다. 대웅보전 주련에는 화엄경에 나오는 글로 부처님의 무한한 공덕을 찬양하고 있다.

대웅보전불단은 목조아미타여래좌상을 주존으로 우측에는 화려한 보관을 쓴 관음보살과 좌측으로 민머리의 지장보살이 협시를 이루고 있으며 아미타불 뒤에는 1767년에 그려진 아름다운 후불탱화가 걸려있었으나 도난당하고 지금은 옛것을 본떠 만든 탱화가 걸려있다.

대웅보전기단 위에 서면 안양루가 정면에 보인다. 정면 5칸, 측면3칸의 무고주 5량 집으로 겹처마 팔작지붕에 내부 바닥은 우물마루이고, 서까래를 드러낸 연등천정 구조이다. 불교의식에 사용되는 사물(범종각, 법고, 목어, 운판)이 걸려있으며 벽에는 7~16대까지의 아라한阿羅漢 성자가 그려져 있다. 대웅보전 앞 오층석탑은 이중기단으로 일층은 꽃부리가 아래로 향하는 16개의 복련이 새겨져 있고, 오층의 탑신과 옥개석은 단순한 모양새이다.

염불보다는 잿밥에 눈이 어두워지는 사찰 벚꽃놀이

무량수각 뒤편으로 돌아서면 흙벽에 묻혀 제멋대로 휘어진 나무기둥이 먼저 눈길을 잡아챈다. 이곳은 봄이면 왕벚나무들이 만개하여 저절로 탄성이 흘러나오는 곳이다. 무량수각과 해탈문 사이를 지나면 명부전이 보인다. 조선시대 초기건물인 명부전(충남문화재자료 제194호)은 정면 3칸, 측면 3칸의 겹처마 맞배지붕으로 잘 다듬어진 기단 위에 자연석 그대로 사용하여 세워졌다. 조금 떨어진 곳에 자리 잡고 있는 개심사 산신각은 그만큼 유유자적 솔숲을 거닐 수 있어 매력적인 곳이다.

개심사의 숨겨진 볼거리 중의 하나는 아무렇게나 돌을 쌓아 만든 듯한 돌집이다. 천연창고로 사용되는 돌집의 붉은색 함석지붕은 산벚나무와 어우러져 진풍경을 만들고 있다. 개심사 왕벚나무는 순수자생종인 토종 벚나무 특히 명부전 앞에 있는 연둣빛 벚나무는 소담스러움에 마음마저 설렌다. 해마다 변덕스러운 봄 날씨는 벚꽃 만개시기를 맞추기 쉽지 않지만, 때맞춰 찾아간다면 절집을 돌아 나오기가 아쉬울 정도이다.

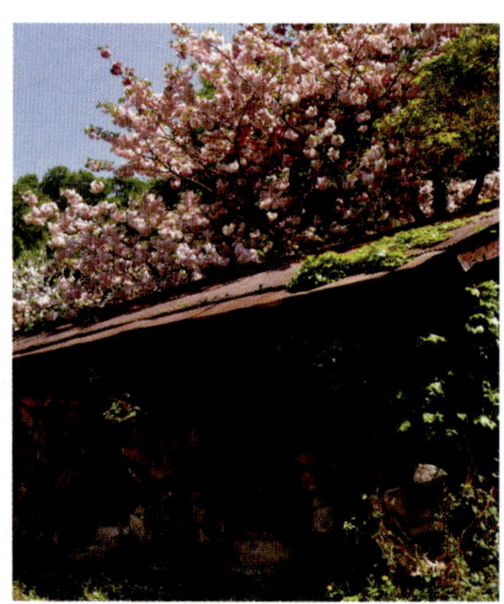

여행 정보

찾아가는 길

- 서해안고속도로 서산IC 빠져나와 운산방면 운암로 따라 1.2km 직진 → 운산사거리에서 홍성방면 우회전 후 장벌4로 따라 480m 직진 → 홍성방면 우회전 후 해운로 따라 6.2km 직진 → 운산초교 지나 좌회전 후 신창길 따라 600m 직진 → 개심사로를 따라 3.1km 직진 후 개심사 주차장으로 진입
- 서산공용버스터미널 하차 후 삼성생명 정류장까지 도보로 이동(2~3분 거리) → 482번 버스 탑승 후 용현2리종점정류장에서 하차(23개 정류장, 1시간 10분 소요) → 개심사까지 도보로 이동(약 2km, 30분 소요)

이용안내

☎ 충남 서산시 운산면 신창리 1번지 / 041-688-2256

✉ www.gaesimsa.org

먹을거리 _ 고목나무가든

개심사 일주문 근처에 자리한 토속식당으로 우렁깻묵된장과 함께 먹는 산채비빔밥도 괜찮지만 독특한 향이 있는 더덕구이가 맛있는 집이다. 다소 오래된 듯한 허름한 집이지만 안으로 들어서면 깔끔한 내부 모습이 나름 운치가 있는 곳이다. 더덕정식을 시키면 근처에서 나는 곤드레, 취나물, 표고버섯 등 각종 산나물 반찬이 따라 나오는데 그 종류도 많고 웰빙 식단처럼 차려진다. 또한 구수한 냄새가 먼저 군침을 돌게 하는 된장찌개와 묵무침, 두부부침도 맛이 좋다.

☎ 충남 서산시 운산면 시창리 19-1 / 041-688-7789

₩ 더덕정식 12,000원, 산채비빔밥 6,000원

주변볼거리 _ 부석사의 가을

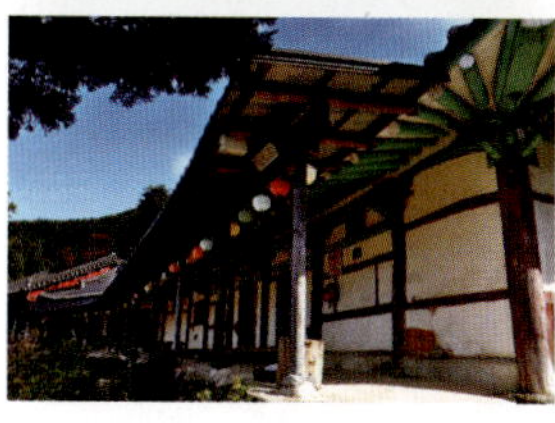

의상스님과 선묘낭자의 애절한 사랑이야기가 전해지는 부석사는 신라 문무왕 때(616년) 의상이 창건한 사찰이다. 1330년 부석사에서 조성된 관세음보살상이 일본 대마도 관음사에 모셔져 있어 천년 고찰의 역사를 알 수 있다. 부석사는 다른 사찰과 다리 경내의 목룡장과 심검당에서 편안하게 쉬고 갈 수 있도록 배려하고 있어 마치 사랑방 같은 느낌이다. 누워 있는 소 모양 같다는 심검당 아래 약수는 우유약수라 부르고, 법당 옆의 큰 바위는 소뿔 형상을 하고 있다. 경내에는 무량수전(국보 제18호), 조사당(국보 제19호), 소조여래좌상(국보 제45호) 등 다수의 국보와 보물, 지방문화재가 있으며 또 신라 때부터 쌓은 것으로 전해지는 대석단이 있다.

☎ 충청남도 서산시 부석면 취평리 160 / 041-662-3824

✉ www.busuksa.com

마음 내려놓고 싶은 고찰

구례화엄사 – 지리산 자락의 수많은 사찰 중에서도 드물게 옛 모습을 그대로 간직하며 지리산의 숨은 보물창고 같은 아름다운 고찰이다. 부처님 진신사리와 3층 사사자사리석탑이 있으며 규모가 큰 각황전을 멀리 배치하고, 그 보다 작은 대웅전을 가깝게 배치하여 나한전, 영전, 대웅전, 명부전까지 직각으로 배치된 가람배치가 독특하다. 보제루는 숲속 나무를 그대로 옮겨 놓은 듯 단청도 하지 않아 자연스러움이 화엄사의 분위기를 그대로 말해준다.

장흥보림사 – 보림사는 통일신라 9산선문 중 가지산문의 중심도량으로 가장 먼저 선종이 정착된 고찰이다. 일주문에 들어서면 천왕문, 삼층석탑, 대적광전까지 한눈에 이어지는 가람배치가 독특하다. 대적광전 안에는 기존의 불상과는 전혀 다른 분위기의 철로비로자나불상(국보 제117호)은 광배와 대좌가 없어지고 불상만 남아 있는데 신라 9세기 철불좌상으로 조성연대가 가장 앞서 있는 불상이다.

안동봉정사 – 정연한 가람배치로 우리나라에서 가장 단정하고 고풍스러운 아름다움을 보여주는 고찰이다. 현존하는 다포계 건물 중에서 최고의 목조건물로 손꼽히는 대웅전과 우리나라의 목조건축 중 가장 오래된 최고의 건물 극락전은 부석사무량수전보다 13년이나 빠르다. 가람배치가 그 어느 사찰에서 볼 수 없는 슬기로움을 엿볼 수 있으며 흔한 석탑 하나 없이 깔끔한 절집마당도 인상적이다.

세상에서 가장 아름다운 이야기가 있는 천리포수목원

태안여행을 시작하면서 가장 가고 싶었던 곳 중의 한 곳이 '세상에서 가장 아름다운 천리포수목원'이었다. 40여 년간 비밀의 정원이었던 천리포수목원은 18가지 테마에 1만 3천여 종의 수목이 식재되어 있으며 국내외 멸종위기 식물도 다수 보유하고 있는 곳이다. 손길 닿으면 잡힐 것 같은 풍경 속에 편안해 보이는 여행객들, 이곳이 바로 웰빙 여행지이다.

사계절 군락을 이뤄 아름답게 피어나는 수변식물

언젠가 가봐야지 했던 곳이라 매표소를 지나면서부터 발걸음이 설렌다. 때 늦은 동백꽃 한 송이가 잠시 발길을 잡는다. 흔히 보던 동백과 달리 색부터 오묘한데 수목원에는 약 300여 종의 동백이 있다고 하니 봄에 찾는다면 동백꽃 뚝뚝 떨어지는 장관도 기대할 수 있을 것 같다. 천리포수목원하면 떠오르는 초가 모양의 흰 건물이 연지에 수련들과 함께 반영을 이뤄 아름다운 풍경을 만들어 내고 있다.

수생식물원에는 연꽃과 수련, 어리연 등 다양한 수생식물과 수선화, 붓꽃, 상사화, 꽃무릇 등 수변식물이 군락을 이뤄 사계절 피어나는 곳이다. 한쪽에 버드나무처럼 나뭇가지가 축축 처지면서 자연스레 밀폐된 공간을 만들어주는 넛사나무는 연인들이 사랑을 속삭이기 좋은 나무로 소개되어 있다. 수생식물원과 가까이 있는 습지원이나 수국원에도 물을 좋아하는 나무와 풀꽃들이 피어나므로 함께 둘러보면 좋다.

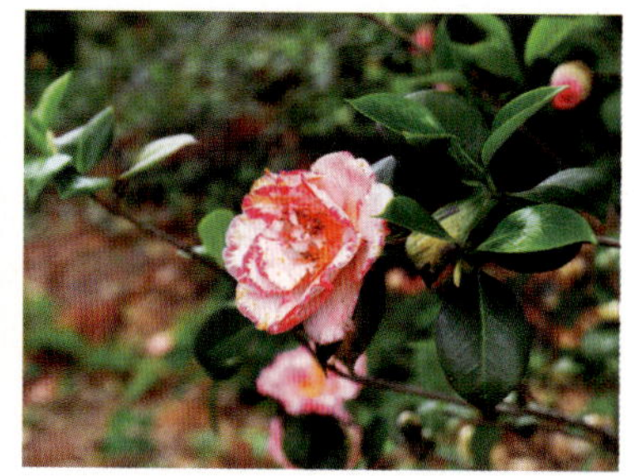

한국인보다 한국을 더 사랑한 민병갈원장

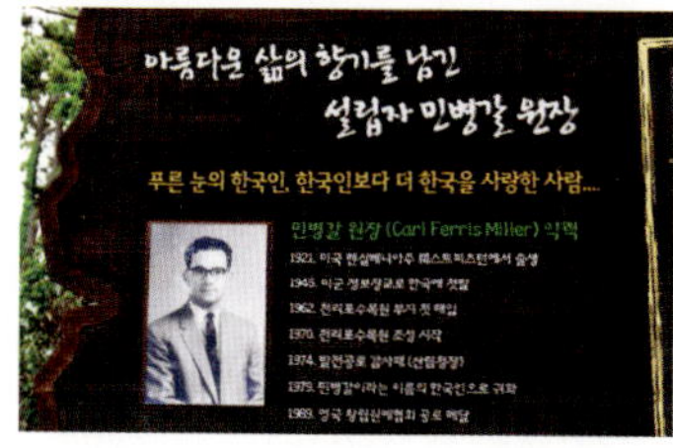

수생식물원 건너편 흰 건물이 민병갈기념관이다. 1층에는 카페와 기념품점이 있고, 2층은 수목원에 얽힌 민병갈Carl Miller의 생애가 사진과 함께 전시되어 있다. 민병갈원장이 향수를 달래고자 펜실베이니아 어머니 집에서 가져온 블루베리는 그가 작고하던 해에는 열매가 거의 열리지 않았다고 전해진다. 천리포수목원에는 세계식물학회에서 인정하는 2개의 명품 나무가 있다. 첫 번째는 한국토종 완도호랑가시나무인데 1978년 민병갈원장이 완도에서 최초로 발견하여 그의 이름을 따서 학명(Ilex x wandoensis C. F. Miller)이 정해졌다. 두 번째는 목련나무 파종실험 중 얻어진 별목련 일종인 라스베리펀인데, 이 나무에 민병갈원장은 빅버사Big Bertha라는 이름을 붙였다고 한다. 이외에도 그의 노력으로 세계 330여 개의 수목/식물원과 종자를 교환하고, 외국에서 경매를 통해 구한 희귀종들이 많은 것도 천리포수목원만의 특징이다.

해안산책로로 접어들면 북적대던 풍경과 달리 송림에 둘러싸여 사색하며 걷기 좋은 길이 나타난다. 해안전망대에 서면 천리포해변과 낙조가 아름다운 낭새섬 또는 닭섬이라 불리는 작은 섬이 보인다. 하루 두 차례 썰물 때는 섬까지 걸어 들어갈 수 있다니 때를 잘 맞춰 낭새섬까지 걷는 것도 좋을 것 같다. 전망대에는 한국인보다 한국을 더 사랑한 민병갈원장의 수목원사랑 이야기가 적혀 있다. 한국에 귀화해 반세기 넘게 살며 30여 년간 척박했던 민둥산을 '세계의 아름다운 수목원'으로 탈바꿈시킨 민병갈원장의 헌신적인 한국사랑 이야기는 수목원의 작은 돌 하나 풀 한 포기도 다시 보게 만든다.

변화무쌍한 수목원에서 즐기는 피톤치드와 음이온

해안전망대에서 호랑가시나무원을 지나면 어느새 나무데크로 잘 조성된 나무숲 우드랜드로 접어든다. 수목원과 역사를 함께하는 30~40년생 나무들이 피톤치드와 음이온을 가득 뿜어내고 있어 청량함이 온몸으로 스며든다. 나무숲을 빠져나오면 전망이 트이면서 무늬원, 억새원, 암석원이 순차로 연결되고, 그 중심 잔디광장에 민병갈 원장의 이름으로 기억되는 완도호랑가시나무가 서 있다. 걷다보면 다시 민병갈기념관 건물로 길이 만나게 된다. 이곳에는 어느 봄날 우연히 만나 좋아하게 된 삼색버드나무(화이트핑크셀릭스)가 마치 꽃이라도 핀 듯 아름답게 눈에 들어온다.

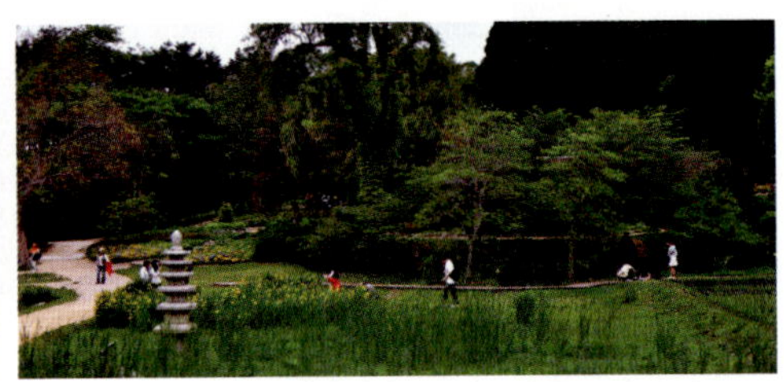

다양한 테마의 게스트하우스에서 머물고 싶다

수목원 산책로를 걷다보면 곳곳에 기와집과 초가집 등 한국적이면서도 다양한 모습의 게스트하우스를 볼 수 있다. 오래된 절집을 좋아했던 민병갈 원장은 주변의 나무나 풀꽃들과 잘 어울릴 수 있게 여러 채의 한옥을 이곳으로 옮겨와 수목원답게 이름을 위성류집, 한옥해송집, 사철나무집, 초가집, 배롱나무집, 벚나무집 등으로 명명하였다.

해송집은 서울에 있던 고택을 옮겨와 복원한 전통한옥으로 천리포해변이 보이는 전망 좋은 곳에 자리하고 있다. 배롱나무집 앞마당에는 실제 큰 배롱나무 한 그루가 심어져 있는데, 7~8월에 방문한다면 배롱나무 꽃이 만발해서 더욱 운치가 있을 듯하다. 이 외에도 다정큼나무집으로 불리는 초가집은 백여 년 역사를 가진 초가집을 복원한 것이라고 하며, 소사나무집은 경복궁 근처 서촌에 있던 고택을 이곳에 옮겨와 그가 10년 넘게 머무른 곳이라 한다. 또한 목련나무집은 안동 임하댐 공사로 사라질 뻔한 안동김씨 종갓집을 사드려 이곳에 해체 복원한 것이라고 한다.

효율적인 포인트 동선

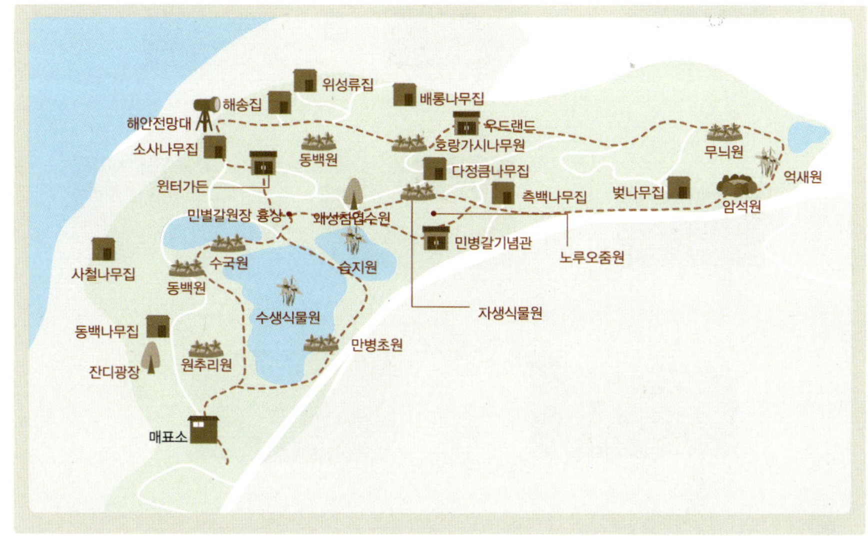

사진으로 미리보는 동선 지도

밀러가든 관람코스(1~2시간 소요) 매표소 → 원추리원 → 수생식물원 → 동백원 → 수국원 → 습지원 → 왜성침엽수원 → 윈터가든 → 호랑가시나무원 → 우드랜드 → 무늬원 → 억새원 → 암석원 → 자생식물원 → 민병갈기념관 → 습지원 → 수생식물원 → 출구

해안전망대 10분 코스 ← 도보 5분

우드랜드 10분 코스 — 도보 5분 — 호랑가시나무원 10분 코스 — 도보 5분 — 해안전망대 10분 코스

도보 5분

무늬원 10분 코스 — 도보 10분 — 억새원 10분 코스 — 도보 5분 — 암석원 10분 코스

도보 5분

민병갈기념관 10분 코스 — 도보 5분 — 자생식물원 10분 코스

도보 5분

습지원 10분 코스 — 도보 5분 — 수생식물원 10분 코스 — 도보 10분 — 출구 10분 코스

여행 정보

찾아가는 길

- 서해안고속도로 서산IC 빠져나와 서산방면 좌회전 → 운산교차로에서 서산방면 좌회전 후 갈산무로치길 따라 3.9km 직진 → 음암교차로에서 해미방면 오른쪽 길 진입 후 서해로 따라 9km 직진 → 예천사거리에서 안면도방면 좌회전 후 서해로 따라 16km 직진 → 남문IC지하차도 진입 후 서해로 따라 16km 직진 → 만리포해변주차장 끼고 우회전 후 천리포1길 따라 1.6km 직진 → 이정표 확인하면서 천리포수목원주차장으로 진입
- 태안(또는 만리포)시외버스터미널 하차 후 농어촌 버스(태안–소원) 탑승(1시간 소요) → 천리포수목원정류장 하차 후 도보로 이동(1~2분 내외)

이용안내

충남 태안군 소원면 천리포1길 187 / 041-672-9982

www.chollipo.org

하절기(4~11월) 09:00~18:00,
동절기(12~3월) 09:00~17:00

하절기(4~11월) – 성인 8,000원/청소년 5,000원, 동절기(12~3월) – 성인 6,000원/청소년 4,000원, 극성수기(4월 20일~5월 20일) – 성인 9,000원/청소년 5,000원

먹을거리 _ 시골밥상

태안 여행에서 빠질 수 없는 맛이 박속낙지탕이다. 각종 야채와 박속을 넣어 끓여낸 시원한 국물에 살아있는 싱싱한 낙지가 통째로 들어간다. 쓰러진 소도 일으킨다는 낙지는 살짝 데쳐서 먹기 좋게 잘라 간장에 찍어 먹으며 된다. 낙지와 야채를 다 건져 먹은 후에는 그 국물에 칼국수를 끓여먹으면 진한 국물 맛이 면에 배어 고소한 맛을 느낄 수 있다. 혼자라면 시골정식을 시켜먹어도 좋은데, 계절나물과 콩비지 김치찌개가 집에서 먹는 상처럼 차려진다.

충남 태안군 소원면 신덕리 156-3 / 041-675-3336

박속낙지탕 20,000원, 시골정식 6,000원)

주변볼거리 _ 태안해안국립공원 제1경, 만리포해변

태안반도에서 중심을 이루는 만리포 해수욕장은 백사장 길이가 대략 3km에 달하며 폭은 250m 정도로 비교적 넓은 해변이다. 만리포해수욕장에는 만리포연가와 만리포 사랑노래비 그리고 정서진(대한민국 서쪽 땅끝)비석이 서 있다. 태안해안국립공원 중 제1경에 속하는 만리포는 수심이 완만하여 해수욕을 즐기기 좋으며 바닷물은 계곡물처럼 맑고 해안선이 아름답다. 조선초부터 중국의 사신을 전송할 때 '수중만리 무사항해'를 기원했다 하여 만리장벌이라 불리다가 현재는 만리포라 부르고 있다. 거리를 지칭하듯 만리포 해수욕장 위쪽으로 차례로 천리포, 백리포, 일리포가 이어지고, 십리포도 인천 옹진군 쪽에 떨어져 위치하고 있다. 만리포는 소원면 8경중 으뜸으로 은빛 모래와 천혜의 자연환경을 가지고 있어 우리나라 서해 3대 해수욕장(대천, 변산) 중 하나로 손꼽힌다.

충남 태안군 소원면 모항리
041-670-2544(태안군청 문화관광과)

아름다운 꽃과 숲이 있는 곳

완주대아수목원 – 대아수목원은 약용수원, 유실수원, 활엽수원, 침엽수원, 수생식물원, 난대식물원 등으로 구분되며, 층층나무, 느티나무, 참나무, 비목나무, 쪽동백, 서어나무 등이 소규모로 군락을 형성하고 있다. 풍경이 있는 뜰에는 사계절 꽃과 나무가 식재되어 있어 언제 찾아도 아름다운 공간을 연출한다. 식재된 수종은 38종에 13,000여 주가 식재되어 있으며, 산림문화전시실은 산림에 대한 역사와 수목원 이미지, 임업의 역사, 생활 속 약용식물, 뿌리공예품 등 925종 1,074점을 전시하고 있다.

대전한밭수목원 – 대전둔산대공원 안에 위치한 한밭수목원은 도심 속에 자리한 인공 수목원이다. 습지원은 물이 흐르다 고이고 다시 흐르는 오랜 과정을 통하여 다양한 생명체를 보듬고 있는 곳으로 수생식물이 가득하다. 감각정원에는 만지면 몸을 움츠리는 식물, 바람만 불어도 온몸으로 향기를 뿜어내는 식물들이 식재되어 동화 속 정원 같은 느낌이다. 장미향기 가득한 장미원을 지나면 고산식물과 다육식물로 바위에 붙어서 낮게 자라는 암석원이 있다. 암석원 전망대에서 내려다본 수목원 전경이 무척 아름답다.

인제자작나무숲 – '숲속의 귀족'이라 불리는 인제자작나무숲은 산림청에서 70만 그루의 나무를 심어 조성한 자작나무 숲이다. 30여 년 이상 된 자작나무들이 가득한 숲에서 직접 체험을 통해 자작나무의 매력을 오감으로 느낄 수 있다. 탐방로와 숲속교실, 생태연못 등을 갖추고 있으며 아이들이 자연을 벗 삼아 숲과 함께 느낄 수 있는 '숲속유치원' 도 운영하고 있다. 숲속에는 자작나무로 만든 정글집과 나무의자 그리고 그네, 오솔길이 이어지는데, 대략 5km의 산책로가 조성되어 있다.

Special 04

서쪽 땅끝, 마음이 일렁이는

태안 1박 2일

태안군은 백화산을 진산으로 남쪽, 서쪽, 북쪽이 바다로 둘러싸인 곳으로 해안선 길이만 531km에 달한다. 천혜의 자연자원을 활용하여 국내에서는 유일하게 해안국립공원이 있으며 118개의 섬이 딸려 있어 있어 잠재력이 무궁무진한 곳이다. 낭만이 가득한 천삼백리 해변에서 해넘이는 물론 해돋이도 볼 수 있다. 천년의 숨결이 이어지는 태안은 사시사철 다양한 축제와 먹거리가 풍성한 곳이다.

백제최고의 마애불상 태안마애삼존불상

태안 여행에서 놓치면 안 되는 곳이 태안마애삼존불과 백화산 전망이다. 백제 최고의 불상으로 꼽히는 태안마애삼존불은 국보 제307호로 전각 안에 모셔져 있다. 삼존불이 양각된 바위는 높이 약 5.3m, 너비 5.4m, 두께 5.4m의 거대한 바위로 중앙에 보존불과 좌우에 협시불이 있는 1보살 2여래의 특이한 형태로 국내에서는 유일하다고 한다.

서산마애삼존불상(국보 제84호)보다 입체적이며 제작시기도 앞선다. 하지만 오랜 세월 풍화를 견디며 훼손이 많이 된 상태이다. 마애불은 자연의 암벽에 새긴 불상으로 현존하는 것은 4개이다. 이 중 서산과 태안은 국보로 관리되며, 영주 가흥리와 가섭암지 마애존불은 보물로 보존하고 있다. 태안마애삼존불은 백제시대 최고의 마애불이라 칭해도 과언이 아니며, 신라는 물론 일본의 불교문화에도 많은 영향을 미쳤고, 백제시대 불교의 유입경로를 밝힐 수 있는 귀중한 작품이라고 한다.

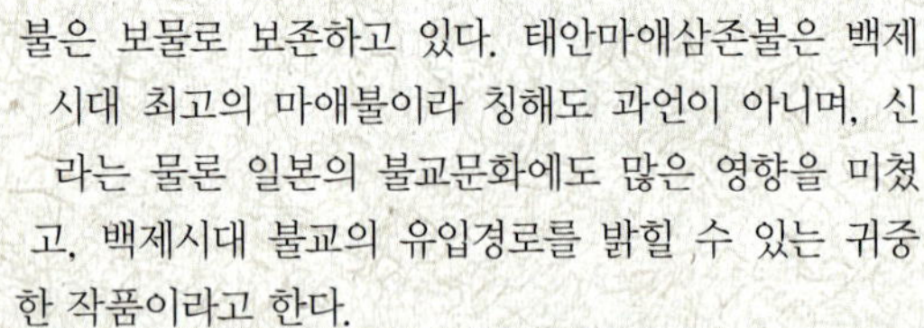

태안군내 성곽 중 가장 먼저 축성된 백화산성

태을암에서 500여 미터 정도 오르면 백화산성이 있다. 태안군 내 성곽 중 가장 먼저 축성된 석성으로 충남 문화재자료 제212호로 지정되어 있다. 고려 충렬왕(1275~1308) 때 축성되었으며 원래는 높이 3.3m에 둘레가 619m 정도였으나 오랜 세월 견디며 심하게 훼손되어 현재는 태을암 동쪽 약 100m 지점에 일부 성벽이 남아 있을 뿐이다. 산성에는 2개의 우물과 마을이 있었을 것으로 추정되는데 주변 급경사지와 절벽형태로 쌓아져 있어 이곳이 군사적 요새였음을 짐작할 수 있다.

백화산은 금북정맥에서 서쪽으로 뻗은 능선이 이곳까지 이어져, 비록 낮은 산(높이 284m)이지만 다양한 기암괴석과 많은 문화재를 간직하고 있는 넉넉한 산이다. 태안 8경 중 제1경으로 손꼽히며, 수많은 바위 때문에 사계절 내내 흰 꽃처럼 보인다하여 백화산이라 부른다. 정상에 오르면 태안읍내를 주변으로 펼쳐진 서산농장과 안흥, 화강포까지 고개만 돌리면 사방이 한눈에 들어온다.

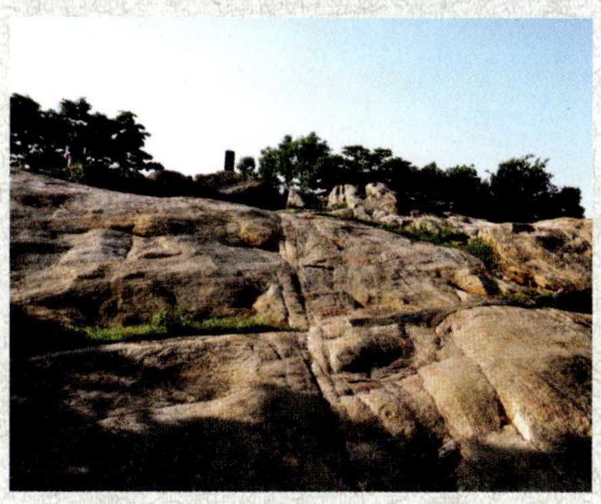

자손을 얻고 부귀영화를 꿈꾸는 흥주사

백화산 중턱에 자리 잡은 흥주사는 대웅전에 만세루, 산신각, 요사채만 갖춘 아담한 사찰이다. 흥주사는 우리나라에 불교가 전해지기도 전인 백제구수왕 9년(222년) 중국에서 건너온 홍인興仁이 창건했다 전해지지만 신빙성은 떨어진다. 다만 가람배치나 전해지는 유물 등을 토대로 고려시대에 창건한 것으로 추정하고 있다. 2층 누각의 만세루는 이 절집에서 가장 오래된 건물로 조선후기에 세워졌으며, 탑신 일부가 훼손된 삼층석탑은 기단부와 옥개석이 투박하고 둔중한 느낌이라 고려시대 탑으로 추정하고 있다.

만세루 앞에는 900년 된 은행나무와 400년 된 느티나무가 서 있어 이 절의 역사를 말해주는 듯하다. 충남기념물로 지정된 은행나무는 흥주사 창건설화에도 등장하는데, 주렁주렁 열리는 은행나무 열매처럼 부처님의 손길이 자손만대에 전해지길 바라는 마음에 사찰이름을 흥주사라 하였다고 전해진다.

서해 여행의 묘미, 갯벌체험이 있는 노을지는 갯마을

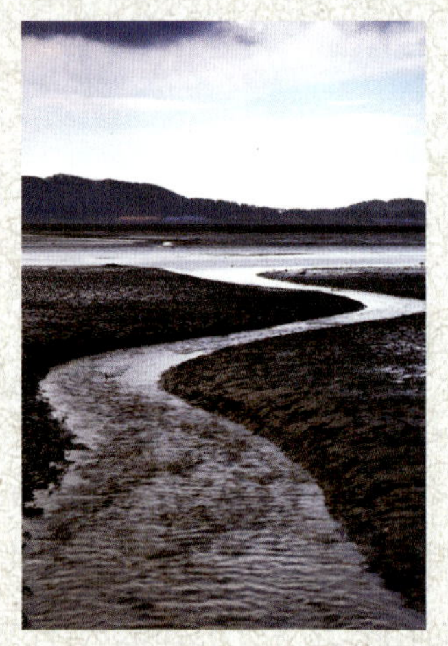

태안반도 서쪽 끝에 위치한 소원면에는 '노을지는 갯마을'이라는 마을이 있다. 아름다운 리아스식 해안을 따라 농촌과 어촌 풍경이 자연스럽게 어우러지는 곳으로 염전체험과 갯벌체험을 할 수 있는 녹색농촌체험마을이다. 체험은 당일이나 1박 2일 일정으로 이뤄지는데, 당일체험은 갯벌체험에 집중되고, 1박 2일 체험은 갯벌과 농사, 염전견학 등 다양하게 구성되어 있다.

마을 샤워장에서 시작되는 갯벌체험은 트랙터를 개조한 캠핑카를 타고 갯벌까지 이동하는데, 갯벌에 내리면 염전에 둘러싸인 갯벌이 눈앞에 끝도 없이 펼쳐진다. 이곳의 모래가 섞인 펄은 조개들이 서식하기 좋은 환경이라 누구라도 호미 한 자루만 있으면 금세 바구니 가득 바지락을 채울 수 있다. 갯벌에서는 바지락뿐만 아니라 낙지도 잡을 수 있는데, 낙지는 어두운 밤에 랜턴을 이용해 잡는 것이 더 재미있다고 한다. 염전체험은 바닷물의 1차 증발과정부터 소금이 생성되기까지의 과정을 학습한 후, 직접 소금을 긁어모으는 대파질을 해보거나 물레방아 같은 수차로 바닷물을 퍼 올리는 체험을 해볼 수 있다.

허브의 낙원, 팜카밀레허브농원

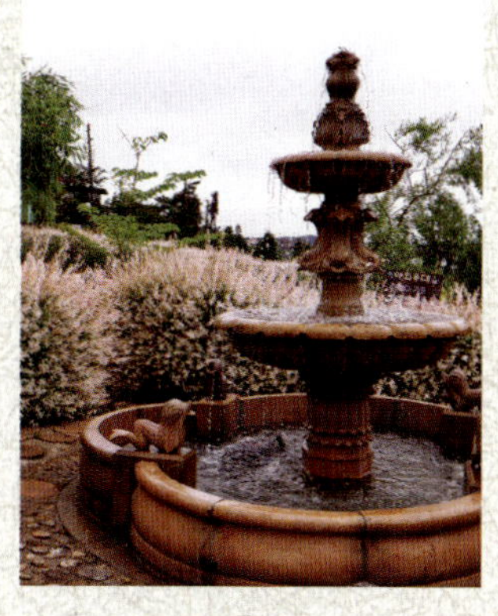

몽산포구 입구에서 좁은 길을 한참 가다보면 광대한 허브의 낙원 팜카밀레허브농원을 만날 수 있다. 영문으로 농원의 팜Farm과 허브를 대표하는 카밀레Kamille의 합성어로 '향기와 맛이 있는 아름다운 농원'이라는 의미가 있다고 한다. 팜카밀레농원은 11개의 테마가든에 200여 종의 허브와 야생화, 수목 등이 군락으로 조성되어 있다. 뿐만 아니라 레스토랑, 허브샵, 풍차, 야외무대 등이 아름답게 어우러진 농원이다.

와일드가든에 들어서면 화려한 색상의 삼색버드나무가 마치 꽃이라도 핀 것처럼 눈길을 사로잡고, 그 가운데에는 도자기분수가 시원한 물줄기를 뿜어낸다. 로즈가든에는 60여 종의 장미가 식재되어 있는데, 장미의 계절 6월에는 화려한 꽃들과 함께 장미향도 즐길 수 있다. 미로처럼 펼쳐진 케익가든은 회양목으로 8개의 삼각형 울타리를 만들고 그 속에 다양한 색상의 꽃을 심어 이국적인 정원모습이다. 전망대풍차로 오르는 길에는 메타세콰이어가 심어져 있는데, 이 길은 사색을 즐기기에 그만이다.

할미할아비바위 전설과 낙조가 아름다운 꽂지해변

안면도에서 가장 큰 해수욕장인 꽂지는 수질이 좋고, 고운모래와 넓은 해변 그리고 할미할아비바위로 떨어지는 낙조가 특히 아름다운 곳이다. 꽂지해변은 조수간만의 차가 커서 간조때에는 할미할아비바위까지 걸어서 갈 수 있고, 만조 때에는 두 바위섬 사이로 떨어지는 붉은 노을에 취해볼 수도 있다. 이곳의 낙조는 태안 8경 중의 하나로 변산의 채석강, 강화의 석모도와 함께 서해의 3대낙조로 손꼽힐 정도여서 연인들은 물론 많은 사진작가들이 모여드는 곳이다.

할미할아비바위는 신라시대 장보고의 신하로 안면도를 지켰던 승언과 그의 아내 미도의 슬픈 사랑이야기가 전해지는 곳이다. 승언이 북방으로 출정을 나가자 부인 미도가 일편단심 남편을 기다리다 할미바위가 되었고, 어느 날 그 바위 옆에 새로운 바위가 우뚝 솟아 할아비바위가 되었다고 한다. 꽃지해수욕장 주변에는 안면도자연휴양림과 온천테마파크 오션캐슬이 인접해 있어, 연인들 데이트코스나 가족나들이 장소로도 인기가 좋다.

안면송 삼림욕장이 있는 안면도수목원과 자연휴양림

안면도자연휴양림은 도로를 사이에 두고 휴양림과 수목원 구역으로 나뉜다. 안면도는 고려, 조선시대 때에도 소나무 벌채를 엄격히 금지하는 송금정책이 시행될 정도로 왕실에 사용할 소나무를 계획적으로 관리했던 곳이다. 이곳 소나무는 금강소나무처럼 나무가 굵고 곧게 자라 목재로서 최상의 가치를 인정받고 있다. 오랜 역사를 가진 안면송은 수원화성을 지을 때 사용했다는 기록이 있고, 최근 복원된 숭례문에도 사용되었다고 한다. 안면도자연휴양림은 국내 유일의 소나무 천연림으로 송림에서 뿜어져 나오는 피톤치드와 솔향기 산림욕을 즐길 수 있다. 안면송이 울창한 휴양림에는 산림전시관, 소나무길, 한옥집, 통나무집, 황토초가 등 친환경적인 편의 시설도 갖추고 있다.

안면도수목원은 전통 정원인 아산정원을 비롯하여 생태습지원, 지피원, 식용수원 등 다양한 테마로 이뤄져있다. 전망대에서 내려다보면 고려청자를 땅에 묻은 것처럼 조성된 청자자수원은 청잣빛을 발하는 꽃들이 아름답게 수놓아져 있다. 현대 정주영회장이 기증하였다는 아산원의 일세정과 연지는 수목원이 아니라 전통 한옥을 방문한 듯 전통미가 가득하다. 생태습지원 곁에는 소박한 패랭이꽃들이 각자의 빛깔로 시선을 잡는다. 약속의 숲길에는 붉은인동이 만개하여 화려한 터널을 만들고, 이 길에서 연인들은 핑크빛 약속을 속삭인다. 전망대에 오르면 수목원 전체 전경과 반대편으로 아련하게 서해바다까지 조망된다.

안면도자연휴양림

바다에서 도시로 변모하는 미래의 태안을 미리 보는 홍보관

서산간척지하면 정주영회장이 유조선공법을 동원하여 방조제를 쌓아 옥토를 조성한 '정주영공법'이 먼저 생각난다. 이곳에서 키운 소떼를 몰고 북한을 방문하여 남북화해의 물꼬를 텄다는 뉴스가 어제 같은데, 태안은 바다에서 농토로 다시 계획도시로 끊임없이 변화되고 있다. 태안기업도시는 서산간척지 B지구에 먼저 세워진다. 기업도시홍보관인 라티에라는 땅이란 의미의 스페인어로 서해의 바다였던 곳이 대지로 거듭나며 미래를 여는 새로운 복합 관광레저도시를 꿈꾸고 있다.

여행을 마치고 돌아 나오는 길에 방문하기 좋은 라티에라홍보관은 2층 카페형 쇼룸에서 1/2,000 규모의 가상도시를 만날 수 있다. 2층 홍보실 전망대에서는 서산간척지 B지구 및 천수만의 아름다운 경관을 조망할 수 있다. 2020년 완공될 태안 관광레저형기업도시가 본

격화되면 1만 5,000명의 상주인구가 유입되고, 연간 800만 명의 관광객이 유치될 것으로 예측하고 있다.

효율적인 포인트 동선

흥주사
태안마애삼존불
백화산성
32
만리포고교
교통광장오거리
장산교차로
바다꽃게장횟집
화동교차로
태안시외버스터미널
남문교차로
태안군청
노을지는갯마을
29
603
부석사
평화과수원삼거리
팜카밀레허브농원
삼거리버스정류장
루테라스펜션
해양횟집
77
649
라티에라
홍보관
원청사거리
서산B지구 방조제
황도
간월도
선착장
꽃지다리
방포회타운
꽃지해수욕장
안면도자연휴양림
안면도수목원

✔ 사진으로 미리보는 동선 지도

흥주사 → 태을암과 태안마애삼존불 → 백화산성 → 바다꽃게장횟집(중식) → 노을지는갯마을(갯벌체험) → 해양횟집(저녁식사 및 항구 산책) → 팜카밀레허브농원(1박 및 야간산책) → 꽃지해변 → 방포회타운(점심식사) → 안면도수목원과 자연휴양림 → 태안기업도시라티에라홍보관

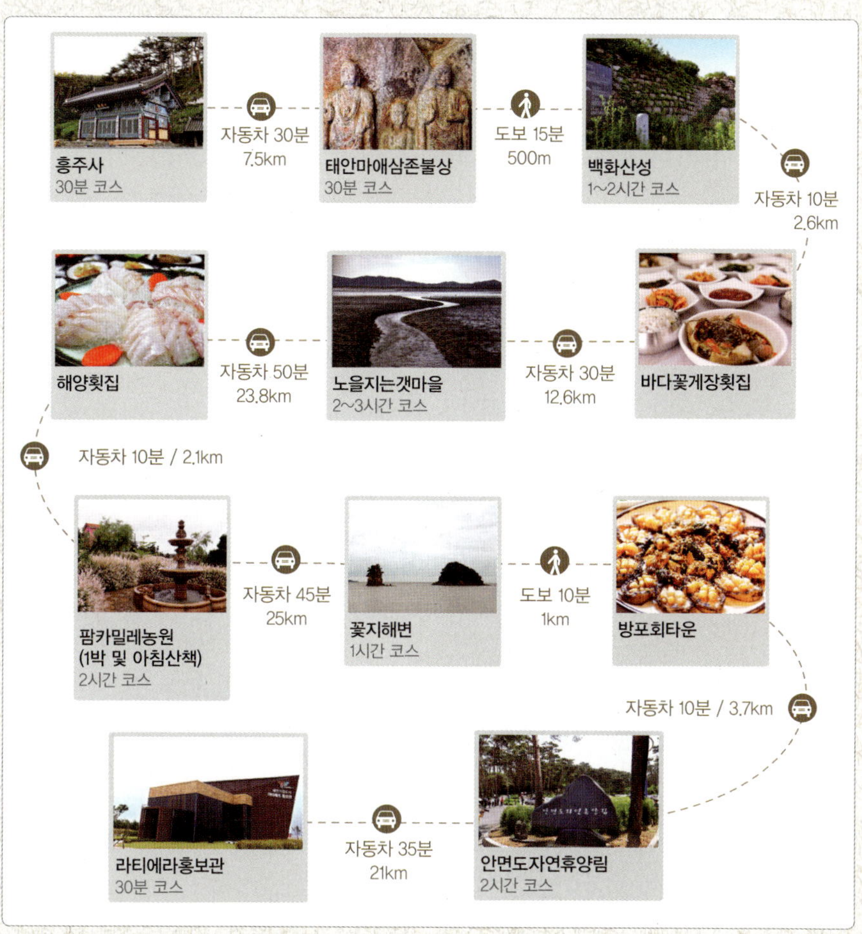

여행 정보

찾아가는 길

🚗 서해안고속도로 서산IC 빠져나와 서산방면 좌회전 → 운산교차로에서 서산방면 우회전 후 갈산무로치길 따라 13km 직진 → 예천사거리에서 안면도방면 좌회전 후 서해로 따라 12.9km 직진 → 화동교차로에서 태안문예회관방면 진입 후 우회전하여 냉천골길 따라 940m 직진 → 삼광빌라 앞에서 도내리방면 우회전 후 상도로 따라 1.2km 직진 → 이정표 확인하면서 흥주사방면 좌회전 후 속말1길 따라 1.2km 직진 → **흥주사** → 삼광빌라 앞까지 왔던길 따라 1.1km 이동 후 우회전하여 상도로 따라 1.7km 직진 → 체육관사거리에서 우회전하여 태안읍내 빠져나와 교통광장에서 원이

로 따라 760m 직진 → 태을암 이정표 확인하면서 우회전하여 원이로 따라 1.3km 진진 후 태을암주차장 진입 → **태을암과 태안마애삼존불** → 도보로 600여 미터 등산 → 백화산성 → 왔던 길로 교통광장오거리까지 돌아 나와 동백로 따라 500m 직진 → 제일공구점 끼고 우회전 후 능샘1길 따라 40m 직진 → **바다꽃게장횟집(중식)** → 교통광장오거리까지 왔던 길 돌아 나와 11시 방향 동백로 → 1.35km 직진 후 장산교차로에서 만리포방면 우회전 → 서해로 따라 8km 직진 후 만리포고교 앞에서 좌회전 → 법산길 따라 2.7km 이동 → **노을지는갯마을(갯벌체험)** → 만리포고교 앞까지 왔던 길 돌아 나와 우회전 → 서해로 따라 9.4km 직진하여 지하차도 옆길 진입 후 480m 직진 → 남문교차로에서 안면방면 우회전 후 안면대로 따라 6.3km 직진 → 평화과수원삼거리에서 몽산리방면 우회전 후 몽대로를 따라 4.9km 직진 → 몽산포항주차장으로 진입 → **해양횟집(저녁식사 및 항구 산책)** → 왔던 길 200m쯤 돌아 나와 삼거리에서 오른쪽 우운길 따라 1.62km 직진 → 이정표 확인하여 좌회전 후 농원주차장으로 진입 → **팜카밀레허브농원(1박 및 야간산책)** → 우운길 따라 550m 이동 후 삼거리정류장 앞에서 우회전 → 안면대로 따라 21.8km 직진 후 방포사거리에서 우회전 → 방포로 따라 800m 직진 후 좌회전 → 해안관광로 따라 470m 직진 후 꽃지방면 우회전 → 꽃지해안로 따라 1.2km 직진 후 해변주차장으로 진입 → **꽃지해변** → 해변주차장에서 도보로 꽃지다리 건너 1km 이동 → 방포회타운(점심식사) → 꽃지해안로 따라 2.1km 직진 후 영목항방면 우회전 → 안면대로 따라 1.6km 직진 후 좌회전하여 주차장으로 진입 → **안면도자연휴양림** → 안면대로 따라 17.3km 직진 후 원청사거리에서 홍성IC방면 우회전 → 천수만로 따라 3.7km 직진 후 홍보관 이정표 확인 후 주차장으로 진입 → **태안기업도시라티에라홍보관**

🚌 태안시외버스터미널 하차 후 태안여중앞정류장까지 약 270m 이동(도보 5분 거리) → 농어촌버스(태안–진흥아파트) 탑승 후 화곡삼리방앗간정류장 하차(8개 정류장 약 20분 소요) 후 흥주사까지 약 740m 이동(도보로 10분 거리) → **흥주사** → 화곡삼리방앗간 정류장까지 도보 이동 후 농어촌버스(태안–진흥아파트) 탑승 → 태안구터미널정류장 하차(12개 정류장 20분 소요) 후 도보로 약 1.5km 이동(20~30분 소요) → 태을암과 태안마애삼존불 → 도보로 600여 미터 등산 → 백화산성 → 태안구터미널정류장까지 약 1.5km 도보로 이동(30분 소요) → 농어촌버스(태안–소원) 탑승 후 법산이리갓배정류장 하차(18개 정류장, 50분 소요) → 노을지는갯마을까지 약 108m 이동(도보 2~3분 소요) → **노을지는갯마을(갯벌체험)** → 법산이리갓배정류장까지 도보 이동 후 농어촌버스(태안–소원) 탑승 후 남면사거리정류장하차(18개 정류장, 50분 소요) → 농어촌버스(태안–안면) 환승 후 카밀레허브농원정류장 하차(13개 정류장, 30분 소요) → 팜카밀레 허브농원까지 약 160m 이동(도보 2~3분 소요) → **팜카밀레허브농원(1박 및 야간산책)** → 신장리정류장까지 약 570m 도보로 이동(10분 소요) → 좌석버스(태안–안면) 탑승 후 꽃지해수욕장정류장 하차(20개 정류장, 1시간 소요) → **꽃지해변** → 해변주차장에서 도보로 꽃지다리 건너 1km 이동 → **방포회타운(점심식사)** → 꽃지해수욕장정류장에서 좌석버스(태안–안면) 탑승 후, 별주부마을정류장 하차(14개 정류장, 50분 소요) → 농어촌버스(태안–안면) 탑승 후 당암포구종점정류장 하차(3개 정류장, 15분 소요) → 홍보관까지 약 380m 도보로 이동(5~10분 소요) → **태안기업도시라티에라홍보관**

이용안내

태안마애삼존불상

☎ 충남 태안군 태안읍 동문리 817-2
041-672-1440

백화산성

☎ 충청남도 태안군 태안읍 백화산 / 041-670-2414

흥주사

☎ 충청남도 태안군 태안읍 상옥리 산1154
041-674-3473

노을지는 갯마을

☎ 충남 태안군 소원면 법산2리 / 041-674-5842

팜카밀레허브농원

☎ 충남 태안군 남면 몽산리 977 / 041-675-3636

🕒 09:00~18:00(하절기~18:30)

₩ 성인 6,000원, 어린이 3,000원

꽃지해수욕장

☎ 충청남도 태안군 안면읍 승언4리 산27
041-673-1061

안면도수목원과 자연휴양림

☎ 충남 태안군 안면읍 승언리 산32-567
041-674-5019

🕒 하절기(3~10월) 09:00~18:00, 동절기(11~2월)
09:00~17:00

₩ 주차료 : 입장료(어른 1000원, 어린이 400원
주차료 : 중형 3,000원, 경차 1,500원

태안기업도시라티에라

☎ 충남 태안군 남면 당암리 2-10번지
041-674-6042

🕒 10:00~16:00

먹을거리

서해바다에 인접한 태안은 싱싱한 해산물은 물론 넓은 평야에서 자라는 신선한 야채들도 풍성한 곳이다. 그만큼 태안 여행에서 먹거리는 고민할 필요가 없을 정도로 다양해서 골라먹는 재미가 있다. 소문난 게장이나 바닷가에서 갓잡아올린 싱싱한 회, 구수한 토속음식들도 추천할만 하다.

바다꽃게장횟집

☎ 충남 태안군 태안읍 남면 남문리 575-18
041-674-5197

₩ 꽃게장정식 22,000원

해양횟집

☎ 충남 태안군 남면 몽산리 686-2
041-672-8840

₩ A코스 150,000원, B코스 120,000원,
C코스 100,000원

방포회타운

☎ 충남 안면읍 승업리 1317-2 / 041-674-0026

₩ 한상세트 150,000원

숙소소개

태안에서는 휴양도시답게 다양한 형태의 숙소들이 곳곳에 위치하고 있다. 1박 2일 일정으로 둘러볼 때는 무리하게 코스를 잡는 것보다는 둘러보다가 힘이들면 근방의 숙소를 이용하는 것도 좋은 방법이다. 다만 성수기에는 미리 예약하지 않으면 낭패를 볼 수 있으므로 전화나 홈페이지에서 사전에 예약해두어야 한다. 성수기가 아니라면 당일 일정을 조율하면서 전화로 체크해보면 된다.

몽산포 루테라스펜션

☎ 충남 태안군 남면 몽산리 685-25
041-674-6367

✉ luterrace.kr

마리나비치

☎ 충남 태안군 남면 몽산리 680-2(몽산포항)
041-672-4097

✉ www.mbeachvill.com

팜카밀레허브농원

☎ 충남 태안군 남면 몽산리 977 / 041-675-3636

✉ www.kamille.co.kr

노을지는 갯마을

☎ 충남 태안군 소원면 법산2리 / 041-674-5842

✉ www.seavillage.net

안면도자연휴양림

☎ 충남 태안군 안면읍 승언리 산32-567
041-674-5019

✉ www.anmyonhuyang.go.kr

대한민국 여행자를 위한
충청도 여행백서
Part 05
충북 남부권
보은
옥천
영동
청원

Theme 01

부처님의 법이 머무는 곳,

법주사

Theme 02

향수 30리,

멋진 신세계와 시인 정지용

Theme 03

CNN이 선정한 한국에서 가봐야 할 아름다운 곳

옥천 용암사

Theme 04

난계 박연의 혼이 담긴 곳 난계사,

난계국악박물관

Theme 05

백화산 호랑이가 살고 있는

반야사

Theme 06

역사와 문화 그리고 예술과 자연이 하나로 만나는 곳

문의문화재단지

Theme 07

대청호반에 자리 잡은 국민들의 별장,

청남대

Theme 08

직지, 그 위대한 금속활자를 만나는

청주고인쇄박물관

Theme 09

추억의 골목여행,

수암골벽화마을

Special 05

이웃사촌마을 보은, 옥천, 영동을 잇는

충북 남부권 1박 2일 여행

충북 남부권(보은·옥천·영동·청원)
N
영남식당 227p
속리산천왕봉
선병국가옥 267p
법주사 222p
법주사
삼가삼거리
영남식당
속리산버스터미널
정이품송
갈목삼거리
탄부교차로
정이품송 225p
속리초교
선병국가옥
속리산 IC
덕동삼거리
삼년산성 227p
삼년산성
보은군청
보은시외버스터미널
보은 IC
옥화자연휴양림
미동산수목원
화인 IC
예뿌리민속박물관
당진상주고속도로
백족산
문의 문화재단지 244p
국립 청주박물관 265p
수암골 벽화마을 262p
대청호 251p
청남대 250p
국립청주박물관
문의 IC
대청호
수암골벽화마을
충청북도청
문의문화재단지
청남대
청주시청
양성산
대청댐
대청댐물문화관
청주고인쇄박물관
청주 고인쇄박물관 258p
상수 허브랜드 249p
대청댐 257p
청주고속터미널
JC 청원
청원 IC
상수허브랜드
경부고속도로
IC 서청주
49
505
37
25
30
575
19
571
32
512
509
36
594
591

황간시외버스터미널
황간 IC
49
반야사
숲속민박식당
월류봉
반야사
240p
901
숲속
민박식당
243p
영동
와인코리아
269p
1
영동 IC
4
영동와인코리아
19
월류봉
243p
영동시외터미널
영동군청
매천교차로
19
경부고속도로
대동
버섯손칼국수
239p
난계
국악박물관
236p
545
대동버섯손칼국수
난계국악박물관
마곡삼거리
575
장계관광지
230p
정방사거리
IC 금강
옥천묵집
231p
정지용생가
문학관
228p
장계관광지
이원삼거리
대흥사거리
대우농장
대박휴게소식당
금강
영국사
501
4
대성산
국원교차로
옥천묵집
영국사
268p
37
대박집
정지용생가/문학관
옥천 IC
옥천군청
옥천역
용암사
232p
부소담악
용암사
장령산
자연휴양림
273p
장령산자연휴양림
월전교차로
대박집
235p
서대산
71
동평사거리
401
부소담악
231p
37
JC 비룡
식장산
통영대전중부고속도로
남대전 IC
17
대전 IC
JC 산내
대전역

법주사

부처님의 법이 머무는 곳,

법주사는 신라진흥왕 14년(553)에 창건하여 1500여 년의 역사를 간직하고 있다. 쌍사자석등, 석연지, 사천왕석등 등 다양한 국보와 보물이 잘 보존되어 있으며, 특히 법주사 중앙에 자리한 팔상전은 5층 목탑 형식으로 우리나라에는 하나밖에 없는 귀중한 건물이기도 하다. 법주사는 탈속의 가람, 부처님의 법이 머무는 사찰로 세속에 찌든 번뇌를 잠시나마 마음 편히 내려놓을 수 있는 곳이다.

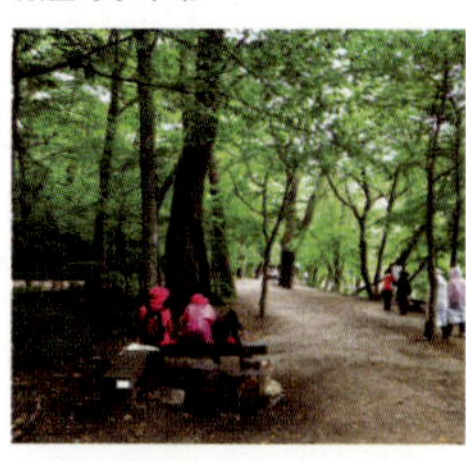

저절로 느긋해지는 발걸음, 생기 가득한 오리숲 황톳길

법주사로 향하는 황톳길은 수령 백년이 넘는 전나무와 소나무, 참나무 등이 서로 어깨를 맞대고 하늘을 가리는데 그 길이가 5리(2km)쯤 된다하여 오리숲이라고 부른다. 자연스레 심호흡 크게 하고 올려다본 하늘은 가지마다 푸릇푸릇 생기가 가득하다. 길은 마음을 더욱 느긋하게 만들고, 제2속리교를 지나면서 계곡 양쪽으로 시원한 바람마저 기분 좋게 불어준다. 얼마쯤 무념으로 걷다보면 일주문을 만난다. 정면에 호서제일가람湖西第一伽藍이라고 적힌 현판이 보이고, 뒤쪽에는 속리산대법주사라 쓰여 있다.

가장 먼저 만나는 법주사 문화재는 속리산사실기비(충북유형문화재 제167호)와 벽암대사비(충북유형문화재 제71호)이다. 속리산사실기비는 송시열이 글을 짓고 송준길이 글을 썼는데 그 내용은 속리산에 있는 거북바위 전설을 다루고 있다. 벽암대사비는 법주사를 중창한 조선중기 고승 벽암대사의 행적이 기록되어 있다. 수정교를 지나면 법주사 대문 역할을 하는 금강문이다. 양쪽 어칸에 금강역사와 사자를 탄 문수보살, 코끼리를 탄 보현보살이 모셔져 있다.

법주사를 상징하는 국내 유일 오층목탑 팔상전과 대웅보전, 적멸보궁

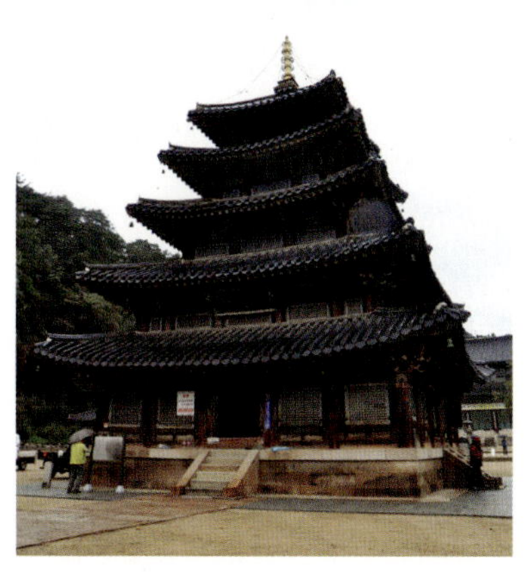

금강문을 들어서면 가람 수호를 위한 사천왕문이 양옆에 우뚝 솟은 전나무 호위를 받으며 방문객을 맞는다. 법주사는 국보 3점과 보물 12점 등 다양한 문화재를 보유하고 있다. 팔상전과 대웅보전, 원통보전, 쌍사자석등과 사천왕석등, 석연지 등 어디서부터 둘러봐야 할지 잠시 망설여진다. 많은 보물들 중 현존하는 국내 유일의 목조탑인 팔상전(국보 제55호) 앞에 선다. 팔상전은 석가모니의 일대기를 8단계 모습으로 그린 팔상도를 봉안한 전각으로 해체수리 중 사리함이 발견되면서 탑의 기능이 더해져 전각이자 5층 목탑으로 불린다. 팔상전 내부는 중심기둥이 천장까지 닿는 단층구조에 1층과 2층은 사방 5칸이고, 3층은 3칸, 4층은 2칸, 5층은 1칸으로 올라갈수록 칸이 줄어든다. 각층 사면은 모두 창호로 제작되어 내부에서도 밝은 빛을 충분히 받을 수 있다.

법주사의 주불전인 대웅보전(보물 제915호)은 고려중기 때 지어진 것으로 추정하며, 무량사극락전, 화엄사각황전과 더불어 우리나라 3대 불전 중의 한 곳이다. 비로자나불을 주존으로 좌우에 석가여래와 노사나불을 협시한 삼신불인데 실내에 안존한 불상 중에서는 국내 최대의 불상이라 한다. 대웅보전 앞 양쪽에 서있는 달피나무 열매는 염주를 만드는데 사용된다. 법주사의 적멸보궁은 따로 담을 두른 별도구역에 세존사리탑을 보관하는데 고려공민왕(1362년) 때 조성하였다. 통도사에 있는 석가모니 사리 가운데 일부를 옮겨 적멸보궁에 봉안하던 것을 다시 공민왕 때 사리탑을 세우고 진신사리 1과를 이곳에 옮겨 봉안하였다.

최근 완공된 동양최대 미륵대불과 고려시대 마애여래의상

법주사를 방문했던 사람이라면 후일 법주사하면 수많은 문화재보다 미륵대불을 먼저 떠올릴지도 모른다. 석연지 뒤쪽에서 온화한 미소로 경내를 굽어보는 이 불상이 현재의 모습을 갖추기까지는 많은 사연이 있다. 신라시대 진표율사가 처음 조성한 불상은 조선고종 때 당백전 주조를 위해 사라지고, 이후 1964년 박정희대통령 시주로 거대한 시멘트 불상을 이 자리에 세운다. 하지만 이 불상은 얼마가지 못해 붕괴직전인 1986년 해체되고, 1990년에 160톤에 달하는 청동불상으로 다시 조성되었다. 2002년 다시 80㎏의 금을 3㎜ 두께로 입히면서 현재의 금동미륵대불에 이른다. 미륵대불 아래에는 용화보전이라는 법당이 있다.

마애여래의상(보물 제216호)은 하늘 궁전에서 떨어졌다는 바위 추래암에 새겨진 고려시대 불상이다. 조각상의 전체 높이는 5m이며 연화대좌에 앉은 마애불이 가부좌가 아닌 걸터앉은 모습이라 다소 부자연스럽게 보인다. 하지만 마애불의 미소만큼은 은은한 미덕이 느껴진다. 마애상 왼쪽 아래 2개의 다른 조각도 눈여겨 살펴볼만하다. 짐을 싣고 가는 말과 사람이 음각되어 있는데 이는 법주사를 창건한 의신조사가 인도에서 경전을 싣고 오는 모습을 도설한 것으로 풀이하고 있다.

볼거리 풍성한 법주사 보물이야기

법주사에는 국보 3점과 보물 12점, 지방유형문화재 22점 외에도 각종 문화재자료, 천연기념물 등이 곳곳에 산재해 있으므로 이들을 일일이 찾아보는 재미가 쏠쏠하다. 앞서 살펴본 팔상전 앞에 쌍사자석등(국보 제5호)은 신라 석등 중에서도 뛰어난 작품으로 높이 3.3m에 가운데 중대석을 기둥모양으로 만들지 않고 두 마리 사자가 앞발을 올린 형태로 상대석을 떠받치게 한 것이 특징인데, 이는 후대에도 영향을 줄 정도로 획기적이라 평가받는다. 또 하나의 국보인 석연지(국보 제64호)는 8각의 지대석에 3단의 괴임을 만들고 복련을 둘렀으며, 높이 1.95m, 둘레 6.65m로 신라 성덕왕 때 조성된 것이다.

법주사 보물로는 앞서 살펴본 대웅보전, 마애여래의상 외에도 다수가 있다. 보물 제15호로 지정된 사천왕석등은 상대석 팔면에 역동적인 사천왕상이 새겨 있어 붙여진 이름으로 쌍사자석등과 같이 신라 성덕왕 때 작품으로 추정한다. 희견보살상(보물 제1417호)은 모루돌 위에 향불을 머리에 이고 부처님 앞에 다가가는 모습을 하고 있다. 높이 2m 정도에 화강석재로 향로에는 네 겹의 연꽃잎이 새겨져 있다. 법주사 철솥 철확(보물 제1413호)은 높이 1.2m, 지름 2.7m, 두께 10cm 규모의 거대한 솥으로 장국을 끓이면 3,000명 정도가 한꺼번에 먹을 수 있어 번성했던 법주사 규모를 짐작할 수 있다. 이 외에도 원통보전, 괘불탱화, 신법천문도병풍, 법주사대웅전소조삼불좌상, 목조관음보살좌상, 복천암수암화상탑, 복천암학조등곡화상탑이 보물로 지정되어 있다.

지방유형문화재도 다양한데 법주사석조는 높이 1.3m, 길이 4.46m로 단조로운 네 벽에 모각이 없게 만들었으며 바닥에 물 빠짐 구멍이 있다. 현존하는 우리나라 석조 가운데 가장 크며 쌀 80가마가 들어간다고 한다. 그 밖에도 법주사세존사리탑, 속리산사실기비 외에도 순조대왕태실, 벽암대사비, 자정국존비, 금강골쌍탑, 석옹, 법주사능인전, 선희궁원당, 궁현당, 보은중사자암동종 등 많은 유형문화재가 있다. 법주사를 다 둘러보고 나오는 길에는 조선세조로부터 정이품 품계를 받은 정이품송도 놓치지 말고 보자. 건강상태가 별로 좋지 않지만 그 기백만큼은 여전하다.

여행 정보

찾아가는 길

🚗 ① 당진영덕고속도로 보은IC 빠져나와 보은IC교차로에서 속리산 방면 왼쪽 길 → 남부로 따라 5km 직진 후 보은교차로에서 속리산방면 오른쪽 길 → 보청대로 따라 1.4km 직진 후 누청삼거리에서 속리산방면 좌회전 → 동학로 따라 6.8km 직진 후 중판삼거리에서 법주사방면 우회전 → 속리산로 따라 1.7km 직진 후 상판삼거리에서 속리산방면 좌회전 → 법주사로 따라 3.1km 직진 후 주차장으로 진입

② 당진영덕고속도로 속리산IC 빠져나와 상장교차로에서 속리산방면 좌회전 → 보청대로 따라 760m 직진 후 장내삼거리에서 서원리방면 우회전 → 장안로 따라 6.9km 직진 후 삼가삼거리에서 법주사방면 좌회전 → 비룡동관로 따라 3.2km 직진 후 갈목삼거리에서 법주사방면 우회전 → 속리산로 따라 4.3km 직진 후 주차장으로 진입

🚌 ① 보은시외버스터미널 하차 후 삼산리 정류장까지 200m 도보로 이동(3분 소요) → 농어촌버스(보은–백석) 탑승 후 청주식당앞정류장 하차(9개 정류장 40분 소요) → 법주사까지 870m 도보로 이동(15분 소요)

② 속리산터미널 하차 후 도보로 1km 이동(15~20분 소요)

이용안내

충북 보은군 속리산면 사내리 209 / 043-543-3615

beopjusa.org

성인 4,000원, 청소년 2,000원, 어린이 1,000원

먹을거리 _ 영남식당

충북 향토음식경연대회에서 대상, 금상, 특별상 등을 골고루 받을 정도로 손맛을 인정받은 식당이다. 산사를 찾게 되면 자연스럽게 먹게 되는 산채비빔밥을 추천할 만하다. 비빔밥에 들어가는 나물로는 뽕잎, 고사리, 참나물, 목이버섯, 콩나물 그리고 달걀 고명이 올려있다. 입맛에 맞게 고추장에 쓱쓱 비벼서 먹으면 산나물의 그윽한 향이 입속 가득 전해진다.

충북 보은군 속리산면 사내리 280-2 / 043-543-3924

산채비빔밥 7,000원, 보은대추정식 12,000원

주변볼거리 _ 삼년산성

보은 시가지는 물론 주변 산과 들판이 한눈에 내려다보이는 삼년산성(사적 제235호)은 신라 자비왕 13년(470)에 시작하여 삼년동안 축성하였다는 기록이 삼국사기에 전해진다. 산성은 포곡형으로 구들장처럼 납작한 자연석을 우물정(井)자 형태로 가로세로쌓기 하여 축조하였다. 견고한 산성은 신라가 서북지역으로 진출하는 전초기지 역할을 하였다. 오정산능선을 따라 둘레 1.7km, 넓이 8~10m로 4개의 문과 7개의 옹성 그리고 5개의 우물과 수구 등을 갖춘 전략적 산성이었다. 입구 암벽에는 신라 최고의 명필 김생의 필체로 옥필, 유사암, 아미지 등의 글씨가 새겨져 있다.

충북 보은군 보은읍 성주1길 104(어암리 일대)
043-542-3384

중층 팔작집이 있는 사찰

공주 마곡사대웅전 – 마곡사 대광보전(보물 제802호)은 조선후기인 정조12년(1788)에 세워졌으며 현판은 표암 강세황의 글씨이다. 대광보전 안 본존비로자나불은 동쪽을 향해 모셔져 있다. 뒷벽에는 18세기 후반의 조선 회화 특징을 그대로 간직하고 있는 '백의수월관음도'가 장식되어 있다. 대광보전에서 또 하나 눈여겨 볼 것은 참나무 껍질로 만든 돗자리로 앉은뱅이가 걸어 나갔다는 이야기가 전해진다.

부여 무량사극락전 – 무량사는 부여에서 가장 큰 사찰로 만수산 남쪽 기슭에 자리한 유서 깊은 사찰이다. 극락전과 석탑, 석등이 일직선상에 놓여있어 한 점 흐트러짐이 없다. 무량사 극락전(보물 제356호)은 우리나라에서는 그리 흔치 않은 2층 불전이다. 조선중기의 양식적 특징을 잘 나타내고 있어 중요한 문화재적 가치가 있다.

구례 화엄사각황전 – 화엄사각황전(국보 제67호)이 있는 자리는 원래 3층의 장육전이 있었는데, 임진왜란 때 파괴되고 숙종 때 현재의 모습으로 다시 지은 것이다. 화엄사사적기에 의하면 1636년에 조각된 목조비로자나삼신불좌상(보물 제1363호)은 전라도와 경상도 지역의 대표적인 승려장인들이 공동으로 제작한 것이라고 한다.

시인 정지용 멋진 신세계와 향수 30리,

'넓은 벌 동쪽 끝으로 옛이야기 지줄대는 실개천이 회돌아 나가고, 얼룩백이 황소가 해설피 금빛 게으른 울음을 우는 곳, –그 곳이 참하 꿈엔들 잊힐리야.' 한국현대시의 선구자이자 언어의 연금술사, 시인 정지용의 '향수'를 나지막이 읊조리게 되는 곳, 옥천은 한국 최초의 모더니즘 시인 정지용의 고향이다.

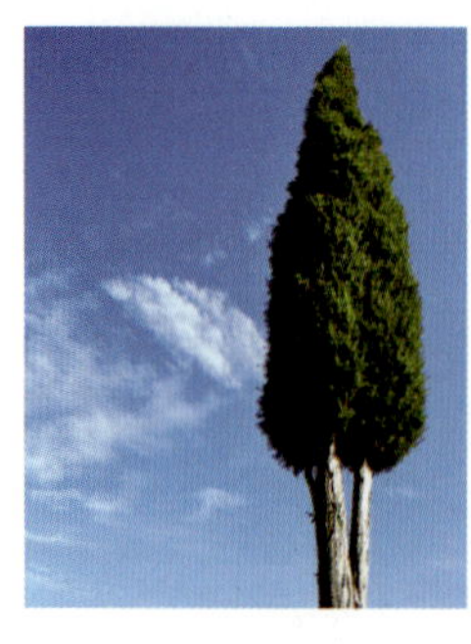

옛 시인이 온몸으로 그리워했던 그곳, 정지용생가

옥천 구읍에는 정지용시인이 살았던 생가와 그의 문학을 가슴에 담을 수 있는 문학관이 자리한다. 구읍에서 시작되는 향수 30리길은 시인의 시를 주제로 조성된 문학공원 장계관광지까지 낭만적으로 이어진다. 길을 따라 가다 보면 정지용의 시 19편을 주제로 꾸며진 '멋진 신세계'에서 그의 다양한 시화를 만날 수 있다. 또한 구읍의 지용로를 따라 근대시기 지어진 건축물과 조화를 이룬 다양한 시구에서 아련한 향수를 느끼며 시간여행을 즐길 수 있다.

옛 시인이 꿈에도 그리워했던 그곳은 비록 옛 모습은 아니지만 마을을 휘돌아 실개천이 여전히 흐르고 있다. 실개천을 가로지르는 청석교 바로 옆에는 '향수'가 적힌 시비가 단아한 초가집 앞에 세워져 시인의 생가임을 알린다. 초가집 싸리문을 들어서면 안채와 아래채 2동의 초가와 작은 우물이 먼저 보인다. 생가 안채에는 시인의 초상화와 시가 적힌 액자, 낡은 가구와 질화로가 놓여있다. 생가 곳곳에는 마치 시골집이라도 온 듯 광주리, 지게, 멍석 등이 여기저기 눈에 들어온다. 초가 뜰에는 나무 한 그루와 우물 그리고 마당을 감싼 돌담이 정겹게 눈에 들어온다. 생가 툇마루에 잠시 앉아 시집 한 권 읽고 싶은 생각이 저절로 든다.

시인의 문학세계를 이해할 수 있는 정지용문학관

생가 바로 옆에는 시인 정지용의 삶과 문학세계를 정리해놓은 정지용문학관이 있다. 문학관에 들어서면 귀에 익숙한 시가 선율에 실려 귀를 간질이는데 누구라도 자신도 모르게 흥얼거리게 된다. 입구에는 실물크기로 재현된 시인의 밀랍인형이 있어 자연스럽게 기념사진을 담을 수 있다. 문학관에는 자신의 손이 스크린이 되어 손으로 느끼는 시, 영상시화, 향수 영상, 시어검색, 시낭송실 등 다양한 문학체험을 할 수 있다. 문학교실에서는 강좌, 시토론, 세미나, 문학 동아리 활동공간으로 단체 관람객을 대상으로 오리엔테이션을 진행하는 열린 문학공간이다.

문학전시실은 그가 살던 시기 년대별 삶을 정리한 '지용연보'와 영상으로 살펴볼 수 있는 스크린북이 그의 삶속으로 안내한다. '지용의 삶과 문학코너'는 1910~1950년까지 현대시의 변천과 그 흐름 속에 시인의 역량을 엿볼 수 있도록 4개의 테마(향수, 바다와 거리, 나무와 산, 산문과 동시) 구역으로 구분되어 있다. '시·산문집 초간본 전시'는 『정지용시집』, 『백록담』, 『지용시선』, 『문학독본』 등 작품을 발표할 때 마다 화제를 일으켰던 120여 편 시와 산문집의 육필 원고, 초간본 등의 자료를 살펴볼 수 있다.

예술 도시 옥천, 향수 30리 멋진 신세계와 향토전시관

군에서 조성한 '향수 30리-멋진 신세계'는 옥천구읍에서 시작하여 도로변을 따라 아름다운 시와 작품들이 장계관광지까지 이어진다. 모단광장(시문학광장)에는 정지용시인이 쓰던 원고지 한 장을 지붕으로 형상화한 건축물, 모단가게와 모단갤러리가 있고, 정지용시인과 정지용문학상을 수상한 책들이 위트 있게 표현된 일곱 걸음 산책로가 연결된다. 창작놀이 시설 트리하우스와 집합공간으로 구성된 창, 금강에 사는 물고기 비늘을 형상화한 피크닉플랫폼 등을 여기서 만날 수 있다. 시가 적힌 네모난 세상, 창문너머 보이는 금강, 향수 30리 멋진 신세계는 글을 통해 풍경과 소통하는 곳이다.

옥천향토전시관은 옥천의 전통 민속자료를 전시하는 공간으로 옥천의 역사, 유물전시관과 생활전시관으로 구분되어 있다. 옥천은 마을 단위로 산신제, 탑신제, 장군제 등 다양한 전통이 현재까지 이어지는데, 전시된 소품들은 지역주민들이 자발적으로 기증한 것들이다. 유물전시관 옆에는 신라 문무왕 때 만들었다는 옥천 청석교와 고려시대 가마터와 건물터가 발견된 옥천 삼양리 기와가마를 재현해 놓았다.

여행 정보

찾아가는 길

- 경부고속도로 옥천IC 빠져나와 옥천IC사거리에서 보은방면 좌회전 → 중앙로 따라 500m 직진 후 문정삼거리에서 정지용생가방면 우회전 → 지용로 따라 420m 직진 후 구읍삼거리에서 구읍방면 11시 방향 → 향수길 따라 이정표 확인하면서 정지용생가주차장까지 이동
- 옥천시외버스터미널 하차 후 오깔미정류장까지 도보로 이동(1분 소요) → 농어촌버스(옥천-마전) 탑승 후 옥천종합상가정류장 하차(2개 정류장 5~10분 소요) → 농어촌버스(옥천-청산) 환승 후 구읍사거리정류장 하차(4개 정류장 10~15분 소요) → 정지용생가까지 도보로 이동(2~3분 소요)

이용안내

정지용생가/문학관

☎ 충북 옥천군 옥천읍 향수길 56 / 043-730-3408

✉ www.jiyong.or.kr

🕒 09:00~18:00(매주 월요일 휴관)

장계관광지 '향수30리 멋진 신세계'

☎ 충북 옥천군 안내면 장계리 산7-1 / 043-730-3070

옥천향토전시관

☎ 충북 옥천군 안내면 장계리 산7-1 / 043-730-3473

먹을거리 _ 옥천묵집

옥천IC에서 5분 거리에 위치한다. 정지용생가 주변 상점들은 온통 정지용의 시가 가득하여 간판 찾아보는 재미도 쏠쏠한 특별한 여행지이다. 옥천묵집은 마치 고향 시골집을 오랜만에 찾아온 느낌이 드는 곳이다. 마당에는 커다란 솥과 장독대가 보이고, 한쪽에는 쌓놓은 도토리묵이 한자리를 차지하고 있다. 직접 농사지은 재료로 반찬을 만들고, 묵은 틈틈이 주어온 도토리로 정갈하게 만든다. 도토리칼국수를 시키면 둘이 먹기에는 많다 싶게 커다란 옹기에 가득 나오는데 무, 멸치, 다시마 등을 장시간 우려내 국물에 들깨의 걸쭉함과 말린 묵의 고소함이 잘 어우러져 돌아서면 생각나는 맛이다.

☎ 충북 옥천군 옥천읍 하계리 24-1 / 043-732-7947

₩ 묵밥 6,000원, 도토리수제비 5,000원

주변볼거리 _ 소금강을 빼닮은 부소담악

병풍바위를 보고 우암 송시열선생은 소금강이라 예찬하였다니 그 아름다움은 일찌감치 인정된 것 같다. 전국에서 가장 아름다운 6대 하천에 선정되었으며 '한국에서 아름다운 하천 100선'에서도 최우수상을 수상하였다. 추소리는 추소팔경을 따로 꼽을 수 있을 정도로 풍광이 아름다운 곳이 많다. 환산(고리산)은 대청댐이 생기면서 산 아래가 물에 잠겨 풍광이 바뀌고 세월이 흐르면서 부소담악은 오히려 그 자태가 더욱 도드라져 아름다운 선경을 자랑한다. 추소리는 자전거를 좋아하는 사람들에게는 라이딩 장소로도 유명한 곳이며 대청호 오백 리 둘레길 제7구간에 속한다. 부소담악의 풍광을 제대로 즐기려면 추소리 마을 뒤편 환산(고리산)에 올라 내려다 보는 것이 제일 아름답다고 한다.

작가의 문학세계만남, 문학관

경주동리목월문학관 – 경주불국사 옆에 있는 동리목월문학관은 한국 문단의 양대산맥을 이룬 김동리선생과 박목월선생의 문학세계를 살펴볼 수 있는 곳이다. 격변기에도 우리 순수문학을 굳건히 지켜온 김동리선생과 국민시인으로 추앙받는 박목월선생의 발자취를 되짚어 볼 수 있다. 문학관은 2층으로 목월관과 동리관으로 구분되어 있다. 선생의 저서와 육필원고 등을 살펴볼 수 있으며, 경주 문화단지와 인접해 있으므로 시간을 내어 함께 둘러보기에도 부담 없다.

장흥천관문학관 – 우리나라 최초로 문학관광기행 특구로 지정된 전남 장흥의 천관산 자락에서 이곳 출신 문인들의 문학작품과 작품세계를 만날 수 있다. 장흥은 문학의 산실이자 현장이며 많은 작가를 배출한 고장으로 가사문학의 효시인 『관서별곡』을 지은 백광홍선생을 비롯하여 한국문학의 거장 이청준, 바다의 삶을 감동적 시흥으로 표현한 한승원, 민중의 삶을 그려낸 송기숙까지 수많은 문인들의 고향이다.

미당시문화관 – 전북 고창군 부안읍 선운리 마을에 세워진 미당 서정주 기념관으로 시와 사진 복원된 서재, 편지 등의 유품과 친필 시액자, 육필원고, 연구논문, 대표 시집 등이 전시되어 있다. 옥상전망대에 오르면 난간에 적힌 시와 주변풍경을 만끽할 수 있다. 폐교를 활용한 문화관 운동장 한편에는 거대한 자전거가 시선을 잡는데, 문학소년들의 꿈을 상징화한 조형물이라고 한다. 문학관 근처에는 미당의 생가가 복원되어 있다.

옥천용암사

아름다운 곳

CNN이 선정한 한국에서 가봐야 할

미국 CNN 여행사이트인 'CNN Go'에서 2012년 '한국에서 가봐야 할 아름다운 곳 50선' 중 옥천의 용암사가 선정되었다. 속리산법주사 말사인 용암사는 장령산 삼청리에서 3km 정도 가파른 산을 오르면 만날 수 있다. 넓지 않은 지형에 가람들이 아기자기 배치되어 있으며, 여기서 내려다보는 운해는 많은 사진작가에게 익히 알려졌듯 멋진 풍광을 자랑한다.

옥천 읍내를 아스라이 내려다보는 용암사

용암사는 의신조사가 법주사에 앞서 552년(진흥왕 13)에 창건한 유서 깊은 사찰이지만 경내 건축물 대부분은 1980년대 이후 중창한 것이다. 사찰 이름의 유래가 된 용처럼 생긴 바위는 신라말 마의태자가 금강산으로 가던 중 여기서 남쪽하늘을 향해 통곡했다 전해지지만 애석하게도 이 바위는 일제강점기 파괴되어 사라졌다. 비탈진 곳에 축대를 쌓고 지은 용암사는 따로 산문이 없어 주차장 앞에 세워진 화엄경 글귀가 일주문을 대신하고 있다. 용암사 대웅전에는 목조좌상인 아미타여래불을 주존으로 좌우에 대세지보살과 관세음보살을 모시고 있다.

절집 마당 왼쪽 범종각은 지형적으로 협소한 탓인지 예불에 필요한 사물(범종, 운판, 목어, 법고) 중 범종만 매달았고, 그 옆으로 용왕각이 자리하고 있다. 산중에는 산신각이 바다와 인접한 곳은 용왕각이 일반적인 것이라 용암사의 용왕각은 다소 이색적으로 보인다. 용왕각 한쪽에는 '물은 생명이요 길이다. 길가다 피곤하면 정자 밑에 쉬어가듯이 목마른 사람 여기 감로수로 갈증을 잠시 쉬고, 나 자신 참으로 누구인가 한 번 생각해보세'라는 짧지만 깊은 의미가 느껴지는 글귀가 보인다.

대웅전 뒤로 축대를 쌓아올려 지은 천불전은 지그재그 계단길로 용암사의 지형이 그대로 느껴진다. 천불전 내부는 배면 기둥이 밖으로 튀어나오게 조성한 것이 이색적이다. 천불전 중앙에는 삼세불이 모셔져 있고 그 뒤와 좌우로 천불이 불단 가득 봉안되어 있다. 천불전 외부는 석가모니 일생을 묘사한 팔상도가 그려져 있다.

용암사에서 놓치면 안 되는 대웅전 뒤 마애불

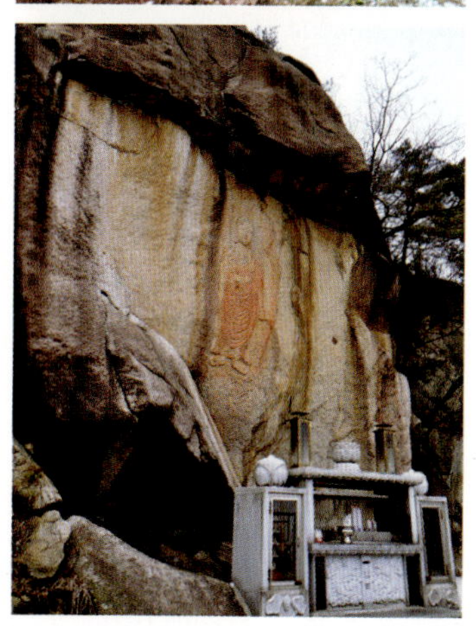

산신각으로 오르는 비탈길 좌우에는 글귀가 새겨진 비석들이 눈에 띈다. 부처님이 아닌 산신을 모시는 산신각은 용왕각과 함께 토속신앙과 잘 결합된 우리나라 불교의 특징을 잘 보여주는 듯하다. 산신각 옆에는 용암사마애여래입상(충북 유형문화재 17호)이 있는데, 마의태자를 그리워하던 신라 도공의 후손이 태자의 모습을 미륵불로 조각한 것이라 전해진다.

붉은 색 천연바위를 깎아내고 그 위에 약 3m의 입상을 도드라지게 새김하였는데 연꽃 대좌 위에 발을 좌우로 벌리고 서 있는 모습이다. 얼굴은 가늘고 긴 눈, 작은 입, 도드라진 코에 넓은 어깨, 붙인 듯한 팔, 규칙적인 옷주름과 옷자락은 신라말에서 고려초에 유행했던 표현기법으로 조각이 형식화되었음을 잘 보여준다. 마애불 아래 작은 틈새에는 누가 가져다 놨을까, 부처님과 동자승 모습에 작은 소곤거림이 들리는 듯하다.

용암사 백미는 이른 새벽 해 뜨는 풍경에 있다

마애불이 있는 곳에서 바라본 전망은 용암사의 백미라 해도 과언이 아닐 정도로 아름답다. 옥천이 아스라이 내려다보이는 이곳에 아침 운해가 깔린다면 바로 CNN이 추천할 수밖에 없었던 황홀경을 맞이할 수 있다. 이 운무를 뚫고 떠오르는 해를 담기 위해 수많은 사진작가들이 새벽잠까지 물리고 찾아드는 것이다. 특히 새해첫날은 해돋이를 보려고 수많은 인파가 이곳에 몰린다고 한다. 필자가 찾은 날은 썩 맑은 날이 아니라 눈앞에 막이 낀 것처럼 뿌옇기만 해서 아쉬움이 많이 남는다.

용암사 동쪽 자연 암반 위에는 보물 제1338호로 지정된 용암사동서삼층석탑이 있다. 대웅전 앞이 아닌 이곳에 따로 세워진 것은 도선대사의 풍수지리에 입각한 산천비보사상의 영향일 것이다. 이는 사찰의 기운이 약한 곳에 탑을 세움으로써 쇠퇴한 기운을 북돋고자 했을 것으로 추측하고 있다. 산천비보사상에 따라 세워진 석탑 중 2개가 나란한 탑은 이곳이 유일하다하니 학술적 가치도 높다. 2기의 탑은 유사한 모양이지만 동탑은 430m, 서탑은 413m로 규모면에서 약간의 차이가 있다. 최근 석탑의 안전진단 결과 탑이 기울기 시작하여 2014년 5월부터 해체복원작업을 실행한다고 하니 여행 계획을 세울 때는 참고하자.

여행 정보

찾아가는 길

경부고속도로 옥천IC에서 보은방면으로 빠져나와 중앙로 따라 5.5km 직진 → 청풍로 표지보고 좌회전한 후 청풍로 따라 1km 직진 → 용암사쌍삼층석탑 표지보고 우회전한 후 삼청2길 따라 1.6km 이정표 확인하면서 직진 → 용암사

① 옥천시외버스터미널 → 삼동앞정류장까지 100여 미터 도보 이동(2~3분 소요) → 농어촌버스(옥천-금천리) 탑승 후 금천리정류장 하차(16개 정류장, 40여 분 소요) → 용암사까지 약 1.6km 도보로 이동(20~30분 소요)

② 옥천시외버스터미널 → 오깔미정류장까지 도보로 이동 → 농어촌버스(옥천-마전) 탑승 후, 옥천버스터미널정류장(종점) 하차(3개 정류장, 10분 소요) → 농어촌버스(옥천-가풍리) 환승 후 하삼리정류장에서 하차(3개 정류장, 15분 소요) → 용암사까지 1.5km 도보 이동(20~30분 소요)

옥천역 하차 후 옥천버스터미널정류장까지 도보로 이동(3~5분 소요) → 농어촌버스(옥천-가풍리) 탑승 후 하삼리 정류장에서 하차(3개 정류장, 15분 소요) → 용암사까지 1.5km 도보 이동(20~30분 소요)

이용안내

☎ 충북 옥천군 옥천읍 삼청리 산51-1 / 043-732-1400

먹을거리 _ 대박집

이름부터 맛있을 거 같은 집으로 도리뱅뱅이와 생선국수가 유명하다. 도리뱅뱅이는 피라미를 가지런히 눕힌 후 기름을 부어 2차례 튀긴 후 다시 기름을 붓고 달콤 매콤한 양념을 발라 다시 한 번 구워 나오기 때문에 바삭한 맛이 특별하다. 깻잎과 함께 몇 마리 올려 먹으니 칼슘을 통째로 보충하는 느낌이다. 생선국수는 무쇠 솥에서 민물생선을 12시간 푹 삶은 육수에 소면을 넣어 주는데, 그 맛이 딱 한국인 입맛이다. 국수에 밥은 무한 제공되므로 양껏 먹어도 된다.

☎ 충북 옥천군 옥천읍 죽향리 214번지 / 043-733-5788

₩ 도리뱅뱅 10,000원, 생선국수 5,000원

주변볼거리 _ 옥천성당

충북지역에 유일하게 남아 있는 근대문화유산으로 등록문화재 제7호로 지정되어 있으며, 한국전쟁 이후 성당건축물 변화를 비교할 수 있어 건축사적 의의를 지닌 귀중한 유산으로 평가된다. 일반 성당이 적벽돌로 세워진 반면 옥천성당은 콘크리트로 지어졌으며, 증축과정에 십자 형식으로 본당과 부속건물을 연결해 주어 위에서보면 십자가를 눕혀 놓은 형태로 지어져 있다. 성당 주변으로 십자가의 길이 조성되어 있어 기도하며 걸을 수 있으며, 굳이 종교와 상관없어도 마음을 평안하게 만든다.

☎ 충북 옥천군 옥천읍 삼양리 158-2 / 043-731-9981

구름에 떠있는 풍경을 만날 수 있는 산사

무주안국사 – 전라북도 무주군 적상산에 있는 사찰이다. 적상산은 사방이 험준한 절벽으로 천혜의 자연요새로도 유명한데 그 정상부근에 안국사가 있다. 산사 앞으로 덕유산 무주리조트가 아련하게 보이며 바로 앞에는 산정호수인 적상호가 있다. 운해가 끼면 마치 구름 위에 있는 듯한 착각을 불러일으키는 곳으로 극락전과 천불보전, 청하루, 지장전, 삼성각, 범종각 등이 있다. 근처에는 적상산사고도 있으므로 함께 둘러보면 좋다.

금산태고사 – 충남 금산군 향정리에 있는 태고사는 대둔사에 딸린 사찰이다. 남한의 금강산이라 불리는 대둔산(878m) 낙조대 북동쪽 산기슭에 자리 잡고 있는 태고사는 풍광이 아름답기로 유명하다. 우리나라 12승지 중 하나로 꼽히는 태고사는 신라 신문왕 때 원효대사가 창건한 사찰이다. 원효대사가 이곳 태고사 절터를 발견하고 매우 기뻐 3일 밤낮에 걸쳐 춤을 추었다는 설화가 있을 만큼 절경이다. 한국전쟁으로 소실되었지만 도천스님이 50년간 두문불출하며 불사를 지속하여 오늘에 이른다. 이곳에서 수학한 우암송시열이 자연기암에 새겨놓은 석문이 이 사찰의 일주문 역할을 하고 있다.

구례사성암 – 원효, 도선, 진각, 의상 4명의 고승이 수도한 암자다 하여 사성암이라고 부른다. 사성암을 중심으로 풍월대, 망풍대, 배석대, 낙조대, 신선대 등이 위치하여 오산 12비경으로 꼽히며, 작지만 기암괴석의 절묘한 풍경 때문에 소금강이라고도 불린다. 아슬아슬하게 세워진 지장전과 소원바위, 산왕전, 도선국사가 참선하였다는 도선굴이 있다. 사성암에서는 섬진강과 곡성평야, 구례시내 그리고 지리산의 성삼재, 노고단, 반야봉까지 병풍처럼 한눈에 펼쳐진다.

Thema 04

난계국악박물관 난계사,

난계 박연의 혼이 담긴 곳

우륵, 왕산악과 더불어 우리나라 3대 악성으로 꼽히는 분이 난계 박연선생이다. 조선초 음악 정비에 지대한 공헌을 한 난계의 업적을 길이기 위해 영동에 난계국악박물관, 난계국악기 체험전시관, 박연선생의 영정을 모신 사당 난계사가 있다. 난계사 입구에는 그 소리가 하늘에 닿아 소원 이뤄진다는 세계최대의 북 천고가 있다.

박연선생의 사당 난계사와 지상 최대의 북 천고

난계사(지방기념물 제8호)는 거문고를 만든 고구려의 왕산악, 가야금을 만든 신라의 우륵과 더불어 우리나라 3대 악성으로 손꼽히는 박연선생의 영정을 모신 사당이다. 박연선생(1379~1458)은 영동군 심천에서 태어났으며 조선초기의 문신이자 음악가로서 그 이름을 널리 알렸다. 태종 11년(1411년)에 문과에 급제하여 집현전 교리를 거쳐 세종 때는 관습도감의 악학제조가 되어 음악관련 일에 전념하면서 당시 불완전했던 악기 율조를 정리하여 악서를 편찬하였다. 이후 편경을 만들고 궁정음악을 전반적으로 개혁하여 조선초기 국악 기반을 구축하는데 큰 공을 세웠다.

난계사 입구에는 난계의 동상과 비가 세워져 있으며, 일명 하늘의 북이라는 천고가 자리한다. 세계 최대의 북인 천고는 간절한 소망을 담아 두드

리면 청명하고 웅장한 소리가 하늘까지 닿아 그 소원이 이뤄진다고 한다. 이석제장인이 14개월의 제작기간을 거쳐 소나무 70여 톤에 소 40마리 가죽 분량을 사용하여 완성한 작품이다. 북의 지름이 5.5m, 길이 6m에 무게가 7톤에 달하며, 천고의 울림통에는 오룡(청/황/흑/백/적룡)을 그려 넣어 웅장함을 더했다. 난계사 근처에는 박연선생의 생가와 묘소가 인접해 있다.

난계선생이 국악사에 끼친 영향

난계국악박물관은 박연선생의 업적과 예술적 혼을 계승하고자 2000년에 설립하였다. 박물관은 영상실, 난계실, 국악실, 정보검색코너, 체험실로 구성되어 있다. 박연선생의 일대기와 업적을 비롯하여 국악연표, 연주모습, 국악기 제작과정 등을 한눈에 살펴볼 수 있도록 전시되어 있다. 입구에는 박연선생의 흉상과 함께 천신 제향에 사용했다는 뇌고와 영고, 북 중에서 제일 크다는 진고가 보인다.

음악에 조예가 깊던 세종은 난계의 음악적 재능을 매우 아꼈으며, 이는 조선의 찬란한 음악문화를 꽃피게 했다. 전시실 내 난계부부영정은 영조 때 한 화가가 꿈에 나타난 박연선생 부부의 모습을 그린 그림으로 국립국악원에서 기탁 받은 것이다. 민속자료 전시실에는 조선시대의 음악부터 현대음악에 이르기까지 다양한 음악관련 자료가 전시되어 있으며, 제례악 연주 모습이 미니어처로 재현되어 있다. 국악실에는 연주할 때 입었던 다양한 의복과 국악기들을 구분하여 전시하고 있다. 박물관 바로 옆에는 난계국악기 제작촌도 있으므로 함께 둘러볼만 하다.

청아한 음색을 직접 체험할 수 있는 곳

난계국악전시관은 국악기체험, 공연장, 체험전수실, 개인연습실, 영상세미나실 등으로 나뉘며 체험전수실과 개인연습실에서는 전통 국악기를 직접 다뤄볼 수도 있다. 전시관 앞에는 장고, 꽹과리, 태평소, 가야금, 피리 등의 국악기 모형이 꾸며져 있고, 국악에 관한 역사와 악기부터 잘 설명되어 있다. 특히 동양의 바이올린 해금, 국악기의 별 가야금, 양반 풍류를 대변하던 거문고, 시적이고 목가적인 피리, 청아한 음색의 단소, 바람소리인 듯 빗소리인 듯한 대금, 모든 악기 소리의 중심인 편경 등을 살펴볼 수 있다.

국악기 체험코너에서는 터치스크린을 통해 가야금, 거문고, 해금, 대금, 피리, 편종, 편경, 단소 등 8가지 국악기의 음정과 동영상을 체험해볼 수 있다. 2층의 체험전수실은 농악에 사용되는 장구, 북, 징, 꽹과리의 사물과 소고, 상모 등의 악기가 구비되어 있으며, 국악 의상도 입어볼 수 있게 꾸며져 있다. 매년 열리는 영동국악축제는 박연선생의 얼을 기리고 전통음악부터 퓨전국악공연 까지 다양한 행사를 참관할 수 있다.

여행 정보

찾아가는 길

- 경부고속도로 옥천IC 빠져나와 옥천IC사거리에서 옥천군청 방면 우회전 → 중앙로 따라 1.2km 직진 후 옥천역에서 좌회전 → 옥천로 따라 18.5km 직진 후 고당리방면 좌회전 → 국악로 따라 100m 난계국악박물관입구
- 영동시외버스공용터미널 하차 후 영동역정류장까지 도보로 이동(10~15분 소요) → 농어촌버스(영동-날근) 탑승 후 고당리정류장 하차(11개 정류장, 30분 소요) → 난계사/난계국악박물관까지 도보로 이동
- 영동역(심천, 황간역 이용가능) 하차 후 영동역정류장에서 농어촌버스(영동-날근) 탑승 → 고당리정류장 하차(11개 정류장, 30분 소요) → 난계사/난계국악박물관까지 도보로 이동

이용안내

난계사

☎ 영동군 심천면 고당리 515 / 043-740-3221

난계국악박물관

☎ 충북 영동군 심천면 난계로 9 / 043-742-8843

🕘 09:00~18:00(신정, 추석연휴, 매주 월요일, 법정공휴일 다음 날 휴관)

₩ 성인 500원, 청소년 300원, 어린이 200원

난계국악기체험전수관

☎ 충북 영동군 심천면 국악로 18 / 043-740-3891

🕘 09:00~18:00(신정, 추석연휴, 매주 월요일, 법정공휴일 다음 날 휴관)

📋 연주체험 : 1인당 1,000원

먹을거리 _ 대동버섯손칼국수

난계사 입구 바로 옆에 있는 버섯손칼국수는 향토음식경연대회에서 수상한 경력이 있는 영동의 맛집이다. 형형색색의 빛깔을 내는 면은 백년초, 솔잎, 보리를 이용하여 만든 것으로 눈부터 먼저 맛을 본다. 얼큰한 육수에 가늘게 채썬 다시마, 버섯, 쑥갓 등 갖은 야채를 넣어서 샤브샤브를 먹듯이 야채 먼저 건져 먹은 후 칼국수를 넣으면 된다. 갓 무쳐 내오는 김치겉절이와 함께 먹으면 더욱 맛이 좋고, 공기밥까지 볶아먹어도 좋다.

☎ 충북 영동군 심천면 고당리 445 / 043-745-6617

₩ 버섯칼국수 6,000원

주변볼거리 _ 양산팔경 중 제1경, 영국사

충북의 설악이라 불리는 천태산이 병풍처럼 감싸고 있는 영국사는 보물 5점, 천연기념물 1점, 충북유형문화재 3점 등 많은 문화재를 간직하고 있는 천년고찰이다. 극락보전을 지나 산쪽에 있는 보물 제534호 영국사원각국사비도 놓치지 말자. 천년을 한결같이 서있는 은행나무는 높이 31m에 둘레가 11m를 족히 넘는다. 가을에 가면 더욱 아름다운 풍경으로 다가오는 영국사는 오르는 길에 만나는 망탑봉삼층석탑과 고래가 헤엄치는 형상의 흔들바위도 잊지 말고 살펴봐야 한다.

국악이 있는 여행지

필봉문화촌 – 국가지정 중요무형문화제 호남좌도 임실필봉농악 전수관에 위치한 필봉전통문화체험학교는 초중고교 학생뿐만 아니라 일반인들을 대상으로 풍물, 민요, 대동놀이, 천연염색, 국악공연 등 다양한 체험을 해볼 수 있는 공간이다. 필봉마을굿의 역사는 300여 년 정도로 추정되며, 오늘날까지 수많은 공연과 활동으로 필봉굿을 전승해오고 있다. 문화촌에는 한옥체험단지와 옥외공연장도 갖추고 있어 해마다 3만 명 이상이 좌도농악을 배우려고 방문한다.

남원국악의 성지 – 남원하면 춘향가, 홍보가 등 판소리 동편제의 고장이다. 판소리의 전통을 보존, 계승하기 위해 조성된 국악의 성지는 국악선인 묘역, 전시체험관, 독공실, 국악인참배시설 등 국악의 모든 것을 한눈에 살펴보고 체험할 수 있는 곳이다. 또한 판소리관, 민요관, 악기관, 산조관으로 나눠져 있는 전시관에서 삼국시대부터 이어온 악기의 발달과정과 전통악기 북, 가야금, 거문고, 대금, 장고 등을 직접 두드리고 불어보며 체험해볼 수 있다.

진도운림예술촌 – 민요 '진도 아리랑'의 고향으로 잘 알려진 섬 진도는 삼보(진돗개, 구기자, 돌미역)와 삼락(노랫가락, 서화, 홍주)의 고장이다. 운림촌민속전수관에서는 진도에서 유명한 도척놀이, 강강술래, 북놀이, 토속민요, 진도아리랑 등과 농사체험, 짚공예, 떡메치기, 서예체험 등을 경험할 수 있다. 신명나게 뛰어놀면서 배우다보면 어느새 이마에 땀이 송골송골 맺히고, 뒤풀이로 함께하는 막걸리에 정담이 어우러진다.

반야사

백화산 호랑이가 살고 있는

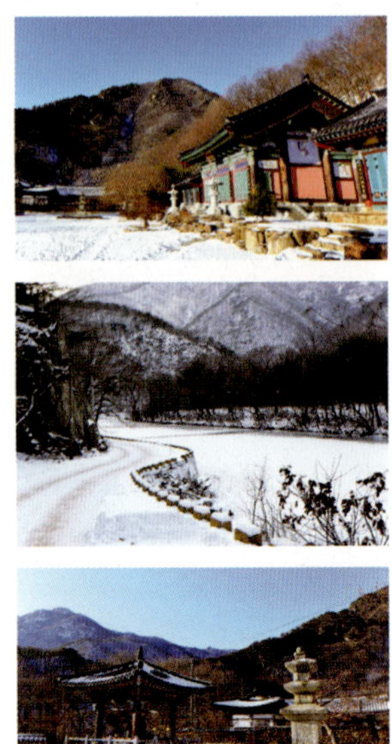

백화산을 가로 질러 금강 지류의 부드러운 물결이 마치 연꽃모양으로 크게 휘돌아가는 석천 그 중심에 반야사가 있다. 문수도량인 반야사는 신라 성덕왕 19년 상원스님이 창건하고, 세조 10년에 크게 중창하였다고 전해진다. 세조와 영천에 얽힌 설화처럼 여전히 반야사를 끼고 맑은 계곡물이 흐르고 있다.

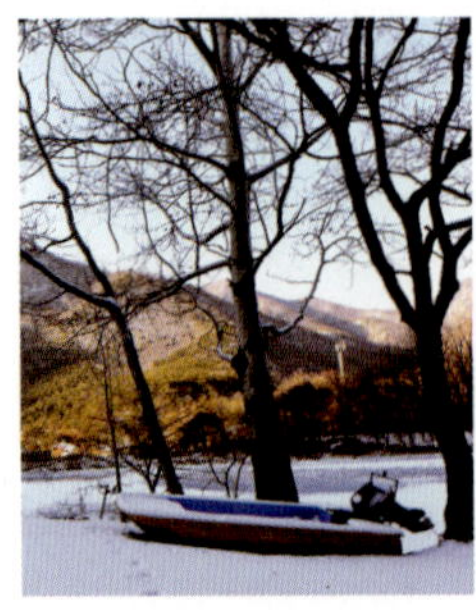

연꽃모양으로 흐르는 석천 그 중심에 자리한 반야사

반야사 가는 길 우측에는 석천이 흐르고 좁은 도로를 천천히 오르다 보면 반야사라 적힌 작은 표지석을 만나고, 좀더 오르면 사찰의 시작을 알리는 일주문이 보인다. 백화산반야사라고 적힌 일주문을 지나면 양쪽으로 소나무가 가지런한 산길로 접어든다. 겨울이라 석천에 흐르는 물소리는 들을 수 없었지만 다른 계절이라면 계곡물 소리가 운치를 더할 듯한 풍경이다. 반야사는 여러 창건설화가 있지만, 기록에 따르면 신라 무염국사가 심묘사에 머무르면서 사미승 순인을 이곳에 보내 못의 악룡을 몰아낸 후 못을 메웠고, 그 자리에 상원스님이 성덕왕 19년(720)에 창건하였다. 이후 고려 충숙왕 때와 조선 세조 10년(1464)에 크게 중창하였다. 종무소를 지나면 범종각이 보이고 우측으로 들어서면 정면에 대웅전이 있다. 대웅전을 중심으로 왼쪽에는 극락전, 오른쪽에는 지장전이 위치하며, 삼층석탑과 양쪽에 요사채가 자리 잡고 있다.

반야사 대웅전은 극락전을 주불전으로 사용하다가 1993년에 새롭게 건립한 것이다. 불단에는 경주 옥석으로 제작한 석가여래좌상과 그 왼쪽으로 문수보살, 오른쪽에는 보현보살이 봉안되어 있다. 반야사에서 가장 오래된 건물 극락전은 창건연대는 알 수 없으나 조선 후기의 건축물로 추정하며 내부에는 아미타불을 모시고 있으며 외벽에는 심우도尋牛圖가 그려져 있다. 극락전 앞에는 수령 500년이 넘는 배롱나무 2그루가 자비의 손길을 펼치듯 서있다. 대웅전 왼쪽에는 삼층석탑(보물 제1371호)이 세워져 있는데 석천계곡 탑벌에 있던 것을 1950년에 이곳으로 옮겨 세운 것이라 한다. 신라와 백제 석탑양식이 절충된 고려시대 석탑의 특징을 잘 표현하고 있어 귀중한 문화자료로 평가된다. 지대석 위에 4장의 판석으로 기단을 세우고 각 돌에는 우주와 탱주 문양을 양각했으며 기단상부는 각각 3개의 탑신과 3개의 옥개석을 올렸다.

자연이 만든 돌무더기 호랑이형상과 왕의 피부병도 낫게 했다는 영천

반야사 뒤쪽 백화산 기슭을 눈여겨보면 범상치 않은 풍경을 볼 수 있다. 우뚝 솟은 봉우리 아래 돌무더기가 주변 나무들과 경계를 이루는데 기묘하게도 꼬리를 치켜든 호랑이 형상을 하고 있다. 그림으로 그려진 호랑이상과 비교해보면 더욱 확연히 드러난다. 길이가 300m, 높이 80m 규모로 자연현상으로 보기엔 너무 신비롭다.

세조가 속리산 복천사 법회에 참석했다 돌아가던 길에 반야사에 들렀는데, 이때의 설화가 지금도 회자된다. 동자의 모습으로 나무사자를 타고 나타난 문수보살이 세조를 망경대 영천으로 이끌어 목욕을 하라 권하였고, 세조가 그 말에 따라 목욕을 시작하자 '왕의 불심이 지극하므로 부처의 자비가 따를 것이다.'라는 말을 남기고 사라졌다. 세조가 목욕을 마치니 피부병이 말끔히 사라지고, 영천에는 연꽃이 만발하였다고 한다.

아찔할 정도로 아름다운 풍광, 망경대 문수전

반야사에서 놓칠 수 없는 최고의 볼거리는 문수전이다. 널찍한 바위 오른쪽으로 가파른 계단이 보이고 망경대 꼭대기에 위태롭게 자리 잡은 문수전이 빼꼼히 보인다. 왼쪽으로 석천을 끼고 오솔길을 십여 분 정도 오르다보면 적당히 숨이 가빠질 때쯤 정상에 다다른다. 깎아지른 절벽 위에 간신히 터를 잡고 세워진 문수전은 전체 사진을 담기에 어려울 정도로 공간이 좁다. 한발 내딛는 걸음이 조심스러울 수밖에 없는데, 눈앞에 펼쳐지는 풍광은 십여 분 올라왔다고 믿기지 않을 정도로 장관이다. 산봉우리 사이를 굽이굽이 휘돌아 흐르는 석천이 아득하게 이어진다.

망경대는 문수동자가 목욕을 한 후 이 절벽에 올라 사방을 둘러본 후 아침 해돋이 배례를 하였다하여 붙여진 이름이다. 문수전에서 내려다보는 반야사 호랑이형상은 더욱 날렵하게 보인다. 반야사는 사람, 사찰 그리고 자연과의 동화 '청산에 놀자'라는 주제로 템플스테이를 운영한다. 사찰에 깃든 우리의 전통 문화를 체험하며 자아성찰의 시간과 수행자의 일상을 체험하면서 세상의 번잡함을 잊고 마음의 휴식을 얻을 수 있다.

여행 정보

찾아가는 길

- 경부고속도로 황간IC 빠져나와 황간삼거리에서 황간방면 오른쪽 길 → 황간로 따라 800m 직진 후 마산삼거리에서 백화산방면 좌회전 → 에넥스로 따라 1.2km 직진 후 마산삼거리에서 좌회전 → 황간로 따라 400m 직진 후 삼거리에서 백화산방면 우회전 → 백화산로 따라 6.4km 직진 → 반야사주차장
- 황간공용버스정류소 도착 후 상주행 좌석버스 탑승 후 우매정류장 하차(3개 정류장, 15분 소요) → 반야사까지 약 2km 도보로 이동(30~40분 소요) / 반야사행 버스가 없으므로 황간버스정류소에서 택시 이용

이용안내

☎ 충북 영동군 황간면 우매리 151-1번지 / 043-742-4199

✉ www.banyasa.com

먹을거리 _ 숲속식당

반야사 못미처 자리한 숲속식당은 넓지 않은 곳이라 고작 테이블 몇 개 놓을 공간이지만 손수 제작한 장승과 벽을 가득채운 나무장식 그리고 산야초로 담근 술들이 가득하다. 한입 베어 물면 저절로 맛나다는 말이 나오는 흑두부는 견과류와 검은콩, 검은깨를 듬뿍 넣어서 고소한 맛에 자꾸 젓가락이 간다. 묵은 김치와 곁들여 먹으면 일품인 묵밥 역시 손수 만든 묵으로 요리해서 그런지 밥 한 그릇이 어느새 뚝딱 사라진다.

☎ 충북 영동군 황간면 백화산로 547(석천계곡 반야사입구)
043-742-8118

₩ 흑두부 10,000원, 묵밥 5,000원

주변볼거리 _ 달도 머물다가는 월류봉

동국여지승람에 의하면 고려 때 원촌에 있었던 심묘사 경내 한천팔경 중 제1경으로 꼽혔다는 월류봉은 달이 머물다갈 정도로 아름다운 경치를 가진 곳이다.

깎아지른 듯한 층암절벽 월류봉 밑에는 월류정이 한 폭의 진경산수화처럼 자리하고 있다. 소라천, 장교천, 중화령 세 곳의 물이 이 근방에서 합류하는데 월류봉과 어우러져 더욱 멋진 선경을 만든다. 한천팔경 중 으뜸인 월류정 인근에는 지방기념물인 우암 송시열선생이 수학하던 한천정사와 송시열유허비가 있다.

잘 늙은 절집

진도쌍계사 – 진도쌍계사는 첨찰산 아래 천혜의 자연환경 속에 자리 잡고 있다. 대흥사 말사로 857년(신라 문성왕 19) 도선국사가 창건하였다. 절 양쪽으로 계곡이 흐르고 있어 쌍계사라 불리며 일주문, 해탈문, 우화루, 대웅전, 시왕전, 원통전과 산신각, 진설당, 범종각, 요사채가 아담하게 자리 잡고 있다. 진도쌍계사 바로 옆에는 소치 허련선생의 운림산방과 기념관이 자리하고 있다.

완주화암사 – 화암사는 전북 완주 불명산 능선자락에 있는 고찰이다. 안도현의 '화암사 내사랑'이라는 시에서 '찾아가는 길을 굳이 알려주지는 않으렵니다.'라는 말을 할 정도로 흔치 않은 절집이다. 봄이면 귀한 야생초 얼레지와 복수초가 지천으로 깔리는 곳이다. 화암사 극락전은 길게 빠진 처마가 인상적인데, 우리나라에 유일한 하앙식 구조라고 한다. 우화루 현판과 채색되지 않은 목어, 스님들 선방 적묵당의 누마루, 대문에 적혀 있는 시주명단 등 소박하게 잘 늙은 절집이다.

논산쌍계사 – 논산시 중산리에 위치한 사찰이다. 사계절 언제 가더라도 꽃이 피어있는 사찰, 대웅전 문살마다 섬세하게 꽃을 새김한 꽃문살이 인상적인 절집이다. 대웅전 내부 극락세계를 화려하게 새긴 닫집은 장엄하면서도 화려함이 눈여겨볼만하다. 대웅전에는 흔치않게 칡넝쿨을 기둥으로 사용하여 무병장수를 비는 불자들의 발길이 끊이지 않는다. 낮은 지붕처럼 소박하게 자리 잡은 명부전, 응진전, 칠성각, 봉황루는 대웅전을 더욱 웅장하게 보이게 한다.

문의문화재단지

역사와 문화 그리고 예술과 자연이 하나로 만나는 곳

문의문화재단지는 잊혀가는 지역의 전통문화를 보존하고, 후세대에 전승하기 위해 청원군에서 조성한 역사문화공원이다. 단지 내에는 지역문화재인 문산관과 고증을 거쳐 양반가옥, 주막, 토담집, 대장간 등을 재현해놓았으며, 고인돌, 장승, 성황당 등 선조들의 삶의 모습을 엿볼 수 있는 다양한 자료들도 곳곳에 세워져있다.

선조들의 생활풍습을 엿볼 수 있는 마을 모습

문의문화재단지는 시원하게 대청호가 내려다보이는 곳에 있다. 주차장 옆에는 대청댐 건설로 수몰된 문의지역의 역사와 유래, 고향을 버릴 수밖에 없었던 지역민들의 향수를 달래고자 문의수몰유래비가 세워져 있다. 문화재단지 출입문 역할을 하는 양성문은 신라자비왕 때 축성했다는 양성산성에서 따온 이름이다. 성문을 들어서 성곽에 오르면 대청호의 청량한 바람을 만끽할 수 있다. 가장 먼저 만나는 문화재는 선사시대 돌무덤으로 청동기시대를 가늠하는 고인돌과 다산을 상징하는 기자석이다. 그 위쪽에는 주막집과 황토흙벽이 정겨운 초가토담집, 대장간이 있다. 대장간은 지금도 마을에서 필요한 농기구 등을 생산한다.

옹기종기 재현된 마을들은 시간여행을 하듯 둘러보는 재미가 있다. 수몰지역과 인접 지역에서 이전해온 부용부강리고가(충북유형문화재 제221호)와 문의노현리고가(충북유형문화재 제220호), 낭성관정리고가(충북문화재자료 제38호) 등을 살펴 볼 수 있다. 특히 부강리고가는 산골 마을에서나 볼 수 있는 너와지붕 형태로 돌을 판판하게 기와처럼 만들어 이은 돌너와집이라 이색적으로 보인다. 재현된 양반가옥에는 효의 상징인 시묘살이 여막과 가묘, 상례와 제례절차 안내문, 상제모형 등이 있으며, 임진왜란 때 의병을 일으킨 김선복을 기리기 위한 충신각이 세워져 있다. 예부터 충과 효를 중시했던 우리의 전통문화를 엿볼 수 있는 곳이다.

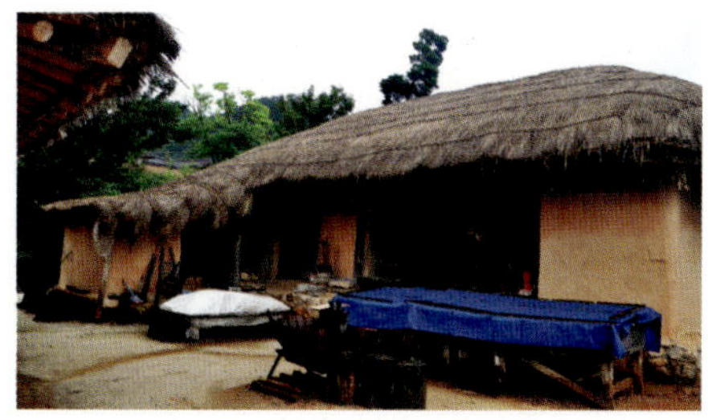

충북 지역의 유일했던 객사 문산관과 쉬어가는 놀이마당

단지 내 가장 위쪽에 위치한 문산관(충북유형문화제 제49호)은 조선중기 지어진 객사로 최초 건립연대는 정확히 알 수 없지만 1666년(현종 7)에 현령 이명하가 옮겨지었다는 기록과 지붕 끝에 있는 기와 암막새에 양각된 명문을 토대로 1728년(영조 4)에 중수가 단행됐음을 알 수 있다. 가운데 본건물은 정면 3칸, 측면 3칸의 맞배지붕이고, 왼쪽은 정면 3칸, 측면 3칸, 오른쪽은 정면 4칸, 측면 3칸의 팔작지붕 형태라 증축이 이뤄졌음을 알 수 있다.

문산관은 충북 지역에서는 유일했던 객사로 평상시에는 임금의 위패를 안치하여 초하루와 보름에 임금이 계신 도성을 향해 절을 하는 예식을 거행했고, 중앙에서 파견한 관리나 사신의 숙소로도 이용됐다. 문산관 아래쪽 넓은 부지는 놀이마당으로 대청호국제환경미술제, 청원문화제 등의 행사가 거행되고, 주말에는 전통혼례도 치러지고 있어 때를 맞춰 가면 볼거리가 풍성한 곳이다. 문화재단지 가운

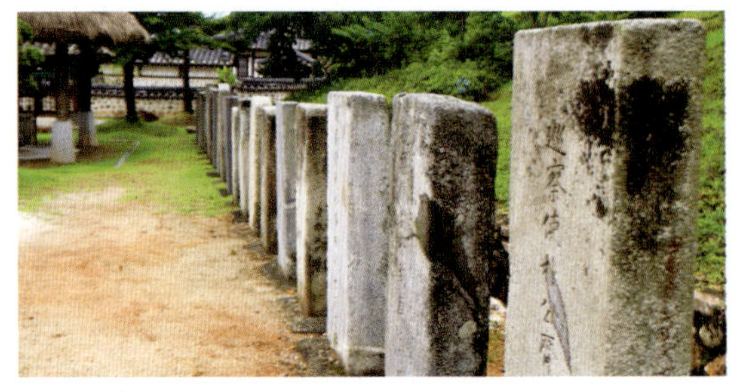

데에는 대청댐 건설로 문의면 미천리로 이전됐었던 문의현 지역의 관찰사와 현령들의 공덕비와 선정비가 세워져있다.

지역의 문화유물과 예술작품을 한곳에서 살펴본다

문화재단지에는 복원된 건축물 외에도 문화유물 전시관과 대청호미술관이 자리한다. 문화유물전시관 앞에는 고려시대 때 만들어진 것으로 추정되는 돌다리 문산리석교(충북유형문화재 제222호)가 있다. 전시관 내에는 청원군에서 수집된 다양한 유물을 전시하는 유물전시실과 기와만을 주제로 전시되는 기와전시실로 구분된다. 삼국시대부터 근대까지 사용됐던 기와들을 모아놓은 기와전시실은 우리나라 기와의 변천사와 기와에 담긴 선조들의 지혜를 엿볼 수 있다. 유물전시실은 영조대왕태실가봉의궤(충북유형문화재 제170호)를 비롯하여 소조나한상과 민속자료 90점, 서적 150점과 기타 유물 60여 점이 전시되어 있다. 또한 흥수골에서 발굴된 흥수아이를 통해 4만 년 전 구석기시대에도 매장풍습이 있었다는 것을 알 수 있다.

대청호반의 빼어난 자연경관과 잘 어우러진 대청호미술관은 문의문화재단지 입장객은 무료로 관람할 수 있다. 미술관 입구 광장은 조각공원으로 청원군 조각공모전에서 입상한 작품 12점과 초대작가 작품 7점이 전시되어 있다. 전시장은 3개의 전시실과 교육실, 전망대 등을 갖추고 있으며 사진촬영은 금지되어 있다. 대청호미술관은 다양한 장르의 작품을 1년 내내 상설전시하고 있으며, 시기별로 기획전, 초대전, 대관전 등이 진행되므로 사전에 미술관 홈페이지에서 확인하고 방문하는 것이 좋다.

효율적인 포인트 동선

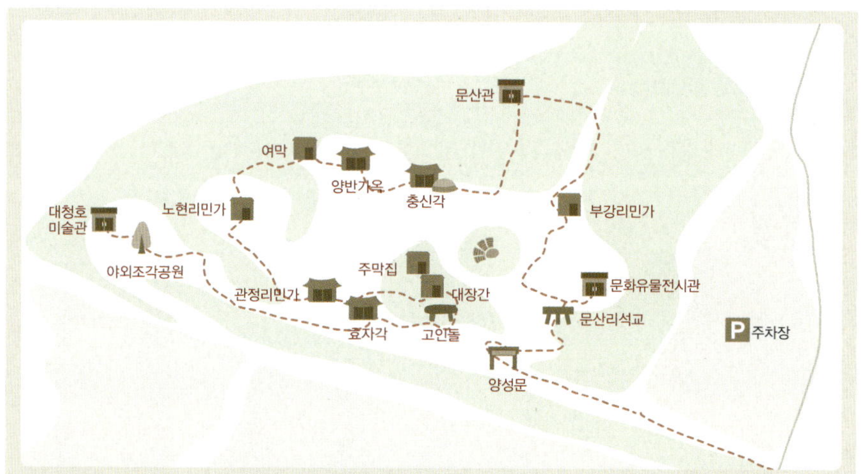

사진으로 미리보는 동선 지도

양성문 → 민화정 → 문산리석교 → 문화유물전시관 → 부강리민가 → 문산관 → 김선복충신각 → 양반가옥(민화당) → 여막 → 노현리민가 → 관정리민가 → 주막집 → 토담집 → 대장간 → 고인돌 → 서덕길효자각 → 야외조각공원 → 대청호미술관

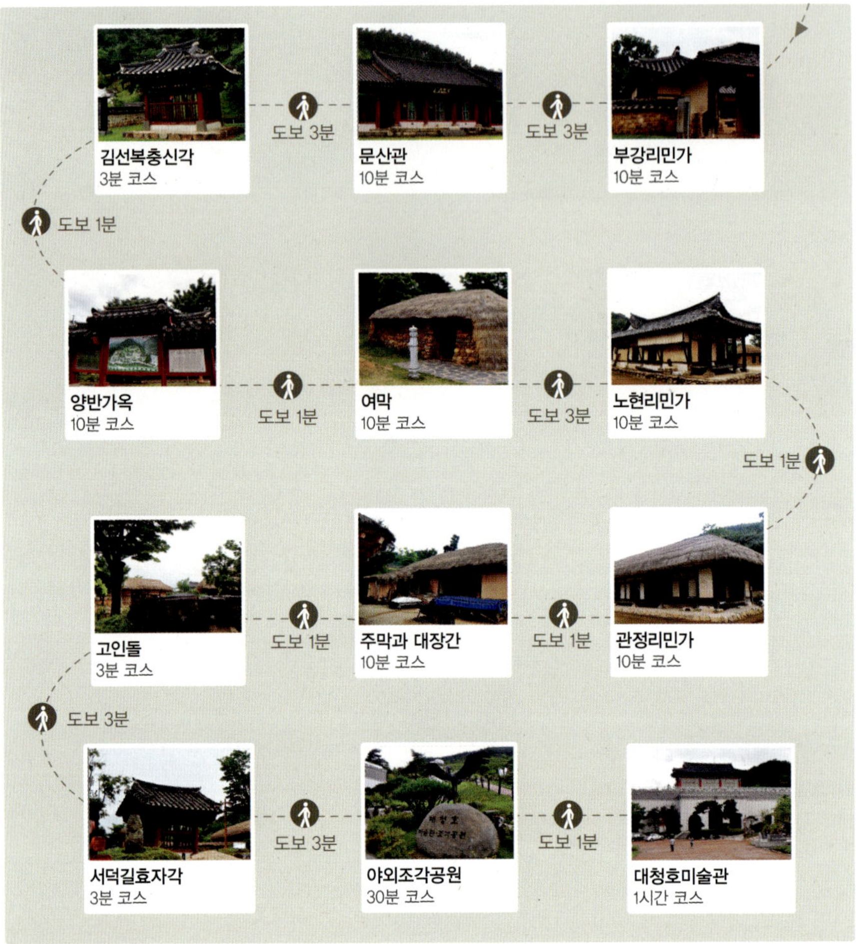

김선복충신각
3분 코스
도보 3분
문산관
10분 코스
도보 3분
부강리민가
10분 코스
도보 1분
양반가옥
10분 코스
도보 1분
여막
10분 코스
도보 3분
노현리민가
10분 코스
도보 1분
고인돌
3분 코스
도보 1분
주막과 대장간
10분 코스
도보 1분
관정리민가
10분 코스
도보 3분
서덕길효자각
3분 코스
도보 3분
야외조각공원
30분 코스
도보 1분
대청호미술관
1시간 코스

여행 정보

찾아가는 길

IC 청원
30
32
당진상주고속
35
17
IC 청원
상수허브랜드
문의 IC
경부고속
양성산
대청호
1
문의문화재단지

- 당진영덕고속도로 문의IC 빠져나온 후 문의교차로에서 대전방면 좌회전 → 미천고은로 따라 1km 직진 후 좌회전 → 대청호반로 따라 1.2km 직진 후 문의문화재단지주차장으로 진입
- 청원군 미원시외버스터미널 하차 후 미원시장정류장까지 200m 도보이동(3분 소요) → 211번 버스 탑승 후 고은리정류장 하차(25개 정류장, 50~60분 소요) → 길 건너서 311번 버스 환승 후 문의정류장 하차(9개 정류장, 20~25분 소요) → 문의문화재단지까지 도보로 700m 이동(10분 소요)

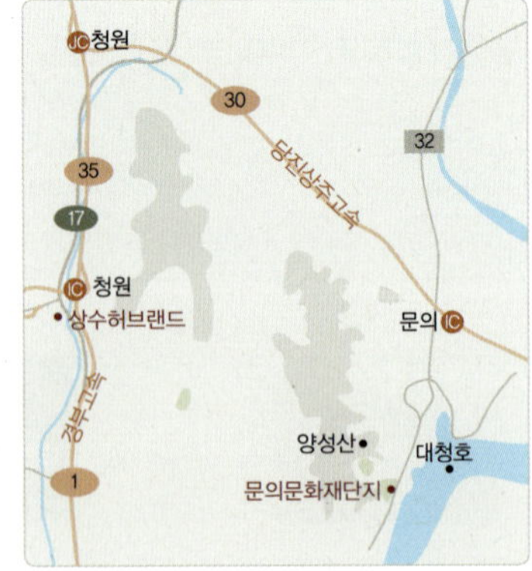

이용안내

문의문화재단지

☎ 충북 청원군 문의면 대청호반로 721 / 043-251-3288~9

🕒 하절기(5~9월) 09:00~20:00, 동절기(10~4월) 09:00~18:00

📋 휴관일 : 신정/구정/추석, 매주 월요일

₩ 어린이 500원, 청소년 800원, 성인 1,000원

청원군립대청호미술관

₩ 문의문화재단지 입장객에 한해 무료관람

📋 시간과 휴관일은 문의문화재단지와 동일, 단 입장시간은 10시부터(관람종료 1시간 전까지)

먹을거리 _ 상수허브랜드 허브의 성

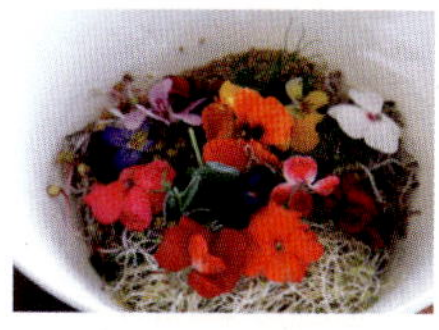

상수허브꽃밥은 특허까지 낸 상품으로 안나로즈마리 잎을 넣어 솔향이 나는 밥 위에 상큼한 허브꽃과 허브 잎 그리고 갓 발아한 새싹을 잘라 담아낸다. 사용되는 꽃과 허브 잎은 전부 유기농으로 재배한 것으로 매일 그날 필요한 양만 따서 사용한다고 한다. 허브고추장은 20가지 허브를 넣어서 만든 것으로 달콤매콤한 맛이 꽃과 어우러져 식감도 아삭거리면서 먹고 난 후에는 허브향이 입속에 남아 기분까지 좋아진다. 허브 꽃을 올린 동치미와 된장찌개 역시 맛이 좋다.

☎ 충북 청원군 남이면 부용외천리 480번지 / 043-277-6633

₩ 꽃밥 6,000원, 스트로베리꽃밥 12,000원

주변볼거리 _ 상수허브랜드

우리나라 최초의 허브농원으로 동양최대규모에 11,000여 종의 허브가 식재되어 있다. 넓은 유리온실이 있어 어느 계절에 방문해도 사계절 내내 다양한 허브 꽃을 감상할 수 있다. 또한 허브전시장과 허브정원, 허브육묘장 등의 시설을 실내에 두고 있다. 야외 산책로에는 천년송, 고추공룡, 상수골든벨, 백옥약수터, 실외폭포 등 신비로운 볼거리가 많다. 다양한 이벤트와 함께 연회장, 야외 예식장, 허브레스토랑 등의 각종 편의시설을 갖추고 있으며 체험공방에서는 허브비누, 향초, 향주머니, 찻잔, 허브화분 만들기 체험을 운영하며 해마다 5월에는 허브대축제를 개최하고 있다.

☎ 충북 청원군 남이면 부용외천리 480번지 / 043-277-6633

₩ 성인 5,000원, 청소년 4,000원

우리나라 농경문화를 한눈에 볼 수 있는 곳

수원농촌진흥청농업과학관 – 농업과학관은 우리나라 농업의 과거와 현재 그리고 미래의 녹색기술을 한눈에 살펴볼 수 있으며 농업인들에게 좀더 새로운 농업과학 기술정보를 알리고 소비자들에게 농업의 중요성을 인식시키기 위해 마련된 전시관이다. 전시관은 농업역사실, 현대농업실, 녹색기술관, 기획전시실, 전통농기구전시실, 농업과학관 학습자료실로 구성되어 있다.

당진합덕수리민속박물관 – 수리민속박물관은 조선 3대 저수지 중의 하나였던 합덕제방을 알리기 위해 세워진 곳으로 수리농경문화 관련 자료와 여러 종류의 체험시설을 갖추고 있다. 전시실은 수리문화관, 합덕문화관으로 나뉘어 합덕제의 기원에서 한국의 수리역사 등과 당진지역의 문화를 이해하는데 도움이 된다. 야외전시장에서는 초가체험과 가래, 도리깨체험, 타작 및 농경기구체험 등의 시설이 있다.

김제벽골제 – 최고 최대의 수리시설인 벽골제단지는 오천년 동안 이어온 농경문화를 체험할 수 있는 역사의 현장이자 문화휴식공간이다. 여러 가지 국보와 보물 등 50여 개의 문화유산과 민속놀이, 우도농악, 최상의 품질을 자랑하는 김제 지역의 쌀과 관련된 지평선축제가 열리는 곳이다. 농경사주제관 및 체험관에서는 농경의 역사를 참여와 체험을 통해 쉽게 이해할 수 있다.

청남대

대청호반에 자리 잡은 국민들의 별장,

청남대는 역대 대통령들의 공식별장으로 1983년 완공되어 20년간 사용되다 2003년 노무현대통령 때 일반인들에게 개방되었다. 대통령의 숙소였던 본관을 중심으로 대통령역사문화관, 그늘집, 양어장, 오각정, 초가정, 습지생태원 등이 있으며 입구부터 13km 길은 '한국의 아름다운 길 100선'에도 선정되었으며, 유명한 영화와 드라마 촬영지로 볼거리가 많은 곳이다.

대통령별장에서 만나는 대통령의 일상적인 풍경

아름다운 대청호 경관과 사계절 다양한 모습으로 바꾸는 조경은 청남대의 자랑거리 중의 하나이다. 각종 드라마와 영화촬영지로 유명해진 청남대는 볼거리가 풍성하므로 제대로 둘러볼 생각이라면 입장시간에 맞춰 일찍 도착하는 것이 좋다. 제일 처음 만나는 곳은 대통령역사문화관으로 대통령관과 청남대관으로 구분되어 있다. 대통령관은 대한민국 역대대통령과 대통령의 직무, 외교활동 중에 받은 선물 등을 살펴볼 수 있다. 청남대관은 청남대의 유래부터 청남대에서 보낸 대통령들의 일상과 사용했던 3천여 점의 물품을 전시하고 있다. 대통령역사문화관 옥상은 하늘정원으로 각종 야생화와 파고라, 망원경이 설치된 휴식공간이다. 망원경을 통해 맞은편의 대청호와 구룡산 삿갓봉, 장승공원, 현암사 등을 살펴볼 수 있다.

대통령의 숙소로 사용되었던 본관은 입구부터 비스듬히 반송이 숙소를 경호하듯 서있다. 지상 2층, 지하 1층 규모의 본관 1

층은 회의실, 접견실, 식당이고, 2층은 대통령 전용공간으로 침실, 서재, 거실 등이 있다. 입구에서 실내화로 갈아 신은 후 1층부터 둘러보는데, 전체 사진촬영은 금지되어 있다. 다섯 분의 대통령들이 이용했던 물품들은 상상과 달리 소박하면서도 기품이 느껴진다.

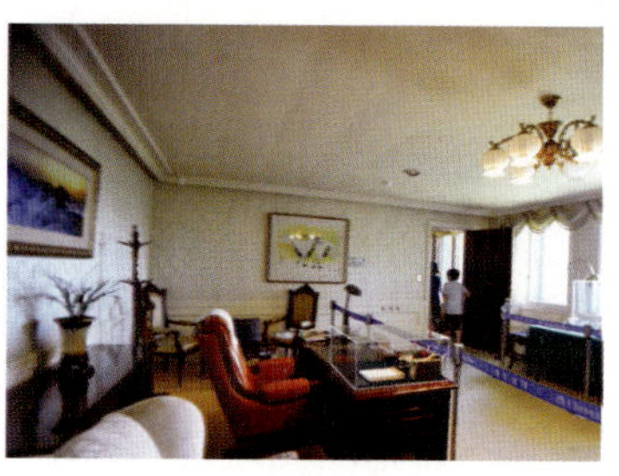

들꽃들이 반기는 야생화길 김대중, 노무현대통령길

비밀의 별장 청남대가 노무현대통령 공약에 따라 일반인들에게 개방되면서 걷기열풍에 때맞춰 역대 대통령의 이름을 딴 둘레길이 아름답게 조성되었다. 현재 청남대에 조성된 산책로는 전두환(1.5km), 노태우(2km), 김영삼(1km), 김대중(2.5km), 노무현(1km), 이명박(3.1km) 등 총 11km에 달하며, 6명의 전직 대통령들의 이름이 붙어있다.

김대중대통령길은 역사문화관에서 시작하여 행복의 계단과 전망대를 거쳐 초가정까지 이어지는 1시간 정도의 산책길이다. 김대중 대통령이 배를 직접 따서 드셨다는 배밭을 지나면 전망대로 이어지는 계단이 보인다. '행복의 계단'은 관람객에게 행운과 기쁨을 기원하는 645개이며, 계단을 오르면 전망대로 이어진다. 전망대에 서면 대청호반과 청남대 그리고 멀리 신탄진과 대전까지 시원하게 한눈에 펼쳐진다. 전망대부터 능선으로 이어지는 오솔길에는 출렁다리가 있는데, 이름만큼 제법 출렁거려 한번쯤 흔들어보게 된다. 초가정으로 향하는 능선 길에는 백제 때 쌓은 것으로 추정되는 장군봉산성 흔적이 남아 있다. 산성을 지나면 내리막길이 시작되고, 길섶에는 은방울꽃을 비롯한 야생화들이 눈에 띈다. 청남대 제2경으로 꼽히는 초가정은 대청호풍광이 시원스럽게 눈에 들어오는 곳으로 김대중대통령 생가인 하의도와 문의면에서 수집된 전통생활도구들을 전시해놓았다.

초가정을 나서면 골프장 뒤로 이어지는 노무현대통령길과 대통령광장으로 연결되는 김영삼대통령길이 시작된다. 초가정에서 안쪽 숲 오솔길로 향하면 청남대를 국민에게 돌려준 노무현대통령길이 시작된다. 1km의 숲길은 억지로 꾸민 듯한 느낌이 없이 정겨운 이야기를 나누며 걷기 좋은 아기자기한 오솔길로 조성되어 있다.

동상으로 만나는 역대대통령의 모습, 김영삼대통령길

초가정을 지나 대통령광장 쪽으로 향하는 김영삼대통령길은 어울림마당까지 대략 1km 정도 이어진다. 길은 조깅을 좋아했던 김영삼대통령에 맞춘 듯 물 빠짐이 좋은 마사토로 조성됐다. 이 길을 걷다보면 조깅하는 김영삼대통령, 독서하는 김대중대통령, 자전거 타는 노무현대통령 등 대통령의 특징을 표현한 동상을 만날 수 있다. 스페인 마드리드왕궁, 중국 천안문, 미국 백악관 등 세계 9개국 대통령궁이나 왕궁을 타일 벽화로 조성한 대통령광장에서는 대한민국의 역사를 짊어졌던 9분의 역대 대통령을 만날 수 있다. 광장 앞에는 대통령들이 대청호를 즐길 때 이용했던 배들이 전시된 선박전시관이 있고, 광장 끝에는 물레방아가 돌고 있는 세족장이 있어 발의 피로를 잠시나마 풀 수 있다.

김영삼대통령길은 한쪽은 골프장이고 반대쪽은 호반이라 확 열린 느낌이 드는 상쾌한 산책로다. 길 중간쯤 시원하게 뻗은 낙우송 그늘 밑에는 동전을 던져 행운을 점치는 행운의 샘이 있다. 여기에 모인 동전은 불우이웃을 돕는데 사용된다고 하니 재미로 던져볼만 하다. 골프장에 들어서고 얼마 가지 않아 골프하우스로 이용됐던 그늘집이 보인다. 이곳은 사방이 유리라 대청호 풍경을 제대로 즐길 수 있다. 그늘집 앞쪽은 수상레저를 즐기던 곳으로 제트스키, 보트, 낚시를 즐기던 대통령 모습을 사진으로 만난다. 골프하우스에서 나오면 티박스 위로 그린이 한눈에 펼쳐진 풍경이다. 골프장은 9홀 코스로 5·6공 시절에는 많이 이용했지만 이후에는 주로 산책코스로 이용되었다. 골프장 주변은 40년 된 낙우송 군락과 단풍나무, 영산홍 등이 알록달록 심어져 촬영명소로도 알려져 있다.

모난 마음도 나긋하게 만드는 초록풍경 전두환, 노태우, 이명박대통령길

김영삼대통령길이 끝나는 어울림마당에는 역대 대통령들의 선거포스터가 기억 언저리를 자극한다. 주변은 야생화 단지로 조성되어 있는데, 약 100여 종의 조경수와 130여 종의 야생화가 식재되어 사계절 아름다운 모습을 즐길 수 있다. 청남대 본관으로 방향을 틀면 문의면 주민들이 청남대를 돌려준 고마움을 표현하기 위해 쌓았다는 돌탑이 있다. 문의면 주민의 수와 같은 5,800개의 돌로 쌓았다는데, 청남대주봉인 장군봉과 주변 산을 의미하며 32개 마을이름을 새겼다. 길 양쪽에는 수령 70여 년의 청남대 명물 반송이 지켜 서있고, 그 앞으로 헬기장과 봉황이 그려진 테니스장이 보인다.

본관을 지나 시작되는 전두환대통령길은 청남대 제1경이라는 무궁화모양의 오각정을 지나 양어장까지 연결되는 1.5km의 코스로 30여 분 정도 소요된다. 이 코스는 대통령가족들에게 가장 사랑을 받았다고 하며, 길이 끝나는 곳 양어장 주변은 하늘높이 솟은 메타세콰이어가 나무데크를 따라 숲을 이루고 있다. 이곳에서는 다양한 수생동식물을 살펴볼 수 있으며 운이 좋다면 음악분수도 볼 수 있다. 숲에 들어서면 저절로 마음의 여유를 갖게 되는데 곧게 뻗은 나무를 보려고 자꾸 하늘을 올려보게 된다. 길은 길로 이어지는데, 양어장을 지나면 노태우대통령길이 시작된다. 길은 푸름을 가늠하기 어려울 정도로 초록으로 가득하고 호반길을 돌아 나오면 대통령역사문화관과 연결된다. 현직대통령 재임 기간에 완공되면서 말도 탈도 많았던 이명박대통령길은 주차장 뒤쪽에 홀로 떨어져 위치해 있다. 3.1km로 조성된 산책로는 물결, 자연, 문화, 역사 등의 주제와 함께 걷는 길로 명명되어 있다. 호반전망쉼터에서 시작해 사랑의 터널과 만남의 광장, 병역체험장을 지나 팔각정자와 소공연장을 돌아 행운의 계단, 행복의 계단을 거쳐 만남의 광장으로 되돌아 나오는 코스이다.

효율적인 포인트 동선

사진으로 미리보는 동선 지도

효율적인 동선(4시간 추천 코스) 청남대입구 → 배밭 → 행복의 계단 → 전망대 → 출렁다리 → 초가정 → 대통령광장(선박전시관) → 행운의 샘 → 그늘집 → 어울림마당 → 돌탑 → 본관 → 오각정 → 양어장 → 노태우대통령길 → 대통령역사문화관

여행 정보

찾아가는 길

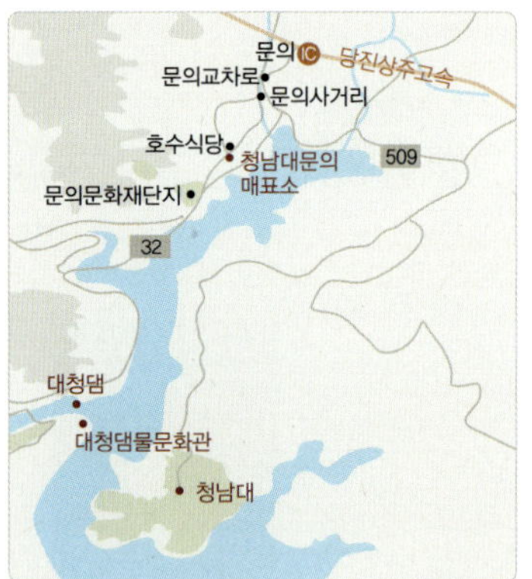

① 예약하지 않은 경우 – 당진영덕고속도로 문의IC에서 문의방면으로 빠져나와 문의교차로에서 대전방면 좌회전 → 미천고은로 따라 1km 직진 후 좌회전 → 대청호반로 따라 500m 청남대관람매표소 주차장 진입(표 구입 후 셔틀버스 이용)

② 승용차 예약입장 – 당진영덕고속도로 문의IC에서 문의방면으로 빠져나와 문의교차로에서 대전방면 좌회전 → 미천고은로 따라 330m 직진 후 문의사거리에서 청남대방면 좌회전 → 회남문의로 따라 10.8km 직진하여 검표 후 청남대 주차장으로 진입

청원군 미원시외버스터미널 하차 후 미원시장정류장까지 200m 도보이동(3분 소요) → 211번 버스 탑승 후 고은리정류장 하차(25개 정류장, 50~60분 소요) → 길 건너서 311번 버스 환승 후 문의정류장 하차(9개 정류장, 20~25분 소요) → 청남대매표소까지 도보로 220m 이동(3분 소요) → 청남대행 버스 이용(30~40분 소요)

이용안내

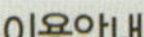 충북 청원군 문의면 청남대길 646 / 043-220-6412~4

chnam.cb21.net

2~11월 09:00~18:00, 12~1월 09:00~17:00(매주 월요일, 명절 휴무)

₩ 성인 5,000원, 어린이 3,000원(주차료 2,000원)

예약입장 : 승용차 및 시내버스 이용자(승용차 입장 예약은 1일 오전, 오후로 나눠 각 250대 선착순 예약)

승용차 예약입장 : 청남대 홈페이지, 모바일 접속 후 [승용차 입장예약] 클릭 → 결제 완료 후 문자 확인 → 정문 검표(입장권 출력, 바코드, 예약번호 확인) → 입장

승용차 미예약입장 : 청남대문의매표소로 이동 후 입장권구입 → 시내버스탑승 → 입장(15분소요)

문의매표소 : 청남대 버스운행시간표(화~금 : 30분 간격 / 토~일 : 20분 간격 / 요금 왕복기준 – 일반 3,000원, 중고생 2,400원, 초등학생 1,500원)

문의매표소 출발 : 09:00~16:30까지 운행 / 청남대 출발 – 09:40~18:00까지 운행

먹을거리 _ 호수식당

관광지 같지 않은 정갈한 상차림으로 돌솥밥을 시키면 조기, 가지무침, 콩나물무침, 깻잎, 열무김치, 오이장아찌무침 등 10여 가지의 밑반찬이 함께 나온다. 수식어를 굳이 붙이지 않아도 맛 좋은 청국장은 식당 한쪽에 놓인 콩가마를 보니 직접 메주를 띄우는 집 같아 믿고 먹을 만하다. 부드러운 두부가 푸짐하게 들어가 있고, 청국장 특유의 냄새도 덜하다.

☎ 충북 청원군 문의면 미천리 148-4(청남대매표소 근방) 043-298-7755

₩ 돌솥밥 8,000원

주변볼거리 _ 대청댐

대덕군(대전시)의 대자와 청원군(청주시) 청자를 따서 이름붙인 대청댐은 중부권의 원활한 용수 공급은 물론 홍수예방과 전력공급까지 책임지고 있는 곳이다. 대청호는 국내 3대 호수 중의 하나로 대전팔경에도 꼽히는 수려한 수변자연경관을 뽐낸다. 호수를 끼고 도는 대청호 오백리길은 다양한 테마를 주제로 생태탐방로가 총 6개 코스로 조성되어 있나. 국민의 휴식공간인 대청댐물문화관에서는 수자원에 대한 이해와 관심을 유발하고 물문화에 대한 인식을 높이며 물의 소중함을 배울 수 있는 복합문화공간이다.

☎ 대전 대덕구 미호동 1-5 / 042-930-7332

조선시대의 왕궁

창덕궁 – 창덕궁은 1405년 태종 때 건립된 자연과 조화를 이룬 가장 한국적인 조선왕조의 왕궁이다. 인위적인 구조가 아니라 주변 지형과 조화를 이루며 자연스럽게 지어져 경희궁이나 경운궁 등 다른 궁궐의 공간 구성에도 영향을 주었다. 1997년 유네스코 세계문화유산으로 등재되어 한국을 대표하는 궁궐이 되었다. 돈화문을 시작으로 규장각, 진선문, 인정문, 인정전, 숙장문, 희정당, 대조전, 낙선재 등이 있으며 창덕궁 후원에는 작은 연못과 정자들이 아름답게 자리하고 있어 진정한 한국의 정원을 느낄 수 있는 곳이다.

경복궁 – 조선시대 궁궐 중 가장 으뜸으로 꼽히는 법궁, 경복궁은 1395년 태조 이성계가 창건하였다. 인왕산과 북악산이 병풍처럼 둘러싸인 한양 도시계획의 중심부에 우뚝 세워져 있다. 궁궐의 중심인 근정전, 집현전 터인 수정전, 연못에 조성된 경회루, 왕이 신하들과 정사를 논하던 사정전, 궁궐 건축에 반영된 유가사상을 엿볼 수 있는 강녕전, 왕비의 침전 교태전, 십장생굴뚝이 볼거리인 자경전, 아름다운 정원 향원정까지 자랑스러운 역사의 장소이자 아픈 역사를 간직한 곳이다.

청주고인쇄박물관

직지, 그 위대한 금속활자를 만나는

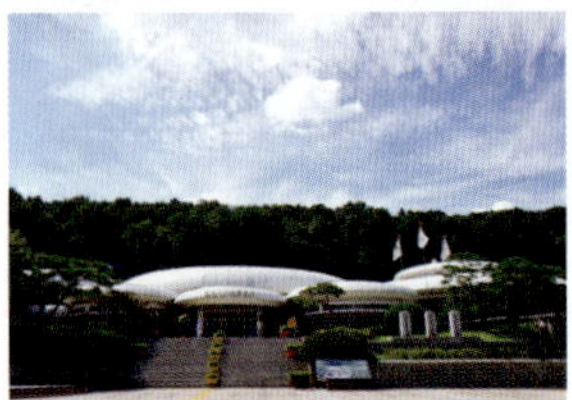

우리나라의 인쇄문화 발달과정이 체계적으로 전시되어 있는 청주고인쇄박물관은 흥덕사지와 나란히 접해있다. 5개의 상설전시관에는 직지와 흥덕사, 직지금속활자공방, 인쇄문화실, 동서양 인쇄문화실, 근현대 인쇄기기, 영상관과 고인쇄 도서관 등을 갖추고 있다. 박물관 옆 흥덕사지는 세계에서 가장 오래되는 금속활자 인쇄본 '백운화상초록불조직지심체요절'을 간행한 곳이다.

유네스코 세계기록유산으로 지정된 직지와의 만남

박물관에 들어서면 '불조직지심체요절' 하권이 세계기록유산으로 등재되면서 금속활자 인쇄본 중에서는 세계 최고임을 공인받았다는 안내가 눈길을 잡는다. 직지의 본래 제목은 '백운화상초록불조직지심체요절'로 백운화상이 부처님과 큰 스님의 말씀을 간추려 상하권으로 엮은 책이다. 이 책은 1377년(고려우왕 3) 청주 흥덕사에서 금속활자로 인쇄한 것으로 안타깝게도 상권은 아직 발견되지 않았고, 하권은 프랑스국립도서관에 소장된 채 돌려받지 못하고 있다. 직지는 세계 최초로 알려졌던 금속활자 인쇄본인 구텐베르크의 '42행성서(1455년)' 보다 78년이나 앞서 편찬됐으며, 우리나라의 금속활자 인쇄기술은 직지보다도 앞서 1234년(고려고종 21)에 고금의 예문을 모아 편찬한 '상정고금예문'이 금속활자로 인쇄했다는 기록이 이규보의 『동국이상국집』에 전해진다. 현재 전해지지는 않지만 상정고금예문은 구텐베르크보다 200년이나 앞서 있어 세계최초라는 자부심을 느끼기에 충분하다.

우리나라에 없으면서도 한국의 세계기록유산으로 인정받은 직지는 프랑스 국립중앙도서관에 소장되어 있다. 1900년 전후에 프랑스 공사근무원 플랑시Collin de Plancy가 한국골동품을 수집하는 과정에 프랑스로 넘어가 프랑스국립중앙도서관에 기증되었다. 이후 잊힐 뻔한 이 책을 프랑스국립도서관 사서로 계셨던 박병선 박사가 처음 발견하고 한국의 금속활자로 인쇄되었음을 수년간의 연구 끝에 밝혀내면서 세계적으로 인정을 받게 되었다.

직지를 인쇄한 흥덕사와 인쇄모습을 재현한 직지금속활자공방

흥덕사실은 흥덕사지에서 발견된 신라, 고려, 조선시대의 목판본, 금속활자본, 목활자본 등을 비롯하여 출토된 유물 65점을 전시하고 있다. 그 중에서 단연 눈에 띄는 것은 '흥덕사'라는 명문이 새겨진 청동금구와 청동불발 등의 유물인데, 이를 통해 직지가 흥덕사에서 인쇄되었음을 알 수 있는 중요한 유물이다. 또한 세계인쇄문화의 흐름을 한눈에 파악할 수 있는 연표를 통해 우리나라 인쇄문화 발달과정을 비교해볼 수 있다.

직지금속활자공방에서는 직지의 인쇄과정을 단계별로 구분하여 밀랍인형으로 재현해 놓았다. 직지를 인쇄한 금속활자는 완성도가 높았던 조선시대 금속활자 인쇄방법과는 확연히 다르다고 한다. 하나의 판에 같은 글자라도 모양새가 다르고, 활자의 크기나 획의 굵기가 일정하지 않으며, 활자의 모양이 가지런하지 않거나 글자 획의 일부가 끊긴 것이 자주 나타나는데, 이는 사찰 재래의 밀납주조법으로 인쇄한 인쇄물의 특징이라고 한다. 고려시대의 금속활자인쇄과정을 살펴보면 당대의 명필 서체를 선정하는 글자본선정 과정부터 밀랍정제하기, 밀랍활자만들기, 인쇄교정보기, 조판하기, 금속활자만들기, 책꿰매기 과정으로 이뤄진다.

소통의 수단으로서 인쇄물과 직지를 통해 자부심과 그 의미를 되새기는 시간

인쇄문화실에는 신라부터 조선시대에 이르기까지의 인쇄와 관련된 유물을 시대에 맞게 구분전시하고 있다. 신라시대 인쇄문화 코너에는 불국사석가탑 보수 때 발견된 세계에서 가장 오래된 목판인쇄물『무구정광대다라니경』을 소개하고 있으며, 고려시대 인쇄문화 코너에서는 목판인쇄물 보협인다라니경과 개성의 개인무덤에서 발견된 '복'자 금속활자, 이규보의 동국이상국집 등을 소개하고, 조선시대 인쇄문화 코너에서는 석보상절부터 훈

몽자회, 동국정운 등 인쇄문화를 꽃피웠던 다양한 인쇄물들과 인쇄기술을 소개하고 있다. 동서인쇄문화에서는 고대의 쐐기문자부터 구텐베르크 금속활자, 동양의 문방사우 등 동서양의 인쇄문화를 이해할 수 있도록 비교전시하고 있으며, 문자와 소리가 결합되는 미래의 인쇄문화까지 조명하고 있다.

영상관은 45석 규모로 대략 25분짜리 '직지, 그 위대한 역사'라는 영상물을 감상할 수 있다. 금속활자의 발명으로 세계정보화와 인류문화발전에 큰 공헌을 한 직지를 이해하고 그 의미를 한 번 더 되새길 수 있는 의미 있는 시간이 된다. 시연실에서는 교과서 속 직지를 체험할 수 있으며 체험을 통해 활자의 우수성을 직접 느껴볼 수 있다. 한지 뜨기, 인쇄시연, 활자로 단어 찍기, 능화문양내기, 책꿰매기 등으로 나뉘어 과거의 인쇄문화를 이해하는데 도움이 된다.

여행 정보

찾아가는 길

🚗 통영대전중부고속도로 서청주IC 빠져나와 서청주IC삼거리에서 보은, 시청방면 좌회전 → 직지대로 따라 4.9km 직진 후 이정표 보고 청주고인쇄박물관방면 좌회전 → 100여 미터 전방에서 유턴하여 주차장으로 진입

🚌 ① 청주여객북부정류소 하차 후 상당구청앞정류장까지 40m 도보 이동 → 832번 버스 탑승 후 충청매일정류장 하차(4개 정류장, 10분 소요) → 청주고인쇄박물관까지 도보로 이동(3분 소요)

② 청주고속버스터미널 하차 후 터미널앞정류장까지 90m 도보 이동 → 831번 버스 탑승 후 예술의전당정류장 하차(15개 정류장, 25~30분 소요) → 청주고인쇄박물관까지 도보로 이동(1분 소요)

이용안내

☎ 충북 청주시 직지대로 713(흥덕구 운천동 866)
043-200-451

✉ jikjiworld.cjcity.net

🕘 09:00~18:00(매주 월요일, 명절 휴관)

먹을거리 _ 팔봉제빵점

우암산 중턱 수암골벽화마을 앞에 자리 잡은 팔봉제빵점은 TV 인기드라마였던 '제빵왕 김탁구' 촬영지로 유명해진 곳이다. 드라마가 종영된 지 한참 지났지만 아직도 수암골을 찾는 사람이면 누구나 한 번씩 들러 팥빵, 크림빵, 김탁구빵 등 추억의 빵을 사간다. 내부는 레스토랑처럼 꾸며져 있으며, 빵뿐만 아니라 라면이나 커피를 포함한 다양한 음료수도 판매하므로 간단하게 식사대용으로 한 끼를 해결하기에 부족함은 없다.

☎ 충북 청주시 상당구 수동 81-35 / 043-223-7838

₩ 크림, 단팥, 옥수수, 소보로 모두 개당 1,500원,
음료 5,000원

주변볼거리 _ 세계에서 가장 오래된 금속활자본을 인쇄한 흥덕사지

흥덕사지(사적 제315호)는 현존 세계최고의 금속활자 인쇄본인 직지가 간행된 곳이다. 1985년 발굴조사 때 금당터와 강당터, 탑터와 회랑터가 발견되었으며 각종 기와, 전돌, 청동금구, 금강저 등이 출토되었다. 인쇄문화사적 의의가 큰 흥덕사지에는 현재 금당과 석탑을 고증하여 복원하였다. 금당 안에는 금동으로 된 불상과 함께 문양이 전혀 새겨지지 않은 항아리모양의 동종이 있다. 바로 앞에 위치한 고인쇄박물관과 함께 둘러보기에 좋은 곳이다.

특별한 박물관

울산암각화박물관 – 국내 유일의 암각화 전문박물관으로 울산반구대암각화(국보 제285호)와 천전리각석(국보 제147호) 모형이 전시되어 있으며, 국내외 암각화 자료와 선사시대 울산의 자연환경, 당시 생활과 문화를 살펴볼 수 있는 각종 유물들이 전시되어 있다. 전시관에서는 선사미술연대표, 암각화의 이해, 청동기시대 암각화, 반구대복제 모형물, 천적리각석복제모형물, 선사시대생활 디오라마 순으로 전시되어 있다.

국립해양박물관 – 국내 최대의 해양문화공간이라는 수식어에 걸맞게 국립해양박물관은 '나의 바다, 우리의 미래'라는 콘셉트로 해양의 모든 분야를 아우르는 박물관이다. 상설전시관 8개, 기획전시관 1개, 어린이박물관, 해양도서관, 대강당, 원형광장, 수족관, 4D영상관과 각종 편의시설을 갖추고 있다. 해양문화, 해양역사와 인물, 항해선박, 해양생물, 해양체험, 해양산업, 해양영토, 해양과학등 바다의 풍요로움을 직접 보고 만지고 느껴보는 시간이 된다.

세계조가비박물관 – 제주 서귀포시에 자리한 조가비박물관은 30여 년간 세계 각지에서 수집한 패류조가비 2,800여 종 수백만 점을 다양하게 연출하여 전시하는 조가비 예술박물관이다. 1층은 체험장과 휴게시설이 있고, 2층은 놀이시설, 3층은 예술작품들이 전시된 갤러리로 운영된다. 박물관에서는 조가비, 산호 작품뿐만 아니라 구석구석 예술적인 면모가 갖춰져 있다. 조가비에 금속공예가 더해진 인테리어는 보는 것만으로도 그 아름다움에 감탄이 나온다.

추억의 골목여행, 수암골벽화마을

청주의 대표적인 달동네 수암골벽화마을은 우암산 서쪽에 자리하고 있다. 수암골 1번지는 2008년 공공예술 프로젝트 일환으로 주민과 함께하는 '추억의 골목여행'이라는 주제로 서민들의 생활상을 꾸밈없이 벽화에 담았다. 좁고 우울했던 골목길이 산뜻한 그림으로 채워지면서 이곳은 활력이 넘치는 곳으로 탈바꿈 되었다.

다랭이논을 연상시키는 수암마을 골목길

수암골은 한국전쟁 이후 울산 23육군병원 앞에 천막을 치고 살던 피난민들이 이곳 청주로 이주하면서 생겨난 마을이다. 그때 지은 집들의 형태가 거의 바뀌지 않고 현재까지 이어지고 있다. 청주시내에서 우암초등학교 옆길로 오르면 수암골 가는 길 이정표가 보이고, 차로 10여분 정도면 수암골에 도착한다. 제빵왕 김탁구 촬영지인 팔봉제빵점과 마주보고 있는 삼충상회부터 수암골벽화마을 여행이 시작된다.

수암골에서 유일한 구멍가게인 삼충상회는 파란색 간판이 눈길을 끈다. 골목 입구에는 '카인과 아벨'의 주인공인 소지섭과 한지민이 다정히 포즈를 잡은 포토존이 있다. 그 옆 어머니의 손맛이라는 아영이네 손칼국수 집은 사람들로 북적거린다. 바로 골목으로 향하면 마을 지도가 그려진 벽이 보이는데, 대충 가운데 골목길을 중심으로 양쪽에 네 개의 골목이 계단식으로 그려져 있다. 마치 다랭이논 모양으로 복잡해 보이지만 막상 걸어보면 마을 크기가 작아 30여 분이면 마을을 한 바퀴 다 돌아볼 수 있다.

파란하늘, 희망으로 가득한 골목에서 소녀와 숨바꼭질하고 싶다

수암골 골목은 주민들 생활공간이므로 밤 9시 이후에는 탐방을 자제해달라는 문구가 보인다. 집과 집 사이 간격이 좁아 작은 말소리, 발걸음 소리마저 쉽게 담을 넘기 때문에 방문자라면 신경을 써야 한다. 골목길 한편에 자리한 동판 액자는 인기 드라마였던 제빵왕 김탁구 주인공들의 손바닥을 동판으로 제작한 것이다. 그 위로 전봇대에 소녀가 숨바꼭질을 하고 있다. 바로 앞 벽에도 그림이 그려져 있는데, 두 그림이 보는 각도에 따라 하나의 그림처럼 합쳐지기도 한다. 그 옆에는 먹보의 입속이라는 제목의 벽화는 허물어진 벽을 재치 있게 이용한 작품이다.

의류분리수거함도 허투루 두지 않았다. 화사한 그림으로 채워진 함을 보자니 버려진 옷이지만 누군가에게는 꼭 필요한 옷으로 거듭날 듯하다. 그 아래 쪽문이 있는 벽에는 연통이 배꼼 나와 있는데, 파란하늘배경에 구름이 그려져 있어 연통에서 연기가 나온다면 재미있는 순간이 될 듯하다. 70년대를 대표하는 새마을운동 표어 '근면, 자조, 협동'이라는 글씨가 마을의 역사만큼 바란 모습으로 남아있다. 꿈, 땀, 눈물, 잔소리 등의 단어가 주렁주렁 매달린 나무 한그루는 잠깐 동안 걸음을 잡는데, 누구라도 이 그림을 보면서 자신만의 생각을 마인드맵처럼 그려볼 것 같다.

천사의 날개, 추억한줌 만든다 전망 좋은 동네, 수암골

골목길을 걷다보니 세월만큼 덧 씌워진 지붕너머 청주시내가 한눈에 들어온다. 다른 골목길로 이어지는 곳에는 피아노건반 계단이 보인다. 계단을 오르면 '도레미' 피아노 소리가 울릴 듯하다. 다시 골목길로 접어들면 수암상회라 적힌 벽화 속 주인아줌마가 창문너머 넉넉한 미소로 아이스께끼를 팔고 있다. 벽화하면 빼놓을 수 없는 날개 그림이 수암골에도 있다. 상당히 긴 날개를 가진 천사 그림인데, 누구라도 그냥 지나치지 못하고 날개를 배경으로 기념사진을 찍는다. 소중한 추억은 수암골을 더욱 오랫동안 기억되게 만든다.

내려오는 길, 아이들의 재잘거리는 소리가 들릴 듯한 그림 앞에 서니 저절로 입가에 미소가 그려진다. 노랑 화장실문이 그려진 벽화는 정말 노크라도 하고 싶어진다. 텃밭의 울타리 같은 작은 돌에도 앙증스러운 그림으로 색을 입혀 보는 발걸음이 즐겁다. 좁은 골목을 걷다보면 사소한 풍경이지만 생활의 지혜를 엿볼 수 있다. 좁은 땅, 작은 화분 하나에도 채소가 심어져 있고, 하늘을 가릴 듯 엉켜진 전깃줄은 인생의 갈래처럼 보인다. 자칫 우울해보일수도 있던 곳을 이렇게 화사하게 살려내는 벽화의 신비로움에 응원의 박수를 보낸다. 삶과 행복의 척도는 다르므로 보이는 모습에서 삶의 애환을 운운하지 말자. 이곳은 희망을 가꾸며 열심히 살아가는 사람들과 청주시내 야경을 제대로 만날 수 있는 전망 좋은 동네이다.

여행 정보

찾아가는 길

- 통영대전중부고속도로 서청주IC 빠져나와 서청주IC삼거리에서 시청방면 좌회전 → 직지대로 따라 4.9km 직진 후 이정표 보고 청주고인쇄박물관방면 좌회전 → 100여 미터 전방에서 유턴하여 주차장으로 진입
- ① 청주여객북부정류소 하차 후 상당구청앞정류장까지 40m 도보 이동 → 832번 버스 탑승 후 충청매일정류장 하차(4개 정류장, 10분 소요) → 청주고인쇄박물관까지 도보로 이동(3분 소요)

  ② 청주고속버스터미널 하차 후 터미널앞정류장까지 90m 도보 이동 → 831번 버스 탑승 후 예술의전당정류장 하차(15개 정류장, 25~30분 소요) → 청주고인쇄박물관까지 도보로 이동(1분 소요)

이용안내

☎ 충북 청주시 직지대로 713(흥덕구 운천동 866)
043-200-451

✉ jikjiworld.cjcity.net

🕘 09:00~18:00(매주 월요일, 명절 휴관)

먹을거리 _ 영광이네국수집

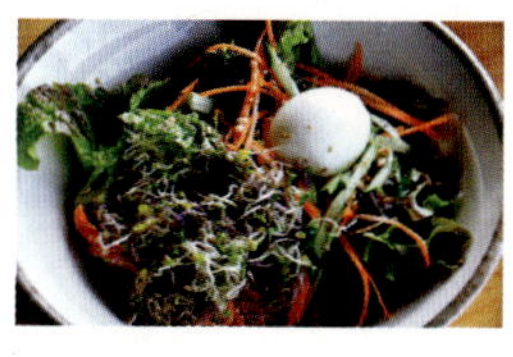

TV 인기드라마 '영광의 재인' 촬영지였던 '영광이네' 집이 실제로 맛난 국수를 팔고 있다. 영광이네에서는 제빵왕 김탁구 촬영 당시 판매하던 서문제과 빵도 그대로 판매를 하고 있다. 이집의 대표 먹거리 잔치국수는 진한 멸치육수에 굵지만 쫄깃한 면발과 채썬 유부, 김가루, 파 등을 송송 썰어 넣어 주는데, 그 양도 푸짐하고 시각적으로도 맛있게 보인다. 비빔국수는 비벼서 나오는데 새싹야채가 고명으로 올려 있고 면발 쫄면처럼 쫄깃하여 단맛과 고소함이 함께 느껴진다.

☎ 청주시 상당구 수동 88-2번지 / 043-224-2332

₩ 영국이네국수 5,000원

주변볼거리 _ 국립청주박물관

국립청주박물관은 건축가 김수근 선생이 설계한 것으로 건축물 자체가 우리나라 현대건축의 기념비적 작품이라 평가받는다. 박물관 내에는 구석기부터 철기시대까지 충북의 선사문화를 소개하는 선사문화실, 마한시대부터 통일신라에 이르는 집터, 성곽, 무덤과 유물을 안내하는 고대문화실, 충북의 불교문화를 중심으로 소개한 고려문화실, 호서지방의 학문과 문화를 알 수 있는 조선문화실로 구분된다. 야외전시장에는 연자방아, 문인석, 장승, 동자석 등의 유물과 복원된 청주용담동유적 돌넛널무덤(석관묘) 등을 살펴볼 수 있다.

☎ 충북 청주시 상당구 명암동 87 / 043-229-6300

₩ 무료

🕘 화~금 09:00~18:00, 토 09:00~21:00
(11~3월까지는 ~19:00)

아름다운 벽화마을

영천별별미술마을 – 경북 영천시 화산면의 가상리와 화산리, 귀호리 일원은 마을의 문화유산과 자연풍광을 이용하여 주민의 일상을 예술작품으로 승화한 별별미술마을이다. 2011년 행복 프로젝트 '신몽유도원도 – 다섯 갈래 행복길'이라는 제목으로 걷는길, 바람길, 스무골길, 귀호마을길, 도화원길로 구분하여 마을 곳곳에 45점의 다양한 작품들을 설치하였다. 다섯 개의 길은 길을 따라 걷기도 하고 자전거를 이용하기도 하는 거대한 노천 갤러리이다.

부산감천동문화마을 – 2009년 마을 미술 프로젝트로 새롭게 변화된 부산감천동문화마을은 고대 잉카의 비밀도시를 연상케 한다하여 '부산의 마추픽추' 혹은 레고 블록처럼 생겼다하여 '레고마을' 등으로 다양하게 불린다. 다닥다닥 붙은 감천마을의 집들은 옥녀봉에서 천마산까지 산자락을 따라 질서정연하게 늘어서 있는데, 신기하게도 뒷집을 가리지 않게 지어져 있어 인상적이다. 작은 골목이 너무 많아 길을 잃어버릴 수 있으니 하늘마루안내소에서 지도를 챙긴 후 탐방하는 것이 좋다.

Special 05

이웃사촌마을
보은, 옥천, 영동을 잇는
충북 남부권 1박 2일 여행

보은, 옥천, 영동은 충북의 남부 권역으로 남부 3군 체육대회가 열릴 정도로 교류가 많은 곳이다. 다양한 문화와 역사가 교차하는 내륙의 중심으로 누군가의 고향처럼 낯익은 풍경이 기다리고 있다. 세월이 지나간 자리에는 연륜으로 쌓여있는 문화재가 산재하여 발걸음을 허둥댈 정도로 바빠지는 여행지이다.

세월이 느껴지는 산사, 법주사

충북 보은군 내속리면에 자리한 법주사는 신라진흥왕 14년(553)에 창건하여 1500여 년의 역사를 묵묵히 지켜온 사찰이다. 오랜 역사만큼 많은 문화재를 간직하고 있으며, 새롭게 조성된 황토숲길은 어느 계절에 찾아와도 그림처럼 한결 같은 아름다운 풍경을 선사한다. 법주사하면 떠오르는 것은 오층목탑 팔상전과 미륵대불이다. 현존하는 국내 유일의 목조탑인 팔상전(국보 제55호)은 석가모니의 일대기를 8단계 모습으로 그린 팔상도를 봉안한 전각이면서 목탑이다. 법주사 경내 어디에 있더라도 보이는 미륵대불은 역사가 불과 50여 년밖에 되지 않지만 그 규모나 조성과정이 법주사를 대표하고도 남는다.

많은 국보와 보물, 문화재 등을 보유한 법주사는 볼거리가 많은 만큼 발걸음을 서둘러야 한다. 우리나라 3대 불전 중의 한 곳으로 꼽히는 법주사대웅보전(보물 제915호), 넉넉한 미소를 머금고 있는 마애여래의상(보물 제216호), 모루돌 위 다기그릇을 머리에 이고 있는 희견보살상(보물 제1417호), 두 마리 사자가 앞발을 들어 올린 형태인 사천왕석등(보물 제15호), 3000여 명의 장국을 한번에 끓일 수 있는 철확(보물 제1413호) 등등의 보물들 그리고 법주사 초입에 지체 높은 정이품송까지 한나절 발걸음을 바쁘게 만든다.

깊고 중후한 멋이 흐르는 선병국가옥

선병국가옥(중요민속자료 제134호)은 1921년에 지어진 집으로 소나무숲에 둘러싸인 99칸의 대갓집이다. 100여 년의 세월을 이고 곱게 늙은 가옥은 당대 제일가는 궁궐목수까지 불러 지은 고택인데, 개화기에 지어진 건축물이라 전통기법을 따르면서도 벗어난 듯한 건축의 변화가 오묘하다. 솟을대문을 들어서면 크게 사랑채, 안채, 사당 세 공간으로 나뉘는데 각 공간은 안담이 둘려 있으며 다시 바깥담을 쌓아 전체를 에두르고 있다.

사랑채는 남향으로 3단의 석축기단 위에 H자 형태로 지은 겹집으로 가운데 대청마루가 있고, 양쪽으로 방이 있다. 붉은벽돌로 고쳐 쌓은 흔적이 군데군데 보여 고졸한 멋은 덜하지만 서까래가 길게 뻗은 것이 고택의 중후한 멋을 더한다. 안채도 사랑채와 마찬가지로 H자형으로 기둥, 처마 등의 구조도 사랑채와 흡사하다. 안채와 사랑채 사이에는 중행랑채가 ㄷ자 모양으로 둘러서 안마당을 자연스럽게 만들고 있다. 다양한 문양의 사랑채 창호도 눈여겨볼만하다. 선병국가옥에서는 숙박과 장 담그기 체험를 해 볼 수 있다.

1,500년의 시공을 지켜선 삼년산성

삼년산성(사적 제235호)은 신라 자비왕 13년(470)에 3년간에 걸쳐 축성하였고, 486년 3천 명의 장정을 동원하여 대대적으로 개축하였다. 산성은 포곡형으로 구들장처럼 납작한 자연석을 '井' 자 모양으로 가로세로 쌓기 하여 철옹성이라 불릴 만큼 견고하였다. 당시 보은은 군사적 요충지로 고구려, 백제, 신라가 국경을 맞대고 있던 곳이다. 오정산 능선을 따라 둘레 1,680m, 폭 5m, 높이 20m로 4개의 출입문과 옹성 7개, 우물터 5개, 수구 등의 시설이 갖춰져 있었으며 서문지에서 발견된 신방석信枋石은 우리나라 고대 축성법 연구에 중요한 사료가 된다.

산성에서는 삼국시대부터 고려, 조선시대에 이르는 각종유물이 출토되었으며 서문지 입구 암벽에는 김생의 필체로 옥필, 유사암, 아미지 등의 암각글씨가 남아 있다. 삼년산성은 3단계의 방어시스템으로 반원형 치성에서 출입로를 협공하기 쉽게 쌓았으며, 산성 출입문은 밖에서는 당겨서 여는 문이라 공격이 쉽지 않았으며, 출입문이 뚫려도 바로 앞에 아미지 연못이 있어 병력을 둘로 분산시켜 공격할 수 있는 천혜의 요새였다. 실제 918년 고려 태조왕건도 직접 이곳을 공격하다 참패했다는 기록이 전해진다.

향수 속으로 빠져드는 정지용생가와 문학관

'얼룩배기 황소가 해설피 금빛 게으른 울음을 우는 곳' 정지용의 시 향수가 울려 퍼지는 정지용생가와 문학관은 고향의 정겨운 풍경을 떠올리기에 충분한 곳이다. 옥천구읍에 위치한 생가는 시인의 자취와 고향에 대한 그리움을 오롯이 느낄 수 있다. 문학관에는 문학전시실, 지용연보, 시산문집초간본전시로 구분하여 전시 중이다. 시인이 살았던 시대적 상황과 문학사 전개에서 어떤 삶을 살았는지 자취를 살펴볼 수 있다. 영상시화와 향수영상 등을 보면서 문학적 생각에 접근할 수 있으며 시낭송 체험실에서는 정지용의 시문학세계를 오감으로 느낄 수 있다.

문학관이 있는 옥천구읍은 근대건축물이 많이 남아 있어 마치 근대문화의 한 장면을 보는 듯하다. 구읍시내 상점들은 정지용의 시구절이 적힌 간판을 내걸어 옥천을 더욱 더 낭만적인 거리로 만든다. 시간적 여유가 있다면 정지용의 시 19편을 주제로 조성된 향수 30리길도 함께 둘러보면 좋다. 도로변을 수놓은 꽃그림과 아름다운 노랫말, 시를 읊조리며 걷다보면 금강을 품은 멋진 풍경을 마주한다.

양산팔경 중 제1경에 속하는 천태산영국사

천태산 자락이 병풍처럼 둘러싼 영국사에서 가장먼저 만나는 것은 천년을 이어온 은행나무이다. 천연기념물 제232호로 지정된 이 은행나무는 높이가 31m에 둘레도 10m가 넘는 고목으로 영국사 초입에 우뚝 서있다. 영국사는 신라문무왕 8년(527) 원각국사가 국청사라는 이름으로 창건하였으며 공민왕 때 홍건적의 난을 피해 이곳에서 나라의 안녕을 되찾았다 하여 영국사라 고쳐 부르게 됐다.

경내에는 옛 절터에서 옮겨온 영국사삼층석탑(보물 제533호), 천태학의 대가인 원각국사 행장을 기록한 원각국사비(보물 제534호), 고려시대 팔각원당형부도인 영국사부도(보물 제532호)도 빼놓을 수없는 볼거리이다. 내려오는 길 꽃술처럼 느껴지는 봉우리에 세워진 망탑봉삼층석탑(보물 제535호)과 마치 고래가 헤엄치는 형상을 한 흔들바위를 보면서 진주폭포 쪽으로 향한다.

국악의 향기를 찾아서

우륵, 왕산악과 더불어 우리나라 3대 악성으로 꼽히는 난계 박연선생의 출생지가 영동이다. 그래서 영동에는 난계의 업적을 길이기 위한 난계국악박물관, 난계국악기 체험전시관, 난계사 등이 위치해 있다. 박연선생의 영정을 모신 사당인 난계사 입구에는 그 소리가 하늘에 닿아 소원을 이룬다는 세계최대의 북 천고가 있으며, 난계의 동상과 비가 세워져 있다. 또한 박연선생의 생가와 묘소도 인접해 있으므로 함께 둘러볼 수 있다.

난계국악박물관은 영상실, 난계실, 국악실, 정보검색코너, 체험실로 구성되어 있다. 박연선생의 일대기와 생애, 업적을 비롯하여 국악연표, 연주모습, 국악기 제작과정 등을 보면서 국악기에 대한 정보를 습득할 수 있다. 박물관 바로 옆에는 난계국악기 제작촌이 있다. 난계국악전시관은 국악기체험, 공연장, 체험전수실, 개인연습실, 영상세미나실 등으로 나뉘며 체험전수실과 개인연습실에서는 전통 국악기를 직접 다뤄 볼 수도 있어 우리나라 전통음악을 이해하는데 도움이 된다.

포도재배에서 와인의 양조까지

국내 최대의 포도 생산지이자 포도와인특구인 영동은 우리나라를 대표하는 와인주산지이다. 영동군의 포도 생산자들이 주주로 참여한 주식회사와인코리아 우리나라에서는 유일하게 포도재배부터 와인양조까지 한곳에서 가능한 시스템을 갖추고 있다. 여기서 생산한 순수 국산와인에 '샤토마니'라는 자체 브랜드를 붙여 판매하고 있다.

건물 1층에는 와인 판매장과 개인 와인셀러, 와인

바, 와인시음실 등이 운영된다. 2층은 와인 갤러리와 1995년부터 생산을 시작한 샤토마니 와인을 전시하고 있으며, 와인의 제조과정과 와인에 관련된 다양한 정보를 알 수 있다. 지하 토굴저장소로 가는 길에는 포도나무가 무성하게 천장을 덮고 있는 족욕탕에서 포도향 달콤한 와인족욕을 즐길 수 있다. 체험관에서는 와인만들기, 천연화장품만들기 등의 체험프로그램도 운영하고 있다. 피난동굴을 재활용한 지하토굴은 영동에서 재배된 포도로 만든 와인 오크통 100여 개와 생산된 와인제품 5만여 병이 저장되어 있다.

효율적인 포인트 동선

19
법주사
속리산천왕봉
영남식당
속리산버스터미널
37
상판삼거리
30
갈목삼거리
보은군청
삼가삼거리
보은시외터미널
삼년산성
속리초교
509
25
선병국가옥
보은 IC
575
탑부교차로
덕동삼거리
505
정방사거리
장계관광지
국원교차로
금강
정지용생가/문학관
대박집
옥천묵집
월전교차로
옥천 IC
옥천군청
옥천역
1
19
금강 IC
영동 IC
동평사거리
4
용암사
장령산 자연휴양림
대흥사거리
어원삼거리
서대산
대동버섯손칼국수
505
대성산
난계국악박물관
대우농장
마곡삼거리
영동군청
영동와인코리아
매천교차로
영동시외터미널
대박휴게소식당
영국사

✔ 사진으로 미리보는 동선 지도

삼년산성 → 법주사 → 영남식당(점심식사) → 선병국가옥 → 정지용생가/문학관 → 대박집(저녁식사) → 장령산자연휴양림(휴식 및 1박) → 영국사 → 대동버섯손칼국수(점심식사) → 난계국악박물관/난계사 → 영동와인코리아

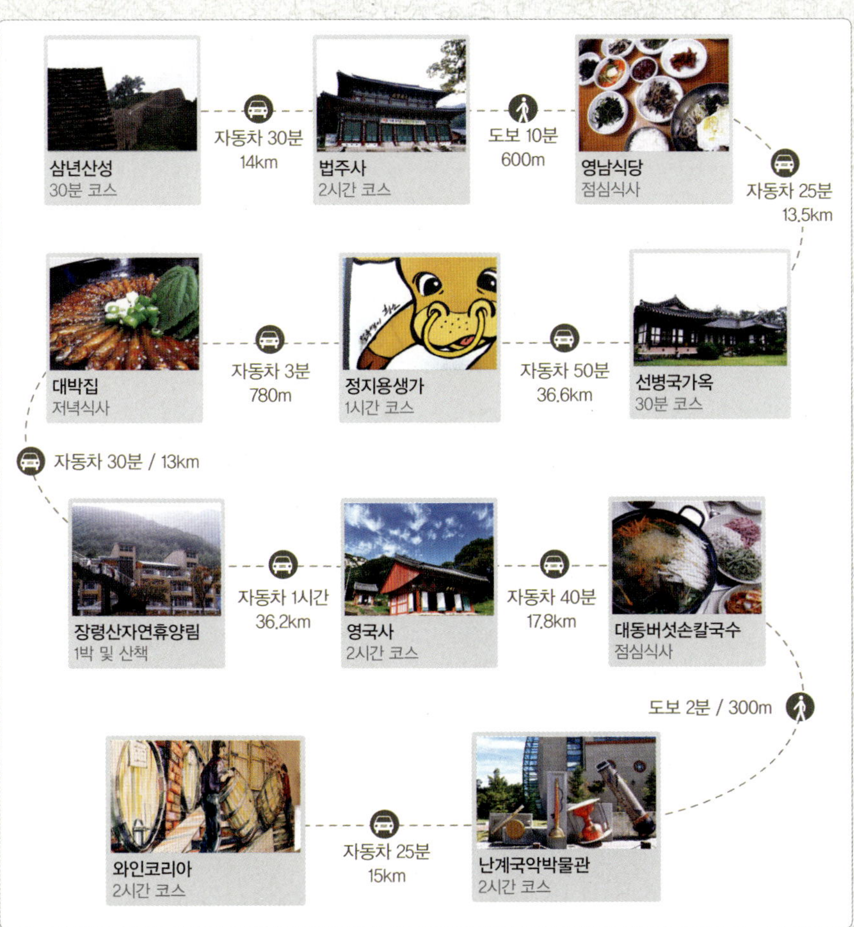

여행 정보

찾아가는 길

🚗 당진영덕고속도로 보은IC 빠져나와 보은IC교차로에서 속리산 방면 왼쪽 길 → 남부로 따라 4.3km 직진 후 어암리방면 오른쪽 길 → 삼년산성이정표 따라 1km 이동 → **삼년산성** → 성주1길 따라 1km 직진 후 보은 교차로에서 속리산방면 우회전 → 보청대로 따라 1.4km 직진 후 누청삼거리에서 속리산방면 좌회전 → 동학로 따라 6.8km 직진 후 중판삼거리에서 법주사방면 우회전 → 속리산로 따라 1.7km 직진 후 상판삼거리에서 속리산방면 좌회전 → 법주사로 따라 3.1km 직진 → **법주사 / 영남식당(점심식사)** → 법주사로 따라 3.8km 직진 후 갈목삼거리에서 상주방면 좌회전 → 비

룡동관로 따라 3.2km 직진 후 삼가삼거리에서 상주방면 우회전 → 삼가터널 지나 장안로 따라 6.4km 직진 후 속리초교 지나 좌회전 → 하개교 건너 우회전 → **선병국가옥** → 하개교 건너 장내삼거리에서 좌회전 → 보청대로 따라 3.5km 직진 후 탄부교차로에서 삼승방면 → 삼승탄부로 따라 3.7km직진 후 덕동삼거리에서 좌회전 → 삼승탄부로 따라 12km직진 후 정방사거리에서 좌회전 → 안내보은로 따라 10km 직진 후 국원교차로에서 좌회전 → 성왕로 따라 3.5km 직진 후 이정표 확인하면서 600m 이동 → **정지용생가 / 대박집(저녁식사)** → 성왕로 따라 320m 직진 후 문정사거리에서 우회전 → 성왕로 따라 2.5km 직진 후 보은방면 우회전 → 대청로 따라 100m 이동 후 월전교차로에서 금산방면 좌회전 → 대청로 따라 4.8km 직진 후 동평사거리에서 금산방면 좌회전 → 곤룡로 따라 이정표 확인하면서 5.1km 직진 → **장령산자연휴양림(휴식 및 1박)** → 월전교차로까지 되돌아 나온 후 옥천IC방면 좌회전 → 성왕로 따라 1.1km 직진 후 삼양사거리에서 우회전 → 옥천로 따라 11km 직진 후 이원삼거리에서 우회전 → 묘목로 따라 620m 직진 후 대흥사거리에서 양산방면 좌회전 → 이원로 따라 9.6km 직진 후 대박휴게소식당 못미처 우회전 → 명덕길 따라 4km 직진 → **영국사** → 영국동길 따라 4km 직진 후 대박휴게소식당에서 좌회전 → 천태산로 따라 2.8km 직진 후 대우농장 지나 우회전 → 수묵기호로 따라 7.4km 직진 후 마곡삼거리에서 영동방면 좌회전 → 양산심천로 따라 3km 직진 후 우회전 → 난계로 따라 300m 직진 후 삼거리에서 고당리방면 좌회전 → 국악로 따라 400m 직진 → **대동버섯손칼국수(점심식사)** → **난계국악박물관**까지 300m 이동 → 국악로 따라 100m 직진 후 좌회전 → 난계로 따라 8.5km 직진 후 매천교차로에서 대구방면 좌회전 → 다리 건너 영동3교삼거리에서 법원방면 우회전 → 영동황간로 따라 6.4km 직진 → **와인코리아**

🚌 보은시외버스터미널 하차 후 삼산리정류장까지 200m 도보이동 → 농어촌버스(보은–화령) 승차 후 보은정보고교정류장 하차(4개 정류장, 10분 소요) → 삼년산성까지 약 850m 도보로 이동(10~15분 소요) → **삼년산성** → 보은정보고교정류장에서 농어촌버스(보은–백석) 승차 후 청주식당앞정류장 하차(5개 정류장, 30분 소요) → 법주사까지 약 870m 도보로 이동(10~15분 소요) → **법주사** → 법주사에서 약 600m 도보로 이동(10분 소요) → **영남식당(점심식사)** → 청주식당앞정류장까지 도보로 약 260m 이동 후 농어촌버스(보은–백석) 승차 후 중판1리정류장 하차(2개 정류장, 15분 소요) → 농어촌버스(보은–중판1리) 환승 후 대야리정류장에서 하차(3개 정류장, 30분 소요) → 농어촌버스(보은–화령) 환승 후 장내2리정류장 하차(7개 정류장, 20분 소요) → 선병국가옥까지 도보로 약 550m 이동(10분 소요) → **선병국가옥** → 장내2리정류장에서 농어촌버스(보은–화령) 승차 후 배뜰공원앞정류장 하차(13개 정류장, 30분 소요) → 농협군부지앞정류장까지 약 560m 도보로 이동 후 농어촌버스(보은–옥천) 환승 후 구읍사거리정류장 하차(33개 정류장, 1시간 20분 소요) → 정지용생가까지 약 100m 도보로 이동 → **정지용생가** → 대박집까지 780m 도보로 이동(10~15분 소요) → **대박집(저녁식사)** → 구읍사거리정류장에서 농어촌버스(옥천–청산) 승차 후 동성슈퍼정류장 하차(3개 정류장, 10분 소요) → 옥천중학교정류장까지 약 180m 도보로 이동 후 농어촌버스(옥천–금천리) 환승 후 금천리정류장에서 하차(18개 정류장, 50분 소요) → 장령산자연휴양림까지 약 550m 도보로 이동(10분 소요) → **장령산자연휴양림(휴식 및 1박)** → 금천리정류장에서 농어촌버스(옥천–금천리) 승차 후 옥천버스터미널정류장 하차(20개 정류장, 40분 소요) → 농어촌버스(옥천–양산) 환승 후 누교리정류장 하차(25개 정류장, 1시간 소요) → 영국사주차장까지 약 2km 도보로 이동(30분 소요)하거나 택시 이용(5~10분 소요) → **영국사** → 누교리 정류장까지 약 2km 도보로 이동(30분 소요)하거나 택시 이용(5~10분 소요) → 농어촌버스(영동–명덕) 승차 후 시외버스터미널정류장 하차(24개 정류장, 1시간 소요) → 중앙동정류장에서 농어촌버스(영동–날근) 환승 후 고당리정류장 하차(9개 정류장, 30분 소요) → 대동버섯손칼국수까지 약 500m 도보로 이동 → **대동버섯손칼국수(점심식사)** → **난계국악박물관** → 고당리정류장에서 농어촌버스(영동–날근) 승차 후 로타리정류장 하차(개 정류장, 30분 소요) → 농어촌버스(영동–임산) 환승 후 조현정류장 하차(7개 정류장, 20분 소요) → 와인코리아까지 약 200m 도보로 이동(3분 소요)

이용안내

법주사 충북 보은군 속리산면 사내리 209 / 043-543-3615
beopjusa.org 성인 4,000원, 청소년 2,000원, 어린이 1,000원

선병국가옥 충북 보은군 장안면 개안리 153 / 043-543-7177

삼년산성 충북 보은군 보은읍 어암리 산 1-1번지 / 043-542-3384

정지용생가/문학관 충북 옥천군 옥천읍 향수길 56 / 043-730-3408
www.jiyong.or.kr 09:00~18:00(매주 월요일 휴관)

영국사 충북 영동군 양산면 누교리 1397 / 043-743-8843

난계사 영동군 심천면 고당리 515 / 043-740-3221

난계국악박물관 충북 영동군 심천면 난계로 9 / 043-742-8843
09:00~18:00(명절, 매주 월요일, 법정 공휴일 다음 날 휴관
성인 500원, 청소년 300원, 어린이 200원

영동와인코리아 충북 영동군 영동읍 주곡리 44-1 / 043-744-3211
10:00~17:00(매주 일, 월요일 휴무)

먹을거리

충북 남부권역은 속리산을 비롯한 명산들에 둘러싸여 있으면서도 중심부에는 금강이 흐르고 있어 산나물부터 매운탕까지 먹거리가 융성한 지역이다. 지역적인 특산물인 포도나 대추를 독자 브랜드로 상품화에 성공하였으며, 이 지역만의 특산음식으로 도리뱅뱅이나 묵칼국수 등은 이 지역을 여행하는 여행자라면 한번쯤은 꼭 먹어봐야 할 대표 음식이다.

영남식당 충북 보은군 속리산면 사내리 280-1 043-543-3924 산채비빔밥 7,000원

대박집 충북 옥천군 옥천읍 죽향리 214번지 / 043-733-5788
도리뱅뱅 8,000원, 생선국수 5,000원

대동버섯손칼국수 충북 영동군 심천면 고당리 445 / 043-745-6617 버섯칼국수 6,000원

옥천묵집 충북 옥천군 옥천읍 하계리 24-1 /043-732-7947 묵칼국수 5,000원

구읍할매묵집 충북 옥천군 옥천읍 문정리 2-2 / 043-732-1853 도토리묵 5,000원

숙소소개

옥천의 명산 장령산과 사시사철 마르지 않는 금천계곡을 끼고 있는 장령산 휴양림은 자연그대로 생태환경이 잘 보존된 곳이다. 또한 자연경관이 수려하고 활엽수가 자생하여 가을단풍이 아름다운 곳이다. 휴양림 예약이 어렵다면 금천계곡 근처에 있는 민박이나 펜션을 이용해도 좋다.

춘추민속관 충북 옥천읍 향수3길 19 / 043-733-4007

장령산자연휴양림 충북 옥천군 군서면 금산리 산15-1 / 043-733-9615

장령산1박2일펜션 충청북도 옥천군 군서면 금산리 279-2 / 043-733-2837

솔향기펜션 충북 옥천군 군서면 금산리 132-15 / 043-733-5525

옥천호텔 충북 옥천군 옥천읍 금구리 203-9 / 043-731-2435

대한민국 여행자를 위한
충청도 여행백서

Part 06

충북 충주권

충주
제천
단양

Theme 01

우리나라 최초의 고갯길에서 만나는

충주미륵대원지와 하늘재

Theme 02

우륵의 가야금 소리가 들릴 듯한 풍경,

탄금대

Theme 03

한방의 세계화

제천한방엑스포공원

Theme 04

시공을 넘는 역사와 자연의 만남,

청풍문화재단지

Theme 05

온달과 평강공주의 전설이 전해지는

온달관광지

Theme 06

선암계곡 삼선구곡,

하선암, 중선암, 상선암

Special 06

중원문화의 중심,

충주 1박 2일 여행

충북 충주권(충주·제천·단양)
배론성지
박달재자연휴양림
청룡사지
양성
참한우
309p
능암
온천랜드
303p
능암온천랜드
양성참한우
웰빙펜션
304p
봉황
자연휴양림
304p
봉황자연휴양림
웰빙펜션
북충주
중앙탑
사적공원
302p
중앙탑사적공원
(충주박물관, 술박물관,
충주조정체험학교)
중앙탑초가집
충주
세계무술박물관
285p
탄금대공원
충주세계무술박물관
충주시외버스터미널
계명산자연휴양림
충주
탄금대
공원
282p
달천
충주호
충주호
290p
중부내륙고속도로
하늘재
280p
소라가든
281p
괴산
충주
미륵대원지
278p
소라가든
수안보온천
박달산
수안보
온천
281p
충주미륵대원지
괴산군청

의림지
의림지
289p
영월군청
청령포
제천한방엑스포공원
제천고속버스터미널
제천
제천시청
제천역
노다지
노다지
289p
태화산
제천
한방엑스포공원
286p
북벽
297p
북벽
남제천
온달관광지
온달산성
294p
온달관광지
온달산성
황금가든
청풍
293p
맹자산
향산리
삼층석탑
중앙고속도로
구 KBS제천촬영장
구인사
황금가든청풍
청풍랜드
북단양
청풍랜드
293p
청풍문화재단지
돌집식당
297p
도담삼봉
돌집식당
단양시외버스터미널
능강계곡
금수산
청풍
문화재단지
290p
다리안폭포
소백산
구담봉
사인암
301p
단양
희망계곡
하선암
298p
하선암
사인암
수리수리봉봉
중선암
상선암
299p
상선암
수리수리봉봉
301p
도솔봉
특선암
중선암
299p
문수신
황정산자연휴양림
대마산

하늘재 충주미륵대원지와

우리나라 최초의 고갯길에서 만나는

하늘재(계립령)는 충북 충주 미륵리와 경북 문경 관음리를 이어주는 옛길이다. 서기 156년 신라 아달라왕이 북진을 위해 개척한 길로 죽령보다 2년 앞서 만들어졌으며, 한강과 낙동강을 잇는 군사적 요충지였다. 충주 미륵리에서 하늘재로 향하는 길 초입에는 망국의 한을 품은 마의태자가 창건했다고 전해지는 석굴사원 터 충주미륵대원지가 있다.

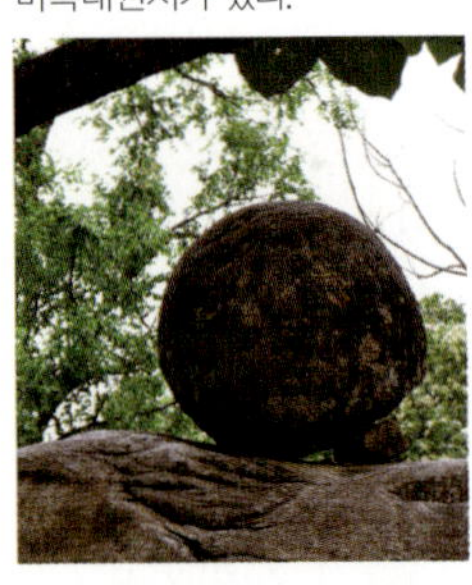

마의태자의 망국의 한이 서린 석굴사원 터

고려초기 석굴사원 터인 충주미륵대원지(사적 제317호)는 신라의 마지막 왕자인 마의태자가 누이인 덕주공주와 금강산으로 가던 중 공주는 월악산에 덕주사를 지어 남쪽을 향하도록 마애불을 모셨고, 태자는 미륵리에 석굴을 쌓아 북쪽의 덕주사를 바라보도록 불상을 봉안했다는 전설이 전해지는 곳이다. 창건에 관련된 기록은 남아 있지 않지만 고려태조 왕건의 조부 작제건이 창건했다고도 전해진다. 북쪽을 바라보는 구조의 절터로는 우리나라에서 이곳이 유일하다고 한다. 충주미륵대원지는 발굴과정 출토된 기와에 미륵당彌勒堂, 미륵당혁彌勒堂革, 원주院主 등의 글자가 새겨져 있어 이 석굴사원의 본래 이름이 미륵대원彌勒大院이었을 것으로 추정하고 있다.

미륵대원지 입구에는 당(불화를 그린 깃발)을 세우는 당간지주가 세월을 이기지 못하고 누워있는데, 당간지주에 연화무늬가 양각된 경우는 흔치 않아 눈여겨볼만하다. 절터 왼쪽에는 거북모양의 비석받침인 충주미륵리사지귀부(충북유형문화재 제269호)가 있다. 자연석을 그대로 사용하여 귀부에 등껍질은 새기지 않았고 왼쪽 어깨부분에 새끼거북 2마리가 올라가는 형상이 새겨져 있다. 비신은 찾지 못하였는데, 조사결과 애초 치석과정 중 미완성 상태에서 작업이 중단됐을 것으로 추정하고 있다. 개울 건너 오른쪽에는 공깃돌 같은 동글동글한 보주탑이 있는데, 온달장군이 이곳에 주둔할 때 이 돌로 힘자랑을 했다는 전설이 있어 온달장군공기돌이라고도 한다.

터만 남은 사찰에는 보물들이 세월을 말해준다

미륵대원지에는 많은 보물이 남아있다. 일부 훼손됐지만 비교적 원형이 잘 보존된 충주미륵리오층석탑(보물 제95호)은 바위 안쪽을 파내어 기단부를 만들고 상단부로 갈수록 급격히 좁아져 조형적 안정감은 떨어지지만 상단부 피뢰침처럼 생긴 철제찰간이 이색적인 탑이다. 충주미륵대원지석등(충북유형문화재 제19호)은 월악산을 바라보며 서 있는 오층석탑과 석조여래입상 사이에 놓인 석등이다. 각 부분은 8각 평면이고, 3단 받침구조에 불을 밝히는 화사석을 올린 후 지붕돌에 장식을 더했다. 위아래받침돌에는 대칭되게 연화무늬를 새겼고, 가운데 기둥은 꾸밈없이 간결하다. 화사석 4면에는 창을 내었는데, 그 사이로 바라보는 석조여래입상의 미소가 편안하게 느껴진다.

제천덕주사마애여래입상(보물 제406호)과 마주보는 충주미륵리석조여래입상(보물 제96호)은 미륵대원지 중심에 위치한다. 9.6m 높이로 5개의 화강암을 붙여 만들고, 머리 위에는 팔각형 보개寶蓋를 올렸다. 얼굴은 둥글고 온화하게 잘 다듬은 반면 손이나 다른 부분은 대조적으로 간략하다. 석조여래입상을 둘러싸고 있는 석실은 사각형 주실에 6m의 석축을 무사석으로 쌓아 올렸는데, 그 위로 목조건물이 있었을 것으로 추정하고 있다. 오층석탑 바로 옆에 있는 충주미륵대원지사각석등(충북유형문화재 제315호)은 평면 사각형으로 하대석은 복판연화문이 장식되어 있으며 간주석은 평면 사각 석주형으로 표면에는 안상眼象이 새겨져 있다. 사각석등 동쪽에 현재 터만 남은 미륵대원터는 지리적 여건을 볼 때 나그네를 위한 사찰 내 숙박시설이 있었을 것으로 추정한다. 고려시대에는 중요 길목에 자리한 사찰의 경우 오늘날 여관과 같은 구실을 하는 원(院)을 두었다고 기록에 전한다.

하늘재 오르는 길, 계곡물 소리에 귀마저 즐겁다

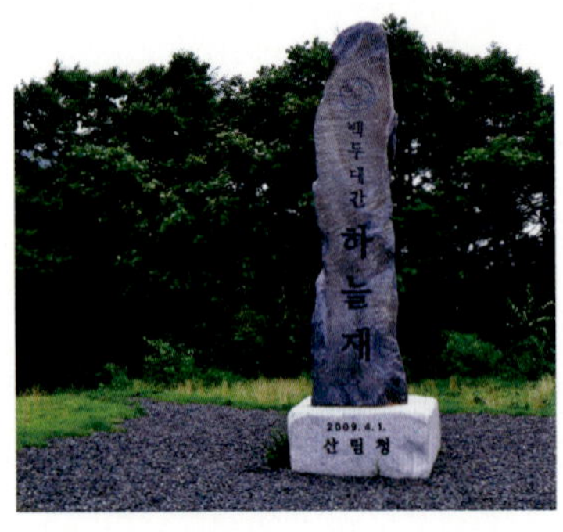

하늘재(525m)는 미륵대원지에서 완만한 오솔길을 따라 1.8km 정도 옛길로 오르면 된다. 입구에는 표지석과 솟대, 장승이 먼저 반긴다. 얼마 오르지 않아 미륵리불두를 만나는데 미완성으로 고려시대 지방 불상 양식을 살펴볼 수 있는 중요 문화재이다. 길섶에 불신 없이 불두만 방치됐던 것을 새롭게 어깨부분을 만들어 불두를 받쳐놓았다. 그 위로 석축 위에 신라 석탑양식으로 고려초기에 세워진 충주미륵대원지삼층석탑(충북유형문화재 제33호)이 보인다. 충주미륵대원지에서 200m나 떨어져 있는데, 이는 사찰의 기운을 보강하기 위한 산천비보사상의 영향을 받았을 것으로 추정한다. 숲길로 접어들면 송계계곡의 물소리가 들리기 시작하는데, 여기서부터는 천천히 삼림욕을 즐기면서 오르면 된다.

숲 기운에 취해 걷다보면 '친구나무'라는 작은 이정표가 보인다. 뿌리는 다르지만 자라면서 줄기가 합쳐진 연리목이다. 의미를 부여하면 이렇듯 한 번 더 눈길을 주게 된다. 하늘재 정상을 800미터 남겨놓은 지점에서 특별한 나무 한 그루를 만난다. 언뜻 피겨여왕 김연아의 우아한 비엘만스파이럴 동작과 비슷한 모습을 한 일명 '연아 닮은 소나무'를 만난다. 조금 더 오르니 하늘에 맞닿은 것 같이 하늘재가 보이고, 백두대간정상석을 만난다. 고갯마루에는 계림령유허비가 있는데 여기부터는 잘 포장된 아스팔트길이 문경 관음리로 이어진다. 미륵대원지에서 하늘재로 향하는 이 옛길은 자연경관이 빼어나 명승 제49호로 지정되어 있다.

여행 정보

찾아가는 길

- 중부내륙고속도로 괴산IC 빠져나와 괴산교차로에서 충주방면으로 왼쪽방향 → 충민로 따라 7.6km 직진 후 우측방향 조산공원길 따라 220m 이동 → 월악산방면 왼쪽 9시 방향 조산공원길 따라 10.7km 직진 → 이정표 확인하여 우회전 후 충주미륵대원지 주차장으로 진입
- 시외버스 미륵리정류장 하차 → 충주미륵대원지입구까지 약 600m 도보로 이동(10분 소요)

이용안내

☎ 충주시 수안보면 미륵리 58 / 043-850-6710

먹을거리 _ 소라가든

수안보지역은 예로부터 꿩 사냥이 유명하여 가정에서도 별식으로 먹을 정도로 대중화된 곳이다. 꿩요리촌에 자리한 소라가든은 특선꿩코스요리를 주문하면 8가지 꿩요리를 맛볼 수 있다. 직접 구워먹는 꿩전, 꿩육회, 꿩꼬치, 꿩샤브 그리고 맑은 샤브 국물에 끓여 먹는 수제비까지 담백한 꿩요리 잔치를 벌일 수 있다.

☎ 충북 충주시 수안보면 온천2구 / 043-846-7819

₩ 특선꿩요리 2인 50,000원

주변볼거리 _ 수안보온천

수안보온천은 오래 전부터 자연적으로 용출되는 천연 온천수가 유명하여 '왕의 온천'으로 알려진 곳이다. 기록에 의하면 1725년 개발되기 시작했으며, 국내에서 가장 수질이 좋은 곳으로 알려져 있다. 과거 부곡온천과 함께 신혼여행지로 주목받던 곳으로 수안보 온천은 원적외선뿐만 아니라 각종 광물질 성분이 풍부하며 인체에 유익하다. 수온은 53℃로 1일 평균 720톤 이상을 용출하며 지하 250m에서 솟아나는 약알칼리성 온천수이다. 국내 유일하게 온천수를 중앙집중 관리방식으로 충주시에서 운영하고 있다.

걷기 좋은 길

변산마실길 – 변산마실길은 1구간 새만금전시관을 시작하여 4구간 줄포자연생태공원까지 이어지는 66km의 산책로이다. 변산마실길은 밀물과 썰물이 교차하는 바닷길을 따라 갯가 암반층을 따라 산책할 수 있는 자연 그대로의 길이며, 전북에서 유일하게 해안 산책 명소로 손꼽힌다. 그 중에서도 채석강과 적벽강은 바위 암벽이 아름다운 곳이다. 채석강은 퇴적된 절벽이 바닷물에 침식되면서 마치 수천만 권의 책을 쌓아놓은 듯 보인다. 또한 군데군데 해식동굴까지 있어 자연의 신비함에 감탄사가 절로 나온다.

제주유배길 – 제주유배길은 추사유배길, 제주성안유배길, 면암유배길로 나눠진다. 제주는 유배의 역사를 가장 많이 지닌 땅으로 그들이 머물던 자취를 따라 걷다보면 자연스레 각별한 의미가 부여된다. 광해군이 파란만장한 삶을 마감한 곳, 조선의 주자를 꿈꾼 송시열이 마지막으로 머물렀던 곳, 김정희의 불멸 추사체가 완성된 곳이 유배지 제주였다. 그 유배를 간 덕에 추사 김정희의 '세한도', 다산 정약용의 방대한 저술, 서포 김만중의 '구운몽과 같은 저작물이 세상에 나왔다.

탄금대

우륵의 가야금 소리가 들릴 듯한 풍경,

탄금대는 남한강이 유유히 흐르며 울창한 송림과 어우러져 풍광이 아름다운 곳이다. 신라 진흥왕 때 우리나라 3대 악성 중 한 분인 우륵이 이곳에서 가야금을 연주했다하여 붙여진 이름이다. 탄금대는 임진왜란 때 신립장군이 8천의 군사로 배수진을 치고 격전을 치르다 순절한 곳이기도 하다.

불굴의 충정이 느껴지는 충혼탑과 위령탑

탄금대(명승 제42호)는 정상까지 포장이 잘 되어 있어 접근이 용이하다. 충주문화원과 야외음악당이 보이는 주차장에 내려 탄금대공원 산책을 시작한다. 입구에는 충주지역 향토가요로 사랑받는 신립장군과 우륵을 노래한 탄금대사연노래비가 세워져 있고, 아스팔트 위로 바로 가면 충혼탑을 만날 수 있다. 솔숲으로 우거진 오솔길로 들어서면 여기저기 산재한 조형물들이 있으므로 천천히 감상하며 걸을 수 있다.

현존하는 충혼탑 중 가장 오래된 것으로 忠魂塔(충혼탑)이라는 한자는 이승만대통령의 친필이다. 1955년에 광복 이후 전몰한 충주지역의 장병과 경찰관, 군노무자 등 2,838명의 넋을 추모하기 위해 세워졌다. 탑 꼭대기에는 총알 모양의 장식이 있고, 2004년 기단 하부에 위패안치실을 새로 추가로 건립하였다. 그 옆으로 임진왜란 때 탄금대에서 배수진을 치고 왜군과 싸우다 전사한 신립장군과 팔천고혼을 위한 위령탑도 세워져 있다. 위령탑 상단에 형상화된 혼불은 산화한 영령들을 추모하는 모습이고, 하단의 신립장군과 4인의 군상은 죽음으로써 국토를 지키려는 불굴의 충정을 상징한다. 이곳에서는 매년 음력 4월 28일에 위령제를 지내고 있다.

숲길에 핀 감자꽃, 동요로 꽃피운 항일정신

자주 꽃 핀 건 자주 감자
파 보나 마나 자주 감자
하얀 꽃 핀 건 하얀 감자
파 보나 마나 하얀 감자

위령탑 앞쪽 쉼터주변에는 다양한 조각 작품들이 조성되어 있는데, 그 중 먼저 시선을 잡는 것은 감자꽃 노래비이다. 충주 출신의 아동문학가 권태응 시인을 기념하기 위해 세운 시비로 '감자꽃'이란 시가 적혀있다. 이 시는 일제강점기 때 창씨개명에 항거하는 민족혼과 항일정신을 내포하고 있다.

탄금정 못미처 황토볼로 조성한 황토광장은 원적외선이 인체에 흡수되어 신진대사가 활발해진다 하니 신발을 벗고 걸어볼 만하다. 고요한 숲길, 작은 소리에도 귀 기울이게 되는 오솔길에는 여인조각상이 잠시 시선을 잡는다. 아름답게 조각된 여인상은 주변 숲과 잘 어우러져 풍경의 중심이 된다. 느긋한 걸음으로 걸어도 어느새 남한강 물줄기가 살포시 보이기 시작한다.

역사를 이야기하는 탄금대기와 열두대

탄금정 바로 앞에는 탄금대기彈琴臺記라고 적힌 비가 세워져 있다. 충주의 연혁과 지리, 인물 그리고 자연환경을 예찬한 내용으로 육당 최남선선생이 글을 짓고, 일중 김충현선생이 비로 옮겨 썼다. 비문에는 몽고군과 싸워 대승을 한 김윤후장군, 임진왜란 때 신립장군, 병자호란 때 임경업장군의 충절을 찬하고, 악성 우륵의 가야금 율조와 문장가 강수, 명필 김생이 이 고장의 문화예술을 꽃피어 청풍명월의 고장임을 찬양하고 있다.

탄금정은 콘크리트로 지어진 2층 누각형태의 정자로 탄금대의 풍경이나 옛정취와는 다소 어울리지 않게 세워졌다. 하지만 탄금정에 오르면 거침없이 흐르는 남한강 물줄기와 열두대가 훤히 내려다보이고 울창한 송림과 눈높이를 같이 할 수 있다. 탄금정 밑에는 열두대라는 기암절벽이 자리한다. 탄금대전투 당시 신립장군이 활을 너무 빨리 쏴서 그 활의 열기를 식히고자 이 암벽을 12번이나 오르내렸다 하여 붙여진 이름이라고 한다. 전투 결과 신립장군은 패장으로서 여기서 자결을 하였다. 훗날 다산 정약용은 탄금대를 지나며, 이 전투에 대해 많은 아쉬움과 신립장군에 대한 비판을 주저하지 않았다.

고란사와 느낌이 흡사한 대흥사 주변

탄금정부터는 가파른 내리막길이 시작되므로 조심해서 걸어야 한다. 가는 길에는 신립장군순절비도 만나고, 우륵선생의 탄금대라 적힌 비문도 볼 수 있다. 비문에는 우륵선생의 행적을 적고 있다.

내리막을 다 내려오면 부여 부소산성의 고란사와 지리적 느낌이 비슷한 대흥사가 자리하고 있다. 신라진흥왕 때 용흥사가 있던 옛터라 전해지는 곳에 1956년 새로 지은 사찰로 대웅전과 석등, 범종각, 구층석탑과 요사채 등이 있다. 대흥사 근처에는 궁도장이 있으며 그 아래 강가는 우륵이 제자들을 교습하다 피로를 풀던 쉼터, 금휴포가 있었다고 하는데, 정확한 위치나 흔적은 찾을 수 없다. 궁도장에서 다시 오르막길을 오르면 처음 출발했던 충주문화원 건물이 보인다. 부여의 부소산성과 비슷한 느낌의 탄금대, 솔숲 오솔길과 주변 조형물들은 비록 땀은 흐르지만 마음이 즐거워지는 산책길이다.

여행 정보

찾아가는 길

- 🚗 중부내륙고속도로 북충주IC 빠져나와 북충주교차로에서 충주방면 우측방향 → 감노로 따라 12km 직진 후 탄금대삼거리에서 탄금대공원방면 좌회전 → 탄금대안길 따라 350m 직진 후 탄금대공원주차장으로 진입
- 🚌 충주공용버스터미널 하차 후 터미널정류장까지 130m 이동 → 411번 버스 탑승 후, 칠금동정류장 하차(4개 정류장, 10분 소요) → 탄금대공원까지 약 150m 도보로 이동(3분 소요)

북충주교차로
북충주
중부내륙고속
520
19
콩부인두부났네
중앙탑 사적공원
충주세계무술박물관
599
탄금대공원
남한강
충주시청
탄금삼거리
충주공용버스터미널
충주
달천
충주역

이용안내

☎ 충북 충주시 칠금동 산1-1 / 043-850-5156

₩ 입장료, 주차비 무료

먹을거리 _ 콩부인두부났네

이름부터 이색적인 두부전문점으로 순두부를 주문하면 애피타이저로 콩죽이 먼저 나온다. 직접 갈아서 내오는데 콩이 살짝 씹히면서 부드럽게 넘어간다. 콩물에 순두부가 동동 띄워져 있는 콩물순두부는 유기농 콩을 계약 재배하여 직접 가마솥에서 만든다고 한다. 두부는 앞접시에 따로 먹을 크기만큼 자른 후 반찬을 살짝 올려서 먹는다. 그리고 콩물에 밥을 말아 먹으면 마치 곰국 한 그릇 먹은 듯 기운이 난다.

☎ 충북 충주시 목행동 607-3 / 043-853-9644

₩ 콩물손두부 7,000원

주변볼거리 _ 충주세계무술박물관

박물관은 3층으로 한국 무술의 역사, 특히 택견의 다양한 포즈와 동영상 그리고 택견의 원형 정립과 중요무형문화재 지정에 크게 이바지한 택견 예능보유자 신한승선생과 함께 포토존에서 기념사진도 담을 수 있다. 무술체험장에는 무술고수와의 대련, 택견 동작 따라 하기, 양쪽의 쿠션을 치는 나도 택견 고수, 기왓장 깨기 등이 있어 직접 체험도 해보면서 즐길 수 있다.

☎ 충북 충주시 금릉동 601 / 043-848-8483

시름을 잊게 하는 그곳

부산태종대 – 태종대는 영도해안을 따라 남동쪽 최남단에 위치하며 울창한 숲과 삼면이 바다로 둘러싸여 있다. 기암괴석으로 된 해식절벽의 빼어난 해안절경을 즐길 수 있는 관광지이다. 태종대전망대, 영도등대해양문화공간, 신선대바위, 망부석, 자갈마당 등 다양한 시설을 갖춰 볼거리가 풍성하다. 다누비 순환열차를 이용하면 편리하게 태종대명소를 구석구석 감상할 수 있다

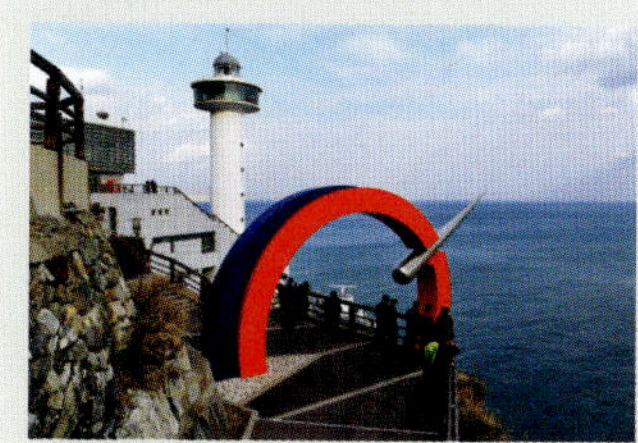

거제 바람의 언덕 – 거제도 남부면 갈곶리 도장포마을 북쪽에 자리 잡은 언덕이다. 원래 지명은 '띠밭늘'이었는데 2002년 '바람의 언덕'으로 불리며, 많은 드라마 촬영지로 유명해지면서 거제 여행에서 빠질 수 없는 곳이 되었다. 지형적으로 오목한 마을은 아늑하며 마을 주변에는 동백림과 나무데크 산책로 정비가 잘되어 동백꽃이 가득한 봄에는 한폭의 그림처럼 아름다운 곳이다.

거제우제봉 – 거제시 남부면 갈곶리 '우제봉'은 한려해상국립공원의 대표적인 거제해금강과 대/소병도가 앞뒤로 자리한다. 과거 이곳에 가뭄이 들어 비가 내리지 않자 고을 원님이 여기서 기우제를 올렸다 하여 우제봉이라 불린다. 우제봉전망대에서는 해넘이와 해돋이를 동시에 볼 수 있다.

한방의 세계화 제천한방엑스포공원

한방의 세계화를 위해 세워진 제천한방엑스포공원은 엑스포 상징탑을 중심으로 한방생명과학관, 약초허브판매장, 수생식물원, 전망대, 국제발효박물관, 미로공원, 약초전시장, 약초판매장 등 약초와 관련한 다양한 전시물과 정보가 가득한 곳이다. 나무데크를 따라 약초와 친숙해 질 수 있도록 조성된 한방 미로공원, 20m 높이의 목조전망대에 서면 공원 전체를 한눈에 조망할 수 있다.

무병장수의 꿈을 여는 한방생명과학관

한방생명과학관은 영상과 다양한 체험을 통해 우리의 신체, 질병의 역사, 한의약의 원리, 진단, 치료방법 등을 소개하고 있다. 과학관을 들어서면 우리 몸의 뼈를 퍼즐로 배울 수 있는 코너부터 시작된다. 관람 동선은 3층부터 1층으로 내려오면서 둘러보면 된다. 3층 전시장은 인류의학 역사문화실, 한의학 과학원리실, 으뜸 한의학도시 제천, 면역원리실, 한의학 진단치료 과학실로 구분된다. 인류의학 역사문화실에서는 인류의 시작과 함께해온 질병을 인간이 자연환경에 적응하면서 어떻게 이겨왔는지를 보여준다. 인간의 십이경락과 오장육부, 질병을 예방하는 약초 등을 체계적으로 하나씩 설명하고 있다. 한의학 진단치료과학실은 각종 한약재가 매달린 한약방 분위기에서 궁금한 약재들을 살펴볼 수 있다. 전시장은 나선형으로 연결되어 2층으로 내려갈 수 있다.

2층 전시장은 건강한 내 몸 만들기, 내 몸속 분비물, 한의학

놀이터, 우리가족 건강하우스, 한방 보물창고로 구분된다. 가장 먼저 우리 몸을 조절하는 뇌부터 살펴볼 수 있다. 생존을 위해서는 꼭 필요한 기관, 적혈구와 백혈구를 만드는 조혈세포, 뼈와 연골, 지방을 만드는 줄기세포 등 중요 물질을 눈으로 살펴볼 수 있다. 한의학 놀이터는 어려운 음양오행을 놀이체험을 통해 좀더 쉽게 이해할 수 있는 공간이다. 현대는 백세를 누리는 세상이다. 멋지게 늙어가는 것을 한번쯤 고민해보게 만드는 곳이다.

약용식물을 오감으로 체험해보는 전시관

약초허브전시판매장은 국내에서 자생하는 한방약초와 외국의 약용허브식물을 오감으로 체험해볼 수 있는 전시관이다. 입구에는 커다란 장수풍뎅이가 전시관 한쪽 벽면을 차지하고 있고, 온실로 꾸며진 전시관을 들어서면 공기정화는 물론 진통과 노화예방에 좋은 먼나무와 소화불량, 심신안정에 도움이 되는 후박나무 등 열대식물이 먼저 반긴다. 몸을 보양하기 위해 먹는 십전대보탕과 총명탕 등 대표적인 한약에 들어가는 감초, 당귀, 황기, 천궁 등의 약용식물들도 식재되어 있으므로 직접 오감으로 확인해볼 수 있다. 한방바이오밸리존은 덩굴성 다육식물과 애니메이션 조형물로 꾸며진 구름정원, 대형 가지, 고추, 황기 등도 식재되어 있다.

장염, 위염, 불면증에 좋다는 미모사 꽃이 때맞춰 활짝 피어 있다. 귤나무, 피라칸사스 등 밝고 화려한 초화류도 식재되어 있으며 대형허브, 허브분재 등과 희귀 고추, 무와 배추가 하나로 자라는 무추 등도 볼 수 있다. 대형 파고라에는 칡과 등나무가 휘감아 오르고, 시원한 폭포 모양 조경도 볼 만하다. 화산석, 소나무분재와 약초 등으로 꾸며진 동굴은 제천에서 발견된 선사시대 점말동굴을 재현한 모습인데, 동굴 속 원시인들이 약재를 제조하고 있어 한방은 선사시대부터 인류와 같이 했음을 표현한다.

발효식품의 유래와 효능, 발전방향까지 한눈에 살펴볼 수 있다

국제발효박물관에서는 예로부터 이어온 발효식품의 유래와 효능을 알아보고, 발효식품의 발전 방향과 세계 각국의 발효식품들을 살펴 볼 수 있다. 전시관은 전통발효, 산업관, 발효전시실로 구분된다. 발효하면 가장 먼저 떠오르는 식품이 김치, 된장 등인데, 미니어처로 우리 조상들이 자연환경에 맞춰 전통발효식품을 어떻게 만들었는지를 보여주고 있다. 산업관에서는 발효 원료와 미생물에 따른 분류를 해놓았다. 막연하게 알고 있던 발효의 개념이 실생활에서 내가 먹는 식품으로 설명되므로 좀 더 쉽게 이해할 수 있다.

발효전시실은 우리 식생활 깊숙이 들어와 있는 고추장, 된장, 김치 등의 발효식품과 소주, 맥주, 포도주 등의 발효주에 대해 알아보는 곳이다. 오래전부터 발효 작업에 사용되었던 절구, 항아리 등의 도구들이 보인다. 우리의 건강한 삶을 유지하기 위해서는 우리 몸에 이로운 미생물도 함께 해야 함을 깨달을 수 있다. 지하 전시장에서는 발효와 미래산업이란 테마로 제천의 미래, 발효와 미래산업, 발효주 전시, 발효향 체험, 미디어라이브러리 등을 둘러볼 수 있다.

여행 정보

찾아가는 길

- 중앙고속도로 제천IC 빠져나와 제천방면 → 고모교차로 지나 신동교차로에서 제천바이오방면 좌측방향 → 제천북로 따라 2.0km 직진 후 이정표 확인하면서 한방엑스포공원으로 진입
- 제천시외버스터미널 하차 후 터미널정류장까지 100m 이동 → 67번 버스 승차 후 엑스포공원정류장 하차(6개 정류장, 15분 소요)
- 제천역 하차 후 유정마트정류장까지 150m 이동 → 4-1번 버스 승차 후 용두동우체국정류장 하차(9개 정류장, 20분 소요) → 67번 버스로 환승 후 엑스포공원정류장 하차(2개 정류장, 10분 소요)

이용안내

☎ 제천시 한방엑스포로 19(왕암동) / 043-653-5700

✉ www.expopark.kr

한방생명과학관 / 국제발효박물관

🕒 하절기 09:00~18:00, 동절기 10:00~17:00
(매주 월요일, 명절 휴무)

₩ 한방생명과학관 – 성인 3,000원, 청소년 2,000원, 어린이 1,000원 / 국제발효박물관 – 성인 2,000원, 청소년 1,500원, 어린이 1,000원 / 약초허브전시장 – 무료

먹을거리 _ 노다지 약채락

약채락은 제천시가 한국식품연구원과 공동 개발한 제천시 대표 한방음식으로 우수농산물로 인증된 GAP 제천 황기와 오가피, 뽕잎 등을 첨가한 건강 비빔밥 브랜드 이다. 약채락비빕밥에 들어가는 나물은 제천 특산물인 황기, 뽕잎, 당귀, 오가피 등의 제철 약재를 사용하며 한약엑기스와 표고버섯 우린 물로 밥을 짓는다. 버무려먹는 양념장은 찹쌀고추장에 한약 엑기스 분말을 넣어 만든 약초고추장이다. 제철 채소와 신선한 재료는 영양소가 골고루 들어있어 몸에 좋은 음식이다.

☎ 충북 제천시 화산동 661(종합운동장 건너편)
043-648-8865

₩ 약채락전통비빔밥 8,000원

주변볼거리 _ 의림지

제천 10경 중 제1경에 속하는 의림지는 삼한시대에 축조된 김제 벽골제, 밀양수산제와 더불어 우리나라 최고(最古)의 저수지였다. 하늘을 담을 듯 커다란 저수지 의림지에는 '어씨오장사, 신털이봉, 거북바위' 등의 전설이 내려온다. 의림지에는 역사적인 문화재가 곳곳에 산재해 있으며 분수와 인공폭포, 전망대 등이 설치되어 있다. 200여 그루 소나무와 어우러지는 영호정과 경호루는 보는 것 자체가 한폭의 그림처럼 아름답다.

☎ 충북 제천시 모산동 241 / 043-651-7101

전국의 한방축제

서울약령시한방문화축제 – 백성들의 건강을 돌보던 옛 보제원의 정신으로 전통한의약의 우수성을 알리고 한의약의 관광상품화를 촉진하기 위한 축제의 장이다. 한방사랑시민건강걷기대회, 보제원무료진료 및 투약, 약제썰기대회, 한방음식만들기, 한방차 시음, Show한방퍼레이드, 보제원제향 등 수준 높은 공연과 체험으로 이뤄진다. 매년 10월 중순에 열린다.

대구약령시한방문화축제 – 대구 약전골목은 일본과 중국 등 여러 나라에서 수백 년간 한방관련 한약재를 공급해온 물류유통의 거점이다. 1987년 조선시대 약령시 개장 행사를 현대적으로 승화시켜 대구 약전골목 일원에서 개최된다. 다양한 체험과 볼거리가 풍성한 축제로 역사도 오래되어 2014년 37회가 준비 중이다. 매년 5월에 약령시 일원에서 열린다.

산청한방약초축제 – 민족의 영산 지리산을 중심으로 허준이 의술을 갈고 닦은데 큰 영향을 받은 산청은 전통한방과 약초의 본고장으로 전통의약을 중심으로 축제가 펼쳐진다. 한방약초산업관, 혜민서, 지리산 청정 골장터, 동의보감촌 등 다양한 테마로 이뤄지며 특히 체험장 주변에는 백두대간의 기가 모인다는 3석으로 석경, 귀감석, 복석경과 허준순례길, 해부동굴, 숲속 족욕체험장까지 볼거리가 풍성하다. 매년 10월에 열린다.

청풍문화재단지

시공을 넘는 역사와 자연의 만남,

맑은 바람과 밝은 달을 뜻하는 청풍명월의 고장, 제천. 아름다운 충주호를 끼고 있는 청풍문화재단지는 충주댐 건설로 수몰 위기의 처한 청풍면 마을의 각종 문화재를 한곳에 모아 조성한 문화재단지이다. 청풍문화재단지 내에는 한벽루, 수몰역사관, 유물전시관, 수산지곡리고가, 청풍석조여래입상 등이 있으며 전망대에 오르면 청풍랜드와 청풍호반이 한눈에 내려다보인다.

청풍팔경을 시제로 한 팔영루와 청풍마을의 다양한 문화유산들

청풍문화재단지의 출입구 역할을 하는 팔영루(충북유형문화재 제35호)는 과거 청풍부를 드나들던 성문으로 조선숙종 28년(1702)에 부사 이기홍이 중건하여 남덕문이라 한 것을 청풍팔경을 시제로 한 민치상의 팔영시八詠詩로부터 팔영루라 부르게 되었다. 팔영문 천장에는 호랑이민화가 투박하게 그려져 드나드는 사람을 지켜보고 있다. 팔영문을 들어서면 수산지곡리고가(충북유형문화재 제89호)와 조선말기 지어진 청풍후산리고가(충북유형문화재 제85호)가 나란히 보인다. 백성들이 살던 민가로 안채와 사랑채, 행랑채로 구분되어 있으며, 안채는 ㄱ자 팔작기와집이며 사랑채와 행랑채는 ㅡ자형의 초가이다. 그 앞에는 마소가 돌리던 연자방아와 제천지역 대표 한우 브랜드인 황초와우에 얽힌 전설이 적혀있다.

청풍댐 수몰 전 청풍면 읍리 대광사 입구에 있던 청풍석조여래입상(보물 제546호)은 높이 3.3m의 거대한 석불로 신라말에서 고려초의 작품으로 추정되며 답답해 보이는 전각은 당초 없었지만 문화재단지로 이전하면서 보존을 위해 새로 지은 것이다. 석불 옆에는 재미있는 전설이 내려오는 호랑이 조형물이 있다. 인조 때 무과에 오른 김중명이라는 사람이 과거에 급제한 후 성묘 길에 묘 뒤에 숨어 있던 호랑이를 발로 차 잡았다고 한다. 이에 효종이 그의 힘을 실험해보고 총애하여 병마절도사까지 벼슬을 내렸다고 한다.

추사 김정희의 글씨가 걸린 청풍한벽루

금남루로 향하는 길 잔디 위에는 수몰 지역 곳곳에 산재해 있던 지석묘와 문인석, 군수와 부사의 송덕비 등과 고인돌 그리고 성혈이 한데 모여 있다. 성혈은 다산과 풍요를 기원하고, 망자의 영생불멸을 기원하는 별자리를 표현하는 것인데, 이곳 고인돌 중에는 북두칠성과 북극성이 선명하게 새겨진 것도 보인다.

금남루(충북유형문화재 제20호)는 순조 25년(1825)에 부사 조길원이 세운 정면 3칸, 측면 2칸의 2층 건물이다. 금남루를 들어서면 명월정이라고 부르는 금병헌(충북유형문화재 제34호)이 보이는데 동헌 마당에는 형을 받고 있는 형상이 마네킹으로 재현되어 있다. 한벽루와 금병헌 중간에 위치한 2층 건물 응청각(충북유형문화재 제90호)은 관아에 딸린 부속 건물로 중앙에서 파견된 관속들이 객사로 사용했던 곳이다. 한벽루(보물 제528호)는 고려 충숙왕 4년(1317년)에 관아에서 세운 목조 건물로 주로 연회를 베풀던 곳이다. 2층 누각에 오르는 계단 역할을 익랑(문을 이어서 지은 행랑) 형태로 지어 현존 건축물에서는 보기 드문 양식이다. 청풍한벽루淸風寒碧樓라는 현판은 추사 김정희의 글씨이며 송시열과 김수증의 편액도 걸려 있다.

망월산성에 오르면 청풍호반이 한눈에 펼쳐진다

볼거리 많은 관아를 지나 망월산성 등산로를 따라 망월루전망대에 오른다. 망월산성은 망월산의 정상부와 지맥을 둘러쌓은 495m의 작은 성곽으로 기록에 의하면 신라문무왕 13년(673년)에 사열산성을 더 늘려 쌓았다는 기록이 있어 그 이전인 삼국시대에 축성된 것으로 추정하고 있다. 전망대로 오르는 길에는 연리지나무도 볼 수 있으며 망월루에 오르면 청풍호반이 한눈에 내려다보인다.

내려오는 길에는 청풍향교를 만날 수 있다. 고려 충숙왕 때 처음 지었는데 원래 물태리에 있던 것을 조선정조 3년(1779)에 교리로 옮겼다가 충주댐 건설로 현재 위치에 다시 옮겨졌다. 청풍향교에는 유교의 5성을 모신 대성전과 설총, 안유 등 18인을 모신 동무, 서무 그리고 명륜당, 동재와 서재, 내삼문 등이 남아있다. 청풍향교 아래 위치하던 SBS촬영장은 아쉽게도 부분 철거되면서 최근 폐쇄되었다. 돌아 나오는 길에는 정문 쪽에 위치한 수몰역사관도 빼먹지 말고 둘러보자. 충주댐 건설로 사라진 제천시 관내 총 5개 면, 61개 리의 문화재와 역사를 수집 전시하고 있으며, 수몰 전 마을 모습을 사진이나 미니어처로 만날 수 있다.

여행 정보

찾아가는 길

- 중앙고속도로 남제천IC 빠져나와 청풍방면 우측방향 → 청풍호로 따라 12.3km 직진 후 청풍문화재단지방면 우회전 → 이정표 확인 후 청풍문화재단지 주차장으로 진입
- 제천고속버스터미널 하차 후 동양증권정류장까지 약 170m 이동 → 950번 버스 탑승 후 청풍문화재단지정류장 하차 (39개 정류장, 1시간 10분 소요)
- 제천역 하차 후 기관차사무소앞정류장까지 330m 이동(5분 소요) → 950번 버스 탑승 후 청풍문화재단지정류장 하차 (39개 정류장, 1시간 10분 소요)

이용안내

☎ 충북 제천면 청풍면 청풍호로 2018 / 043-641-5532

₩ 성인 3,000원, 청소년 2,000원, 어린이 1,000원

🕒 09:00~18:00(동절기 ~17:00)

먹을거리 _ 황금가든 2호점

청풍문화단지 못미처 금수산자락 백반차림의 아침 해장국으로 유명한 집이다. 한마디로 국물이 끝내주는 황금아침밥상 '황태해장국'은 황태와 콩나물이 어우러져 뽀얗고 칼칼한 국물이 속을 편안하게 해준다. 전골냄비에 내어주므로 다시 끓여가며 덜어 먹을 수 있다. 황태는 고단백 저지방식품으로 숙취해소에 탁월한 해장국이다. 울금과 과일로 숙성시킨 황금떡갈비와 한약재로 우려낸 돌솥밥도 맛이 좋다. 황금가든 1호점은 송어회나 매운탕이 유명하다.

☎ 충북 제천시 청풍면 북진리 317번지 / 043-647-6300

₩ 떡갈비정식 20,000원, 황태해장국 7,000원

주변볼거리 _ 청풍랜드

제천시 청풍면에 청풍호반에 위치하는 레저스포츠타운이다. 국내에서 제일 높은 62m 번지점프와 80m 반원을 그리며 하늘로 날아오르는 빅스윙, 순간속도 120km인 이젝션시트까지 하나의 복합멀티타워시설에서 즐길 수 있으며, 국내 최대 규모의 인공암벽 시설도 갖추고 있다. 초고 162m까지 솟아오르는 수경분수는 멀리서 봐도 장관이다. 국내 최초 수상공연장인 수상아트홀에서는 여유롭게 차 한잔의 여유를 즐기며 청풍호반 풍경에 빠져들 수 있다.

☎ 충북 제천시 청풍면 교리 147 / 043-648-4151

테마가 있는 공원

남원춘향테마파크 – 춘향전 내용을 천년사랑의 만남, 만남의 장, 맹약의 장, 사랑이별의 장, 시련의 장, 축제의 장으로 꾸며 놓았으며 남원향토박물관에서는 남원지역의 역사와 전통, 문화유산을 한눈에 살펴볼 수 있게 전시하고 있다. 임권택감독 영화촬영지세트장에서는 춘향과 몽룡이 첫날밤을 보낸 부용당과 월매집 등 조선중기 서민문화도 체험해볼 수 있다.

거제조선테마파크 – 거제의 조선테마파크인 거제조선해양문화관은 어촌민속전시관과 조선해양전시관으로 구분된다. 조선해양전시관은 1970년대 이후 한국 중공업 발전의 견인차 역할을 한 조선산업의 역사성을 정리하여 이를 관광 자원화하며, 거대하고 딱딱한 선박건조 과정과 첨단기술을 보고 느낄 수 있는 새로운 차원의 문화공간이다. 선박역사관, 조선기술관, 해양미래관, 유아조선소, 해양학습실, 국내 최대 영상탐험관으로 구분 전시되어 있다.

익산왕궁보석테마관광지 – 왕궁보석테마관광지에는 놀이공원, 체험관, 화석전시관 등이 있다. 보석박물관은 미륵사지석탑, 왕궁리오층석탑 등 마한 백제 문화유적 중심의 문화공간으로 지역의 특화산업인 귀금속가공산업의 우수성을 널리 알리고, 보석의 아름다움에 대한 현장 교육과 체험관광을 활성화하고자 2002년 개관하였다. 진귀한 희귀보석과 광물 등 약 11만 8천여 점을 소장 전시하고 있다.

온달관광지

온달과 평강공주의 전설이 전해지는

온달관광지는 고구려 명장 온달과 평강공주 전설을 테마로 하여 온달오픈세트장, 온달전시관, 온달산성, 온달동굴을 한번에 둘러볼 수 있도록 조성된 테마파크이다. 또한 온달관광지 주변으로 단양팔경 중의 하나인 북벽과 구인사, 소백산 청정계곡인 남천계곡 등이 위치하고 있다.

고구려기상이 느껴지는 온달관광지 드라마세트장

단양시내에서 영월방향 지방도를 달리다보면 온달과 평강의 사랑을 테마로 넓은 부지에 조성된 온달관광지를 만난다. 온달관광지 주출입구를 들어서면 향토음식점, 토산품판매점, 민속놀이장, 스포츠타운, 숙박업소, 전통혼례장 등의 편의시설이 잘 갖춰져 있다. 광장 중앙에는 온달장군 조형물이 있어 기념사진을 담을 수 있고, 그 뒤쪽으로 온달오픈세트장 성문이 보인다. 이곳은 태왕사신기와 천추태후, 연개소문, 신의 등과 같은 대작들이 촬영된 곳으로 벽면에는 이들 드라마의 대형포스터가 걸려있다.

거대한 성문을 들어서 누각에 오르면 온달오픈세트장의 전체 풍경을 한눈에 내려다볼 수 있다. 온달오픈세트장은 당시 고구려인들의 삶의 터전을 온전히 느낄 수 있다. 세트장은 총 55동으로 중국 수당시대의 황궁과 현무문, 낙양성문, 강도의 이궁, 저잣거리, 양현감처소, 이밀처소 등 당시 수나라 귀족들의 저

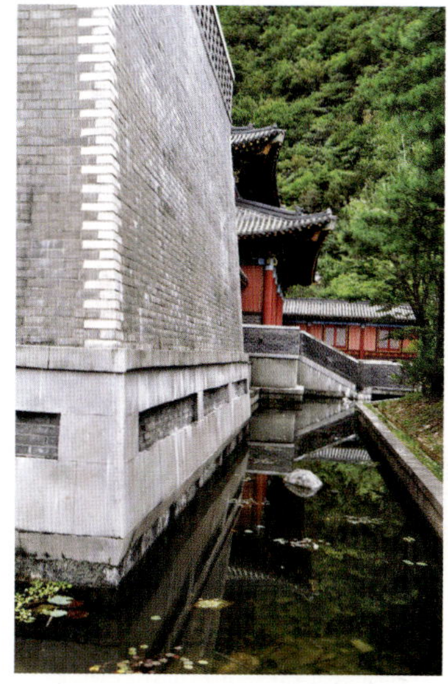

택을 재현해 놓았다. 고구려풍의 드라마세트장은 오밀조밀하면서도 고풍스럽게 지어져 웅대했던 고구려인들의 기상을 느낄 수 있다. 아담한 연못과 아치형 다리가 멋스럽게 놓인 정원을 거닐다보면 마치 거꾸로 시간여행을 하는 것 같다. 세트장 곳곳은 드라마 속 명장면이 촬영됐던 곳으로 사진을 걸어두고 있어 눈만 감으면 드라마 속 주인공을 만날 것만 같다.

고구려와 신라 모두 빼길 수 없었던 온달산성

온달산성(사적 제264호)은 고구려와 신라의 전투가 치열했던 전적지이면서 바보온달과 평강공주의 설화가 시작된 곳이다. 산성에 오르는 길은 900m 정도로(왕복 1시간) 길 중간쯤 전망 좋은 곳에 사모정이라는 정자가 있다. 이곳은 전투 중 전사한 온달의 시신을 넣은 관이 땅에서 떨어지지 않자 평강공주가 달려와 '사생이 결정되었으니 이제 돌아갑시다.'라고 말하니 그제야 움직였다는 사연이 전해지는 곳이다. 하지만 온달장군의 죽음은 아차산성인지 온달산성인지는 아직도 논쟁거리로 남아있다.

신라군 침입 때 온달장군이 쌓았다고 전해지는 온달산성은 남한강을 굽어보는 성산 정상부에 쌓은 퇴뫼식 석성으로 전형적인 고구려 산성이다. 둘레는 683m 높이 6m이며 남문지와 북문지에는 고구려 산성의 특징인 치성이 남아 있다. 산성발굴과정에 삼국시대의 기조각과 토기편, 창 등 많은 유물이 출토되었다. 무너진 석성과 복원된 석성이 묘한 조화를 이루는데 성 안쪽에서 보면 산 정상이라고 느껴지지 않을 정도로 넉넉함이 느껴진다.

4억 5천만 년의 시간여행, 온달동굴

천연기념물 제261호인 온달동굴은 성산아래 위치하고 있어 성산굴이라고도 전해지는데 온달장군이 쌓은 온달산성과 연계하여 지금은 온달동굴이라 불린다. 주굴 길이는 690m, 지굴은 830m의 석회암 천연동굴이다. 길게 형성된 다섯 갈래의 지굴에는 다양한 모양의 종유석과 아기자기한 석순이 발달하여 있으며 종류석의 생성과정을 살펴볼 수 있다.

지금까지도 종유석과 석순이 성장하고 있으며 유령거미나 박쥐 등 다양한 생물체들이 서식하고 있다. 온달동굴에는 거북이, 용, 망부석, 극락전, 무량탑, 부부상, 구봉팔문, 만물상, 궁전, 온달과 평강공주 등 다양한 이름의 종류석과 석순 등을 살펴볼 수 있다.

온달과 평강공주 이야기, 온달전시관

온달전시관은 본관인 온달관을 비롯하여 정신관, 유적관, 무예관, 정벌관, 계승관 등 5개의 테마전시관으로 구분된다. 일반 평민에서 고구려 명장까지 된 온달의 호국정신과 효심, 평강공주의 내조, 온달과 평강의 시대적 배경 등을 자세히 설명하고 있다. 700여 년의 고구려 역사를 비롯하여 고구려, 백제, 신라의 각 전성기도 설명과 함께 살펴볼 수 있다.

전시관에는 온달과 평강공주의 설화도 자세히 설명하고 있다. 울보 공주였던 평강이 부왕의 뜻까지 거스르면 온달을 찾아가는 과정, 효심 지극한 나무꾼 바보온달이 평강공주의 내조를 받아 고구려 장수로 변모해 가는 과정 등이 재미있게 설명되어 있다. 단양군에서는 온달장군의 호국정신, 그리고 평강공주와의 애틋한 사랑을 기리기 위해 매년 10월 온달문화축제를 개최한다.

여행 정보

찾아가는 길

- 중앙고속도로 단양IC 빠져나와 대강교차로에서 단양방면 → 단양로 따라 10km 직진 후 단양교차로에서 단양방면 → 삼봉로 따라 3.3km 직진 후 별곡사거리에서 영월방면 우회전, 670m 직진 후 고수삼거리에서 좌회전 → 고수재로 따라 13.8km 직진 후 군간교삼거리에서 우회전 → 강변로 따라 5.2km 직진 후 영춘교에서 온달관광지방면 우회전 → 온달로 따라 1km 직진 후 이정표 확인하면서 진입
- 영춘공동정류소 하차 후 영춘면보건소정류장까지 약 100m 이동 → 260번 버스(구인사행) 승차 후, 온달산성정류장 하차(1개 정류장, 15분 소요) → 온달관광지까지 약 230m 도보로 이동(5분 소요)

이용안내

- 단양군 영춘면 하리 147번지 / 043-423-8820
- 운영시간 : 하절기 09:00~18:00, 동절기 ~17:30
- 성인 5,000원, 어린이 2,500원

먹을거리 _ 돌집식당

이집의 마늘정식은 반찬이 무려 17가지로 남도밥상 못지않게 빼곡하게 차려 내온다. 보통 우리가 먹던 그런 반찬이 아니라 마늘을 이용한 각가지 마늘반찬이다. 곤드레돌솥밥에도 향긋한 마늘이 적당히 들어가 있고, 두툼한 보쌈에도 마늘이 들어가 잡냄새가 전혀 없다. 마늘을 정말 다양한 방법으로 튀기고 겨자소스에 묻히고, 고추장에 묻히고, 삶아서 반찬을 만들었다.

- 충북 단양군 단양읍 별곡리 607번지 / 043-422-2842
- 마늘정식 17,000원, 곤드레돌솥밥 12,000원

주변볼거리 _ 북벽

단양군 영춘면 상리의 남한강가에는 깎아지른 듯한 석벽이 있다. 조선 영조 때 영춘현감을 지낸 이보상이 '북벽'이라고 암각하면서 이곳의 명칭이 되었다. 가장 높은 봉우리 청명봉은 그 형싱이 매가 날아오르는 듯한 형상으로 응암(鷹岩)이라고도 한다. 봄에는 철쭉이 만발하고 가을에는 기암과 어울리는 단풍으로 한 폭의 진경산수화를 방불케 한다.

풍성한 볼거리가 있는 관광지

우수영국민관광지 – 우수영국민관광지는 진도녹진관광지와 더불어 명량대첩축제의 주무대이다. 우수영관광지 수변무대에서 바라본 녹진전망대와 우측 진도대교, 그리고 바다에 홀로 서 있는 고뇌하는 이순신상은 너무도 잘어울리는 풍광을 만든다. 전시관에서는 임진왜란 당시 사용되었던 거북선, 판옥선 등의 병선과 해전도, 무기류 등 다양한 유물과 명량대첩 영상물을 볼 수 있다.

진도아리랑관광지 – 진도아리랑마을관광지는 우리 민족의 얼이 서린 진도아리랑을 비롯하여 팔도아리랑과 진도홍주에 대한 이해를 돕는 문화공간이다. 아리랑체험관은 장구모양인 듯 가까이서 보니 북모양을 하고 있다. 관광지 내에는 아리랑체험관, 아리랑박물관, 홍주촌 등이 있다.

영천치산관광지 – 경북 영천시 신녕면 치산리 위치한 치산관광지는 신녕면에서 부계방향으로 자동차로 10분 정도 거리에 위치한다. 신라 자장대사가 세운 천년고찰 수도사가 있으며 팔공산 여러 폭포 중 가장 웅장하다는 치산폭포도 20분 정도면 올라갈 수 있다. 계곡을 끼고 주변 기암괴석이 멋진 풍경을 만들어 한여름 피서지로는 제격이다.

선암계곡 삼선구곡, 하선암, 중선암, 상선암

단양팔경은 자연이 만들어낸 명승지로 여덟 가지 특별한 이야기가 전해진다. 푸른 물길 위에 투명한 그림자를 던지는 도담삼봉, 풍경 속 또 다른 풍경 석문, 풍경에 빠진 거북이 한 마리 구담봉, 푸른 물빛에서 솟은 옥순봉, 심오한 아름다움 사인암, 맑은 물에 씻은 듯한 절경 하선암, 빛이 머무는 풍경 중선암, 손끝에 닿은 신선의 세계 상선암이 그것이다.

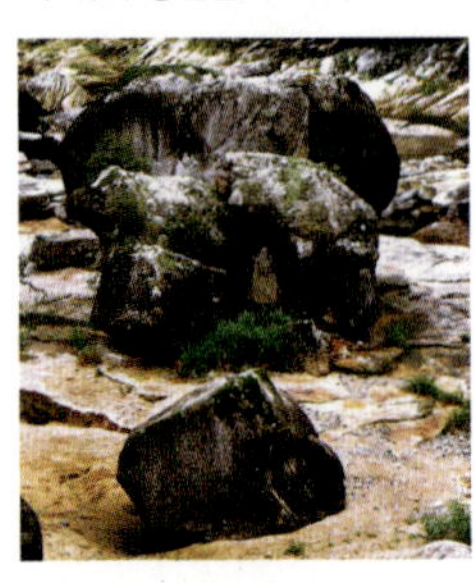

심산구곡 첫 경승지, 하선암

황정산과 수리봉에서 발원하여 흐르는 선암계곡은 퇴계 이황선생이 삼선구곡三仙九曲이라 이름 붙인 곳이다. 단양군 단성면 가산리에서 별천리까지 10km에 달하며, 산과 계곡이 잘 어우러져 유독 아름다운 절경을 뽐내는 곳이다. 계곡을 따라 뻗은 S자 드라이브코스도 환상적이며 근처에는 소선암자연휴양림과 오토캠핑장 등 여행자 편익시설이 잘 조성되어 있다. 삼선구곡을 이루는 심산유곡의 첫 경승지는 단양팔경 중 제6경에 속하는 하선암이다. 흰 마당바위 위에 넓고 동글란 커다란 바위가 인상적인 하선암은 성종 때 군수 임재광이 선암으로 지었다가 후에 퇴계선생이 하선암이라 명명하였다.

3단 모양의 너른 바위는 마치 미륵이 앉아있는 모습 같다 하여 부처바위 혹은 불암이라고도 불렸으며 거울같이 맑은 물에 비친 바위가 마치 무지개 같이 영롱하다고 하여 홍암이라고도 하였다. 하선암은 사계절 아름다운 절경을 보여준다. 봄에는

진달래, 철쭉이 주변 풍광과 어우러지고 여름에는 아련한 물안개가 아름다우며, 가을에는 형형색색의 고운 단풍이 저마다의 빛깔로 뽐내고, 겨울에는 눈 쌓인 소나무를 끼고 한 폭의 그림처럼 고요한 풍경을 만든다. 조선시대 많은 화원이 화폭에 담기 위해 이곳을 찾았다고 한다. 그래서 그런지 하선암주변 바위에는 많은 글씨들이 암각되어 있어 풍류를 느낄 수 있다.

하늘품은 옥빛 계류와 하얀 바위, 중선암

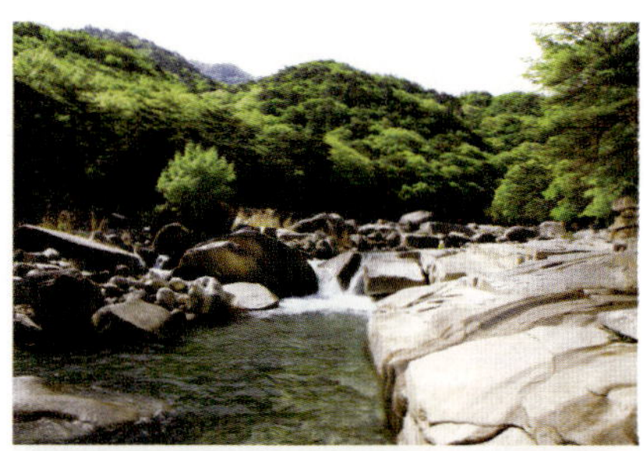

하선암에서 2km 정도 떨어진 중선암은 삼선구곡의 중심이자 단양팔경 제7경으로 조선 효종 때 문신 곡운 김수증선생이 명명한 곳이다. 선암계곡 중 유난히 물이 깊고 물살이 세차게 흐르는 중선암은 선녀들이 목욕을 하러 내려왔다는 선녀탕 전설도 이어지는 곳이다. 중선암에는 골짜기 맑은 물속에서 두 마리 용이 승천하였다는 쌍룡폭포와 옥염대, 명경대라 부르는 백색의 웅장한 바위도 볼거리이다. 옛 선인들이 풍류를 읊던 중선암에는 선비들의 이름이 새겨진 바위도 보이는데, 수를 세보면 300명이 넘는다하니 예부터 유명했던 곳임을 가늠케 한다.

이곳에는 글씨가 새겨진 바위들이 많이 보이는데, 그 중 옥염대 암벽에 큰 글자로 새겨진 '사군강산 삼선수석四郡江山三仙水石'이란 글귀가 특히 눈에 띈다. '단양, 영춘, 제천, 청풍 4개 군의 아름다운 산천 중에서 상선암, 중선암, 하선암이 가장 아름답다.'라는 의미를 담은 이 글귀는 숙종 때 문신 윤헌주선생이 충청도 관찰사 시절 특필한 것이라 전해진다. 중선암 계곡 중간쯤에 자리한 구름다리 위에서 내려다보면 중선암의 멋진 계류를 한눈에 감상할 수 있다.

소박한 암반 속에 거울같이 맑은 물, 상선암

중선암에서 59번 국도를 따라 계곡 풍경을 즐기며 약 2km 정도 오르면 도로와 선암계곡 사이에 있는 아치형 다리가 멀리 눈에 들어온다. 상선암은 퇴계선생도 신선이 노닐만한 곳이라 평할 정도로 아름다운 곳이다. 상선암이라는 이름은 우암선생의

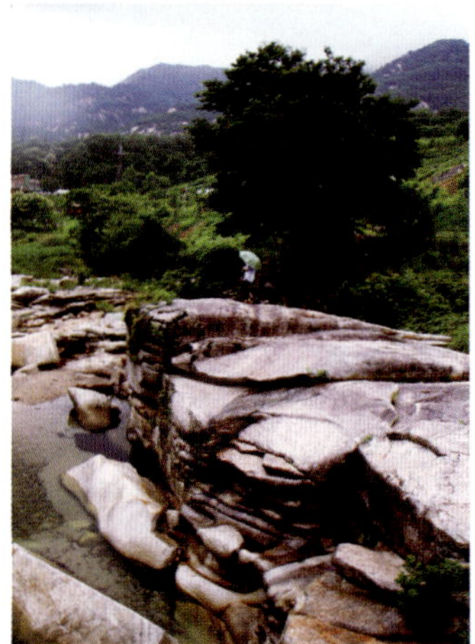

수제자인 수암 권상하선생이 이곳 경치에 반해 수일암을 지어 수학하면서 명명하였다고 전해진다. 맑은 옥계수와 올망졸망한 바위가 으뜸으로 예부터 신선이 머물렀다는 전설이 내려온다. 길옆으로 이어진 아치형 다리를 따라 올라가면 힘차게 들려오는 계곡물 소리에 가슴까지 시원해진다.

상선암 뒤쪽으로 도락산이 병풍처럼 둘러싸여 있고, 앞쪽으로는 넓고 긴 바위들이 층층이 쌓여 마당을 이루고 있다. 여울목에 잠긴 물이 거울처럼 맑다는 명경담은 마치 계곡물이 휘돌아 좁아지면서 폭포수처럼 우렁차게 흐른다. 거대한 자연 앞에 모든 풍경이 마음으로 들어오니 세상시름 다 잊을 것 같은 무릉도원이 따로 없다. 상선암 위쪽으로 조금만 더 올라 특선암교를 지나면 특선암으로 이어진다. 특선암 역시 선암계곡에서 빼놓을 수 없는 비경으로 상선암까지 왔다면 꼭 둘러봐야 할 곳이다.

여행 정보

찾아가는 길

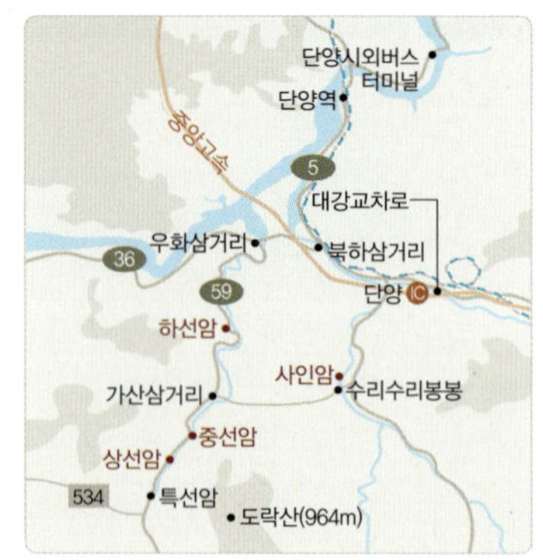

- 중앙고속도로 단양IC 빠져나와 대강교차로에서 단양방면 우측방향 → 단양로 따라 3.7km 직진 후 북하삼거리에서 문경방면 좌회전 → 월악로 따라 2km 직진 후 우화삼거리에서 상선암방면 좌회전 → 선암계곡로를 따라 4.8km 직진 하선암
- 단양시외버스터미널 하차 후 도전리정류장까지 약 270m 이동(5분 소요) → 농어촌버스(고수대교–모여티) 승차 후 가산2리정류장 하차(16개 정류장, 50~60분 소요) → 상선암까지 210m 도보로 이동(3분 소요)
- 단양역 하차 후 단양역정류장까지 170m 이동 → 농어촌버스(고수대교–모여티) 승차 후 가산2리정류장 하차(8개 정류장, 40~50분 소요) → 상선암까지 210m 도보로 이동(3분 소요)

이용안내

단양관광안내

☎ 043-422-1146

하선암

단양군 단성면 선암계곡로 1337

중선암

단양군 단성면 선암계곡로 868-2

상선암

단양군 단성면 선암계곡로 790

먹을거리 _ 수리수리봉봉

소백산 수리봉과 신선봉아래 자리 잡은 수리수리봉봉은 전형적인 농가식당이다. 토종오리에 다양한 약초와 산에서 나는 열매를 함께 넣어 삶으니 몸에도 좋고, 맛 또한 쫄깃쫄깃 일품이다. 오리정식을 시키면 산나물로 만든 산채만두, 능이버섯부침개, 산채함박스테이크 등 다양한 산채요리도 맛볼 수 있다. 반찬은 제철에 나는 산나물들을 잘 말린 묵나물에 직접 담근 산야초 엑기스를 넣어 무쳐내므로 맛이 깊고 맛깔스럽다.

☎ 충청북도 단양군 대강면 사인암리 10-11 / 010-2334-1298

₩ 오리정식 70,000원(예약필수)

주변볼거리 _ 사인암

운계천 따라 운선구곡 중 제7경, 단양팔경 중 제5경에 속하는 사인암은 마치 네모난 돌을 층층이 쌓아 올린 것 같은 수려한 절경의 기암절벽이다. 조선성종 때 군수 임재광이 고려말 유학자 우탁이 사인 벼슬에 있을 때 이곳에서 자주 노닐었다 하여 그의 벼슬에서 사인암이라 명명했다 전해진다. 유유히 흐르는 남조천변에 하늘을 향해 우뚝 솟은 70m 암벽에는 위태롭게 자리를 잡은 노송이 절벽과 어우러져 기묘한 풍경을 만든다. 단원 김홍도는 사인암을 화폭에 담으려고 1년여를 고민했다 하고, 추사 김정희도 한 폭의 그림 같은 곳이라고 칭송하였다.

☎ 충북 단양군 대강면 사인암길 37 / 043-422-1146

물 좋은 경치품은 계곡

영천치산계곡 – 치산계곡은 팔공산자락에 속하는데 위쪽에는 신라 진덕여왕 때 자장대사가 창건했다 전해지는 고찰 수도사와 팔공산에 산재한 폭포 중 가장 낙차가 크고 수량이 풍부한 치산폭포(공산폭포)가 있다. 계곡 옆에는 숙박형 트레일러로 영남최대규모의 캐라반캠핑장이 있어 여름철 물놀이 장소로는 그만인 곳이다.

남원구룡계곡 – 구룡계곡은 지리산 자락인 남원시 주천면 호경마을과 고기마을 사이를 흐르는 계곡이다. 남원팔경 중 제1경이며, 아홉 가지 절경을 가진 구룡구곡과 함께 아홉 마리 용이 노닐었다는 육모정, 구룡계곡을 내려다볼 수 있는 용호정 그리고 남원하면 떠오르는 춘향의 가묘가 있는 곳이다.

제주돈내코계곡 – 돈내코는 한라산에서 발원한 동산벌른내와 서산벌른내가 산록도로의 동쪽 끝 지점인 제7산록교 아래서 합쳐서 내려오는 천혜의 계곡이다. 일 년 내내 물이 흐르는 용암절벽 위에는 다정한 폭포수 원앙폭포가 있다. 주변은 하늘이 안보일 정도로 울창한 난대림에 둘러싸여 있으며 숲길은 희귀식물에 속하는 겨울딸기와 한란의 자생지로도 손꼽히는 곳이다.

중원문화의 중심,
충주 1박 2일 여행

중원문화의 중심, 충주는 국토 중앙에 위치하며 자연 경관이 아름다운 고장이다. 우리나라 최초의 고갯길이자 유서 깊은 옛길 하늘재, 악성 우륵선생이 가야금을 연주하던 탄금대 그리고 우리나라 수안보온천, 문강유황온천, 앙성탄산온천에서 3색 온천욕을 즐길 수 있다. 남한강변에 세워진 중원탑과 중원고구려비를 보면서 중원문화의 흔적을 고스란히 느낄 수 있다.

문화사적공원으로 중원문화를 이해할 수 있는 곳

시원한 호반도시 탄금호 중앙탑사적공원에는 중앙탑을 중심으로 사적공원이 조성되어 있다. 충주박물관은 중원문화권에 흩어져 있던 유적과 유물 그리고 민속자료를 체계적으로 정리하여 충주의 역사를 이해하기 쉽게 전시하고 있다. 제1관은 역사실과 민속실로 구분되어 중원지역의 불교미술과 민초들의 삶을 엿볼 수 있으며, 제2관은 삼국시대부터 고려, 조선시대의 역사와 충주를 대표하는 인물 그리고 임진왜란과 구한말 항쟁 등을 충주명현실, 충주항쟁실로 구분하여 설명하고 있다. 또한 야외 전시장에는 중원에 산재하여 있던 석조유물을 한눈에 살펴볼 수 있도록 조성되어 있다.

중앙탑사적공원의 중심은 신라원성왕 때 세워진 것으로 추정하는 대한민국 중심에 위치하여 중앙탑이라고도 불리는 중원탑평리칠층석탑(국보 제6호)이다. 통일신라시대 영토의 중앙에 해당하며 지리적 조건과 중원문화의 중심 거점을 알리는 충주의 대표적인 상징물이다. 현재 남아 있는 신라시대 석탑 중 규모가 가장 크고, 유일하게 7층 석탑이다. 중앙탑사적공원은 '문화재와 호반 예술의 만남'이라는 주제로 국내 유명조각가들의 작품 총 25점이 전시되어 있어 노천조각미술관의 역할도 하고 있다.

탄금호에서 열리는 조정축제와 세계술문화가 모인 리쿼리움

탄금호는 충주댐과 함께 건설된 조정지댐으로 인해 형성된 인공호수로 세계조정선수권대회가 열리는 충주탄금호 국제조정경기장이 있는 곳이다. 충주세계조정선수권대회는 지구촌 조정축제로 아시아에서는 일본에 이어 두 번째로 개최되었다. 82개국 2,000여 명의 선수단이 참가하였으며, 15만 명이 넘는 관람객이 직접 방문하여 경기뿐 아니라 다양한 문화공연도 즐겼다. 현재 경기장 주변은 각종 레저활동과 가족단위 휴양공간이 조성중이며, 충주조정체험학교에서 조정체험도 즐길 수 있다.

세계술문화박물관 리쿼리움은 건물 생김부터 호기심을 갖게 하는데 세계 모든 술의 역사와 문화를 통합적으로 전시하는 곳이다. 박물관 내에는 와인관, 맥주관, 증류관, 오크통관, 전통주관, 동양주관으로 나눠 전시 중이며 발효문화체험으로 나만의 와인만들기, 전통주 막걸리빚기 체험을 해볼 수 있다. 주류문화체험관에서는 음주문화의 예절과 음주상식도 배울 수 있다.

건전한 놀이문화 옛날옥션과 탄산온천

충주시 능암리는 3가지가 유명하다고 한다. 무엇보다 이 지역을 대표하는 탄산온천이 있고, 싱싱한 한우를 맛볼 수 있는 한우직판장,

그리고 경매를 통해 물건을 사는 옛날옥션 경매장이 있다. 옛날옥션민속품경매장은 평소 접할 기회가 많지 않은 경매를 누구나 직접 체험해볼 수 있는 곳이다. 매주 수, 금, 일요일 12시부터 진행되며 언제나 활기가 넘치며 수석, 민속품, 고예술품 등 희귀한 옛 물품들을 만원부터 시작하여 경매가 이뤄진다. 신속한 경매진행으로 박진감 넘치고, 누구든 원하는 물건을 적당한 가격에 구입할 수 있어 구경하다보면 시간가는 줄 모른다.

전국에서 알카리성온천(수안보), 유황온천(문강), 탄산온천(앙성) 3가지 온천이 한곳에 있는 곳은 충주가 유일하다. 삼색온천욕을 한 번에 즐길 수 있는 충주, 그 중에서 앙성탄산온천은 온천물에 탄산가스가 포함된 탄산천으로 탄산이 피부에 흡수되면 모세혈관을 자극해 혈액순환이 활발해지면서 혈압과 심장기능을 원활하게 해준다. 피부에 뽀글뽀글 생기는 기포가 신기한데 탄산천은 식후에 마시면 이뇨작용을 촉진하는 효과도 있다고 한다. 앙성탄산온천은 다양한 테마의 온천랜드로 꾸며져 온천욕으로 한나절을 보내면서 여행의 피로도 풀 수 있다.

하룻밤 숲에서 즐기는 웰빙

웰빙펜션은 봉황자연휴양림 내에 위치하지만, 휴양림 내 관리시설이 아닌 독립적인 펜션이다. 은은한 소나무향이 배어 있는 통나무집으로 여행의 피로를 풀며 피톤치드 가득한 하룻밤을 보낼 수 있다. 건축설계부터 특별한 사람을 위한 특별한 펜션으로 건강에 이로운 자재들을 엄선하여 지은 집이며, 예쁘게 잘 가꿔진 정원에서 무공해로 재배한 야채가 더해지는 가든바비큐파티도 즐길 수 있다.

조금 더 저렴하게 숙박하고 싶다면 바로 옆에 있는 봉황자연휴양림도 상당히 괜찮은 곳이다. 울궁산(398m) 자락에 있는 완만한 등산로와 삼림욕장이 조성되어 있으며 서바이벌 게임장에서 특별한 체험도 즐길 수 있는 곳이다. 충주호가 한눈에 내려다보이는 조망과 밤새 잠을 설칠 정도로 흐르는 계곡물소리에 자연을 통째로

안은 듯한 느낌을 받는다. 알밤이 유명한 지역이라 매년 9월경에는 이곳에서 충주알밤줍기체험행사도 진행되므로 시기가 맞는다면 1만 원의 비용으로 2kg 정도를 주워올 수도 있다.

우륵이 십이현금을 탔던 탄금대와 택견을 체험해보는 충주세계무술박물관

중앙탑사적공원이 생기기 전까지 충주 유일의 공원이었던 탄금대공원은 중원의 문화와 역사가 살아 숨 쉬는 곳이다. 주차장을 벗어나면 신립장군과 우륵을 노래한 탄금대사연노래비와 현존하는 가장 오래된 충혼탑을 만날 수 있다. 솔숲으로 우거진 산책길에는 여기저기 산재한 조형물들이 있어 천천히 감상하며 걸을 수 있다. 탄금정 바로 앞에는 충주의 인물과 자연환경을 예찬한 탄금대기가 있는데, 육당 최남선선생이 글을 짓고, 일중 김충현선생이 비에 옮겨 썼다. 탄금정에 오르면 거침없이 흐르는 남한강 물줄기와 열두대가 훤히 내려다보이고 울창한 송림이 눈앞에 펼쳐진다. 탄금정 밑에는 탄금대전투 당시 신립장군이 활을 너무 빨리 쏴서 그 활의 열기를 식히고자 12번을 오르내렸다 하는 열두대가 자리한다. 이밖에도 신립장군 순절비, 조웅장군기적비, 악성우륵선생추모비, 궁도장, 충주문화원, 조각공원, 체육공원 등이 조성되어 있다.

충주세계무술박물관은 오천년 민족혼이 담긴 우리나라 전통무술과 세계무술을 살펴볼 수 있는 곳이다. 세계무술풍물관에는 각국에서 입수한 무술관련 유물과 무기류, 토산품들이 전시되어 있다. 세계무술박물관에는 각 나라별 무술의 역사를 알기 쉽게 설명하고 있다. 또한 우리나라의 무술기원과 변천과정, 자세한 무술동작들을 살펴볼 수 있다. 무술체험장에서는 무술고수와의 대련, 택견동작 따라 하기, 기와깨기 등의 체험행사도 즐길 수 있다.

효율적인 포인트 동선

양성탄산온천
능암온천랜드
옛날옥션경매(구농협창고)
양성참한우
능암교차로
신대교차로
39
가흥교차로
19
599
웰빙펜션
봉황자연휴양림
북충주 IC
충주고구려비
입석삼거리
남한강
충주조정체험학교
리쿼리움
충주박물관
중앙탑사적공원
중앙탑초가집
신촌삼거리
599
520
525
중부내륙고속
충주시청
탄금대공원
충주세계무술박물관
충주시외버스터미널
충주 IC
충주역

✔ 사진으로 미리보는 동선 지도

중앙탑사적공원 → 충주박물관 → 세계술문화박물관 리쿼리움 → 국제조정경기장 → 중앙탑초가집(점심식사) → 옛날옥션경매 → 앙성탄산온천 → 앙성참한우(저녁식사) → 웰빙펜션(봉황자연휴양림) 1박 → 탄금대 → 충주세계무술공원

여행 정보

찾아가는 길

중부내륙고속도로 북충주IC 빠져나와 북충주교 차로에서 가금방면 우측방향 → 감노로 따라 6.4km 직진 후 조정경기장방면 좌회전 → 풍년길 따라 630m 직진 후 가금우체국 지나 우회전 → 이정표 확인하면서 중앙탑사적공원주차장으로 진입 후 도보로 이동 → **중앙탑사적공원(탑평리 칠층석탑)** → **충주박물관** → **리쿼리움** → **탐금호 국제조정경기장** → 중앙탑길 따라 1.2km 이동 → **중앙탑초가집(점심식사)** → 80m 직진하여 신촌 삼거리에서 북충주IC방면 우측도로 → 탄금대로

(청금로) 따라 8.6km 직진 후 가흥교차로에서 앙성방면 좌회전 → 북부로 따라 5.3km 직진 후 능암교차로에서 앙성온천방면으로 우측도로 → 가곡로 따라 1.1km 직진 후 다리 못미쳐 조천방면 우회전 후 50m 전방 **옛날옥션경매**(구농협창고건물) → 새바지길 따라 400m 직진 → **능암온천랜드** → 왔던 길 새바지길 500m 전방 → **앙성참한우(저녁식사)** → 능암교차로까지 740m 직진하여 주덕방면 좌회전 → 북부로 따라 3.2km 직진 후 신대교차로에서 봉황방면 우측도로 → 묘곡내동길 따라 2.5km 직진 후 이정표 확인하면서 휴양림 주차장으로 진입 → **봉황자연휴양림/웰빙펜션(1박 및 휴양림산책)** → 수룡봉황길 우회전 후 620m 직진 후 중앙탑방면 우회전 → 묘곡내동길 따라 3.8km 직진하여 충주방면 우측도로 → 입석삼거리까지 직진 후 충주방면 우측도로 → 청금로(탄금대로) 따라 6.6km 직진 후 이정표 확인하여 공원주차장으로 진입 → **탄금대공원** → 탄금대삼거리까지 돌아 나와 이정표 확인하여 박물관으로 이동 → **충주세계무술박물관**

🚌 충주공용버스터미널 하차 후 터미널정류장까지 약 130m 이동 → 411번 버스 탑승 후 중앙탑정류장에서 하차(10개 정류장, 25분 소요) → **중앙탑사적공원(탑평리칠층석탑)** → **충주박물관** → **리쿼리움** → **탐금호국제조정경기장** → 중앙탑정류장에서 411번 버스 탑승 후 신촌정류장에서 하차(1개 정류장, 10분 소요) → 도보로 140m 이동 → **중앙탑초가집(점심식사)** → 신촌정류장까지 이동 후 404번 버스 탑승 후 형천정류장 하차(15개 정류장, 30분 소요) → 360번 버스 환승 후 능암정류장에서 하차(13개 정류장, 30분 소요) → 도보로 130m 이동 → **옛날옥션경매**(구농협창고건물) → 새바지길 따라 도보로 400m 이동 → 능암온천랜드 → 왔던 새바지길 따라 500m 후방 → **앙성참한우(저녁식사)** → 능암정류장에서 360번 버스 탑승 후, 봉황자연휴양림정류장 하차(8개 정류장, 20분 소요) → 404번 버스 환승 후 봉황리정류장 하차(3개 정류장, 10분 소요) → 휴양림까지 약 250m 도보로 이동→ **봉황자연휴양림/웰빙펜션(1박 및 휴양림산책)** → 봉황리정류장에서 404번 버스 탑승 후, 칠금동정류장 하차(24개 정류장, 50분 소요) → 탄금대공원까지 약 270m 도보로 이동 → **탄금대공원** → 탄금대삼거리까지 돌아 나와 이정표 확인하여 박물관까지 1.2km 도보로 이동(20분 소요) → **충주세계무술박물관**

이용안내

능암온천랜드

☎ 충청북도 충주시 앙성면 능암리 산14
043-855-8877

✉ www.bongsoosan.com

₩ 성인 8,000, 소인 5,000원(24시간 연중무휴, 온라인 패키지 예약 시 할인혜택)

옛날옥션경매

☎ 충북 충주시 앙성면 능암리 621-3(구 농협창고건물) / 010-3171-5091

중앙탑사적공원

☎ 충주시 가금면 탑평리 11 / 043-842-0532

충주박물관

☎ 충주시 가금면 탑평리 47-5 / 043-850-3924

✉ www.cj100.net/museum

🕒 09:00~18:00(동절기 ~17:00)
명절, 매주월요일 휴무

₩ 무료

세계술문화박물관 리쿼리움

☎ 충주시 가금면 탑평리 51-1 / 043-855-7333

✉ www.liquorium.com

🕒 10:00~18:00

₩ 4,000원

📋 휴관일 : 매주 목요일, 별도 휴관일 홈페이지 공지

충주조정체험학교

☎ 충주시 가금면 탑평리 121-1 / 043-844-3533

✉ www.cjrowingschool.kr

📋 매주 일요일, 프로그램체험단 매월 매주 토요일 3주(체험비는 무료)

충주세계무술박물관

☎ 충주시 금릉동 601 / 043-848-8483

🕒 09:00~18:00(매주 월요일 휴무)

₩ 무료

먹을거리

앙성농협에서 직접 판매하는 1등급 한우의 맛을 즐기는 만찬. 과거 꿩사냥이 활발하여 꿩요리촌까지 형성될 정도로 별미가 많은 충주여행. 오감이 충족되는 여행 속에 지역의 토속별미를 놓칠 수 없다.

소라가든

참한우마을

앙성농협 참한우마을

☎ 충주시 앙성면 능암리 621-5번지 043-855-580

₩ 한우 가격은 시세 (한우세팅비 3,000원 별도)

중앙탑초가집

콩부인

중앙탑초가집

☎ 충주시 가금면 탑평리 3번지 043-845-6789

₩ 새뱅이매운탕 30,000원

콩부인두부났네

☎ 충북 충주시 목행동 607-3 / 043-853-9644

₩ 콩물손두부 7,000원

소라가든

☎ 충북 충주시 수안보면 온천2구 / 043-846-7819

₩ 특선꿩요리 2인 50,000원

숙소소개

여행 중에 잠자리는 다음날 여행의 컨디션을 좌우한다. 복잡한 시내를 벗어나 숲이 있는 곳이라면 여행의 피로를 풀기에 충분하다. 울궁산자락 봉황자연휴양림과 근처에 있는 웰빙펜션은 삼림욕장이 잘 조성되어 있어 힐링하며 하룻밤 머물 수 있으며 아침엔 천천히 숲의 기운을 느끼며 산책할 수 있어 좋다

봉황자연휴양림

☎ 충북 충주시 가금면 수룡봉황길 540번지 043-850-7315

₩ 35,000~180,000원

웰빙펜션

☎ 충주시 가금면 수룡봉황길 526번지 043-842-5561

✉ www.pensionwellbeing.co.kr

₩ 150,000~250,000원

대한민국 여행자를 위한 충청도 여행백서

Part 07

충북중부권

음성 진천 증평 괴산

Theme 01

한국의 자랑, 아이의 꿈을 키우는

반기문유엔사무총장 생가마을

Theme 02

3대째 가업을 이은 80년 전통,

덕산양조장

Theme 03

자연과 건축이 일체를 이룬 곳

이원아트빌리지, 상촌미술관

Theme 04

전통 농경문화체험,

증평민속체험박물관

Theme 05

연하구곡의 비경이 숨어있는

산막이옛길

Theme 06

우암송시열의 발자취가 흐르는,

화양구곡

Special 07

충북 중부권 나들이,

음성, 괴산, 진천 1박 2일 여행

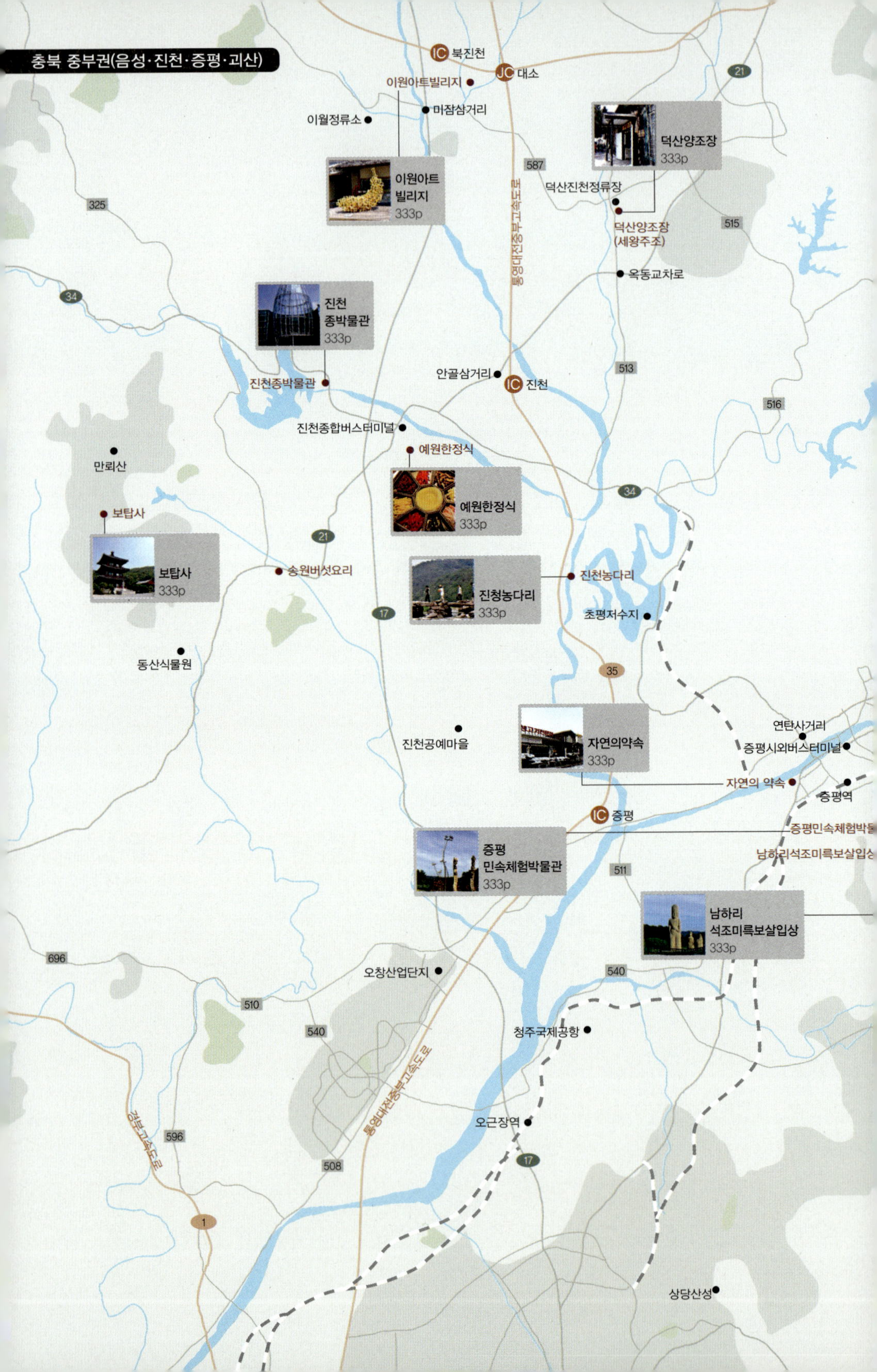
충북 중부권(음성·진천·증평·괴산)
북진천
대소
이원아트빌리지
마잠삼거리
이월정류소
덕산양조장
333p
이원아트
빌리지
333p
덕산진천정류장
덕산양조장
(세왕주조)
옥동교차로
통영대전중부고속도로
진천
종박물관
333p
진천종박물관
안골삼거리
진천
진천종합버스터미널
예원한정식
만뢰산
예원한정식
333p
보탑사
보탑사
333p
송원버섯요리
진천농다리
진청농다리
333p
초평저수지
동산식물원
진천공예마을
자연의약속
333p
연탄사거리
증평시외버스터미널
자연의 약속
증평역
증평
증평민속체험박물
남하리석조미륵보살입상
증평
민속체험박물관
333p
남하리
석조미륵보살입상
333p
오창산업단지
청주국제공항
통영대전중부고속도로
경부고속도로
오근장역
상당산성

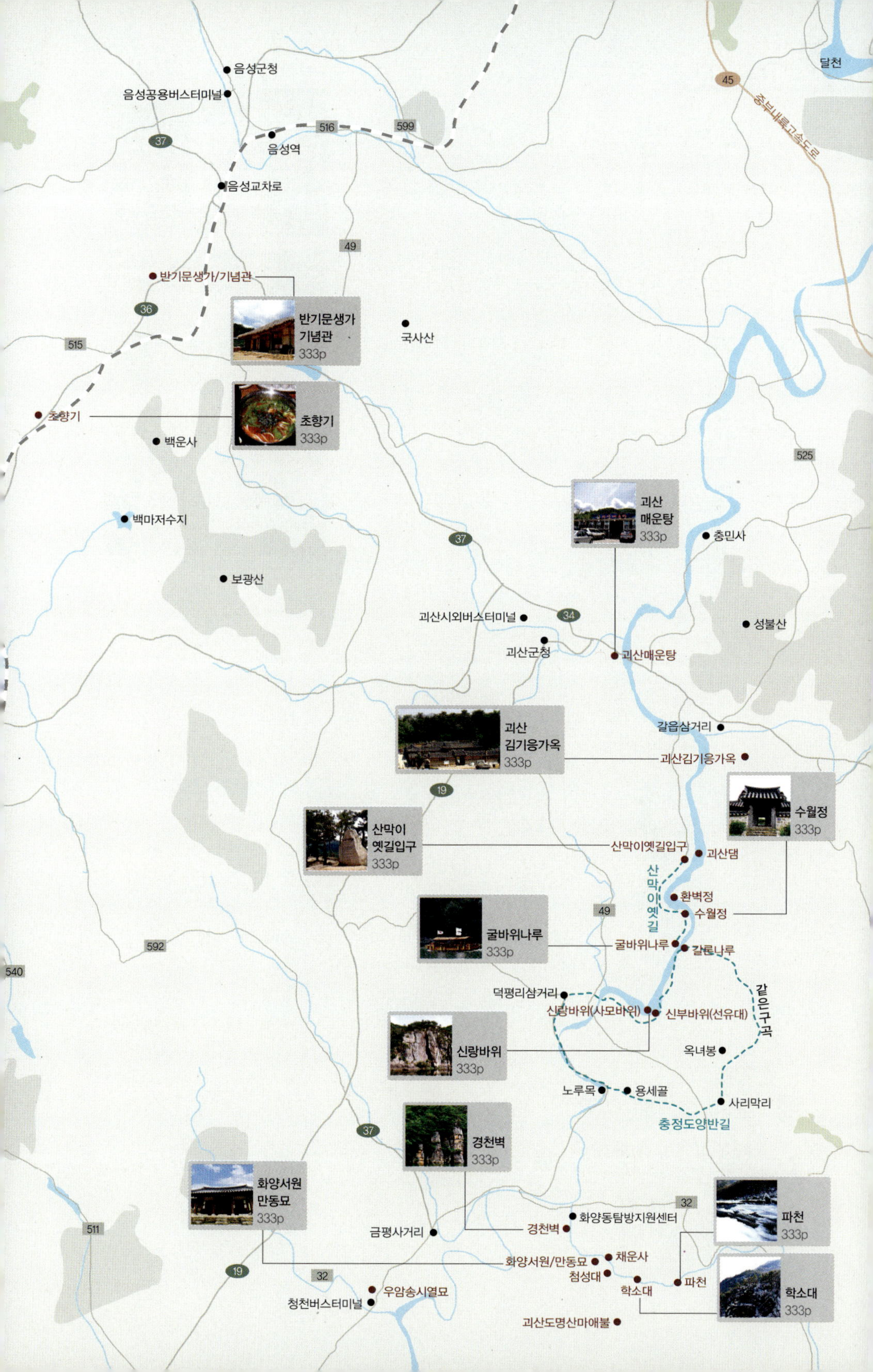

음성군청
음성공용버스터미널
음성역
음성교차로
달천
중부내륙고속도로
반기문생가/기념관
반기문생가 기념관 333p
국사산
초향기
초향기 333p
백운사
백마저수지
보광산
괴산 매운탕 333p
충민사
괴산시외버스터미널
괴산군청
괴산매운탕
성불산
갈읍삼거리
괴산 김기응가옥 333p
괴산김기응가옥
수월정 333p
산막이 옛길입구 333p
산막이옛길입구
괴산댐
산막이옛길
환벽정
수월정
굴바위나루 333p
굴바위나루
갈론나루
덕평리삼거리
신랑바위(사모바위)
신부바위(선유대)
갈은구곡
신랑바위 333p
옥녀봉
노루목
용세골
사리막리
충청도양반길
경천벽 333p
화양서원 만동묘 333p
파천 333p
화양동탐방지원센터
경천벽
금평사거리
화양서원/만동묘
채운사
첨성대
학소대
파천
학소대 333p
우암송시열묘
청천버스터미널
괴산도명산마애불

한국의 자랑, 아이의 꿈을 키우는 반기문유엔사무총장 생가마을

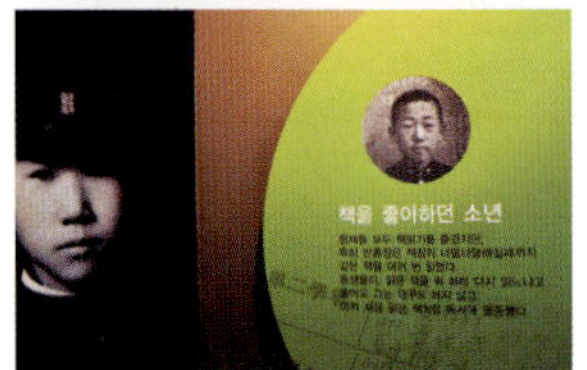

충북 음성군 원남면 행치마을은 보덕산이 병풍처럼 둘러싸인 아담한 마을로 청주와 음성을 연결하는 행치고개에 자리 잡은 전형적인 농촌마을이다. 약 500년 전부터 광주반씨 장절공파가 집성촌을 형성하면서 현재도 15가구가 거주하고 있다. 행치마을에는 반기문 생가와 기념관 그리고 평화랜드가 조성되어 있다.

배산임수에 큰인물이 나올 명당자리, 반기문생가

반기문 사무총장이 태어난 원남면 상당1리는 천, 지, 명 삼신이 보덕산에 놀러왔다가 곱게 핀 살구꽃에 반해 살게 되면서 삼신의 보살핌으로 이 마을에서 큰 인물이 태어난다는 전설이 전해지는 곳이다. 이 전설을 토대로 마을 곳곳에는 반기문생가와 기념관, 평화랜드, 반기문비채길 등이 조성되어 있다. 특히 8.5km 구간에 이르는 비채길은 생태문화체험공간으로 보덕산전망대, 피크닉장, 반기문포토존, 파고라, 벤치 등의 편의시설이 잘 갖춰져 있어 최근 많은 여행자들이 찾고 있다.

유엔사무총장 반기문생가는 초가삼간 흙벽집인데, 과거 새마을운동으로 슬레이트지붕으로 개조됐던 것을 예전 사진자료를 바탕으로 초가지붕으로 복원하였다. 해방 전후 시기의 여느 민가와 크게 다를 바 없는 초가집이지만 생가 앞에는 작은 내가 흐르고, 뒤로는 산이 병풍처럼 감싸고 있어서 배산임수의 명당임이 느껴진다. 생가 마루 위에는 2011년 금의환향한 반기문유엔사무총장 내외분과 음성 군수, 도지사 등이 세계평화를 기원하며 찍은 사진이 걸려있으며 마루한쪽에 초가삼간 모형이 앙증맞게 놓여있다.

세계 평화의 중재자 '세계의 대통령이 되다'

나, 반기문은 충성을 다해 지각과
양심을 갖고 유엔사무총장으로
나에게 부여된 임무를 다할 것을
엄숙하게 선서한다.
또한, 오직 유엔의 이익만을 위해
사무총장의 임무를 이행하고
나의 행동을 단속할 것을 선서한다.
그리고 나의 의무를 수행하는 데
있어 어떤 정부나 유엔 외부기관으로
부터 지시를 구하거나 받아들이지
않을 것임을 엄숙히 선서한다.

반기문기념관은 자라나는 우리 청소년들에게는 꿈과 비전을 제시하며, 대한민국 국민으로서의 자긍심을 갖게 되는 곳이다. 기념관 앞에는 제8대 유엔사무총장에 오르면서 선서한 '유엔사무총장 취임선서'가 새겨져 있는데, 다시 읽어보아도 그 영광스러운 순간이 느껴진다.

기념관 안에 들어서면 2011년 고향을 방문한 반기문총장 내외가 방문기념으로 남긴 핸드프린팅부터 만날 수 있다. 이곳에서는 반기문유엔사무총장의 태몽에서부터 학창시절, 그리고 UN사무총장이 되기까지 반기문총장의 일대기를 한눈에 살펴볼 수 있도록 40여 장의 사진과 초등학교 생활기록부 등 다양한 자료를 전시하고 있다.

휴식공간을 갖춘 기념공원, 평화랜드

반기문총장의 생가와 기념관을 둘러본 후에는 평화랜드로 향한다. 가는 길 마을 앞 연못에는 잠시 쉬어갈 수 있는 팔각정자가 있는데, 정자 내에는 반기문총장의 기념사진이 가득 걸려있다. 정자 앞에는 광주반씨 장절공파 사당이 있고, 그 옆에는 돌에 새긴 광주반씨 족보가 있는데,

이색적으로 돌에 새겨져 한번쯤 들여다보게 된다. 광주반씨 장절공파 행치종중사당은 반기문총장이 고향을 방문할 때마다 빼놓지 않고 참배하는 곳으로 광주반씨 조상의 위패를 모시고 있는 곳이다.

사당을 지나 마을 뒤쪽으로 오르면 반기문총장 기념조형물과 유엔본부 상징모형 등이 설치된 평화랜드가 있다. 공원 중심부 바닥에는 평화를 상징하는 비둘기와 조명이 설치되어 있고, 주변으로 산책로와 휴식공간이 조성되어 있다. 평화랜드에는 타일에 새긴 반기문사무총장의 약력과 음성군을 대표하는 나무, 새, 꽃 등의 상징물도 살펴볼 수 있다. 반기문총장이 태어나 자란 행치마을은 음성군에서 반기문총장 마케팅에 적극적으로 공을 들이고 있는 곳이다. 생가복원, 기념관건립, 평화랜드 조성에 이어 현재도 2013년 말 완공예정으로 역대 유엔사무총장 흉상을 비롯한 분수대, 야외무대, 잔디마당, 유엔광장, 세계화합마당 등을 갖춘 유엔반기문기념광장을 조성하고 있다.

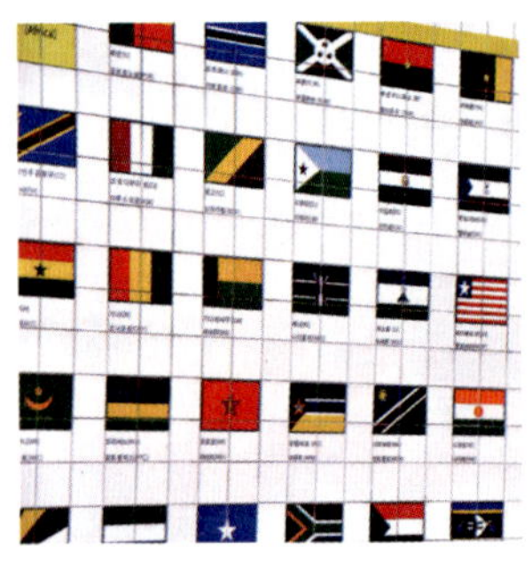

여행 정보

찾아가는 길

- 평택제천고속도로 음성IC 빠져나와 음성방면 좌측방향 → 생음대로 따라 10.6km 직진 후 음성교차로에서 청주방면 우회전 → 충청대로 따라 3.3km 직진 후 행치재휴게소 못 미처 우측방향 → 이정표 확인하면서 반기문기념관 주차장으로 진입
- 음성공용버스터미널 하차 후 농어촌버스(음성-덕정) 탑승 후 마송3리정류장 하차(7개 정류장, 20분 소요) → 반기문 생가까지 약 960m 도보로 이동(15분 소요)
- 음성역 하차 후 농공단지정류장까지 100m 도보로 이동 → 농어촌버스(설피-음성) 탑승 후 음성버스터미널정류장 하차(2개 정류장, 10분 소요) → 농어촌버스(음성-덕정) 환승 후 마송3리정류장 하차(7개 정류장, 20분 소요) → 반기문 생가까지 약 960m 도보로 이동(15분 소요)

이용안내

반기문생가/기념관

☎ 충북 음성군 원남면 상당리 600-1 / 043-872-6668

운영시간 09:00~18:00

먹을거리 _ 초향기

충북 향토음식 전문점으로 올갱이를 끓인 국물에 된장, 고추장을 풀어 맛을 낸 육수에 올갱이와 야채, 면 등을 즉석에서 넣어 끓여먹는 칼국수가 유명하다. 칼국수는 우리밀, 보리, 들깨, 수수 등의 다양한 곡물로 만든 웰빙 면이다. 칼국수가 익기 전에 나오는 보리밥은 고추장에 비벼서 급한 허기를 달랠 수 있다. 얼큰하고 걸쭉한 국물에 잡곡 칼국수는 칼칼한 맛이 일품이라 숙취해소에도 그만이다.

☎ 충북 음성군 원남면 문암리 208-10 / 043-872-4410

₩ 올갱이칼국수 5,000원, 올갱이매운탕 6,000원

주변볼거리 _ 음성 큰바위얼굴조각공원

음성 큰바위얼굴조각공원은 전 세계적으로 유명한 과학자, 철학자, 작가, 발명가, 예술가들을 공원을 산책하면서 석조상으로 만날 수 있는 곳이다. 설립자 정근희이사장은 14년간 우리 역사와 세계사에 등장하는 위인들의 자료를 수집, 정리한 후 여러 국가를 직접 탐방하며 조각으로 남길 인물부터 엄선하였다. 이후 현지에서 조각가들과 석고작업을 통해 작품을 하나씩 완성한 후 일일이 배로 선적하여 이곳까지 옮겨와 테마별로 인물들을 분류하여 전시하고 있다. 책에서만 만나던 인물을 실제 조각상으로 체험해볼 수 있어 교육적 가치뿐만 아니라 열린 공간에서 인물에 대해 서로의 의견도 나눌 수 있는 곳이다.

☎ 충북 음성군 생극면 관성리 9-1 / 043-882-411

✉ largeface.com

이름을 남긴 유명인의 생가

옥파 이종일선생생가 – 3.1운동 당시 민족대표 33인 중의 한분으로 독립선언식을 거행했던 옥파 이종일선생생가는 관내 학생들과 각계 유지들이 생가 터 매입부터 복원에 기여하여 그 의미가 남다른 곳이다. 생가 인근에는 기념관, 사당, 동상, 사적비, 전시실 등이 조성되어 있다. 이종일선생 생가는 안방, 건넌방, 윗방, 대청이 각 한 칸씩이며 부엌이 2칸으로 지어진 소박한 초가집이다.

가람 이병기선생생가 – 국문학자이자 시조시인인 가람 이병기선생은 한국 문학사에 길이 남을 『국문학전사』, 『국문학개론』 등의 책을 펴냈으며, 이곳에서 말년을 보냈다. 생가는 안채, 고방채, 사랑채로 구분되어 지어졌으며, 초가정자와 200여 년 된 탱자나무가 생가를 감싸고 있다. 사랑채인 수우재는 슬기를 감추고 겉으로 어리석은 체 한다는 뜻을 담고 있다. 조국과 민족을 사랑하며 평생을 지조 있는 선비로 살아온 그의 풍취를 느낄 수 있는 곳이다.

시인 신동엽생가 – 부여가 낳은 천재 시인 신동엽이 자라고 신혼시절을 보낸 생가는 초가집이었지만 관리 문제로 지붕이 청기와로 바꾸었다. 안채 방문 위에 걸린 부인 인병선시인의 글에서 시인을 그리는 애잔함이 느껴진다. 생가 근처 백제대교 아래에는 신동엽시비가 있고, 오랜 공사기간을 통해 2013년 5월 시인의 문학관이 정식으로 개관하였다.

덕산양조장

3대째 가업을 이은 80년 전통,

진천하면 생거진천이라는 말이 떠오른다. 예부터 땅이 비옥하고 가뭄의 해가 없어 '살아서는 진천이 좋다.'라고 해석하기도 한다. 만뢰산이 품은 연곡저수지 맑은 물과 충북 3대 곡창 중의 하나인 진천평야가 있어 예부터 이곳은 질 좋은 쌀로 빚은 전통주가 유명하다. 3대째 전통 명주를 만들어온 덕산양조장은 전통방식을 그대로 고수하며 우리나라 전통주의 맥을 이어오는 곳이다.

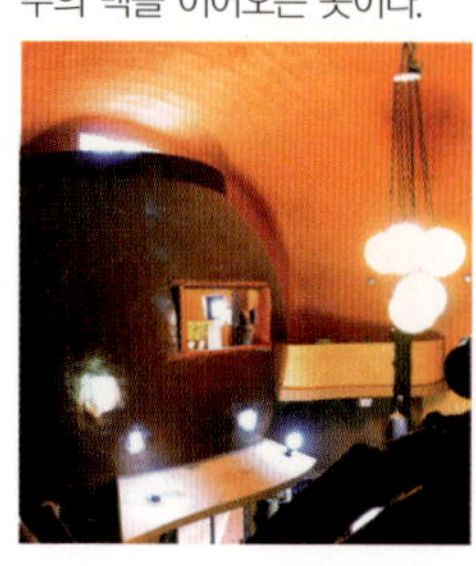

근대문화유산으로 지정된 양조장 건물

덕산면 용몽리에 있는 덕산양조장(현, 세왕주조)은 우리나라 양조장 건물로는 유일하게 근대문화유산으로 보존되는 곳이다. 상량문에 '소화5년 경오 구월 초이일 미시 상량목수 성조운'이라고 건립시기와 시공자가 명기되어 있고, 장소성 등이 양조장의 전형을 잘 알 수 있어 근대문화유산 등록문화재 제58호로 지정되어 있다.

양조장 건물 앞에는 측백나무가 마치 건물을 수호하듯 뻗어 있어 첫 느낌은 답답하다는 생각이 드는데, 알고 보며 측백나무가 여름에는 뜨거운 볕을 막아주고, 하천에서 건물 쪽으로 부는 바람이 실내의 공기를 순환시켜 건물 안의 온도를 시원하게 유지하는 역할을 한다. 특히 측백나무에서 뿜어내는 피톤치드와 바람에 날린 나무진액은 자연스럽게 해충방지와 수용성 천연 보호막의 역할을 하여 80여 년의 세월동안 온전하게 잘 보존되었다 하니 건축에 대한 지혜와 과학까지 엿볼 수 있다.

1902년 공사를 시작해 이듬해 완공된 목조건물은 처음 지어진 상태 그대로 비교적 원형이 잘 보존되어 있다. 건물 건립에 사용된 목재는 백두산의 전나무와 삼나무를 압록강 제재소에서 가공한 후 물길로 이곳까지 옮겨와 건물의 주요 자재로 사용하였다. 양조장 환기를 위해 벽체는 이중으로 수수깡을 엮은 뒤 흙을 바르고 나무판을 대어 마무리하였으며, 흙벽과 나무판 사이에는 왕겨를 단열재로 채워 넣어 환기와 단열의 효과를 고려하였다. 또한 술을 발효시키는 발효실과 주모실의 옹벽 두께는 무려 90cm로 외부 온도의 영향을 상대적으로 줄이면서, 발효실 온도를 27도로 유지할 수 있게 하였다. 양조장 안으로 들어서면 당나라 이백의 월하독자月下獨酌이라는 시의 한소절과 동양화풍의 그림이 눈에 들어온다. '삼배통대도三盃通大道, 일두합자연一斗合自然', 석 잔을 마시면 대도에 이르고 말술을 마시면 자연과 하나가 된다하니 덕산양조장과는 너무도 잘 어울리는 글과 그림이다.

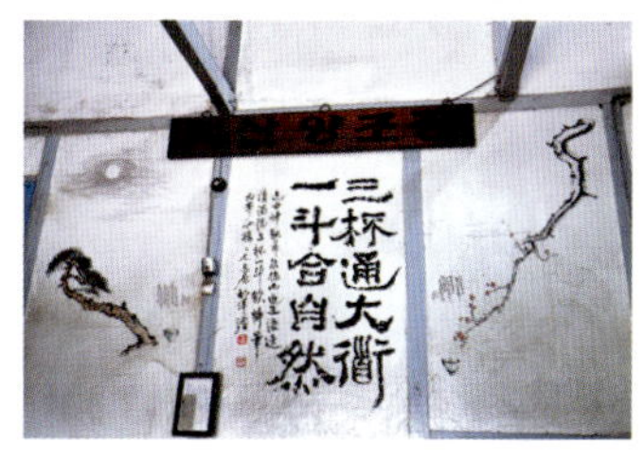

시대가 변하여도 전통의 옛 맛을 그대로

건물 안으로 들어오면 단층 구조의 외관과 달리 정말 천정이 높다는 것이 느껴지며 오래된 창고의 작은 방에는 술독이 가득 채워져 있고, 술 익는 냄새가 솔솔 풍겨 나온다. 보통 5일 정도면 숙성되는 막걸리는 발효에 필요한 백국균을 45시간 배양한 뒤 항아리에 담고, 덧밥(술밥)을 넣어 이틀 동안 숙성시킨다. 특히 생막걸리는 살아있는 유익한 유산균으로 국내산 쌀을 전통 수작업으로 제조하여 많이 마셔도 머리가 아픈 후유증이 없다고 한다.

막걸리가 익어가는 항아리는 용몽제라는 이름으로 불리는데 오랜 역사를 가진 전통 옹기로 진천군 덕산면 용몽리 가마터에서 제작된 것이라 한다. 옹기는 전통 양조기법의 발효식품의 효능과 맛을 결정하고 유지하는 데 중요한 역할을 한다. 입구 우측에는 세왕주조의 명성과는 어울리지 않는 작은 사무실이 있다. 벽면에는 세왕주조 초창기 직원들과 벽면을 가득 메운 각종 상장들이 양조장의 역사를 말해주고 있다. 입구 왼쪽 벽면에는 허영만 만화 『식객』 100화의 주제가 됐던 '할아버지의 금고' 편에 나왔던 그 금고가 아직도 자리를 지키고 있다.

술독에 빠져볼까?

덕산양조장 우측에는 세왕전통주 홍보교육관이 있다. 1935년 용몽리에서 제작된 술항아리 용몽제를 형상화한 건물디자인이 이색적이다. 발효와 숙성을 강조하는 술독과 오크통 형태의 디자인이 조화를 이루면서도 술도가를 상징하는 건물이라 입구로 들어서는 순간부터 술독에 빠져드는 것 같은 느낌도 있다. 3대를 이어온 전통의 깊이를 느끼고 싶다면 미리 예약해야 시음해볼 수 있다. 1935 용문제 항아리를 모방한 잔에 막걸리 한 잔 가득 따라 파전과 함께 마시면서 막걸리를 논할 수 있고, 술을 먹었던 잔은 기념으로 가져올 수 있어 여행의 여운을 좀더 오래 간직할 수 있다.

당일 생산된 생막걸리는 효모활동이 왕성하여 김치냉장고에 숙성시켜 먹으면 더 맛이 좋다고 한다. 막걸리는 첫날 생산된 것은 단맛이 강하여 술을 잘 하지 못하는 사람도 먹기 편하고, 하루하루 효모 활동으로 막걸리가 익어 가면 탄산이 생기면서 단맛은 점점 사라지므로 3~4일 정도 숙성시키면 목 넘김도 좋고 끝 맛이 살아있어 더욱 맛이 좋다고 한다. 질 좋은 100% 진천 쌀과 인삼, 백복령, 구기자 등 십여 가지 한약재와 누룩으로 빚은 전통술은 품질이 우수하여 진천군 문화상품으로도 지정되어 있다.

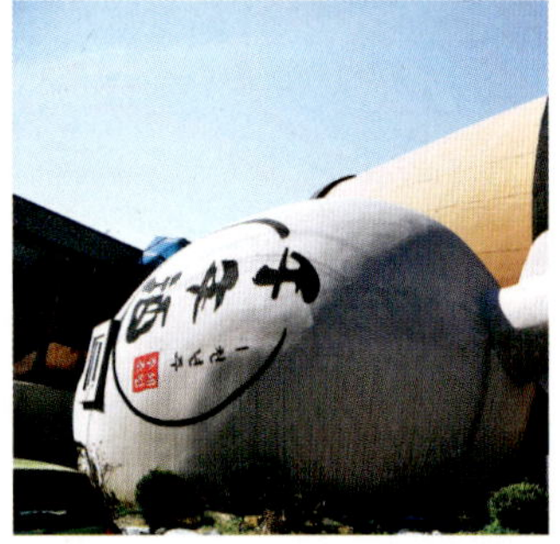

여행 정보

찾아가는 길

- 🚗 통영대전중부고속도로 진천IC 빠져나와 안골삼거리에서 장호원방면 우측방향 → 덕금로 따라 4.7km 직진 후 옥동교차로에서 덕산방면으로 좌회전 → 초금로 따라 1.5km 직진 후 세왕주조 간판 확인 진입
- 🚌 ① 덕산진천정류소 하차 후 도보로 세왕주조까지 240m 이동(5분 소요)

  ② 진천종합버스터미널 하차 후 진천터미널정류장까지 약 100m 이동 → 농어촌버스(진천–통동) 탑승 후 덕산정류장 하차(14개 정류장, 30분 소요) → 세왕주조까지 약 500m 도보로 이동(7~8분 소요)

이용안내

☎ 충북 진천군 덕산면 용몽리 572-16 / 043-536-3567

✉ www.icnj.co.kr

체험비 : 5,000원(막걸리, 빈대떡, 옹기잔)

먹을거리 _ 예원한정식

예원한정식에서 내오는 밥상은 생거진천쌀을 이용하여 현대인 입맛에 맞게 한정식메뉴로 개발된 7첩, 9첩, 12첩 반상이다. 김유신이 태어나고 어린 시절을 보냈던 진천이라 밥상 메뉴명은 화랑밥상이다. 눈으로도 맛을 즐긴다는 말이 떠오를 정도로 형형색색의 구절판을 비롯하여 수육, 오리훈제, 더덕구이, 멸치튀김, 밤, 오징어숙회, 연근 등 20여 가지의 반찬이 한 상 가득 차려진다. 불고기전골에 후식으로 나오는 누룽지까지 먹고 나면 포만감으로 세상 누구도 부럽지 않다.

☎ 진천군 진천읍 읍내리 424-1 / 043-534-6388

₩ 예원불고기정식 7첩 10,000원, 9첩 13,000원, 12첩 25,000원

주변볼거리 _ 천년을 이어온 진천농다리

생거진천, 물 좋은 진천에는 천년을 이어온 우리나라에서 가장 오래되고 긴 돌다리가 있다. 진천농다리는 28칸의 교각으로 돌을 비늘모양으로 쌓아서 교각을 만들고 그 위에 상판석을 올려 견고하면서도 아름다워 한국의 아름다운 길 100선, 한국의 아름다운 하천 100선에 선정된 곳이다. 농다리를 건너 천년정을 지나 농암정에 오르면 진천농다리와 고속도로가 한눈에 내려다보이며, 뒤로 초평저수지가 시원하게 다가온다. 초평저수지를 따라 구름다리까지 수변탐방로 1km 길과 등산로 1.7km가 조성되어 있으며 길이 80m의 인공폭포 또한 장관이다. 농다리 초입에는 농다리전시관도 있으므로 함께 둘러보면 좋다.

☎ 충북 진천군 문백면 구곡리 601-32

술에 얽힌 여행지

주당들의 천국 전주막걸리투어 – 막걸리의 성지라 해도 과언이 아닐 정도로 전주에는 주당들의 주머니가 가벼워도 배부르게 먹을 수 있는 막걸리 골목이 있다. 삼천동 우체국 골목, 서신동 본병원 앞, 경원동 동부시장 뒤, 효자동 전일여객 근처, 평화동 뱅뱅골목 등 전주시내 곳곳에 막걸리 촌이 형성되어 있다. 프랑스에 와인, 독일에 맥주가 있다면 우리나라에는 고유의 술 막걸리가 있다. 최근 막걸리에 대한 인식이 바뀌면서 이제는 모든 사람들의 기호식품으로도 사랑받는 우리 술이다. 전주 막걸리 촌에서는 12,000~15,000원 정도면 한 상차림이 차려진다. 막걸리 한 주전자 시킬 때마다 안주는 덤으로 따라온다.

울산 12경 중 하나 작괘천 – 작괘천은 영남알프스 신불산 아래 작은 바위들이 마치 술잔을 걸어 놓은 듯하다하여 '술 부을 작(酌)'가 붙여진 곳이다. 세월이 만들어낸 너른 마당바위와 작천정이 운치를 더하며 자연이 만들어낸 물놀이장은 수심이 낮아 가족 물놀이 장소로 최적이다. 고려말 충신 정몽주가 이곳 경치를 따라 수학하였으며, 많은 선비들이 풍류를 즐겼다. 정자 작천정은 고려말 포은 정몽주선생이 유배되어 머물면서 자주 찾던 곳이라고 한다.

한산소곡주 익어가는 서천동자북마을 – 한산모시로 유명한 한산은 건지산 둘레를 따라 한산평야지대가 펼쳐진다. 그 평야에서 생산된 쌀에 누룩을 적게 써서 빚는다하여 한산소곡주라고 부르는 술이 있다. 동자북마을은 예부터 전해져 오는 소곡주와 모시 만들기 전통을 이어가는 곳이다. 1500년 동안 궁중에서 마셔온 술, 한산소곡주는 한 번 맛을 보면 자리에서 일어날 수 없다하여 일명 '앉은뱅이술'이라고 하는데 조선시대 과거 길에 오른 선비가 한산지방의 주막에 들렀다가 소곡주의 맛과 향에 사로 잡혀 한두 잔 마시다가 과거날짜를 넘겼다는 일화도 전해진다.

상촌미술관 이원아트빌리지,

자연과 건축이 일체를 이룬 곳

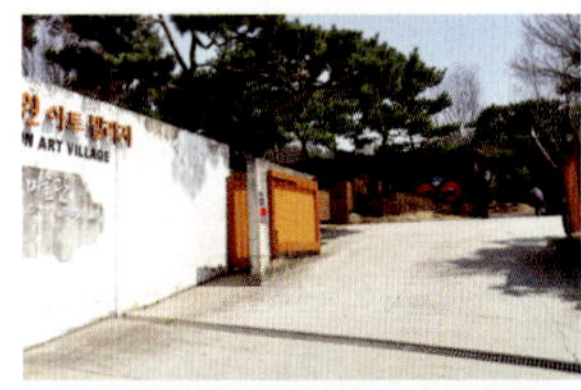

2004년 개관한 이원아트빌리지는 모든 건물과 공간들이 자연과 조화를 이뤄 만들어졌다. 상촌미술관과 함께 전시관 내에는 샛길, 작은숲, 윗마당, 예원당, 하늘못, 골목길 등의 자연친화적인 친숙한 이름의 전시장과 커피숍, 아트숍, 음악감상실 등의 편의시설을 갖추고 있다. 또한 300여 그루의 송림과 200여 종의 야생화도 이곳의 볼거리이다.

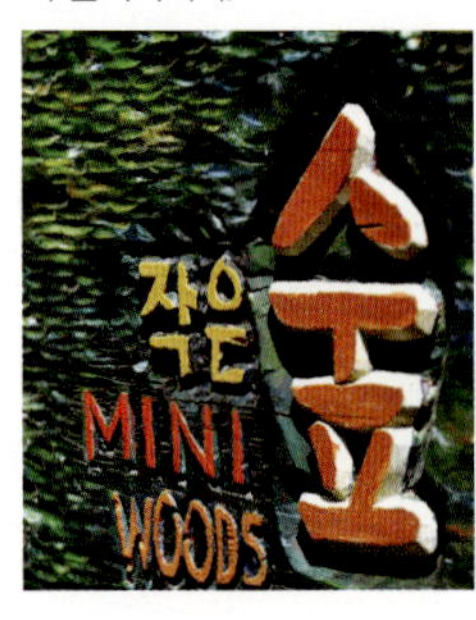

건축가와 미술가가 만나 이뤄낸 이원아트빌리지

충북 진천군 이월면 미잠리에 있는 이원아트빌리지와 상원미술관은 건축가 원대연씨와 사진작가 이숙경 부부가 '예술을 주제로 한 마을 일구기'를 실현한 공간으로 공간과 공간은 자연과 건축이 일체를 이루며 예술이 배어 있는 복합문화공간이다. 아담한 정문을 올라가면 주차장이 바로 보이고 좌측에 방문객센터가 있다. 마치 팬시점이라도 들어가듯 작은 문을 들어서니 찻집을 겸한 아트숍이다. 여기서 매표를 한 후 이원아트빌리지로 향하면 되는데, 먼저 아기자기한 토분에 심어진 예쁜 꽃들이 반겨준다.

유화 같은 느낌의 하늘못 이정표가 눈길을 끌어 먼저 그쪽으로 향한다. 소담스러운 작은 연못이 보이고, 누군가를 기다리는 의자에 앉으면 품안으로 작은 정원이 들어올 것 같은 착각이 든다. 그 옆은 야생화 꽃을 전시하고 있는 예원당갤러리이다. 전시된 사진들은 이곳 앞마당에서 매년 피고 지는 야생화

들을 담은 것으로 200여 가지의 야생화가 꽃이 피는 시기별로 정리되어 있다. 전시장 안으로 살포시 비치는 햇살이 작품의 분위기를 더하고 있다. 역시 사진은 빛이 있어 더욱 풍성함이 흐른다. 예원당갤러리 창문 너머 작은 공간에는 머리를 숙인 동상이 발걸음을 잡는데 바로 옆의 바나나를 형상화한 조각품과 부조화 속에 조화를 이루고 있다. 계단 위로 올라가면 작은 창이 프레임이 되어 또 다른 시각을 만들어 낸다. 하늘 못을 나와 좁은 계단을 오르면 작은 옥상전망대가 있어 이원아트빌리지의 전경을 한눈에 볼 수 있다.

이원아트빌리지 가장 중심에 자리한 상촌미술관

이원아트빌리지는 400여 점의 예술품과 공예품을 주기적으로 선별하여 여러 전시공간에 주제별로 나눠 전시하고 있다. 유리와 회벽이 적절하게 조화를 이루고 자연채광이 자연스러워 작품을 감상하기 안성맞춤이며, 또한 소장 중인 한국현대작가들의 작품을 편안한 의자에 앉아 세세한 붓놀림까지 느껴가며 감상할 수 있는 최적의 환경이다. 현재 전시중인 대표적 작가는 곽덕준, 최영림, 송번수, 곽훈, 서정태, 송수남, 박병욱, 곽인식 등이 있다.

최근에 소장하게 되었다는 캄보디아를 대표하는 젊은 조각가 소폰 삼칸Sophon Samkhan과 아르메니아 출신의 화가 아쇼트 아사트리안Ashot Asatryan의 작품도 만날 수 있다. 캄보디아 내전 당시 사용됐던 무기들을 사마귀로 형상화하였는데 작가는 벼농사가 주산업인 캄보디아 농촌의 어린 시절을 회상하며 친근하게 여겼던 곤충을 작품의 주제로 삼았다. 상촌미술관을 나와서 다시 미로처럼 생긴 길을 걷다 보면 마치 시간의 흐름 속으로 빠져든 것처럼 느껴진다. 그 길의 끝에는 분명 다른 풍경이 기다리고 있다.

좁은 마당에 무슨 표정이 그리 많은지

300여 그루의 울창한 소나무 숲과 200여 종의 야생화가 조성된 길을 걷다 보면 자연스럽게 꽃향기가 느껴진다. 파란 프레임 속 정원에는 목련갤러리와 원대연건축환경연구소가 있으며 그 가운데로 목련마당이 자리 잡고 있다. 마당에는 나무와 의자들이 제멋대로인 듯 조화를 이루며 노천카페 분위기를 풍긴다. ㅁ자형 한옥 안마당에 앉은 듯 사각 하늘 올려다보며 꽃을 즐기는 여유로운 시간을 가질 수 있다. 조금 전 지나온 벽은 미술관의 회벽과는 전혀 다른 상큼함이 있어 작은 숲 전시관은 어느새 커다란 숲처럼 시원하게 다가온다.

머릿속에 박힌 통념은 쉽게 벗겨낼 수 없는데 이원아트에서 만큼은 그 통상적인 상식을 벗어낼 수 있다. 기존의 상식을 깨듯 자연에 묻히듯 낮은 공간은 모습을 드러내기 보다는 몸을 낮춰 자연 뒤에 서는 겸손을 보여주듯 지어졌다. 건물들의 독특한 모양새도 눈요깃거리지만 그 속에 들어있는 공간 또한 중요한 역할을 한다. 샛길이라 적힌 낮은 공간에는 건축가 이상헌씨의 도예작품 '빛과 도예'가 전시중이다. 낮은 지붕 속의 전시공간은 낮은 만큼 충분히 빛을 느낄 수 있어 작품의 주제가 더욱 도드라진다. 이원아트빌리지에서는 풀 한 포기, 나무 한 그루, 건물 한 채도 소중하게 서로 어우러져 자연과 건축이 일체를 이룬다. 그리고 그 안에는 시간과 인간의 삶이 그 공간을 가득 채우고 있다. 편안한 쉼터 같은 개성 있는 전시공간은 많은 사진작가를 불러 모으고 이들에 의해 다시 새로운 작품들이 생산된다.

여행 정보

찾아가는 길

- 평택제천고속도로 북진천IC 빠져 나와 미잠삼거리에서 덕산방면 좌회전 → 이덕로 따라 860m 직진 후 미잠리방면 좌측방향 → 미잠길 따라 620m 이정표 확인하면서 주차장으로 진입

- ① 이월정류소 하차 후 이월정류장까지 약 400m 도보로 이동(5분 소요) → 농어촌버스(진천-홍개) 탑승 후 미잠리 정류장 하차(1개 정류장, 10분 소요) → 이원아트빌리지까지 약 630m 도보로 이동(10분 소요)

  ② 진천종합버스터미널 하차 후 진천터미널정류장까지 약 100m 도보로 이동 → 농어촌버스(진천-홍개) 탑승 후 미잠리정류장 하차(1개 정류장, 10분 소요) → 이원아트빌리지까지 약 630m 도보로 이동(10분 소요)

이용안내

☎ 진천군 이월면 미잠리 306-1 / 043-536-7985

✉ www.ewonart.com

🕒 10:00~17:30(매주 월요일, 명절 휴무)

₩ 성인 5,500원, 중고생 3,500원, 연간회원 40,000원

먹을거리 _ 이원아트빌리지식당

갤러리처럼 꾸며진 식당에서는 스파게티와 수제소시지오므라이스 두 가지 식사류와 차를 판매한다. 각종 야채를 넣은 볶음밥을 달걀지단으로 감싼 오므라이스에 수제소시지를 앙증맞게 올려 내오는 수제소시지오므라이스는 그 모양만으로도 군침이 돈다. 소스는 케첩이 아닌 돈가스 소스 느낌인데 찍어서 먹다보면 양이 적게 느껴질 정도로 맛이 좋다. 스파게티는 푸짐하게 토마토소스와 치즈가루가 들어가 있어 깔끔하면서도 풍미를 즐기기에 충분하다.

☎ 충북 진천군 이월면 미잠리 306-1 / 043-536-7985

₩ 스파게티 7,000원, 오므라이스 9,000원

주변볼거리 _ 우리나라 종의 역사, 진천종박물관

세계적으로 가치를 인정받고 있는 우리나라 종의 예술적 가치와 우수성을 알리기 위해 종과 관련된 각종 기획물들을 전시하며 교육 및 다양한 체험을 통해 우리의 종을 만날 수 있는 박물관이다. 제1전시실에서는 실물크기로 복제된 성덕대왕신종을 만날 수 있으며, 범종의 역사, 한국의 범종, 세계의 종 등을 살펴볼 수 있다. 제2전시실에서는 범종의 제작기술부터 범종의 소리, 곳곳에서 사용되는 재미있는 종 등을 살펴볼 수 있다. 기획전시실에서는 하정희, 이재태 부부가 선보이는 '유리종'이 특별 전시중이며, 체험학습장에서는 범종문양 탁본하기, 흙으로 만드는 토종체험, 범종문양 천연비누 만들기 등을 체험할 수 있다.

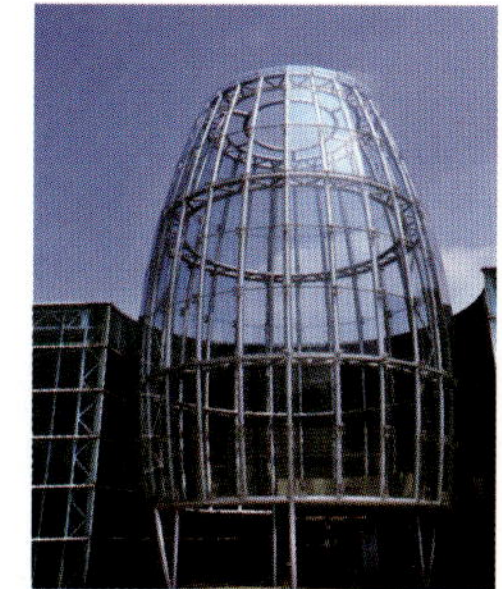

☎ 충북 진천군 진천읍 백곡로 1504-12 / 043-539-3847

✉ jincheonbell.net

🕒 09:00~18:00

₩ 성인 1500원, 청소년 1,000원

건물도 아름다운 미술관

제주도립미술관 – 제주도립미술관은 제주 땅과 바다, 공기, 햇빛과 바람, 한라산과 산이 품어 안은 오름의 다양한 빛깔과 소리, 향기 등 제주인의 혼과 삶을 담은 문화예술 공간이다. 주로 제주도에서 활동하는 예술인들의 작품들이 전시되며, 기획전시실과 상설전시실, 시민갤러리, 상징광장, 이벤트광장(백록담), 노천카페, 장리석 기념관등으로 구분되어 작품을 감상할 수 있다.

영천시안미술관 – 폐교를 활용한 삼각지붕의 유럽풍 3층 건물로 4개의 전시관을 갖추고 있으며 잔디조각공원과 야외음악당, 야외캠프장 등의 시설을 갖추고 있다. 미술관 바로 뒤로 이어지는 별별미술마을은 다섯 갈래의 행복한 길이라는 주제로 마을의 문화유산과 자연풍광을 이용하여 주민의 일상을 예술작품으로 승화시킨 45점의 작품이 설치되어 있다.

제주현대미술관 – 김흥수화백의 기증 작품을 전시하는 특별전시실과 상설전시실, 그리고 2개의 기획전시실과 수장고, 자료실, 아트샵 등으로 구성되어 있다. 조형주의(하모니즘) 창시자이자 우리나라를 대표하는 원로 서양화가 김흥수화백의 추상과 구상을 조화시킨 대표적 작품과 제주해녀 작품 등 모두 20여 점을 제주현대미술관에 기증하여 상설전시하고 있다. 야외전시장은 어린이조각공원으로 아이들의 꿈과 상상력을 마음껏 펼칠 수 있는 신종생물 조각작품이 전시되어 있다.

전통 농경문화체험, 증평민속체험박물관

증평은 선사시대 이전부터 우리 조상들이 살아왔던 곳으로 선사유적이 많으며, 고구려, 신라, 백제 삼국시대 때의 관방유적지들은 지리적으로 이곳이 중요한 위치였음을 말해준다. 증평민속체험박물관은 향토자료전시관, 두레관, 문화체험관, 한옥체험관 등 증평의 전통문화와 역사를 한곳에서 체험하고 살펴볼 수 있는 곳이다.

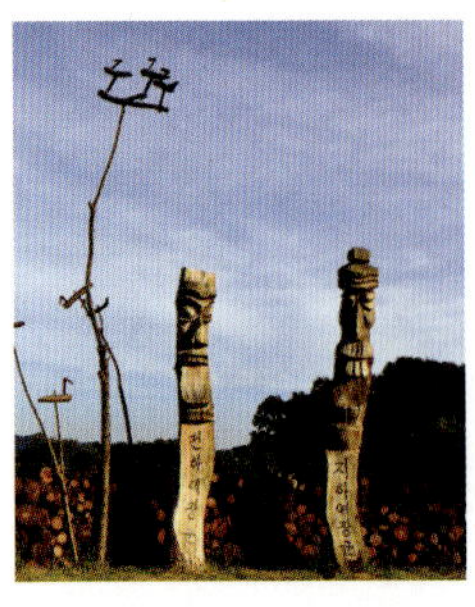

농사의 시름을 흥으로 승화시킨 장뜰두레놀이

증평민속체험박물관에서는 지역의 역사와 문화에 대한 각종 자료를 전시하며, 우리의 전통문화를 이해하고 선조들의 지혜를 배울 수 있는 다양한 체험프로그램을 운영하고 있다. 두레관은 증평군에 전해 내려오는 장뜰두레놀이공연과 전통민속놀이, 각종 체험행사를 진행하는 곳이다. 장뜰두레놀이에서 장뜰은 증평을 이르는 옛 지명으로 논농사할 때 부르던 농요에 사물놀이를 결합하여 농사의 시름을 흥으로 승화시킨 놀이문화이다. 여기서는 장뜰두레놀이에 사용되던 짚신, 뿔깃, 지게, 채반, 똬리 등과 의상 그리고 흥을 돋는 징, 장구, 북, 꽹과리 등을 오감으로 체험해볼 수 있다.

장뜰두레놀이는 고려시대 염곡(지금의 증평읍 남하리 염실로 추정)에서 불렀던 노동요와 밀접한 관련이 있다고 한다. 증평지역의 농요는 마을마다 소리꾼들에 의해 전해지던 모찌는 소리, 모심는 소리, 논매기 소리 등이 있었는데, 이를 증평의용소

방대농악단이 취합하여 장뜰두레놀이로 발전시키면서 전문가들로부터 민속예술로서의 가치를 인정받게 되었다. 이후 군에서 고유민속예술을 발굴, 보존하기 위해 매년 6월 증평 남하리 둔덕마을 일원에서 장뜰두레농요를 테마로 한 장뜰들노래나들이 축제를 개최하고 있다.

옛 선조들의 삶을 체험해볼 수 있는 다양한 체험장

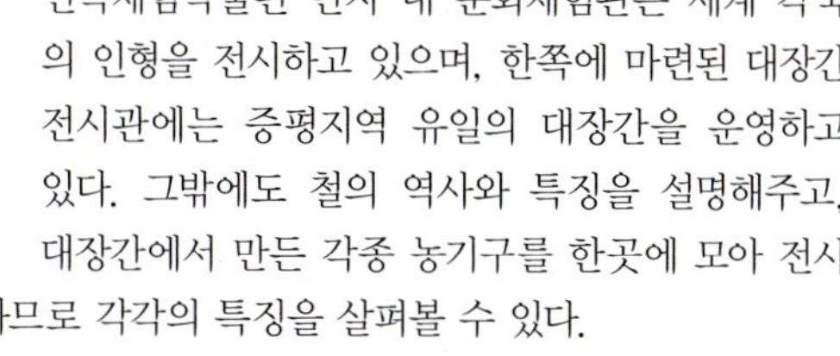

민속체험박물관 단지 내 문화체험관은 세계 각국의 인형을 전시하고 있으며, 한쪽에 마련된 대장간 전시관에는 증평지역 유일의 대장간을 운영하고 있다. 그밖에도 철의 역사와 특징을 설명해주고, 대장간에서 만든 각종 농기구를 한곳에 모아 전시하므로 각각의 특징을 살펴볼 수 있다.

공예체험장에서는 도자기공예체험으로 머그잔, 접시, 화병, 흙도장 만들기를 해볼 수 있고, 목공예로는 나무목걸이, 솟대, 장승, 연필통, 화분 만들기를, 전통공예로는 한지를 이용한 쌀부채, 합죽선, 나전칠기를 이용한 손거울, 타이슬링, 목걸이, 브로치 만들기 등을 체험해볼 수 있다. 한옥체험관은 사랑채, 안채, 행랑채, 제실, 장독대, 우물, 생활공예품 전시장 등으로 꾸며져 있다. 이곳에서는 우리민족의 주거공간이었던 한옥을 좀더 가깝게 이해하고 자연과 현대식양식을 수용한 한옥구조 등을 살펴볼 수 있다.

증평의 역사를 한눈에 살펴볼 수 있는 향토자료관

향토자료관은 증평역사관, 출토유물관, 민예품관으로 구분되어 있다. 증평역사관에는 선사시대부터 조선시대에 이르는 각종 유물이 전시되어 있어, 분청귀약문병, 백곡집, 돌칼, 청자유병, 청자편 등을 직접 살펴볼 수 있다. 또한 해방 전후의 증평의 옛 모습을 사진으로 만날 수 있다.

증평은 지리학상 금강지역 최상류에 위치한 접경지역으로 삼국의 문화가 자연스럽게 혼재된 곳이다. 도내 유물로는 유형문화재 5점, 기념물 6점 등 도지정문화재 10점과 문화재 자료 1점 등 총 12개의 충북도지정문화재가 있으며, 향토유적 14개, 비지정문화재 17개 등이 문화재로 보호되고 있다. 전시관 내부에는 율리삼층석탑, 가마, 디딜방아, 석물 등이 전시되어 있다. 율리삼층석탑은 증평읍 율리 구석산 구석사터에 흩어져 있던 탑재를 모아 군청에 세워놓았다가 이곳으로 옮겨 복원한 것이다. 농경문화관에는 의식주 전반에 걸친 전통 민속도구와 농경문화의 사계를 살펴볼 수 있으며, 장뜰두레놀이를 좀더 자세하게 살펴볼 수 있다.

직접 논밭농사를 지어보는 체험도 있다

전통농경문화 야외체험장에서는 논과 밭에서 이뤄지는 각종 체험을 해볼 수 있는데 논에서는 6월경 진행되는 손모내기체험과 김매기체험이 있고, 10월에는 벼베기, 벼타작 수확체험을 해볼 수 있다. 또한 연중 상관없이 제철에 맞춰 미꾸라지 잡이, 벼메뚜기 잡이, 수생곤충잡기체험, 악기체험 등이 이뤄진다. 겨울에는 전통놀이체험으로 대체하는데, 연날리기와 논썰매타기, 팽이치기, 윷놀이 등의 놀이를 즐길 수 있다.

계절에 맞게 밭농사와 관련한 체험은 6~7월경 감자 캐기, 7~10월경 옥수수 따기, 8~9월경 땅콩 캐기, 10~11월경 고구마 캐기 등의 각종 수확체험이 준비되어 있다. 그밖에도 계절별 음식체험을 선택적으로 해볼 수 있으며, 제철에 찾아온다면 연지를 가득 채운 연꽃단지와 야외놀이기구로 좀더 알차게 시간을 보낼 수 있다.

여행 정보

찾아가는 길

- 통영대전중부고속도로 증평IC 빠져나와 증평방면 → 중부로 따라 6.3km 직진 후 연탄사거리에서 우회전 → 삼보로 따라 1.4km 직진 후 청안방면 우회전 → 삼보로 따라 510m 직진 후 삼거리에서 좌회전 → 430m 직진 후 사거리에서 보건복지타운방면 우회전 → 보건복지로 따라 1.7km 직진 후 이정표 확인하면서 주차장으로 진입
- 증평시외버스터미널 하차 후 증평우체국정류장까지 약 190m 이동 → 111번 버스 탑승 후 남하2리정류장 하차(7개 정류장, 13분 소요) → 증평민속체험박물관까지 약 820m 도보로 이동(10~15분 소요)

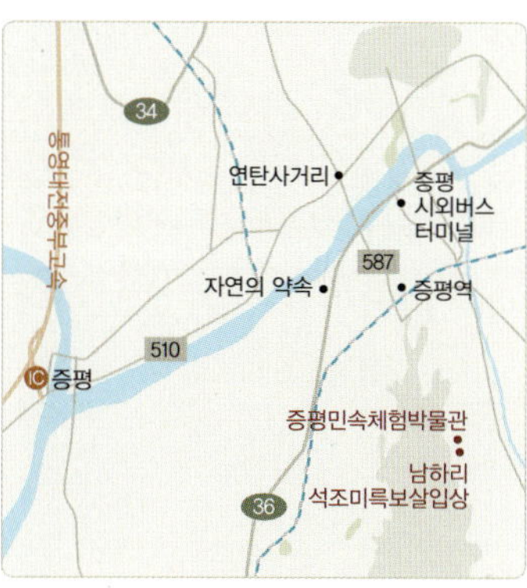

이용안내

- 증평군 증평읍 둔덕길 89번지 / 043-835-4161
- 체험비 : 김매기, 악기체험 무료, 모내기, 벼베기, 벼타작 3,000원, 벼메뚜기, 미꾸라지, 수서곤충잡기 유료(문의)

먹을거리 _ 자연의 약속

웰빙시대 식단문화에 맞춰 돼지를 사육할 때부터 홍삼박을 6개월 정도 먹여 키운 '사미랑 홍삼포크'는 육질이 부드럽고 연하며 단맛이 난다 여길 만큼 특별한 고기맛을 즐길 수 있다. 삼겹살을 먹고 난 후에는 청양고추가 들어간 칼칼한 된장찌개에 공깃밥 한 그릇도 좋다.

- 충북 증평군 증평읍 초중리 488-1 / 043-838-3939

주변볼거리 _ 남하리 석조미륵보살입상

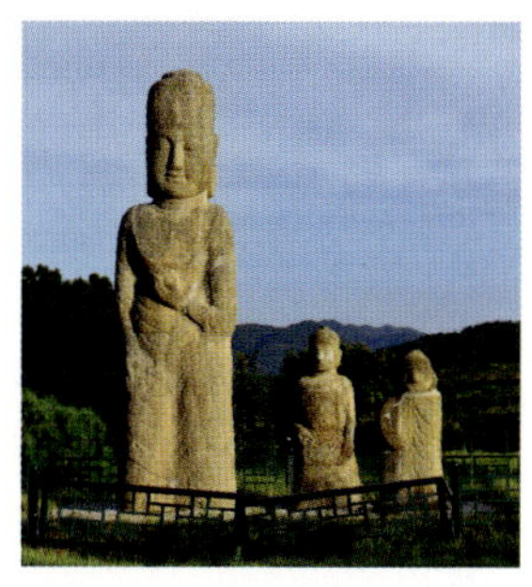

증평민속체험박물관 동쪽 둔덕에 위치한 3개의 불상으로 큰 불상의 높이는 3.5m이며 관대가 있는 높은 보관을 쓰고 듬뿍 미소를 짓고 있다. 구전에 의하면 땅 부잣집에 시주하러 온 스님에게 주인이 소의 오물을 퍼주자 이를 괘씸히 여긴 스님이 석불을 돌려놓으면 큰 부자가 될 거라 하여 북쪽으로 돌려놓자 그 부자가 망하였다고 한다. 작은 불상은 1.3~1.5m 높이로 얼굴 등에 시멘트로 덧붙여 원형이 크게 훼손되어 있다.

- 증평군 증평읍 남하리 133-5번지

농어촌체험마을

태안볏가리마을 – 태안군 이원면의 볏가리마을은 농촌의 넉넉한 풍경과 서해의 낭만을 함께 즐길 수 있는 농어촌체험마을이다. 태안군의 솔향기길 4코스 중 제2코스가 이 마을을 지나며, 이원방조제에는 태안 기름 유출사고 당시 자원봉사자들의 마음을 담은 한국최대벽화가 그려져 있다. 또한 볏가리마을에는 소원이 이뤄진다는 구멍바위가 있는데 그 위로 떨어지는 일몰 풍경이 일품이다.

태안노을지는갯마을 – 법산리마을은 광활한 소근만 해협을 경계로 천혜의 바다를 끼고 있다. 염전체험은 1차 증발과정에서부터 소금이 생성되는 과정까지 자세한 설명과 함께 진행되며, 체험을 마치면 약간의 소금을 기념으로 가져갈 수 있다. 갯벌체험은 갯벌의 생태를 자세히 관찰하면서 바지락이나 낙지도 잡아볼 수 있다.

서천동자북마을 – 19명의 동자이야기가 담겨 있어 19번을 쳐야 소원이 이뤄진다는 동자북이 있는 마을이다. 소곡주제조장, 소곡주시음시설, 한산모시와 생활사를 살펴볼 수 있는 전시장을 갖추고 있으며 한산소곡주 만들기, 한산모시체험, 우리밀체험, 짚불공예체험를 직접 해 볼 수 있는 술빚는 체험마을로 숙박도 가능하다.

산막이 옛길

연하구곡의 비경이 숨어있는

괴산댐 근처 주차장에서 시작하여 산막이마을에 이르는 4km의 산막이옛길에는 고인돌쉼터, 연리지, 소나무출렁다리, 정사목, 노루샘, 매바위, 괴산바위, 괴음정 등이 있어 볼거리도 풍성하다. 조금 한적한 길을 원한다면 노루샘에서 등잔봉, 천장봉, 산막이마을로 이어지는 산길이 있으며, 차돌바위선착장에서 산막이선착장을 오가는 유람선을 이용해도 된다.

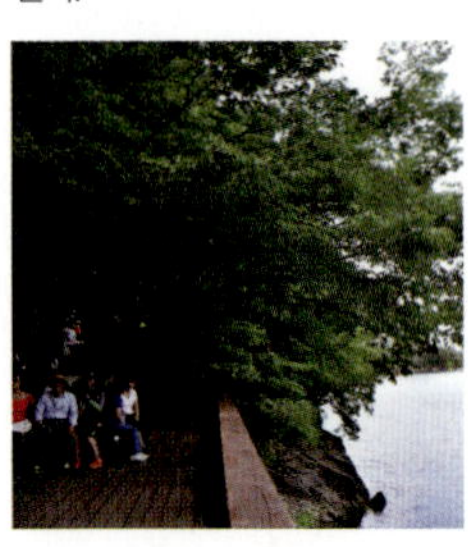

아슬아슬한 옛길, 다양한 길로 만나는 산막이마을

산막이옛길은 산이 장막처럼 둘러선 옛길을 말한다. 조선중기 학자 노수신이 을사사화에 휘말려 귀양 갔던 오지마을이 바로 산막이마을이다. 그 후 그의 10대손 노성도가 선조의 자취를 따라 산막이마을을 찾았는데 마을을 둘러싼 비경에 반하여 연하구곡이라 부르고 수월정을 세워 노수신의 귀양살이를 기렸다. 괴산댐이 건설되면서 거대한 호수, 괴산호가 생겼고 수월정은 마을 위쪽으로 옮겨졌으며 노성도가 말한 연하구곡은 안타깝게도 호수 속으로 잠겼다. 산벼랑이 아슬아슬했던 그 길은 최근 숲이 어우러진 아름다운 길, 걷고 싶은 산막이옛길로 정비되었다.

사계절이 아름다운 산막이옛길은 주차장을 지나 고갯마루에 세워진 기념비부터 시작된다. 백두대간에서 한남금북정맥이 갈라져 남한강의 달천과 금강의 보강천이 흐르는 사오랑마을에서 산막이마을까지 하나로 어우러지는 정감어린 옛길이다.

산막이나루에서 산막이마을까지는 4km 정도의 거리로 차돌바위나루에서 유람선을 타고 바로 들어갈 수 있으며, 나무데크로 조성된 옛길을 따라 트래킹을 즐길 수도 있다. 또한 호젓하게 등잔봉, 천장봉, 삼선봉으로 이어지는 등산로를 따라 산행을 즐겨도 좋다. 옛길의 시작은 야생화꽃길과 농원, 카페를 지나 옛길로 접어들면 얼마 걷지 않아 고인돌 형태의 쉼터를 만난다. 갈참나무와 신갈나무가 한 나무처럼 자라는 연리지가 있는데, 지극한 마음으로 기도하면 소망이 이뤄진다 하니 잠시 쉬어가며 소원을 빌어 보는 것도 괜찮다.

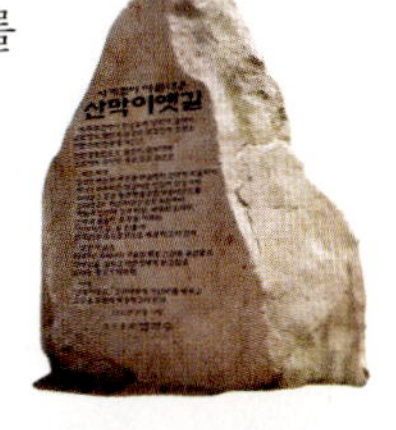

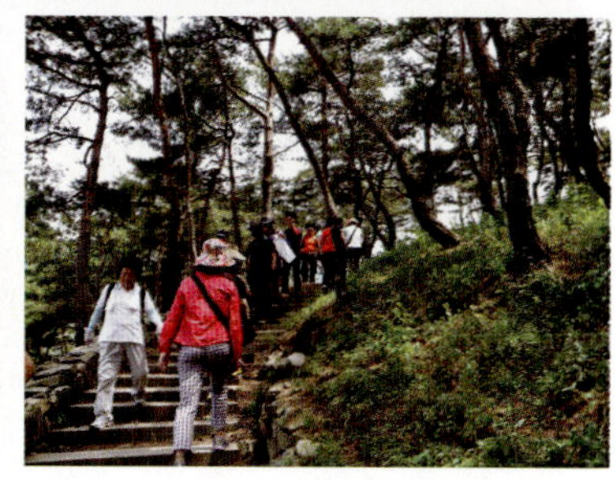

옛길, 길 위에서 길을 잃어도 좋다

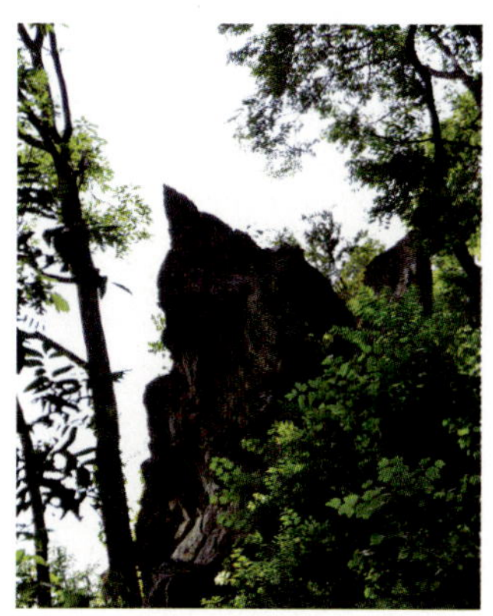

옛길은 여행자를 무료하지 않게 한다. 소나무동산에는 출렁다리가 있어 동심으로 돌아가 다리를 흔들며 출렁출렁 짜릿한 스릴을 즐기며 건널 수 있다. 출렁다리 근처에는 정사목이라 명명된 소나무가 있는데, 천년에 한 번 나올까말까 하는 나무 생김으로 남녀가 함께 기원하면 옥동자를 잉태한다고 한다. 무엇이든 의미를 둔다면 풍부한 상상력이 발휘되는 것 같다. 길가에는 엉겅퀴, 원추리, 노루오줌 등의 야생화가 향긋하게 피어 있다.

예전에는 벼를 재배했을 논은 연화담으로 조성되어 수변생태공원의 역할을 하고 있다. 앙증맞은 수련과 어리연, 창포, 부들 등이 심어져 있다. 잠시 괴산호를 바라보다 산길로 들어서니 자연암반에 굴이 보인다. 이 굴은 1968년까지 실제 호랑이가 드나들었다고 전해진다.

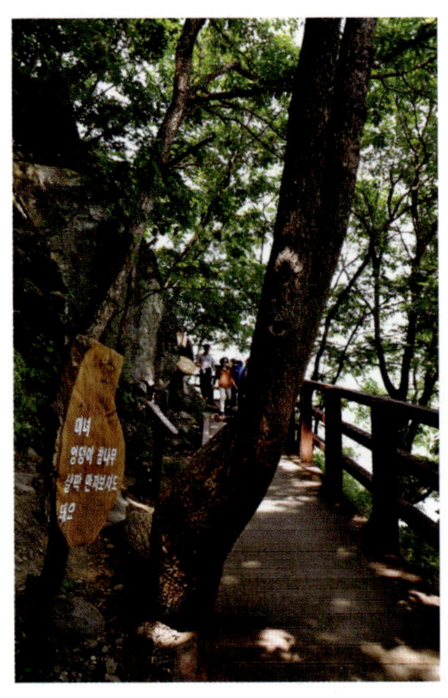

금방이라도 하늘을 날아오를 것 같은 매 머리 형상의 매바위도 보이고, 산막이를 오가던 사람들의 쉼터였던 여우비 바위굴, 이집트 스핑크스 모양을 한 스핑크스바위, 여인의 매끈한 엉덩이 모습으로 자란 '옷 벗은 미녀참나무'까지 산막이 옛길에는 다양한 테마로 길을 걷는 즐거움이 있다.

앉은뱅이도 일어나게 하는 약수와 아찔한 고공전망대

일 년 내내 물이 마르지 않는 앉은뱅이약수는 먼 옛날 앉은뱅이가 이곳을 지나다 이 약수를 마시고 일어나서 걸어갔다는 이야기가 전해진다. 시무나무를 뚫고 시원하게 쏟아져 나오는 약수의 맛은 땀 흘리며 걸어온 사람만이 느낄 수 있는 달콤한 물맛이다. 걷다보면 골짜기에서 시원한 바람이 불어 한기가 느껴지는데, 이곳이 얼음바람골이다. 멀리 산막이나루가 보이고 유람선이 초록물결 위에 흰 줄을 그으며 주말 여행자들을 쉴 새 없이 나르고 있다. 잠시 쉬어갔으면 하던 차에 나무데크 위에 작은 광장처럼 쉼터를 조성한 호수전망대가 나온다. 괴산호를 즐기며 천천히 걷다보니 깎아지른 40m 절벽 위에 아찔하게 고공전망대가 세워져 있다. 그 옆에는 느티나무를 지붕삼은 괴음정이 있는데 그곳 또한 아찔한 감동이다. 발밑으로 호수가 보이고, 옆에는 기암절경이라 이곳은 주말에는 줄을 서서 차례를 기다려야 구경할 수 있다. 산막이옛길은 앞만 보고 걷다보면 많은 것을 놓치기에 시간적 여유를 갖고 천천히 걸어야 한다. 데크 구간 중 가장 높은 마흔고개를 지나면 다래나무가 덩굴져 터널을 만든 다래숲동굴을 만난다.

산막이옛길이 끝나갈 때쯤, 천장봉으로 향하는 산행길과 갈라지는 곳에 봄이면 소나무숲 사이로 진달래가 군락을 이루는 진달래동산이 있다. 여기서 진달래능선을 따라 900m 정도 산행을 하면 한반도전망대가 있고, 여기서 괴산호를 내려다보면 한반도를 닮은 지형을 제대

로 볼 수 있다. 진달래동산을 지나면 피난골 계곡의 도랑을 막아 연못을 만들고 가재가 서식할 수 있도록 조성한 가재연못이 있다. 그 위쪽 움막에는 물레방아와 나무로 깎은 소가 연자방아를 연상케 한다.

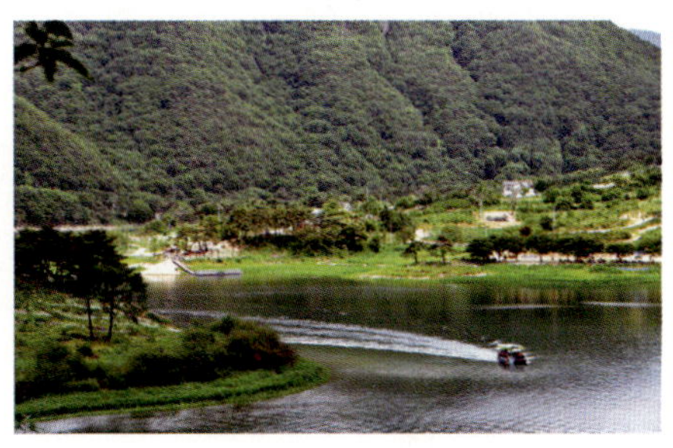

선상에서 층암절벽 절경과 심산구곡을 그려본다

드디어 산막이나루가 보이는데, 근처에는 코스모스가 활짝 피어있고 나루까지는 양쪽으로 산딸기가 심어져 있다. 산막이나루에서 5분 정도 걸어 들어가면 산막이마을을 만날 수 있다. 과거 산골 오지라 몇 가구 살지 않았지만 옛길이 복원되면서 현재는 펜션도 있고 사람들 왕래도 잦아졌다. 마을에는 충북기념물 제74호인 수월정이 있다. 조선중기 때 문신 노수신이 유배생활을 하던 곳이라 노수신적소라고도 부른다. 수월정은 다른 곳에 있었지만 괴산댐 건설로 수몰 위기에 처하자 현 위치로 옮겨졌다. 주말 산막이나루는 많은 사람으로 붐비지만 선상에서 즐길 수 있는 절경에 번잡함도 감내할 만하다. 산막이나루에서 출발하여 새뱅이를 돌아 차돌바위나루까지 운행되는 유람선은 산막이옛길에서는 볼 수 없었던 기암절경을 선사한다. 괴산은 7곳이나 되는 구곡이 있는데 연하구곡, 화양구곡, 선유구곡, 쌍곡구곡, 갈은구곡, 고산구곡, 풍계구곡이 그것이다. 문헌상으로만 전해지는 풍계구곡과 댐 건설로 수몰된 연하구곡은 현재 볼 수 없지만 유람선에 오르면 연하구곡을 덮고 괴산호가 만든 기암절경 속으로 빠져들게 된다.

멀리 보이는 환벽정은 산막이옛길과 괴산호가 한눈에 내려다보이는 층암절벽 연천대 벼랑 위에 몇 해 전 세워진 정자이다. 바로 앞에 조악한 돌섬 2개는 한반도 지형에서 울릉도와 독도를 표현하기 위해 인위적으로 설치한 구조물이다. 물길 따라 연화봉, 얼음계곡, 큰산골계곡, 노적봉, 쌍곡구곡으로 이어지며, 최근 조성된 충청도양반길이 아련히 보인다. 신부바위는 족두리바위라고도 하는데 수몰 전에는 넓은 마당바위가 있어 옛 선인들이 이곳에서 풍류를 즐겼다 한다. 유람선이 회항하는 새뱅이 우측에는 신랑바위가 있다. 용의 형상이라고도 하는데 꼬리는 화양구곡을 향하고 머리는 괴산댐 쪽을 향한다. 짧게 느껴지는 유람선 관광은 많은 아쉬움을 뒤로하고 차돌바위나루로 향한다.

여행 정보

찾아가는 길

- 중부내륙고속도로 괴산IC 빠져나와 괴산교차로에서 괴산방면 우측방향 → 충민로 따라 7.7km 직진 후 광전사거리에서 칠성방면 좌회전 → 맹이재로 따라 6.4km 직진 후 갈읍삼거리에서 칠성면사무소방면 좌회전 → 괴강로 따라 1.2km 직진 후 칠성삼거리에서 외사방면 우회전 → 칠성로 따라 3.3km 직진 후 좌회전 → 이정표 확인하면서 산막이옛길 주차장으로 진입
- 괴산시외버스공용터미널 하차 후 괴산시내버스터미널정류장까지 약 280m 이동(5분 소요) → 농어촌버스(괴산–학동) 탑승 후 외사리입구정류장 하차(10개 정류장, 30분 소요) → 산막이옛길 입구까지 약 800m 도보로 이동(10~15분 소요)

이용안내

충북 괴산군 칠성면 사은리 546-1 / 043-830-3452

sanmaki.goesan.go.kr 무료(주차료 2,000원)

산막이옛길 등산로 – 1코스(4.4km/3시간소요) : 노루샘 → 900m → 등잔봉 → 1.1km → 한반도 전망대 → 200m → 천장봉 → 2.2km 산막이마을

2코스(2.9km/2시간소요) : 노루샘 → 900m → 등잔봉 → 1.1km → 한반도전망대 → 900m → 진달래동산

선박승선료 : 일주 – 대인 10,000원, 소인 5,000원(차돌바위–굴바위–새빙이–산막이–차돌바위) / 편도 – 대인 5,000원, 소인 3,000원(차돌바위–산막이)

먹을거리 _ 괴산매운탕

괴산은 산세가 좋고 물이 맑아 곳곳에 매운탕집이 성황 중이다. 그 중 대덕리에 자리한 괴산매운탕집은 쏘가리, 메기, 빠가사리(동자개) 어느 것을 주문하든 양이 많다 싶게 물고기를 넣어주는데, 맛도 좋아 맛집으로 소문난 집이다. 매운탕을 시키면 보기만 해도 얼큰함이 전해지는 갖은 양념과 야채를 듬뿍 넣어 칼칼하면서도 깊고 진한 맛이 전해진다. 마무리로 매운탕 국물에 끓여먹는 사리 또한 이집을 두고두고 기억하게 한다.

주소/전화번호 : 충북 괴산군 괴산읍 대덕리 100–6 043–832–2838

메기매운탕 중자 30,000원, 잡고기매운탕 중 40,000원

주변볼거리 _ 김기응가옥

조선후기의 전형적인 양반가옥으로 1910년 고종 때 공조참판을 지낸 김기응의 조부가 매입한 건물이다. 가옥의 안채는 17세기 때 지어진 것으로 추측하며 나머지 사랑채, 중문채, 행랑채는 매입하면서 고쳐지은 것으로 보고 있다. 건물은 오밀조밀한 공간 구성이 무척 아름다우며 마을 골목길을 따라 길게 지어진 행랑채 대문을 들어서면 바깥마당이 나오고, 왼쪽으로 광채가 자리한다. 가옥은 토담을 곳곳에 막아 출입문을 여러 곳으로 내었으며, 토담에 기와를 얹은 별도의 담장 안에 사랑채가 자리하고 있어 독특하게 보인다.

충청북도 괴산군 칠성면 율원리 907–10

제주의 특별한 옛길

제주성안유배길 – 제주 문화의 중심지였던 옛 제주성을 중심으로 유배를 온 사람들이 도착하는 제주목관아, 제주유배지에 머물면서 많은 영향을 끼친 다섯 현인을 배향한 오현단, 그리고 이익, 광해군, 송시열, 김춘택, 김윤식 등의 발자취를 둘러볼 수 있는데 약 3km로 1시간 정도 소요된다.

면암유배길 – 조선말기의 역사적 격변에 앞장서고 대항했던 대표 지식인이자 구국의 의병장, 나라와 민족을 지키려던 조선 선비의 마지막 자존심 면암 최익현선생의 유배길은 삼남대로라 불리는 길이다. 연미마을회관에서 시작하여 문연사, 조설대, 민오름, 정실마을, 방선문까지 약 5.5km로 2시간 정도 소요된다.

추사유배길 – 추사유배길은 추사김정희의 9년 동안의 유배생활을 간접적으로나마 체험해보는 곳이다. 인연의 길, 집념의 길, 사색의 길 3가지 코스로 나뉘어 있으며, 그 길에서 추사관, 추사유배지, 대정향교, 단산 등을 만날 수 있다. 한 번가면 언제 돌아올지 모르는 절망의 길이었지만 세한도 같은 명작이 탄생한 창조와 완성의 시간을 느낄 수 있다.

화양구곡

우암송시열의 발자취가 흐르는,

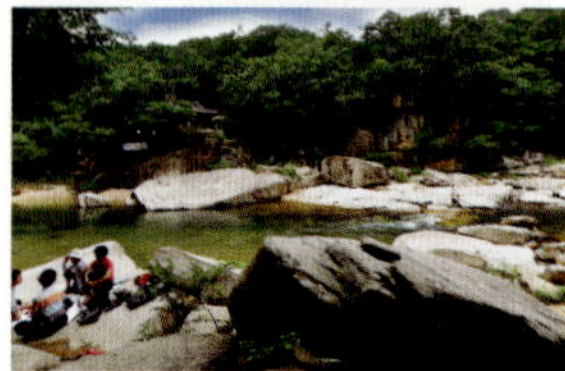

화양구곡은 괴산군 청천면 화암리 속리산국립공원 가장 북쪽에 위치한 명승지이다. 우암 송시열선생은 중국 주자의 무이구곡을 본떠 화양계곡에서 경관이 뛰어난 9곳을 선정하였고, 제자 권상하가 이름을 짓고 민진원의 글씨로 이름을 새겼다. 이후 수많은 묵객이 이곳을 찾아 아름다운 자연경관을 예찬하였다.

금강산 남쪽에서 으뜸가는 산수, 화양구곡 경천벽과 운영담

괴산 땅 대부분은 첩첩산중으로 아름답고 푸른 산과 맑은 물이 흐르는 곳이다. 천혜의 수려한 자연경관은 문화유적과 어우러져 한 폭의 동양화를 연상시키는 절경이 많다. 선유구곡, 쌍곡구곡, 갈은구곡 등과 더불어 화양구곡은 속리산국립공원의 화양천을 끼고 10리를 뻗어있다. 화양구곡은 제1경 경천벽부터 운영담, 읍궁암, 금사담, 첨성대, 능운대, 와룡담, 학소대, 파천으로 이어져 수려한 풍광을 뽐낸다.

탐방지원센터를 지나 조금 오르면 초입부터 제1경 경천벽 안내판이 바로 보인다. 나무데크 전망대에 오르면 화양천 바로 옆으로 마치 하늘을 떠받들고 있는 바위모습을 제대로 볼 수 있다. 우암의 글씨로 화양동문華陽洞門이라 바위에 새겨져 있다. 화양 제2교를 지나면 왼쪽으로 계곡에서 내려온 물이 거울처럼 맑아 지나가던 구름도 제 모습을 비춰본다는 운영담이 자리한다. 맑은 계곡물과 기암절벽 위 소나무 그리고 파란 하늘이 절묘하게 어우러지면 절경을 만든다. 운영담 암벽 오른쪽 하단에는 예서체로 운영담雲影潭이란 글씨가 뚜렷하게 새겨져 있다.

우암의 충절과 영롱한 수정처럼 비치는 달빛 풍경

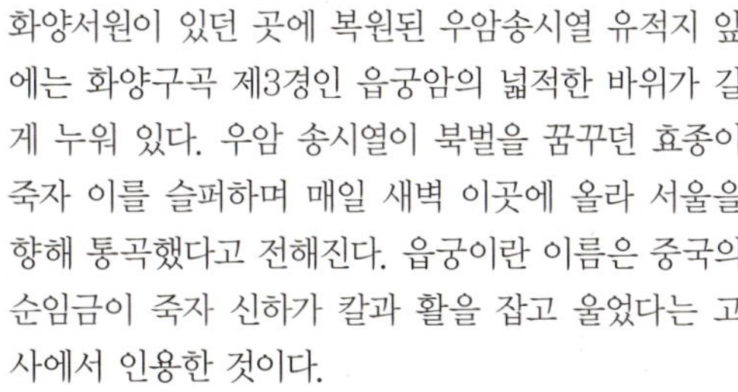

화양서원이 있던 곳에 복원된 우암송시열 유적지 앞에는 화양구곡 제3경인 읍궁암의 넓적한 바위가 길게 누워 있다. 우암 송시열이 북벌을 꿈꾸던 효종이 죽자 이를 슬퍼하며 매일 새벽 이곳에 올라 서울을 향해 통곡했다고 전해진다. 읍궁이란 이름은 중국의 순임금이 죽자 신하가 칼과 활을 잡고 울었다는 고사에서 인용한 것이다.

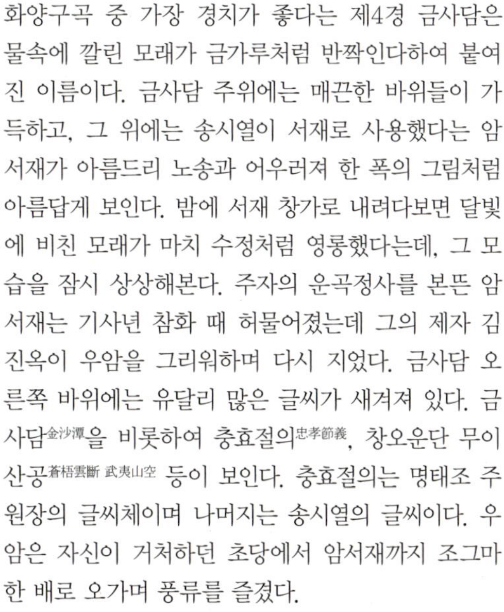

화양구곡 중 가장 경치가 좋다는 제4경 금사담은 물속에 깔린 모래가 금가루처럼 반짝인다하여 붙여진 이름이다. 금사담 주위에는 매끈한 바위들이 가득하고, 그 위에는 송시열이 서재로 사용했다는 암서재가 아름드리 노송과 어우러져 한 폭의 그림처럼 아름답게 보인다. 밤에 서재 창가로 내려다보면 달빛에 비친 모래가 마치 수정처럼 영롱했다는데, 그 모습을 잠시 상상해본다. 주자의 운곡정사를 본뜬 암서재는 기사년 참화 때 허물어졌는데 그의 제자 김진옥이 우암을 그리워하며 다시 지었다. 금사담 오른쪽 바위에는 유달리 많은 글씨가 새겨져 있다. 금사담金沙潭을 비롯하여 충효절의忠孝節義, 창오운단 무이산공蒼梧雲斷 武夷山空 등이 보인다. 충효절의는 명태조 주원장의 글씨체이며 나머지는 송시열의 글씨이다. 우암은 자신이 거처하던 초당에서 암서재까지 조그마한 배로 오가며 풍류를 즐겼다.

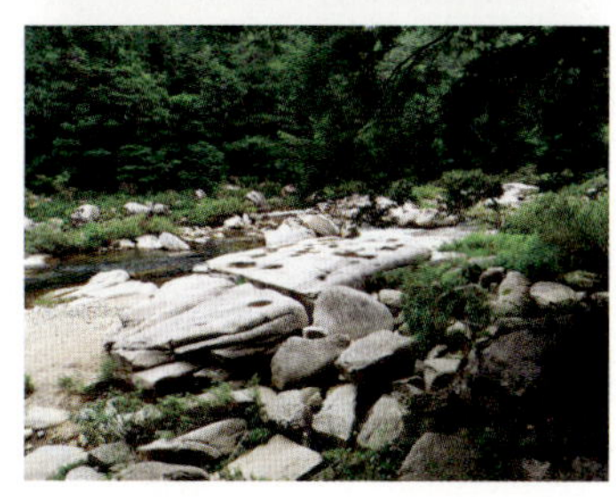

발길 닿는 곳마다 펼쳐지는 끝없는 비경

금사담에서 멀리보이는 화양 3교 바로 우측에는 제5경 첨성대가 있다. 능선 위에 기이하게 쌓인 바위에 올라 별을 관측했다 하여 붙여진 이름이며, 맞은편에는 우암선생이 효종의 북벌에 호응하기 위해 700명의 무사를 양성했던 환장사터에 새로 지은 채운사가 보인다. 바위에는 명나라를 향한 사대사상과 청을 배척하려는 우암선생의 결연한 의지를 엿볼 수 있는 대명천지 숭정일월大明川地 崇禎日月이라는 글씨가 새겨있고, 그 옆에는 명나라 의종 글씨체로 비례부동非禮不動, 조선숙종의 어필 화양서원華陽書院 등의 글씨도 보인다. 길이 새로 만들어지면서 지대가 높아져 과거명성은 사라졌지만, 제6경 능운대는 큰 바위가 우뚝 솟아 능히 구름을 찌를 듯하다는 의미를 담고 있다. 능운대 뒤쪽에는 채운사로 가는 길이 이어진다.

제1경 경천벽에서 제6경 능운대까지는 얼마 떨어져 있지 않아 보기 편했지만 제7경 와룡암까지는 거리가 제법 된다. 탐방로를 따라 10여 분 정도 올라가면 우측계곡 쪽으로 기다란 바위가 마치 용이 드러누운 것 같은 모습을 한 와룡암이 보인다. 비스듬한 계곡을 따라 뻗은 바위는 정말 용이 굼실거리는 것 같다. 비스듬한 외벽에는 와룡암臥龍岩이라 새긴 민진원의 글씨가 뚜렷하게 보인다. 주차장에서 8경까지는 약 2.5km이고, 이곳에서 학소대교를 건너 도명산 정상까지는 2.8km이다.

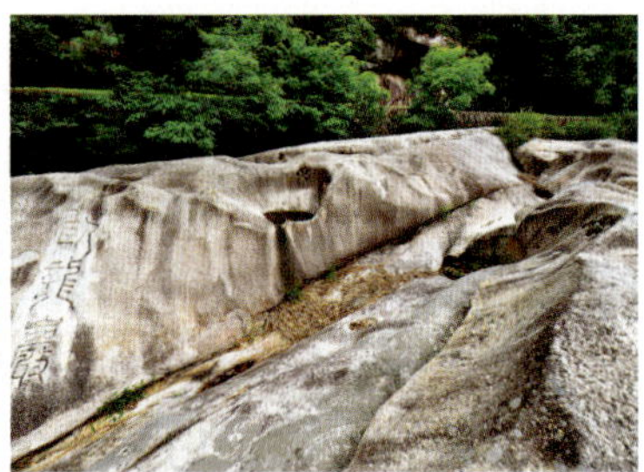

신선들도 술잔을 기울였던 파천

학소대에서 도명산 정상으로 오르는 길에는 충북유형문화재 제140호로 지정된 도명산마애불이 있다. 마애불까지는 다소 거리가 되지만 시간적 여유가 있다면 산행을 감내할 만하다. 화양구곡 제8경 학소대는 계곡 가까이 높게 솟은 층암절벽 위에 낙낙장송이 어우러져 더욱 멋스러운 풍경을 자아낸다. 학소대에는 백학과 청학이 아름다운 경치에 반해 이곳에 둥지를 틀어 알을 낳고 살았다는 이야기가 전해진다.

제8경 학소대에서 마지막 비경 파천까지는 1.2km 거리라 20여 분을 걸어야 한다. 걷다보면 파천 이정표가 있는 곳에서 다시 계곡 쪽으로 100여 미터를 내려가야 만날 수 있다. 계곡에는 희고 넓은 바위가 펼쳐져 있어 그 위로 흐르는 물결이 마치 용의 비늘을 꿰놓은 것처럼 보인다는 파천은 과거에는 파관, 파곶이라고도 불렀다. 신선들이 이곳에서 술잔을 나누었다는 이야기도 전해지는데, 협곡에 펼쳐진 반석 위로 물살이 굽이치며 내는 소리 또한 인상적이며, 주변 경관이 아름다워 사람들이 가장 즐겨 찾는 곳이다. 파천 근처에는 또 다른 볼거리가 풍성하다. 많은 글씨가 새겨진 암석 옆에는 마치 사이좋은 거북이 한 쌍이 파천의 절경을 내려다보는 듯한 바위가 있다. 거북모양 바위 아래는 바람이나 비를 피하기 좋으며 파천의 비경을 앉아서 감상할 수 있을 정도로 넓다. 남성적인 아름다움의 화양구곡을 지나면 퇴계 이황이 아홉 달을 돌아다니며 9곡의 이름을 지었다는 여성적인 아름다움을 가진 선유구곡이 이어진다.

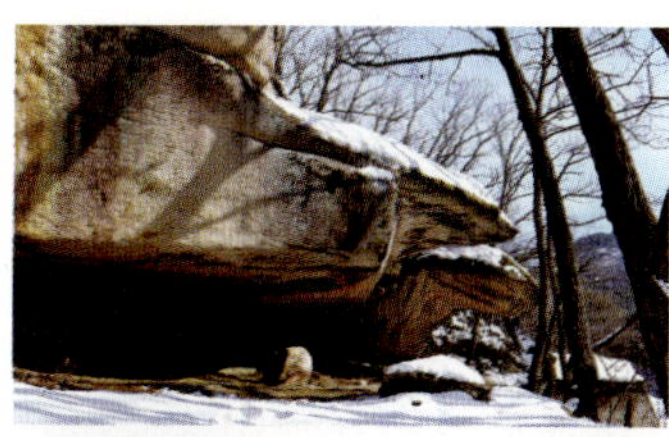

효율적인 포인트 동선

사진으로 미리보는 동선 지도(화양구곡 겨울풍경)

화양구곡입구 → 제1경 경천벽 → 제2경 운영담 → 제3경 읍궁암 → 송시열유적지 → 제4경 금사담 → 제5경 첨성대 → 제6경 능운대 → 제7경 와룡담 → 제8경 학소대 → 제9경 파천

여행 정보

찾아가는 길

🚗 통영대전중부고속도로 증평IC에서 괴산방면 좌회전 → 중부로 따라 6.3km 직진 후 연탄사거리에서 청주방면 우회전 → 삼보로 따라 3.2km 이동 후 에쓰오일삼거리에서 청안방면 우회전 → 광장로를 따라 4km 직진 후 청안사거리에서 화양계곡방면 우회전 → 질마로 따라 610m 직진 후 1시 방향으로 진입 → 금신로 따라 18.3km 직진 후 금평삼거리에서 화양계곡방면 좌회전 → 화양로를 따라 4.9km 직진 이정표 확인하면서 화양동계곡주차장으로 진입

🚌 ① 화양동정류소 하차 후 화양동탐방지원센터까지 도보 3분 거리

② 청천터미널에서 하차하여 농어촌버스(청천-화양동) 탑승 후 화양1리정류장 하차(6개 정류장, 20~25분 소요) → 화양동탐방지원센터까지 도보 3분 거리

이용안내

☎ 충북 괴산군 청천면 화양동길 81 / 화양구곡 체험 및 해설 043-832-4347

화양구곡 등산로 – ① 화양구곡(4.5km, 1시간 20분 소요) – 화양1곡(경천벽) → 화양9곡(파천) ② 도명산코스(7.9km, 4시간 30분 소요) – 화양동탐방지원센터 → 첨성대 → 도명산 → 도명산마애불 → 학소대 → 탐방지원센터

먹을거리 _ 우리한식

괴산은 예로부터 천연 1급수가 흐르는 달천강을 중심으로 우리나라 다슬기 생산량의 약 10%를 생산하고 있다. 괴산에서 나는 다슬기는 특히 쓴맛이 작고 미감이 부드러우면서 감칠맛이 나는 참다슬기가 많이 잡힌다. 그래서 청천버스터미널 근처 청천시장에는 올갱이국밥집이 즐비하다. 그 중 20여 년 동안 한자리에서 장사하고 있는 우리한식은 할머니 3분이 운영하신다. 올갱이국은 된장과 아욱을 넣고 푹 끓여 내오는데, 맑고 구수하면서도 시원한 맛을 내며 할머니의 넉넉한 미소만큼 따끈하고 푸짐하다.

☎ 충북 괴산군 청천면 청천리 62–2 / 043–832–4218

주변볼거리 _ 조선 4대 서원이었던 우암송시열유적지

화양구곡에 자리한 우암송시열유적지(사적 제417호)에는 도산서원 등과 더불어 조선 4대 서원으로 손꼽을 만큼 유명했던 만동묘와 화양서원이 있다. 임진왜란 때 조선을 도운 명나라 의종과 신종의 제사를 지내기 위해 건립된 곳으로 비석 하나와 초석만 남아 있던 터에 자료를 고증하여 현재 상태로 복원하였다. 조선 성리학을 계승하고 완성한 우암 송시열의 애국사상과 청나라의 무력에도 굴하지 않는 민족자존정신이 깃든 곳이며 주변에는 신도비, 암서재, 읍궁암 등 화양구곡의 비경이 있다. 화양계곡 암벽에는 충효절의, 비례부동 등 큰 바위에 암각된 글이 다수 있으므로 화양구곡을 둘러보며 함께 찾아보는 재미도 있다.

충북 괴산군 청천면 화양동길 188

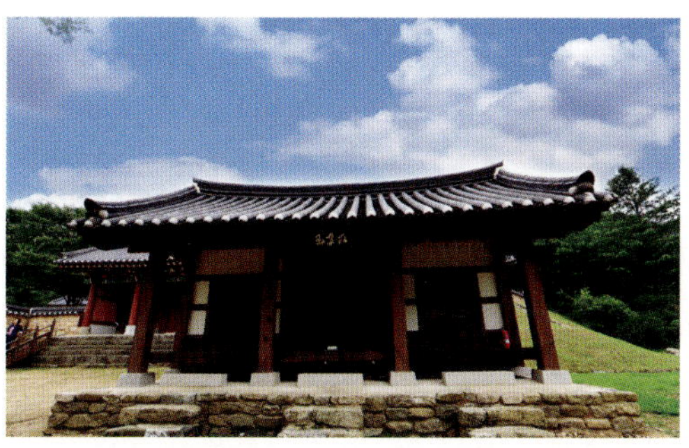

관동팔경 속에 만나는 누각

삼척죽서루 – 죽서루(보물 제213호)는 관동팔경 중의 하나로 경복궁 경회루보다 10년이나 앞서 만들어졌으며, 정조의 어제시를 비롯하여 500여 수의 풍류시가 남아 있다. '풍류를 모르면 죽서루에 오르지 말고, 죽서루 하층구조를 보지 않고는 죽서루를 보았다 말하지 말라.'는 말이 있을 정도로 중층 사다리역할을 하는 자연암반과 누각을 지탱하는 자연석 기둥받침 위의 17개 기둥이 볼만하다. 죽서루 옆 구멍바위에는 문무왕의 전설과 다산과 화목의 상징인 선사시대 성혈이 있다.

고성청간정 – 관동 최고의 경관으로 손꼽히는 청간정(강원유형문화재 제32호)은 동해바다 국도변 소나무 숲길을 따라 올라가면 절벽 위에 자리 잡고 있는 누각이다. 앞으로 동해가 펼쳐지고, 뒤로는 병풍처럼 설악이 감싸고 있는 절경이다. 당대 최고의 성현들의 글씨와 전직 대통령까지 찬사를 아끼지 않은 곳이다.

양양낙산사 – 의상대사가 관세음보살의 진신사리를 모셔 만들었다는 낙산사는 동해 일출의 명소이다. 2005년 화재로 천년의 기록은 재로 변하였지만 오봉산 자락에 해수관음상은 화마에도 자리를 지켰다. 설악산과 속초시내 그리고 검푸른 동해를 한눈에 조망할 수 있다. 낙산사에 가면 해안가 절벽에 세워진 홍련암 불전바닥을 통해 내려다 보이는 관음굴도 놓치지 말고 꼭 봐야 한다.

Special 07

충북 중부권 나들이,

음성, 괴산, 진천 1박 2일 여행

자고 나면 신제품이 쏟아지고 새롭게 변화되는 빠른 시간 속에 그 어느 곳보다 슬로우시티를 즐길 수 있는 곳이 충북 중부권이다. 청주, 청원, 증평, 진천, 괴산, 음성 6개의 시군으로 아직도 개발의 손길이 많이 미치지 않아 고향 같은 푸근함을 간직하고 있다. 겹겹이 둘러싼 울창한 숲과 계곡 그리고 길은 새로운 추억을 만드는 아름다운 여행이 된다.

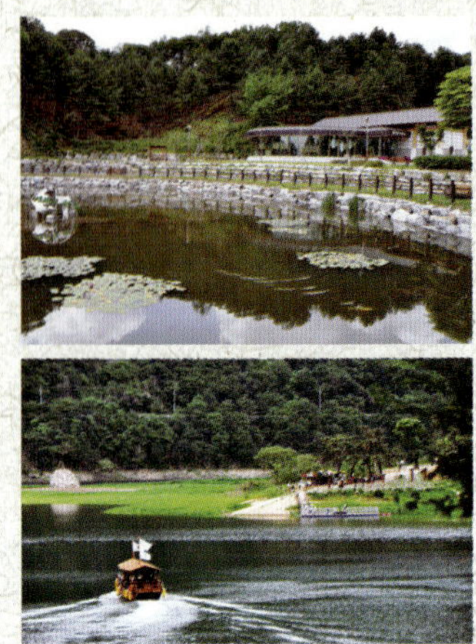

유엔사무총장 반기문생가와 기념관

음성군 상당리 행치마을에는 외교관을 꿈꾸던 농촌마을소년에서 UN의 수장이 된 반기문총장의 생가와 기념관, 평화랜드가 있다. 초가집으로 되어 있는 생가는 예전 사진자료를 토대로 복원되었으며, 반기문총장의 방문을 기념하는 사진과 함께 소박한 살림의 흔적도 엿볼 수 있다.

바로 옆에 있는 반기문기념관은 반총장의 태몽이야기부터 학창시절, 유엔사무총장이 되기까지의 과정을 살펴볼 수 있다. 학창시절 존에프케네디대통령을 만난 것이 계기가 되어 외교관을 꿈꿨으며, 지난 40년간 활동해온 외교관 경력을 바탕으로 당당히 유엔사무총장이 되어 국제사회의 조력자의 역할을 충실이 추진하고 있다. 생가 뒤에는 휴식공간을 갖춘 기념공원 평화랜드가 있다. 반기문총장의 약력과 음성의 상징물, 기념조형물, 유엔본부 상징모형, 분수대와 잔디광장 등이 조성되어 아이들의 꿈을 키우는데 도움이 된다.

산과 물 숲이 어우러진 곳, 산막이옛길

괴산군 칠성면 외사리 사오랑마을에서 산막이마을까지 이어지는 4km의 옛길을 새롭게 복원 조성한 산책로이다. 괴산댐이 생기면서 자연스럽게 호수로 변한 괴산호를 따라 산막이나루까지 이어지는 길은 나무데크 산책로로 잘 복원되어 있다. 옛길은 지루하지 않게 다양한 테마로 조성되어 1시간 30분 남짓 산책길이 지루할 틈이 없다.

고인돌쉼터를 시작으로 연리지, 소나무출렁다리, 정사목, 노루샘, 매바위, 괴산바위, 괴음정 등 발길 닿는 곳마다 이야기가 있고, 걷다보면 어느새 산막이마을까지 이어진다. 좀 더 편안하게 즐기고 싶다면 차돌바위나루에서 산막이나루를 오가는 유람선을 이용해도 좋고, 산막이나루까지는 걸어서 들어가고 나올 때는 유람선을 타고 호수풍경을 즐기는 것도 권장할 만하다. 유람선을 타고 괴산호수의 기암절경을 보면서 물에 잠긴 연하구곡을 상상해보는 것도 즐거운 일이다.

삼층목탑에서 내려다 보는 풍경, 보탑사

보탑사는 진천군 보련산 자락에 자리하는데 고려시대로 추정되는 절터에 1992년 불사를 일으키면서 2003년에 완공된 사찰이다. 사찰 경내 곳곳에는 아름다운 풀꽃들이 사찰의 분위기와 잘 어우러지고 있다. 사찰 입구에는 일주문을 비롯한 삼문이 보이지 않고, 잘 늙은 느티나무가 그 역할을 대신한다. 사천왕문을 지나면 불전사물이 있는 범종각이 있는데, 이곳은 독특하게 범종각에는 범종만 있고, 법고각에 법고, 목어, 운판을 따로 구분하여 봉안하고 있다. 또한 우진각지붕 모의 수도 7각과 9각으로 일반적이지 않아 궁금증을 유발한다. 멀리서도 눈에 보이던 삼층목탑은 황룡사구층목탑을 모델로 하여 지어졌다. 5층 목탑인 속리산 법주사팔상전, 3층 목탑인 화순 쌍봉사대웅전과 함께 현존하는 목탑 중 높이가 42.71m(상륜부까지 치면 52.7m)로 가장 높고, 유일하게 3층까지 올라갈 수 있다. 이름은 삼층이지만 아파트 14층 높이와 비견되며, 강원도 금강소나무를 자재로 못을 단 한 개도 사용하

지 않고 전통방식을 고수하였다는 것이 새삼 놀랍다. 1층은 대웅전, 2층은 법보전, 3층은 미륵전으로 사용된다.

이밖에도 보탑사에는 장수왕릉을 재현해 만든 지장전, 너와지붕에 귀틀집 형식의 산신각, 부처가 500명의 비구에게 설법하던 모습을 재현해 만든 영산전, 와불열반적정상을 모신 적조전, 불유각, 삼소실 등이 전각들이 배치되어 있다. 또한 경내에는 비석에 아무글씨도 새겨 있지 않아 백비라고도 불리는 진천연곡리석비(보물 제404호)가 있다. 귀부의 귀두가 말머리처럼 조각된 조형양식과 우수한 조각기술로 보아 고려초기에 세워진 비석으로 추정하지만 건립배경에 대한 이야기는 전해지는 것이 없어 더욱 신비하게 여겨지는 비석이다.

우리나라 종의 역사를 살펴볼 수 있는 진천종박물관

진천종박물관은 50여 년간 범종 외길을 걸어온 주철장 원광식선생이 1999년 충북천년대종을 제작하는 계기로 우리나라 최대 철생산지였던 진천과 인연이 되어 그동안 수집, 제작했던 범종 150여 점을 기증하면서 건립되었다. 세계적으로 가치를 인정받고 있는 우리나라 종의 예술적 가치와 우수성을 알리기 위해 다양한 종을 수집, 전시, 보존하고 있으며, 교육 및 다양한 체험 프로그램도 운영하고 있다.

제1전시실은 종의 탄생에서부터 한국의 범종, 세계의 종, 기획전시실로 구분된다. 비록 모형이지만 우리나라 금속공예를 대표할만한 범종의 걸작들을 만날 수 있다. 제2전시장은 범종의 제작기술과 소리, 재미있는 종, 진천의 울림, 영상실로 구분되어 있으며, 특히 범종의 제작과정은 실물크기 인형으로 재현하여 더욱 생생하게 살펴볼 수 있다. 특별전시실에서는 아름다운 색과 다양한 형태로 시선을 빼앗는 500여 점의 유리와 크리스털 종을 볼 수 있다. 체험학습장에서는 범종문양 탁본, 흙으로 빚는 토종, 범종문양 천연비누 만들기 등의 체험을 할 수 있다.

우리나라에서 가장 오래된 돌다리, 농다리

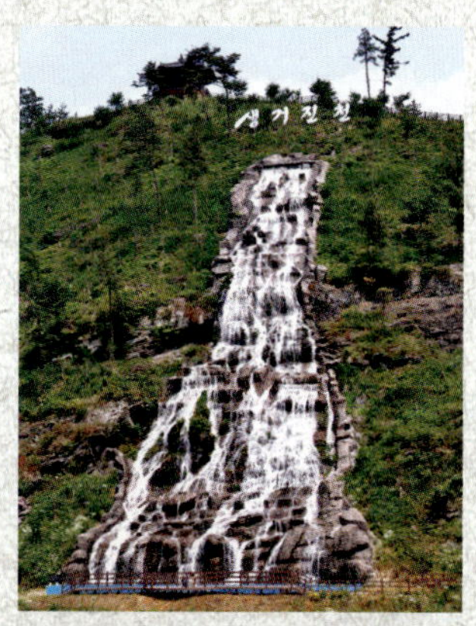

진천농다리는 천년을 이어온 다리로 한국의 아름다운 길 100선, 한국의 아름다운 하천 100선 등에 선정된 바 있다. 농다리를 보러가는 길 초입에는 풍습과 안질에 효험이 있다는 옹달샘 소습천이 있다. 돌 사이에서 솟아나는 용천수로 세종대왕이 안질치료차 초정에 가는 도중 이곳에서 이 샘물을 마셨다하여 어수천이라고도 부른다. 농다리는 우리나라에서 현존하는 돌다리 중 28칸 93.6m로 가장 길고 오래됐다. 농다리에 놓인 28칸은 하늘의 별자리를 응용한 것으로 당시의 동양의 철학을 엿볼 수 있다. 멀리서 보면 그냥 돌무더기가 쌓인 것처럼 보이지만 비늘모양으로 쌓고 그 위에 상판석을 올려 견고하면서도 아름답다.

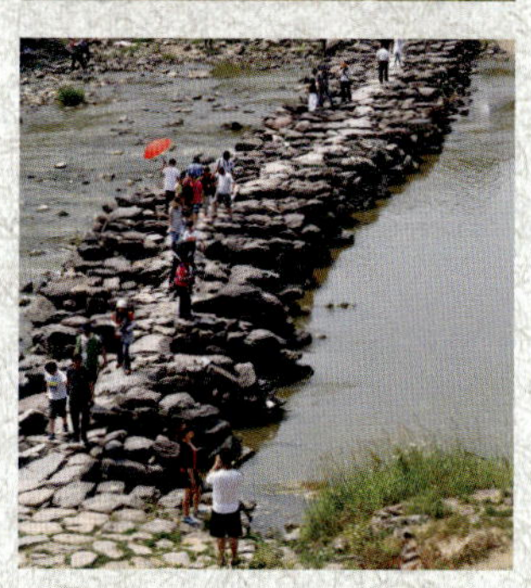

농다리 옆에는 길이 80m, 폭 24m의 인공폭포가 조성되어 있으며, 농다리를 건너 천년정을 지나 농암정 전망대에 오르면 초평저수지의 아름다운 풍경을 만끽할 수 있다. 초평저수지를 따라 구름다리까지 수변탐방로 1km와 등산로 1.7km가 잘 조성되어 있다. 농다리전시관에서는 농다리의 사계절 모습을 살펴볼 수 있으며 인류문명과 함께한 다리 이야기, 역사, 농다리에 대한 동양철학과 전설 등을 소개하고 있다.

전통명주의 산실, 덕산양조장

덕산양조장(세왕주조)은 3대에 걸쳐 80년 동안 옛 방식 그대로를 고수하며 전통주를 빚고 있다. 덕산양조장 건물은 함석지붕을 얹은 단층 목조건물인데, 1903년 처음 지어진 상태 그대로를 잘 보존하고 있어 근대문화유산으로도 지정되어 있다. 또한 별도의 환기시설 없이 자연환경만을 이용하여, 술 빚는데 필요한 일조량과 바람길까지 고려한 것은 선조들의 지혜와 건물에 숨은 과학을 엿보기에 충분하다.

덕산양조장 입구에는 당나라 이백의 시와 그림이 그려져 있으며, 허영만화백의 인기만화 『식객』 100화의 주제 '할아버지의 금고' 편에 등장했던 실제 금고가 아직도 자리를 지키고 있다. 막걸리는 우리 고유의 발효식품으로 김치에 이어 세계적으로 인정받는 전통음식이다. 양조장 바로 옆에는 용몽제 술항아리를 형상화한 세왕전통주 홍보교육관이 있어 막걸리를 시음해볼 수도 있다.

세상의 유명인사는 다모여 있다

큰바위얼굴조각공원은 1994년부터 10여 년간 조성한 민간공원으로 넓은 부지에 185개국 유명인사가 천여 점의 조각상과 2천여 점의 기타 조각품으로 전시되어 있다. 전시1관 세계 4대성인과 제자부터 전시20관 동요작가와 선교사까지 세계를 빛낸 무수히 많은 인물을 한곳에서 만날 수 있다. 그 중 가장 반가운 분은 음성의 자랑 반기문 유엔사무총장의 조각상이다.

전시장은 산책하듯 천천히 걸으며 둘러볼 수 있다. 한국의 역대대통령과 아시아를 빛낸 정치지도자들로 조성된 전시2관에서는 이승만대통령부터 노무현대통령까지를 만날 수 있으며, 고종황제와 명성황후, 단군상도 볼 수 있다. 또한 어디선가 본 듯한 많은 유명연예인과 스포츠스타들도 보이는데, 마릴린먼로, 샤론스톤, 오드리햅번, 박세리, 타이거우즈, 아놀드파머, 박찬호 등 익히 들어 친숙하게 느껴지는 인물상도 볼 수 있다. 그밖에도 쌍둥이 광개토대왕비와 석기시대 공룡, 아이들이 좋아하는 로봇, 광개토왕비 등 다양한 테마의 조각품을 만나게 된다. 이 엄청난 조각공원을 조성하기까지 경제적 비용이나 운송이 만만찮았을 텐데 감탄사가 저절로 나온다. 부지가 넓고 확 트인 공원이라 햇볕을 가리기 위한 양산이 입구에 준비되어 있다.

효율적인 포인트 동선

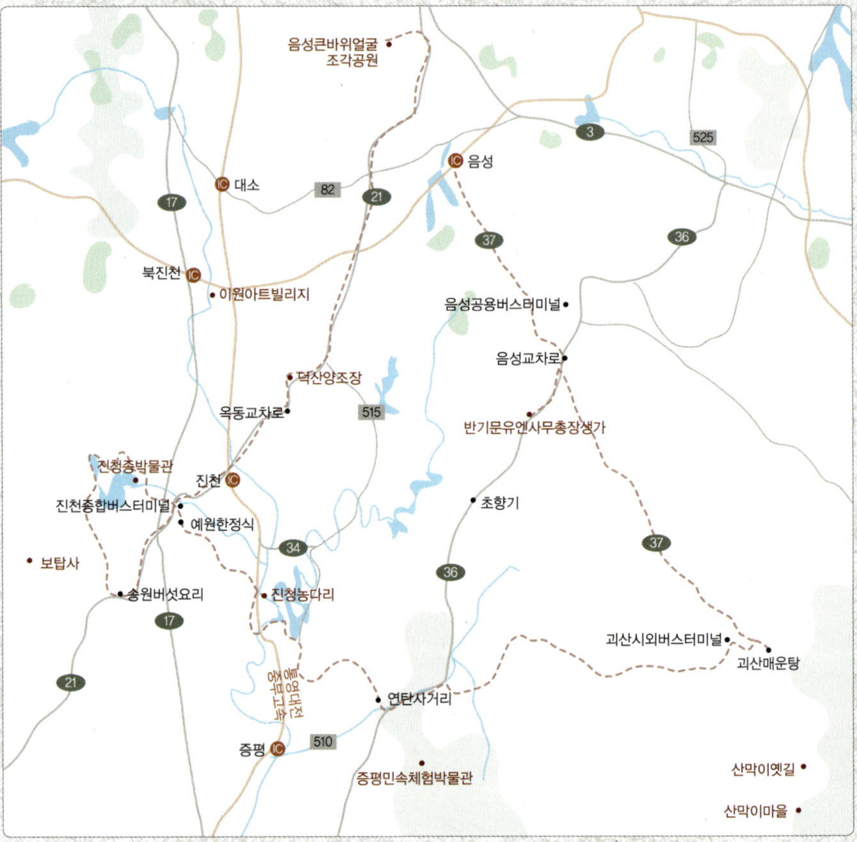

음성큰바위얼굴 조각공원
음성
대소
82
21
17
3
525
37
36
북진천
이월아트빌리지
음성공용버스터미널
음성교차로
덕산양조장
옥동교차로
515
반기문유엔사무총장생가
진천종박물관
진천
진천종합버스터미널
예원한정식
초향기
34
37
보탑사
송원버섯요리
진천농다리
36
17
괴산시외버스터미널
괴산매운탕
21
중부고속
통영대전
연탄사거리
증평
510
증평민속체험박물관
산막이옛길
산막이마을

사진으로 미리보는 동선 지도

반기문생가와 기념관 → 괴산매운탕(점심식사) → 산막이옛길 → 진천농다리 → 예원한정식(저녁식사) → 진천모텔쉬리(1박) → 진천종박물관 → 보탑사 → 송원버섯요리전문점(점심식사) → 덕산양조장 → 음성큰바위얼굴조각공원

여행 정보

찾아가는 길

평택제천고속도로 음성IC 빠져나와 음성방면 좌측방향 → 생음대로 따라 10.6km 직진 후 음성교차로에서 청주방면 우회전 → 충청대로 따라 3.3km 직진 후 행치재휴게소 못미처 우측방향 → 이정표 확인하면서 반기문기념관 주차장으로 진입 → **반기문기념관** → 대로변까지 나온 후 좌회전 → 충청대로 따라 2.9km 직진 후 하당삼거리에서 괴산방면 우회전 → 하당육교 진입하여 상경로 따라 16.4km 직진 후 대덕사거리에서 괴산방면 우측방향 → 괴강로 따라 1km 직진 오른쪽에 **괴산매운탕(점심식사)** → 괴강로 따라 2.6km 직진 후 송동리방면 우회전 → 명태재로 따라 2.9km 직진 후 산막이옛길주차장으로 진입 → **산막이옛길** → 괴산매운탕까지 왔던 길 5.5km 돌아나온 후 계속해서 괴강로 따라 2.4km 직진 → 시계탑사거리에서 보은방면 좌회전 후 읍내로를 따라 4.4km 직진 → 유평2, 1터널 차례로 통과 후 중부로 따라 13.5km 직진 → 화성교차로에서 청주방면 우측방향 → 충청대로 따라 3.6km 직진 후 초중사거리에서 진천방면 우회전 → 삼보로 따라 8km 직진 후 화산삼거리에서 청소년수련원방면 좌회전 → 평화로 따라 5km 직진 후 우회전 → 농다리로 따라 1.5km 직진 후 이정표 확인하면서 농다리로 진입 → **진천농다리** → 농다리전시관에서 지나 농다리로 따라 5.2km 직진 후 진천읍사무소방면 우회전 → 중앙서로 따라 480m 직진 후 군청방면 좌회전하여 첫번째 골목으로 우회전 → 예원한정식 간판 확인하여 진입 → **예원한정식(저녁식사)** → 50m 직진하여 삼거리에서 우회전 → 중앙서3길 따라 140m 직진 후 좌측방향 중앙동2길 따라 240m 직진 → 삼거리에서 좌회전 후 중앙동로 따라 160m 이동 후 우회전하여 40m 전방 주차장으로 진입 → **모텔쉬리(1박 및 휴식)** → 큰길까지 40m 이동 후 우회전하여 중앙동로 따라 200m 직진 → 백곡방면 좌측 11시방향으로 진입하여 중앙북로 따라 3km 직진 → 장관교 지나 좌회전 후 주차장으로 진입 → **진천종박물관** → 공원빠져나와 백곡로 따라 4.2km 직진 후 사송리방면 좌회전 → 백곡로 따라 680m 직진 후 사정교 지나 좌회전 → 문사로 따라 5.6km 직진 후 보탑사삼거리에서 연곡리방면 우회전 → 김유신길 따라 6.3km 직진 후 보탑사 주차장으로 진입 → **보탑사** → 보탑삼거리까지 돌아 나와 금사로 따라 850m 직진 → **송원버섯요리(점심식사)** → 금사로 따라 700m 직진 후 사석삼거리에서 진천IC방면 좌회전 → 문진로 따라 4.2km 직진 후 군청사거리에서 진천IC방면 좌회전 → 문화로 따라 2.1km 직진 후 신성사거리에서 진천IC방면 좌회전 → 덕금로 따라 6.3km 직진 후 옥동교차로에서 덕산방면 좌회전 → 초금로 따라 1.5km 직진 → **진천덕산양조장** → 초금로 따라 490m 직진 후 용몽사거리에서 장호원방면 우회전 → 덕금로 따라 3.1km 직진 후 본성교차로에서 장호원방면 좌회전 → 진성로 따라 14.7km 직진 후 병암교차로에서 좌회전 후 신양삼거리에서 일죽방면 좌회전 → 일생로 따라 3.1km 직진 후 큰바위얼굴주차장 진입 → **큰바위얼굴조각공원**

🚌 음성공용버스터미널 하차 후 농어촌버스(음성-덕정) 탑승 후 마송3리정류장 하차(7개 정류장, 20분 소요) → 반기문생가까지 960m(15분 소요) → **반기문생가** → 마송3리정류장에서 농어촌버스(괴산-옥현) 탑승 후 괴산시내버스터미널 하차(21개 정류장, 50분 소요) → 도보로 300m 이동(5분 소요) → **괴산맛식당(점심식사)** → 괴산시내버스터미널에서 농어촌버스(괴산-학동) 탑승 후 외사리입구정류장하차(9개 정류장, 30분 소요) → **산막이옛길** → 외사리입구정류장에서 농어촌버스(학동-괴산) 탑승 후 괴산시내버스터미널하차(9개 정류장, 30분 소요) → 괴산시내버스터미널에서 농어촌버스(괴산-증평) 탑승 후 우체국정류장에서 하차(25개 정류장, 60분 소요) → 우체국정류장에서 농어촌버스(진천-증평) 탑승 후 읍내2리정류장에서 하차(27개 정류장, 60분 소요) → 읍내2리정류장에서 농어촌버스(진천-통산) 탑승 후 중리정류장에서 하차(8개 정류장, 20분 소요) → **진천농다리** → 중리정류장에서 농어촌버스(진천-통산) 탑승 후 옥당정류장에서 하차(5개 정류장, 20분 소요) → 예원한정식까지 380m 도보로 이동 → **예원한정식(저녁식사)** → 모텔쉬리까지 400m 도보로 이동 → **모텔쉬리(1박 및 휴식)** → 삼성디지털프라자앞정류장에서 농어촌버스(진천-행정리) 탑승 후 장관리정류장에서 하차(4개 정류장, 15분 소요) → 진천종박물관까지 640m 이동(10분 소요) → **진천종박물관** → 장관리정류장에서 농어촌버스(진천-행정리) 탑승 후 진천터미널정류장에서 하차(1개 정류장, 10분 소요) → 진천터미널정류장에서 농어촌버스(진천-연곡리) 탑승 후 보련정류장에서 하차(12개 정류장, 35분 소요) → **보탑사**까지 1.2km 도보로 이동(20분 소요) → 보련정류장에서 농어촌버스(진천-연곡리) 탑승 후 성암초교정류장에서 하차(4개 정류장, 30분 소요) → 송원버섯요리까지 250m 도보로 이동(5분 소요) → **송원버섯요리(점심식사)** → 사석정류장까지 700m 이동(10분 소요) → 사석정류장에서 711번 버스 탑승 후 대성슈퍼앞정류장에서 하차(7개 정류장, 20분 소요) → 대성슈퍼앞정류장에서 농어촌버스(진천-통동) 환승 후 덕산정류장에서 하차(10개 정류장, 30분 소요) → 세왕주조까지 500m 도보로 이동(8분 소요) → **진천덕산양조장** → 덕산정류장에서 농어촌버스(진천-꽃동네) 탑승 후 무극버스터미널정류장에서 하차(17개 정류장, 40분 소요) → 무극버스터미널정류장에서 농어촌버스(무극-생극) 환승 후 병암2리정류장에서 하차(3개 정류장, 10분 소요) → 병암2리정류장에서 171번 버스 탑승 후 관성4리정류장에서 하차(2개 정류장, 10분 소요) → 조각공원까지 1.1km 도보로 이동(15~20분 소요) → **큰바위얼굴조각공원**

이용안내

반기문생가, 기념관 & 평화랜드

☎ 충북 음성군 원남면 상당리 600-1
043-872-6668

🕘 09:00~18:00

산막이옛길

☎ 충북 괴산군 칠성면 사은리 546-1
043-830-3452

✉ sanmaki.goesan.go.kr

진천농다리

☎ 충북 진천군 문백면 구곡리 / 043-539-3862

진천종박물관

☎ 충북 진천군 진천읍 백곡로 1504-12
043-539-3847

✉ jincheonbell.net

🕒 09:00~18:00(매주 월요일, 명절 휴무)

₩ 성인 1500원, 청소년 1,000원, 어린이 500원

보탑사

☎ 충북 진천군 진천읍 연곡리483
043-533-0206

덕산양조장

☎ 충북 진천군 덕산면 용몽리 572-16
043-536-3567

✉ www.icnj.co.kr

📋 체험비 : 5,000원(막걸리, 빈대떡, 옹기잔)

큰바위얼굴조각공원

☎ 충북 음성군 생극면 관성리 9-1 / 043-882-4111

✉ largeface.com

🕒 평일 08:00~20:00, 휴일 09:00~20:00

₩ 6,000원

먹을거리

물 좋은 여행지, 맛으로 기억되는 여행지는 더 오래 기억에 남는다. 괴산댐이 있어 여기저기 매운탕 집이 성황을 이뤄 괴산의 얼큰한 맛을 즐길 수 있으며, 진천의 정겨운 분위기를 고스란히 식탁으로 옮겨 내오는 한정식 또한 여행지에서 호사를 누리기에 충분하다.

송원 버섯요리

☎ 충북 진천군 진천읍 지암리 111-3
043-535-5633

₩ 버섯전골 25,000~39,.000원

괴산매운탕

☎ 충북 괴산군 괴산읍 대덕리 100-6
043-832-2838

₩ 매기매운탕 20,000원~40,000원

예원한정식

☎ 충북 진천군 진천읍 읍내리 424-1
043-534-6388

₩ 화랑7첩정식 10,000원

괴산맛식당

☎ 충북 괴산군 괴산읍 동부리 638-5
043-833-1580

₩ 올갱이국 7,000원

숙소소개

진천읍내에 숙소를 잡는다면 진천시내터미널 등 주변지역과 연계가 편하여 용이하다. 진천관광호텔은 진천의 유일한 호텔로 사우나시설까지 갖추고 있으며, 인근에서 사우나가 좋다고 소문난 곳이다. 조금 한적한 분위기를 원한다면 수영장을 갖추고 있으며 복층형 독채로 히노끼탕까지 즐길 수 있는 아랑훼스펜션도 권할만 하다.

모텔쉬리

☎ 충북 진천군 진천읍 읍내리 104
043-532-7665

진천관광호텔

☎ 충북 진천군 진천읍 읍내리 240-1
043-533-0010

아랑훼스펜션

☎ 충북 진천군 이월면 신계리 36
043-536-3366